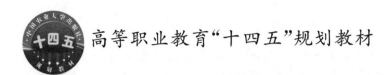

高等职业教育"十四五"规划教材

养牛与牛病防治

第 2 版

丑武江　主编

U0219402

中国农业大学出版社
·北京·

内 容 简 介

教材从内容上分为奶牛饲养技术、肉牛饲养技术、牛群繁殖技术、牛场建设与环境控制、牛场生产管理、牛群保健与常见疾病防治六个学习情境。下设教学项目包括奶牛饲养基础、犊牛饲养管理、育成母牛饲养管理、成年奶牛饲养管理、奶牛生产性能测定与生鲜乳质量检测、肉牛饲养基础、肉牛育肥技术、公牛精液、母牛人工授精、牛场布局与建筑设计、牛场环境控制、牛场生产组织管理与计划、牛场生产成本核算与管理、牛常见普通病防治、育肥牛保健、牛场卫生防疫十六个。另有四十二项学习任务支撑着整个教材内容体系，每项学习任务的设计都提出任务目标、学习活动，并提供有相关技术理论、技能实训、经验之谈、自测练习和学习评价、实训附录，便于学生进行理论学习与实践技能训练。其中提到的"学习活动"是为学生课内外自主学习给出的方法途径，旨在引导实践教学的开展和发挥好学生学习的主动性及创造性。"技能实训"相当于能力训练内容的指导，"经验之谈"为学生正确理解和把握学习任务提供间接经验，"自测练习"、"学习评价"是在每一学习任务完成之后专用于自我学习效果检验，"实训附录"目的在于进一步拓展学生学习视野。

本教材既可作为高等职业技术教育教材，也可作为中等职业技术教育教学和农牧区畜牧兽医人员培训的参考书籍。

图书在版编目(CIP)数据

养牛与牛病防治/丑武江主编. —2版. —北京：中国农业大学出版社，2016.1(2024.1重印)

ISBN 978-7-5655-1431-9

Ⅰ.①养… Ⅱ.①丑… Ⅲ.①养牛学-教材②牛病-防治-教材 Ⅳ.①S823②S858.23

中国版本图书馆 CIP 数据核字(2015)第 269337 号

书　名	养牛与牛病防治　第2版
作　者	丑武江　主编

策划编辑	康昊婷	责任编辑	洪重光
封面设计	郑　川　李尘工作室	责任校对	王晓凤
出版发行	中国农业大学出版社		
社　址	北京市海淀区圆明园西路2号	邮政编码	100193
电　话	发行部 010-62818525,8625	读者服务部	010-62732336
	编辑部 010-62732617,2618	出　版　部	010-62733440
网　址	http://www.cau.edu.cn/caup		
经　销	新华书店	E-mail cbsszs @ cau.edu.cn	
印　刷	北京时代华都印刷有限公司		
版　次	2016年2月第2版　2024年1月第4次印刷		
规　格	787×1 092　16开本　28.5印张　696千字		
定　价	69.00元		

编写人员

CONTRIBUTORS

主　编　丑武江（新疆农业职业技术学院）

副主编　任建存（杨凌职业技术学院）

　　　　邓双义（新疆农业职业技术学院）

　　　　张　昊（永州职业技术学院）

参　编　谢鹏贵（伊犁职业技术学院）

　　　　郭雄全（新疆农业职业技术学院）

　　　　王金君（山东畜牧兽医职业学院）

　　　　刘大伟（黑龙江职业技术学院）

　　　　郭庆河（新疆农业职业技术学院）

　　　　牛彦兵（新疆农业职业技术学院）

　　　　赵义龙（新疆农业职业技术学院）

P 前 言
REFACE

　　党的二十大报告指出,育人的根本在于立德。为全面贯彻党的教育方针,落实全国职业教育大会和全国教材工作会议精神,根据《国家职业教育改革实施方案》、畜牧兽医专业标准等的精神和要求,由养牛生产企业技术人员与高职专业教师共同参与编写完成。在教材编写过程中编写组依据高等职业教育培养技术技能型人才的目标要求,围绕养牛生产岗位群的需要,以养牛生产岗位能力需求为导向,关键技术为基础,关注前沿性先进技术,确定了教材具体的教学目标和教材内容。编写时又以养牛岗位群对应的学习情境为研究领域,岗位工作对应的教学项目和细分的学习任务为研究对象,兼顾教材的职业性与学术性,力求突出生产实践主线,岗位技能关键点,理论知识够用,实践技能过硬的基本原则,比较充分地反映了现代标准化规模养牛技术的要求。

　　本教材编写体例在设计上体现了课程项目化教学的特色。一是设置了学习情境,总计有六大学习情境。由于情境背景是与牛场生产有关的岗位工作群或真实岗位工作的模拟,不同的情境将引出不同的问题项目,带来丰富多彩的学习内容,从而可以有效调动学生探究学习的兴趣;二是以学习任务为驱动,整体教学是以学习任务为单元开展的,设有任务目标,并具体设计了相关学习活动,提倡学生小组合作学习,能够有效地促进学生之间的沟通和交流,为项目教学法的实施创造了条件;三是倡导学生自主学习的学习过程不局限于书本、课堂、网络,而是尽可能地到养牛生产实践中去获取真知和能力;四是教材组织了较大量的养牛技术信息资源,为师生学习提供了必要的养牛知识和技能资源;五是围绕每一学习任务的完成,最后都设计有评价办法,努力做到不同的学习任务有不同的评价标准,便于学生自我检查学习效果。

　　本教材的编写提纲由丑武江教授提出,经中国农业大学出版社组织专家审核,编委会讨论通过后正式分工编写。谢鹏贵编写"学习情境一"的"项目一"中的"学习任务一、二"和"项目三"中的"学习任务一、二、三";郭雄全编写"学习情境一"的"项目二"中的"学习任务一、二、三"和"学习情境五"的"项目一"中的"学习任务一、二";王金君编写"学习情境一"的"项目四"中的"学习任务一、二、三、四、五";张昊编写"学习情境二"的"项目一"中的"学习任务一"和"项目二"中的"学习任务二、三";刘大伟编写"学习情境三"的"项目一"中的"学习任务一、二、三"和"项目二"中的"学习任务一、二、三";邓双义编写"学习情境一"的"项目一"中的"学习任务三","学习情境三"的"项目二"中的"学习任务四"和"学习情境五"的"项目二"中的"学习任务一、二";任建存编写"学习情境四"的"项目一"中的"学习任务一、二"和"项目二"中的"学习任务一、二";丑武江编写"前言"、"绪论"以及"学习情境一"的"项目五"中的

"学习任务一、二","学习情境二"的"项目一"中的"学习任务二"、"项目二"中的"学习任务一";郭庆河编写"学习情境六"的"项目一"中的"学习任务一、二";牛彦兵、赵义龙合编"学习情境六"的"项目二"中的"学习任务一、二"和"项目三"中的"学习任务一、二"。期间感谢黑龙江省动物胚胎移植中心、沈阳惠山乳业、新疆西部牧业、新疆天山畜牧、陕西农得利现代牧业发展有限公司、咸阳良种奶牛场、山东合力牧业有限公司、东营澳亚现代牧场、山东大地乳业有限公司等的技术专家们在教材编写过程中全程参与,并给予具体指导、提供大量养牛技术信息资源,同时教材还吸纳了许多养牛专家的研究成果和著作,得到了中国农业大学出版社的大力支持和各参编单位的热心帮助,在此一起表示衷心的感谢。

编　者

2024 年 1 月

养牛与牛病防治

C目录
CONTENTS

目
录

绪论

牛是一种具有多种经济价值的反刍家畜，是世界上分布最广、头数最多的家畜之一。养牛业是畜牧业的主要组成部分，据统计显示，全世界现有牛品种 1 000 多个，其中分布较广的有 250 个，数量 13.2 亿头，其中水牛约 1.52 亿头；目前，我国地方黄牛品种 52 个，数量 1.4 亿头。从牛的绝对数量看，养牛最多的国家是印度，约 1.94 亿头。按人口平均，新西兰和乌拉圭的牛最多，平均每人约有牛 3 头。全世界有奶牛 2.29 亿头，我国有 1 440 万头，世界年人均占有奶量为 80.85 kg，其中以新西兰人均占有奶量为最多，高达 2 757 kg。以下依次是丹麦（896.51 kg）、荷兰（703 kg）、法国（519 kg）、澳大利亚（478.98 kg）。全世界肉类总产量为 2.15 亿 t，其中牛肉产量达 5 666 万 t，仅次于猪肉产量，占肉类总产量的 26.33%。有些国家消费牛肉量占肉类总量的比重亦较大，如乌拉圭牛肉消费量约占肉食总消费量的 76%，阿根廷占 71.19%，澳大利亚 54.74%。全世界肉牛的平均胴体重为 203 kg，以色列的肉牛胴体重为 350 kg，美国为 305 kg，加拿大为 288 kg。

一、养牛业发展具有重要的意义

（一）发展养牛业是发展节粮型畜牧业的客观需要

粮食问题，是保证一个国家稳定的最基本的问题。人畜争粮的矛盾在我国显得更为突出。解决这一矛盾的行之有效的办法就是大力发展节粮型畜牧业，充分发挥草食家畜的生产潜力。牛是反刍家畜，具有特殊结构的消化系统和生理机能，有极强的粗纤维分解能力，消化率达到 40%～60%。因此，牛能比其他畜禽更有效地利用以秸秆为主的粗饲料。此外，牛能利用尿素等非蛋白含氮物，经瘤胃—肝脏氮素循环，产生菌体蛋白，这种利用转化率能达到 85% 以上。

（二）发展养牛业是农业产业化结构调整的需要

畜牧业水平程度是农业现代化的标志，畜牧业承前而启后，前连种植业，后接加工业，是大农业的主要角色。我国畜牧业已经成为农业中产业化、市场化特征最突出和最具活力的产业。畜牧业产业结构调整的核心是大力发展草食家畜，走节粮型畜牧业道路，而养牛业则是节粮型畜牧业的重要组成部分。从世界肉类生产结构来看，牛肉产量占肉类总产量的比重长期保持在 30% 左右，2013 年肉牛屠宰量 4 090 万头，牛肉产量 558 万 t。2013 年牛奶产量 3 731 万 t，全国人年均仅有 21.7 kg，而发达国家在 320 kg 以上，世界人均也达 80 kg 以上。可见，我国肉类食品结构仍然是极不合理的。现代农业产业结构中效益最高的牛奶和牛肉产业，在我国却是相对落后的产业。

二、我国奶牛业状况与发展趋势

（一）我国奶业发展现状

奶业是我国农业的重要组成部分。奶业是一个国家发达程度和畜牧业现代化水平的重要标志。我国奶业起步晚，但是发展速度快，特别是 2000 年以来，中央以及各地都把奶业作为解决三农问题的重要途径。在政策、资金等多方面都给予了重点支持，尤其是原料奶的生产和乳品的加工实现了每年两位数的增长，奶业的综合生产能力显著提高。

1.原料奶生产、乳品加工、乳品消费同步增长

一是奶类总产量快速地增长。2013 年我国奶牛的平均单产从原来的 2.8 t 提高到现在的 3.9 t,初步形成了全国奶业的产业带;北京、天津、上海、河北、山西、内蒙古、黑龙江 7 个省(自治区、直辖市)奶业优势企业的奶类总产量是 2 240 万 t,占全国的 60%;产业带主产区奶牛单产达到了 5 t 以上,比全国平均水平高出 24.7%。2014 年我国牛奶(生鲜乳)产量 3 725 万 t,比 2013 年的 3 531 万 t 增加 194 万 t,增长 5.5%。奶牛存栏数为 1 460 万头,同比增长 1.3%,国家奶牛产业技术体系监测的规模牧场奶牛存栏 2014 年比 2013 年增加了 4%,生鲜乳产量增加 10%。在规模牧场奶牛存栏(全群 100 头以上)占全国存栏比例的 45%(农业部监测数据)的现状下,规模牧场生鲜乳产量的增加抵消了小规模养殖户退出带来的减产。二是乳品加工能力迅速增长。2013 年乳制品产量为 2 698.03 万 t,是 2004 年的 2.84 倍,年均增长 194.3 万 t。三是乳品消费与奶类产量同步增长。2011 年全国城镇居民平均奶类消费量为 21.7 kg,比 2000 年增长了 76%;2013 年全国人均消费奶类 15.4 kg,城镇居民的人均消费达到 24.8 kg,农村居民人均消费 6 kg;在国家中长期发展规划中还明确提出,至 2020 年全国人均消费牛奶要求能达到 36 kg。

2.奶业的市场竞争造就了一批规模企业和知名品牌

近年来,乳品加工业迅猛发展,规模效益和品牌效益逐步显示,涌现出像伊利、蒙牛、三鹿、光明、完达山和三元等一批实力较强的乳品企业。乳制品的种类日益丰富,满足了城乡居民多元化的消费需求。据统计,2000 年规模以上加工企业不到 400 家,2013 年发展到 658 家规模以上企业,主营业务收入 2 831.6 亿元,同比增长 14.16%,乳制品产量 2 698.0 万 t,同比增长 5.15%;391 家液体乳生产企业液体乳产量 2 336.0 万 t,同比增长 7.01%;210 家乳粉生产企业乳粉产量 158.9 万 t,同比增长 6.84%。产品销售也出现近年来的好形势,库存产成品大幅度下降,到 12 月底全行业库存产成品总值为 63.8 亿元,同比增长 −7.47%,相当于 61 万 t 产品,仅占乳制品总产量的 2.3%,可以说产品处于畅销的水平。

(二)全面推进奶业持续健康发展

奶业的产业链较长,涉及的环节多,所以实现奶业的持续健康和谐发展,必须立足当前,着眼长远,统筹规划,加强指导,妥善处理好各种利益关系,推进生产、加工、销售、消费以及进出口等多个环节的协调发展。

1.要大力推进奶牛养殖方式的转变,加快奶业由粗放型增长向集约型增长的转变

2010 年,我国奶类总产量已经跃居世界第三位。但总体来看,我国奶类的增长主要是依靠奶牛存栏数的增长和积累,属于典型的粗放型增长模式。所出现的问题是良种覆盖率低,单产水平低,科学饲养水平不高,规模化程度低等。发达国家中,奶类的产量和奶牛的数量增长达到一定的水平后,加快由粗放型增长向集约型增长转变,就成为必然。美国奶业的发展就是具有典型的质量效益型特点。美国农业部资料显示,1996—2006 年,美国的成年母牛从 937 万头减少到 904 万头,减少了 33 万头,但是由于单产水平的提高,奶类总产量由 6 982 万 t 增加到 8 247 万 t,增幅为 18%;奶牛存栏 94%都是荷斯坦奶牛。奶牛养殖场不断减少,但是养殖规模不断在扩大。2005 年,美国奶牛场为 6.4 万个,比 1996 年下降了 40%。但是每个奶牛场的成年母牛平均达到 140 头;可是在 1965 年,美国有 110 万个奶牛场,平均每个奶牛场仅有 13 头奶牛。这个例子充分说明,要加快从粗放型增长向集约型增长转变的必然性。

新时期我国奶牛业发展的重点应从奶牛养殖方式转变上解决小而分散的问题。力争到2015年,奶牛的规模养殖比例能达到50%左右,提高17个百分点;要尽快制定不同地区奶牛标准化养殖的标准和规范,鼓励发展标准化、集约化和规范化养殖,力争到2020年,标准化规模奶牛场生产的原料奶菌落总数低于50万个/mL,50%左右的原料奶菌落总数能够达到欧美标准,低于10万个/mL。

2.要加强良种繁育和推广,提高生产水平

加强奶牛良种的选育,加快品种改良,切实做好良种登记和奶牛生产性能测定的基础性工作,加大良种的推广力度,不断提高奶牛的质量和单产水平。力争到2020年,奶牛的良种覆盖率达到60%以上,提高16个百分点;奶牛的单产水平力争提高到5.5 t。我国现在的公牛站是200个左右,其中肉牛公牛站为120多个,奶牛公牛站80多个,要对这些公牛站由国有事业单位改制为自主经营、自负盈亏的企业,事企必须分开,增强为农民服务的意识,提高服务水平。

3.要引导乳品加工企业健康发展

要进一步整合资源,加强信贷支持,科学设置乳品企业的市场准入条件,严格准入制度。引导企业通过资产重组,企业的兼并,扩大乳品加工企业的规模,提高生产集中度。特别是要加强政府引导,防止低水平的重复建设;要加强行业自律。防止恶性竞争,逐步改变原料奶供应北多南少的局面。

4.要加强产销衔接,完善利益机制

鼓励乳品加工企业通过"公司＋专业合作社""公司＋基地＋农户"等产业化的经营模式,与奶农建立稳定的购销关系,形成紧密的利益连接机制,通过财政支持,税收优惠,金融、科技、人才的扶持,以及产业政策引导等措施,来扶持发展奶农合作社、奶牛协会等农民专业组织,发挥其在产销对接、技术服务以及协调利益分配方面的积极作用,维护奶农的合法权益。

5.要完善奶业标准体系,加强市场监管

要进一步完善原料奶的质量标准、液态奶加工工艺以及产品标识,要在饲养、挤奶、收购、运输等环节制定严格的卫生清洁标准,抓紧修订《生鲜牛乳收购标准》,与《鲜乳品卫生标准》相衔接。要按照国务院有关文件严格执行液态奶的标识制度,也就是巴氏杀菌乳标"鲜",超高温灭菌乳标"纯",还原奶标"还",目前有关部门正在研究这个标准。

三、我国肉牛业状况与发展趋势

我国养牛业的历史源远流长,牛向肉用方向的发展过程,基本上与日本肉牛饲养业发展的经历相同。即经过役用期、役肉兼用期和肉用期三个阶段。大体划分为20世纪70年代以前为役用期,20世纪70—90年代初为役肉兼用期,20世纪90年代开始逐步进入肉用期。其特点如下。

(一)数量增加,生产水平提高

1980年全国牛存栏头数0.71亿头,1990年全国牛存栏头数达1.03亿头,2010年全国牛存栏头数达1.06亿头,比1980年增长49.3%,占世界牛存栏总量的8.12%,仅次于印度和巴西,居世界第三位。2012年牛肉产量达554万t,与1990年的125.6万t相比,翻了近两番,年递增率 30.15%,这是中国乃至世界肉牛发展史上没有先例的,中国已成为世界第三个牛肉生产大国,仅次于美国和巴西。2013 年屠宰 4 090 万头,牛肉产量 558 万 t。

我国牛肉产量保持逐年增长势头。2012 年牛肉产量是 1961 年牛肉产量的 90.14 倍。中国牛肉产量占世界牛肉产量的比重呈现良好的增长态势,从 1961 年的 0.28% 提高到 2012 年的 11.29%。在 40 多年间,比重提高了 40.32 倍,是所有畜种中比重增长最大的。人均牛肉占有量 1995 年为 2.7 kg,2000 年为 4.0 kg,2012 年达到 4.2 kg,2013 年为 4.92 kg 左右,这和世界人均消费量约 10 kg 的水平相比差距很大。这是国内牛肉消费总量将快速增长的主要原因。

中国牛肉产量增长在 20 世纪 90 年代达到高潮,1990 年比 1985 年增长 154.71%,1995 年比 1990 年增长 176.34%。进入 21 世纪后,中国牛肉产量增长虽有所减缓,但年增长率始终保持正值。研究资料显示,中国牛肉需求有望从 2008 年的 600 万 t 上涨到 2015 年的 740 万 t。相比之下,世界牛肉产量的增长要缓慢得多,自 20 世纪 80 年代以后年增长率更是减小到 10% 以下。

(二)品种改良和选育步伐加快

我国从 20 世纪 30 年代就曾引入短角牛等优良品种进行改良。但是,有组织、有计划、大规模地开展此项工作是在 20 世纪 70 年代末开始的,先后从德国、奥地利、法国、加拿大等国引进乳肉兼用型西门塔尔,肉用型夏洛来、利木赞、海福特、抗旱王和辛地红牛、安格斯等 16 个品种的良种公牛近 1 000 头,改良我国黄牛,使黄牛从单一的役用向乳、肉、役兼用方向发展。经过各地多年实践,确定了以西门塔尔、夏洛来和利木赞、安格斯为当家品种,根据不同地区、不同品种和不同的经济发展水平,采用不同的杂交方法和杂交组合。在河南、河北、辽宁、安徽、山东、甘肃、新疆等地,用夏洛来、利木赞和西门塔尔、安格斯等几个肉用品种或乳肉兼用品种对当地黄牛及其杂种后代进行二元或三元杂交,生产肉杂牛。

在河南省南阳、驻马店、周口和安徽阜阳及山东菏泽一带广大的黄淮海平原上,肉牛改良集中连片,形成数十万头的肉杂牛群体,与当地的粮棉种植业结合起来,经济效益显著,形成中原肉牛带。乳肉兼用的西杂牛在松辽平原、科尔沁草原、太行山麓、皖北、豫东和苏北农区形成了近百万头的群体。在新疆,新疆褐牛的培育以及引进西门塔尔、安格斯牛等杂交改良也取得了很好的效果。我国地方良种黄牛(如秦川牛、鲁西黄牛、晋南牛、南阳牛等)导入国外优良品种(如丹麦红牛、利木辛牛等品种)的血液后,体型结构得以改变,产肉性能得以提高,出栏周期得以缩短。在安徽、河北、湖北、甘肃等省还利用国内地方的良种(秦川牛、南阳牛)改良当地小型黄牛,也普遍加大了体型,增强了免疫力,提高了产肉性能,黄牛低产的缺点基本得到了改善。

(三)围绕肉牛产业发展形成了一定的育肥生产模式

我国的肉牛产业规模化供应市场是从 20 世纪 80 年代中期开始起步的,目前肉牛生产处于一种农户分散饲养比重大、饲养成本因地域不同而不均衡,稳定成熟的肉牛产业尚在形成的状况。虽然我国牛品种资源丰富,发展空间潜力大,但我国本土牛品种的商品率相比国外专门的食用肉牛品种低,生长周期相对较长,牛肉加工方法单一,加上我国当前肉牛养殖业的生产规划、区域布局等还不够明晰,各地的养殖和育肥模式也处于"自由经济类型",缺乏科学性和长远的规划。

在我国,农区的肉牛主要养殖模式是:农户个体分散模式、农户个体集中模式和中小规模的专业化模式的肉牛育肥,其中在农区以专业化中小规模育肥模式占主导。肉牛育肥是一个投入较高,生产周期较长,专业化水平要求较高的产业,但由于我国肉牛产业化生产正处于转型期,许多因素制约着肉牛产业快速发展。从全国来看,大部分农区基本上是"以千家万户分散饲养为主,以中小规模育肥场集中育肥为辅"的肉牛生产模式。其中也有企业或者投资商经营比较大型的肉牛育肥场,其主要是以集中强度育肥生产模式。

(四)我国肉牛产业中存在的问题

(1)肉牛选育改良缺乏科学规划和统一部署,肉牛良种覆盖率低,个体贡献率不高。

(2)基础母牛群缺乏保护措施,"杀青弑母"现象较为严重。

(3)产业化组织体系不健全,肉牛生产的整体水平和效益偏低。

(4)城乡居民的饮食结构和消费水平有待提高,加之牛肉品质、分级标准、追溯体系等方面存在不足,优质优价的市场基础尚未形成。

(5)牛肉供应总量不足,人均占有量不及世界平均水平的一半,且中低档牛肉产品居多,高档牛肉所占比率不足 5%,仍需从国外大量进口。

(6)肉牛企业普遍起点不高,产业与金融资本缺乏结合点,市场拉动作用还没有上升为产业发展的主导力量。

(五)我国肉牛产业的发展对策

1.加大投入,增强政府对肉牛产业宏观调控能力

为了进一步促进我国肉牛业的持续发展,各级政府应不断增加对肉牛养殖业的资金、物质和技术投入,制定有利于肉牛产业发展的优惠政策,尽快出台保护基础母牛的政策措施,扶持和促进肉牛产业持续稳定发展。同时,加速体制改革和机制创新,实行产业归口管理,以增强政府对肉牛产业的宏观调控能力。

2.加大对地方牛品种的保护与开发力度,加速地方黄牛品种改良

肉牛主产区应根据各地方黄牛品种的具体情况制订相应的保种选育方案并加以实施,对地方黄牛种质资源保护和利用的综合技术进行研究,做到以保为主,保育结合,以育促保。在保持种质资源特性的前提下,根据主要经济性状进行选育,把潜在的商业优势充分挖掘出来,并加以选育和提高。

3.向奶牛要牛肉,推动奶公犊牛育肥以扩大牛源

据有关资料显示,全世界牛肉的 60% 来源于淘汰奶牛和奶公犊牛,而来自专门肉牛的牛肉只占 40%,利用奶公犊牛育肥生产小白牛肉已经成为增加国际市场牛肉来源的重要手段。在我国奶牛生产过程中,奶公犊牛除极少数用做培育种公牛外,大多被直接宰杀流入牛肉市场。由于刚出生的犊牛肌肉、脂肪和体躯等有商品价值的部分尚未发育,只能当普通牛肉售出,这种做法对奶牛饲养者来说收益极低。而同时我国肉牛市场却面临牛源短缺、优质牛肉供应不足等问题,我们可以通过学习和借鉴国外在奶公犊牛利用方面的先进科学技术向奶牛要牛肉,一方面能为每年约 350 万头的奶公犊牛找到出路,节约了奶牛资源,另一方面也能有效地增加我国牛肉产量,特别是提高高档牛肉的产量,实现奶牛业和肉牛业的有效结合。

4.加强饲料饲草资源开发利用,促进养殖方式转变,鼓励规模养殖

利用当地的饲草饲料资源用于养殖架子牛和空怀母牛是降低养殖成本、发展节粮型肉牛产业的基本途径。规模化养殖,可以突破传统的养牛一条街、养牛专业村、养牛小区的模

式,做到集约化养殖。

5.加大肉牛产业科技创新和实用先进技术的推广

将"产学研"紧密结合,加大对肉牛育肥、饲料加工调制、人工种草、草场改良利用、屠宰加工、质量监测与溯源等肉牛生产标准化技术的应用与推广,不断提高肉牛产业的科技水平,充分发挥综合效益;不断强化技术支撑单位的科技创新意识和技术服务意识,根据养殖户和加工企业在生产实际中遇到的问题进行针对性的科技攻关,并将相关技术组装成套,通过科技下乡和科技入户等方式迅速加以推广;国家肉牛改良中心的启动运行以及国家现代肉牛产业技术体系的全面建设,将会有力地促进我国肉牛产业健康持续发展。

近年来,国家对畜牧业给以重点政策倾斜,特别是肉牛带区域规划和冻精政策性补贴等必将推动繁育体系建设和肉牛业的快速发展。随着我国家畜饲养向节粮型品种调整以及膳食结构改变的需要,肉牛业将成为一个大产业。在不远的将来,肉牛业一定会像现在的奶牛业一样,在国民经济中具有举足轻重的地位。牛肉是投资、产值都很大的产业,我国每年都要花费大量外汇在外采购。近三年我国每年需从国外进口高档牛肉 2 000～3 000 t。我国肉牛业发展的空间还很大。

▶ 四、世界养牛业发展趋势

(一)养牛场数目减少,经营规模扩大

近年来随着世界性的牛奶过剩,使得一些中小型奶牛场被兼并或转产,因而养牛场的数目大幅度减少,而养牛场的规模则不断扩大,并且日益趋向专业化、工厂化发展,普遍提高了机械化水平,实行集约化的经营管理。如美国饲养 1 000 头左右的大型奶牛场有几万个,饲养 5 000 头以上的特大型奶牛场也有几十个。这些工厂化大企业所生产的牛奶,约占全国所需商品奶的 95%。加拿大奶牛场的数量比以前下降 31%,而饲养头数却增加 34%。由于采取这些措施,增强了抗风险能力,并获得较高的经济效益。

(二)开展新技术的推广应用

随着生物科学技术突飞猛进的发展,使大批成熟的高新技术,如基因工程、同期发情、冷胚移植、同卵双生、胚胎性别鉴定、胚胎分割、激素免疫等,在养牛业中得到推广应用,并取得较好效果。此外,在牛的育种、饲养管理方面,实行了微机管理,从而大幅度提高了养牛业的生产水平。

(三)品种大型化

世界上培育的奶牛和肉牛品种较多,近年来各国为了提高牛的生产水平,都在优选品种。各国饲养的奶牛品种,除荷斯坦奶牛(即黑白花奶牛)外,还有爱尔夏牛和娟姗牛等,但近年来奶牛品种日趋单一化与大型化。各国饲养荷斯坦奶牛的头数日益增加,其原因是荷斯坦奶牛具有产乳量高、产乳的饲料报酬高、生长发育快、瘦肉多等优点,故在奶牛中饲养的比例不断增加,其他奶牛品种则日渐减少。如美国和日本,荷斯坦奶牛占饲养奶牛总数的90%以上,英国占 64%,荷兰、新西兰、澳大利亚等亦是以发展荷斯坦奶牛为主。在肉牛业,由于人们普遍厌恶动物脂肪,追求瘦肉多,而大型品种的特点是生长快,可以在年龄不大的时候屠宰,使瘦肉多而脂肪少,符合市场需要,因此夏洛来、西门塔尔等大型品种,引起了饲养者的广泛兴趣。原饲养海福特、安格斯、短角牛等中、小型肉牛品种的国家,亦相继引入大

型肉牛品种。近年来,我国也先后引进夏洛来、利木赞、西门塔尔牛等良种与本地黄牛杂交,获得了较好改良效果。

(四)重视饲料加工的研究

实行全价饲养 20 世纪 70 年代以前,国外对牛的饲料加工尚停留在晒制干草、玉米整株青贮、谷物磨碎等几项简易方法。近几年来一些养牛业发达的国家推行了一系列新的饲料加工技术,从而提高了养牛业的经济效益。

据专家研究得知,谷物生产的总能量有一半在籽实,有一半在秸秆内。全世界秸秆的年产量约为 20 亿 t,如何利用这样大的能量,受到了许多国家的重视。联合国粮农组织(FAO)于 1976 年召开了关于开辟新的饲料资源的技术讨论会,会议指出,可采用生物化学、物理和化学方法来提高秸秆的利用率。对籽实饲料,一些国家采取了挤压法、胶化法、湿化法、颗粒化等加工技术。此外,有些国家为了进一步发挥奶牛和肉牛的生产潜力,推行混合日粮,实行全价饲养,其做法是将粗料和精料混合饲喂(TMR 饲喂),或压制成 TMR 颗粒饲料喂牛。

在发达国家,以往采用大量精料喂牛,致使牛采食精料过多,造成牛发生消化疾病和代谢疾病增多,牛过于肥胖又会发生繁殖障碍。有鉴于此,有些国家在牛的日粮中增加了粗料的比例。如美国在 1972—1973 年间精料比例为 52%,进入 20 世纪 90 年代后精料比例降到 35%～40%,自 2010 年以来有许多牛场将精料减少为 21%。国外使用玉米肥育肉牛也日益增多。美国在牧区繁殖肉用小牛,养到 7～8 月龄时转到粮食产区,利用青贮玉米催肥,经 10 个月育肥,体重达 500 kg 左右屠宰。德国巴伐利亚地区 88% 的公牛用青贮玉米肥育,平均日增重为 1.074 kg。

(五)充分利用杂种优势

俄罗斯等国早在 20 世纪就研究了 100 多个牛的杂交组合,证明杂交后代比纯种牛多产肉 10%～15%。美国也证明,两品种杂交后代的产肉力比纯种牛提高 15%～20%。在发展中国家,大量引进高产品种与当地牛进行杂交改良,以提高生产力,致使原有品种减少,有些品种已经绝迹。据法国 Lauv 在欧洲地中海调查得知,原有 149 个地方品种中仅有 33 个品种目前还维持现状,其余品种已逐渐减少或已达到基本保种的状况。

学习情境一　奶牛饲养技术

Project 1

奶牛饲养基础

【任务目标】

了解国内外优秀的奶牛品种,熟悉相关品种产地、分布、体质外貌特点、生产性能,达到能够正确识别不同品种;掌握根据奶牛体质外貌特征、生产性能、系谱资料等来选择优良个体牛只的技术技能。

【学习活动】

▶ 一、活动内容

奶牛品种识别及优良个体选择。

▶ 二、活动开展

(1)通过查询相关信息,结合奶牛品种图片、录像资料介绍,现场实地调研,深入了解本地区培育或引入的奶牛品种的体质外貌特征、生产性能,掌握品种标准,对所观察到的奶牛品种个体特征进行描述并做记载。

(2)根据牛只体质外貌、生产性能、系谱等选择出优良个体牛只。

【相关技术理论】

▶ 一、奶牛品种

奶牛属普通牛与黄牛种。其品种主要有荷斯坦牛、中国荷斯坦牛、娟姗牛、更赛牛、爱尔夏牛及瑞士褐牛等。目前世界及我国主要分布饲养的奶牛品种以荷斯坦牛为主。荷斯坦奶牛风土驯化能力和适应性极强。其足迹遍布全球,世界上绝大多数国家均有饲养。经在各国长期的风土驯化和系统繁育或与当地牛进行杂交而育成能较好地适应当地环境条件,并各具独自特点的荷斯坦奶牛,各国均以其国名冠予荷斯坦牛。其主要有中国荷斯坦、美国荷斯坦、加拿大荷斯坦、德国荷斯坦、日本荷斯坦等等。目前在世界乳牛品种中荷斯坦奶牛以其产乳性能最高而位居榜首,是饲养奶牛的首选品种。下面以分布在我国的引入品种和培育品种为例做具体介绍。

(一)荷斯坦牛

荷斯坦牛(Holstein)原产于荷兰北部的北荷兰省和西弗里生省,其后代分布到荷兰全国乃至法国北部以及德国的荷斯坦省。荷斯坦牛引入美国后,最初成立两个奶牛协会,即美国荷斯坦育种协会和美国荷兰弗里生牛登记协会,1885年该两协会合并成美国荷斯坦-弗里生协会,从而得荷斯坦-弗里生牛之名。在荷兰和其他欧洲国家则称之为弗里生牛。荷斯坦牛风土驯化能力强,世界大多数国家均能饲养。经各国长期的驯化及系统选育,育成了各具特征的荷斯坦牛,并冠以该国的国名,如美国荷斯坦牛、加拿大荷斯坦牛、日本荷斯坦牛、中国荷斯坦牛等。

1. 外貌特征

荷斯坦牛因被毛为黑白相间的斑块(图 1-1-1,图 1-1-2),因此又称之为黑白花牛。按照生产用途不同,可分为乳用型和兼用型两种类型。

图 1-1-1 荷斯坦公牛

图 1-1-2 荷斯坦母牛

乳用型荷斯坦牛体格高大(表 1-1-1),结构匀称,皮薄骨细,皮下脂肪少,乳房特别庞大,乳静脉明显,后躯较前躯发达,侧望呈楔形,具有典型的乳用型外貌。被毛细短,毛色呈黑白斑块,界线分明,额部有白星,腹下、四肢下部(腕、跗关节以下)及尾帚为白色。犊牛初生重为 40~50 kg。

表 1-1-1 成年荷斯坦牛体尺和体重

性别	体重/kg	体高/cm	体长/cm	胸围/cm	管围/cm
公	900~1 200	145	190	226	23
母	650~750	135	170	195	19

兼用型荷斯坦牛体格略小于乳用型,体躯低矮宽深,皮肤柔软而稍厚,尻部方正,四肢短而开张,肢势端正,侧望略偏矩形,乳房发育匀称,前伸后展,附着好,多呈方圆形;毛色与乳用型相同,但花片更加整齐美观。成年公牛体重 900~1 100 kg,母牛 550~700 kg。犊牛初生重 35~45 kg。

2. 生产性能

乳用型荷斯坦牛的产奶量为各奶牛品种之冠。荷兰全国荷斯坦牛平均年产奶量为 8 016 kg,乳脂率为 4.4%、乳蛋白率为 3.42%;美国 2000 年登记的荷斯坦牛平均产奶量达 9 777 kg,乳脂率为 3.66%、乳蛋白率为 3.23%。创世界个体最高纪录者,是美国一头名叫 "Muranda Oscar Lucinda-ET" 牛,365 天每天两次挤奶产奶量高达 30 833 kg。至今美国已有 37 头以上的荷斯坦牛年产奶量超过 18 000 kg,创终身产奶量最高纪录是美国加利福尼亚州的一头奶牛,在泌乳的 4 796 天内共产奶 189 000 kg。

兼用型荷斯坦牛的平均产奶量较乳用型低,年产奶量一般为 4 500~6 000 kg,乳脂率为 3.9%~4.5%。个体高产者可达 10 000 kg 以上。兼用型荷斯坦的肉用性能较好,经肥育的公牛,500 日龄平均活重为 556 kg,屠宰率为 62.8%。该牛在肉用方面的一个显著特点是肥育期日增重高,据丹麦测定 517 头荷斯坦小公牛,平均日增重为 1 195 g,淘汰的母牛经 100~150 天肥育后屠宰,其平均日增重为 900~1 000 g。

3.适应性

荷斯坦牛风土驯化能力极强,世界上绝大多数国家均能饲养,并培育出了各具本土特色的荷斯坦牛。荷斯坦牛的缺点是乳脂率较低,不耐热,高温时产奶量明显下降。因此,夏季饲养,尤其南方要注意防暑降温。

(二)中国荷斯坦牛

中国荷斯坦(Chinese Holstein)又称中国黑白花牛,1992年正式更名为"中国荷斯坦牛",是我国奶牛的主要品种,分布全国各地。中国荷斯坦牛有100多年的历史,其育种过程非常复杂,是从国外引进的纯种荷兰牛在我国不断驯化和培育,或与我国黄牛进行杂交并经长期选育而逐渐形成的。培育流程如图1-1-3所示。

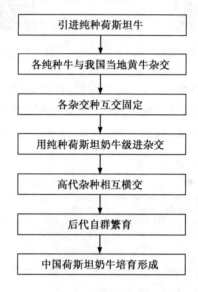

图1-1-3 中国荷斯坦牛培育流程

1.外貌特征

毛色呈黑白花,体质细腻结实,体躯结构均匀。泌乳系统发育良好,乳房附着良好,质地柔软,乳静脉明显,乳头大小、分布适中。肢势端正,蹄质坚实。由于各地引用的黑白花公牛和本地母牛类型不同,以及饲养环境条件的差异,我国黑白花牛多为乳用型,乳用特征明显,但体格不够一致,基本上可划分为大、中、小三个类型。

大型:主要引用美国荷斯坦公牛与北方母牛长期杂交和横交培育而成,成年母牛体高为136 cm以上。

中型:主要引用日本、德国等中等体型的荷斯坦公牛与本地母牛杂交及横交培育而成,成年母牛体高133 cm以上。

小型:主要引用荷兰等国欧洲类型的荷斯坦公牛与本地母牛杂交,或引进荷斯坦公牛与体型小的本地母牛杂交而成,成年母牛高130 cm左右。

2.生产性能

中国荷斯坦牛平均成年体高:公150.4 cm,母133.0 cm;成年体重:公1 020 kg,母575 kg;性成熟年龄:12月龄;适配年龄:14～16月龄;平均单产:5 000～7 000 kg;乳脂率:3.4%。

3.适应性

适应性能良好,遗传稳定,很多地区均可饲养,抗病力强,饲料报酬高。

(三)娟姗牛

娟姗牛(Jersey)属小型乳用品种,原产于英吉利海峡南端的娟姗岛,由法国的布里顿牛(Brittany)和诺曼底牛(Normondy)杂交繁育而成(图1-1-4,图1-1-5)。娟姗牛的最大特点是单位体重产奶量高,乳质浓厚,乳脂肪球大,易于分离,乳脂黄色,风味好,适于制作黄油,其鲜奶及奶制品备受欢迎。

图1-1-4　娟姗牛公牛　　　　　　　　图1-1-5　娟姗牛母牛

1.外貌特征

体型小,头小而清秀,额部凹陷,两眼突出,耳大而薄,鬐甲狭窄,肩直立,胸深宽,背腰平直,腹围大,尻长平宽,尾帚细长,四肢较细,关节明显,蹄小。乳房发育匀称,形状美观,乳静脉粗大而弯曲,后躯较前躯发达,体型呈楔形。娟姗牛被毛细短而有光泽,毛色为深浅不同的褐色,以浅褐色为最多。鼻镜及舌为黑色,嘴、眼周围有浅色毛环,尾帚为黑色。

2.生产性能

娟姗牛体格小,成年公牛体高123~130 cm,体重500~700 kg,母牛体高111~120 cm,胸围154 cm,体重350~450 kg。犊牛初生重为23~27 kg。一般年平均产奶量为3 500 L,乳脂率平均为5.5%~6%,乳脂色黄而风味好。娟姗牛性成熟早,一般15~16月龄便开始配种。2000年美国登记娟姗牛平均产奶量为7 215 kg,乳脂率4.61%,乳蛋白率3.71%。创个体纪录的是美国一头名叫"Greenridge Berretta Accent"的牛,年产奶量达18 891 kg,乳脂率为4.67%,乳蛋白率为3.61%。

(四)更赛牛

更赛牛(Guernsey)属于中型乳用品种,原产于英国更赛岛(图1-1-6,图1-1-7)。属古老品种,含诺曼底牛的基因比例大。1877年成立品种协会,1878年开始改良登记。该品种在培育早期与娟姗牛极为相似,但是后来因其具有许多特殊的特点而被单独选育。

图1-1-6　更赛牛公牛　　　　　　　　图1-1-7　更赛牛母牛

1.外貌特征

头小,额狭,角较大,向上方弯;颈长而薄,体躯较宽深,后躯发育较好,乳房发达,呈方形,但不如娟姗牛的匀称。被毛为浅黄或金黄,也有浅褐个体;腹部、四肢下部和尾帚多为白色,额部常有白星,鼻镜为深黄或肉色。成年公牛体重 750 kg,母牛体重 500 kg,体高 128 cm。犊牛初生重 27～35 kg。

2. 生产性能与适应性

更赛牛以高乳脂、高乳蛋白以及奶中较高的胡萝卜素含量而著名。1992 年美国更赛牛登记牛平均产奶量为 6 659 kg,乳脂率为 4.49％,乳蛋白率为 3.48％。更赛牛的单位奶量饲料转化效率较高,产犊间隔较短,初次产犊年龄较早,耐粗饲,易放牧,对温热气候有较好的适应性。19 世纪末开始输入中国,1947 年又输入一批,主要饲养在华东、华北各大城市。目前,在中国纯种更赛牛已绝迹。

(五)爱尔夏牛

爱尔夏牛(Ayrshire)原产英国爱尔夏郡,该牛种最初属肉用,1750 年开始引用荷斯坦牛、更赛牛、娟姗牛等乳用品种杂交改良,于 18 世纪末育成为乳用品种(图 1-1-8,图 1-1-9)。

图 1-1-8 爱尔夏牛公牛　　　　　图 1-1-9 爱尔夏牛母牛

1. 外貌特征

爱尔夏牛角细长,形状优美,角根部向外方凸出,逐向上弯,尖端稍向后弯,为蜡色,角尖呈黑色。体格中等,结构匀称,被毛为红白花,有些牛白色占优势。该品种外貌的重要特征是其奇特的角形及被毛有小块的红斑或红白沙毛。鼻镜、眼圈浅红色,尾帚白色。乳房发达,发育匀称呈方形,乳头中等大小,乳静脉明显。

2. 生产性能

爱尔夏牛成年公牛体重约为 800 kg,母牛约为 500 kg。耐粗饲,易肥育。爱尔夏牛年产乳 3 500～4 500 kg,乳脂率 3.8％～4.0％,脂肪球小。产奶量一般低于荷斯坦牛,但高于娟姗牛和更赛牛。美国爱尔夏登记牛年平均产奶量为 5 448 kg,乳脂率 3.9％,个别高产群体达 7 718 kg,乳脂率 4.12％。美国最高个体 305 天,每天 2 次挤奶产奶量为 16 875 kg,乳脂率 4.28％;305 天最高产奶纪录为 18 614 kg,乳脂率 4.39％。

3. 适应性与分布

爱尔夏牛以早熟,耐粗,适应性强为特点,先后出口到日本、美国、芬兰、澳大利亚、加拿大、新西兰等 30 多个国家或地区。我国广西、湖南等许多地方曾有引用,但由于该品种易应激,不易管理,如今纯种牛已很少。

(六)瑞士褐牛

瑞士褐牛(Brown Swiss)属乳肉兼用品种,原产于瑞士阿尔卑斯山区,主要在瓦莱斯地区。由当地的短角牛在良好的饲养管理条件下,经过长时间选种选配而育成(图 1-1-10,图 1-1-11)。

图 1-1-10 瑞士褐牛公牛   图 1-1-11 瑞士褐牛母牛

1.外貌特征

被毛为褐色,有浅褐、灰褐至深褐色,在鼻镜四周有一浅色或白色带,鼻、舌、角尖、尾帚及蹄为黑色。头宽短,额稍凹陷,颈短粗,垂皮不发达,胸深,背线平直,尻宽而平,四肢粗壮结实,乳房匀称,发育良好。

2.生产性能

瑞士褐牛成熟较晚,一般 2 岁才配种。耐粗饲,适应性强,美国,加拿大、俄罗斯、德国,波兰、奥地利等国均有饲养,全世界约有 600 万头。成年公牛体重为 1 000 kg,母牛 500～550 kg。瑞士褐牛年产奶量为 2 500～3 800 kg,乳脂率为 3.2%～3.9%;18 月龄活重可达 485 kg,屠宰率为 50%～60%。

(七)新疆褐牛

新疆褐牛(Brown Xinjiang)属于乳肉兼用型品种,主产于新疆伊犁和塔城地区,是我国在 20 世纪 30 年代引用瑞士褐牛和当地黄牛杂交选育,又在 20 世纪 50 年代先后从苏联引进几批含有瑞士褐牛血统的阿拉塔乌牛和少量的科斯特罗姆牛继续进行改良,七八十年代先后从德国和奥地利引入三批瑞士褐牛,继续对新疆褐牛进一步提高和巩固,历经半个世纪的选育而成的,1983 年通过鉴定,批准为乳肉兼用新品种(图 1-1-12,图 1-1-13)。

图 1-1-12 新疆褐牛公牛   图 1-1-13 新疆褐牛母牛

1.外貌特征

新疆褐牛有角,角尖稍直、呈深褐色,角大小适中、向侧前上方弯曲呈半椭圆形。毛色呈褐色,深浅不一,顶部、角基部、口轮的周围和背线为灰白色或黄白色,眼睑、鼻镜、尾尖、蹄呈深褐色。体躯健壮,头清秀,角中等大小,向侧前上方弯曲,呈半椭圆形。成年公牛体重为 951 kg,母牛为 431 kg。犊牛初生重 28～30 kg。

2.生产性能

新疆褐牛在伊犁、塔城牧区草原终年放牧饲养,挤乳期主要在 5～9 月份,以 305 天产乳量为标准;城郊牛场是舍饲为主加放牧的方式,在舍饲条件下,305 天一般产奶量为 2 100～3 500 kg,乳脂率 4.03%～4.08%,乳干物质 13.45%。个别高的产奶量可达 5 212 kg。在放牧条件下,泌乳期约 100 天,产奶量 1 000 kg 左右,乳脂率 4.43%。

3.改良效果

从 2001 年开始到 2011 年期间,新疆乌鲁木齐种牛场新疆褐牛繁育中心引进了美国褐牛冻精对新疆褐牛进行改良,改良后,该场新疆褐牛产乳量平均单产在乳蛋白、乳脂率无明显变化情况下,比改良前提高了 1 376 kg,效果显著。同时,改良后,新疆褐牛体型变高、变长,体躯结构更加趋向于奶牛的清秀、三角形体型。

4.适应性

新疆褐牛适应性极强,为其他品种杂种牛所不及。它能在海拔 2 500 m 高山、坡度 25°的山地草场放牧,可在冬季−40℃、雪深 20 cm 的草场用嘴拱雪觅草采食,也能在低于海面 154 m、最高气温达 47.5℃的吐鲁番盆地——"火洲"环境下生存。宜牧,耐粗的采食增膘、保膘方面与当地黄牛相同。但在冬季缺草少圈饥寒时,由于新疆褐牛个体大,需要营养多。入不敷出,比当地黄牛掉膘快,损失大。在抗病力方面,与当地黄牛同样强。

(八)西门塔尔牛

西门塔尔牛原产于瑞士西部的阿尔卑斯山区,主要产地为西门塔尔平原和萨能平原(图 1-1-14,图 1-1-15)。在法、德、奥等国边邻地区也有分布。瑞士的西门塔尔牛占全国牛只的 50%、奥地利占 63%、德国占 39%,现已分布到很多国家,成为世界上分布最广,数量最多的乳、肉、役兼用品种之一。

图 1-1-14　西门塔尔牛公牛　　　　图 1-1-15　西门塔尔牛母牛

1.外貌特征

西门塔尔牛毛色为黄白花或淡红白花,头、胸、腹下、四肢及尾帚多为白色,皮肤为粉红色,头较长,面宽;角较细而向外上方弯曲,尖端稍向上。颈长中等;体躯长,呈圆筒状,肌肉丰满;前躯较后躯发育好,胸深,尻宽平,四肢结实,大腿肌肉发达;乳房发育好,成年公牛体重平均为 800～1 200 kg,母牛 650～800 kg。

2.生产性能

西门塔尔牛乳、肉用性能均较好,平均产奶量为 4 070 kg,乳脂率 3.9%。在欧洲良种登记牛中,年产奶 4 540 kg 者约占 20%。该牛生长速度较快,日均增重可达 1.35～1.45 kg 及以上,生长速度与其他大型肉用品种相近。胴体肉多,脂肪少而分布均匀,公牛育肥后屠宰率可达 65%左右。

3.我国引种及改良情况

我国自 20 世纪初就开始引入西门塔尔牛,到 1981 年我国已有纯种牛 3 000 余头,杂交种 50 余万头。西门塔尔牛改良各地的黄牛,都取得了比较理想的效果。早在 20 世纪初西门塔尔牛就参与我国三河牛的形成。新中国成立以来,我国从 50 年代有计划地引进西门塔尔牛,经 40 多年的繁育对比,尤其在乳、肉生产性能和役用性能方面,发现西门塔尔牛在较大范围内有良好效果。西门塔尔牛的产乳潜力很大,目前尚未得到正常的发挥,如果扩大纯种繁育,对巩固乳品基地有极大好处。在东北、西北和四川盆地边缘地区以及内地某些山区将可发展成纯种繁育体系。在农区,对乳肉、乳、役兼用牛的培育已在山西、浙江等省取得明显效果,一代杂种在农区利用作物秸秆的情况下,一天可挤乳 3.15 kg。

二、奶牛品种个体选择

选种就是要从牛群中选出符合育种目标的优良个体留作种用,是育种工作中的主要手段和基本技术措施,也是育种工作的核心任务之一。选好种对于奶牛生产具有极重大意义,而科学的选种技术是决定育种工作成效的关键所在。牛的体质外貌评定和生长发育鉴定是对奶牛进行选择的常用手段,除此之外,在进行奶牛选择时,还应考虑其年龄、生产性能、繁殖力、系谱资料等情况,综合加以评定才能确定其是否适合作为种用。

(一)奶牛的年龄鉴定

1.外貌鉴别法

奶牛外貌特征往往能反映其年龄大小,用外貌鉴别法可对奶牛年龄做大致判断。年龄大的老牛,被毛无光泽,在黑色的花片中到处生长出白色的刺毛,眼窝下陷,眼睛无神,面部表情呆滞,营养、膘情较差,多数体现塌腰、凹背。幼年牛头短而宽,眼睛活泼有神,眼皮较薄,被毛光润,体躯浅窄,四肢较高,后躯高于前躯,嘴细,脸部干净。

2.角轮鉴别法

一般犊牛生后 2 个月即出现角,此时长度约 1 cm,以后直到 20 月龄为止,每月约生长 1 cm。母牛每次怀孕出现一个角轮,一般牛初配年龄为 1.5 岁左右,所以,角轮数加上 1.5 就是这个牛的年龄。但是,由于母牛可能存在流产、饲料不足、空怀、疾病等情况,角轮的深浅、宽窄都不一样。有时较浅的角轮彼此汇合,不易辨识,可能导致计算年龄小于实际年龄,有时母牛产犊间隔超过一年,角轮间距较远,实际年龄会大于以上计算值。因此,该方法往往不能准确计算出牛的真实年龄。

3.根据牙齿鉴别年龄

(1)齿的名称   牛共有 32 颗牙齿,其中门牙(门齿)8 颗,臼齿 24 颗。门牙生于下颌前方,上颌没有门齿。可以根据乳门齿的发生、乳门齿换生永久齿情况以及永久齿的磨蚀程度来鉴定牛的年龄。乳齿的特征是:齿小而薄,洁白,排列有间隙而不整齐,最中间一对门齿叫钳齿,其两边的一对叫内中间齿,再外边一对叫外中间齿,最外边的一对叫隅齿。

(2)齿的发生   犊牛初生时有 2~3 对乳齿,生后 1 周左右,生出隅齿。

(3)齿的更换   牛在 1.5~2 岁开始换生钳齿,2.5~3 岁换生内中间齿,3.5 岁换外中间齿,4.5 岁换隅齿。5 岁时牛所有乳门齿均换生为永久齿,并长齐,俗称"齐口"。永久齿的特征是:齿大而较厚,微黄,排列紧密而整齐。牛的年龄大致等于永久门齿的对数加上 1.5 岁,以后就要根据永久齿的磨蚀程度来鉴定。

(4)齿的磨蚀   5 岁时隅齿开始磨蚀;6 岁时钳齿齿面磨成月牙形或长方形;7 岁时钳齿与内中间齿齿面磨成长方形,仅后缘留下一个燕尾小角;8 岁时钳齿齿面磨成四方形,燕尾小角消失;9 岁时,钳齿出现齿星(齿髓腔被磨蚀成圆形时称为齿星),内、外中间齿齿面磨成四方形;10 岁时内中间齿出现齿星,钳齿磨成近圆形,全部门齿开始变短,且齿间开始出现缝隙(表 1-1-2)。

表 1-1-2　牛齿变化与年龄关系简表

年龄	门齿	内中间齿	外中间齿	隅齿
初生	乳齿已生	乳齿已生	乳齿已生	无
2~3 周				乳齿已生
4~6 月龄	磨	磨	磨	微磨
1 岁	重磨	重磨	较重磨	磨
1.5~2 岁	更换			
2~3 岁		更换		
3~3.5 岁	轻磨		更换	
4~4.5 岁	磨	轻磨		更换
5 岁	重磨	磨	轻磨	
6 岁	横椭	重磨	磨	轻磨
6.5 岁	横椭较大	横椭	重磨	磨
7 岁	近方	横椭较大	横椭	重磨
7.5 岁	近方	横椭较大	横椭较大	横椭
8 岁	方	方	近方	横椭较大
9 岁	方	方	近方	横椭较大
10 岁	圆	近圆	方	近方

以上适合奶牛、肉牛、黄牛的年龄鉴定,牦牛、水牛由于晚熟,门齿的更换和磨蚀特征的出现比普通牛约迟 1 年,所以在鉴别年龄时,应根据上述规律加 1 岁计算。鉴别年龄时还应考虑品种的成熟性,牙齿的质地,饲养方式及饲料种类等因素对牛齿磨蚀程度的影响,以免出现明显误差。

(二)奶牛的体尺、体重测量

1.体尺测量

为掌握奶牛的生长发育情况和各部位发育的协调性,需要定期进行牛的体尺测量。一般可使用测杖、软皮尺、圆形测定器进行测量。根据牛的体尺大小,综合判断牛的生产性能和生产方向。比如,留作种用或者用于育肥。主要测量的体尺项目有:

体高:从牛鬐甲部的最高点到地面的垂直距离(图 1-1-16,图 1-1-17),标尺应该立在小母牛前腿后侧,以确保体高尺上可移动横尺在测量时落在小母牛的鬐甲部最高点并与地面水平(测杖测量)。

十字部高:两腰角连线的中点到地面的垂直距离(测杖测量)。

胸围:测量时应将皮尺从肩后沿体侧在前腿后绕过胸部(图 1-1-18),将皮尺拉紧并记录(软皮尺测量)。

体斜长:从肩端肱骨突到坐骨结节端之间的距离。测量时最好空腹、姿势正确,测量左右两侧取平均值(软皮尺测量)。

腹围:腹部最粗部位的垂直周径,饱食后测量(软皮尺测量)。

胸宽:肩胛后角最宽处的水平距离(测杖、圆形测定器测量)。

胸深:鬐甲上端到胸骨下缘的垂直距离(测杖、圆形测定器测量)。

腰角宽:两腰角外缘间的水平距离(测杖、圆形测定器测量)。

尻长:从腰角前缘到臀端后缘的直线距离(测杖、圆形测定器测量)。

坐骨宽:坐骨短处最大宽度(测杖、圆形测定器测量)。

管围:前肢管部上 1/3 处的周径(软皮尺测量)。

体尺测量的项目和部位,由于测量目的不同,测量部位可多可少。

图 1-1-16　牛体高、胸围测量部位

图 1-1-17　牛体高测量

图 1-1-18　牛胸围测量

2.体重测量

体重是发育的重要指标,特别是对种公牛、犊牛及育成牛尤为重要。目前,一般有实测法和估测法两种方法用于牛的体重测量。

(1)实测法(直接称重法)　用地磅或电子秤称量。要求在早晨饲喂前空腹称重,称量时要迅速准确,并如实记录。

(2)估测法　无地磅条件时(比如在牧区),应根据体尺测量数据进行估算:

6～12 月龄乳用牛:体重＝胸围^2×体斜长×98.7

16～18 月龄乳用牛:体重＝胸围^2×体斜长×87.5

初产至成年乳用牛:体重＝胸围^2×体斜长×90(乳肉兼用牛参用)

体重单位为 kg,胸围、体斜长单位为 m。

3.注意事项

①测量过程应注意自身安全,防止被牛踢伤、踩伤。

②体尺测量时,地面一定要平坦、牛姿势一定要保持端正(四肢直立,头自然前伸,姿态自然)。

③测量数据应翔实记录(表 1-1-3)。

表 1-1-3　乳牛体尺、体重测量记录表

测量时间:　　　　　　测量地点(牛场):　　　　　　测量人:

牛号	品种	年龄	体重	体高	十字部高	体斜长	胸围	腹围	管围	胸深	胸宽	腰角宽	髋宽	尻长	尻宽	坐骨宽

单位:kg,cm。

(三)生产母牛的选择

1.乳用母牛的典型外貌特征

从整体看,乳用牛的体型趋于三角形,后躯发达。被毛细短而有光泽,皮薄致密而富有弹性。骨骼细致而坚实,关节明显而健壮。肌肉发育适度,皮下脂肪沉积不多,血管显露,体态清秀优美(图1-1-19)。

图1-1-19 乳牛最理想体型

2.根据奶牛体质外貌百分评分法选择(观察法)

牛的体质外貌评分鉴定是根据牛的不同生产类型,按照各部位与生产性能和健康程度的关系,分别规定出不同的分数和评分标准进行评分,最后综合各部位评分,得出该牛的总分后再确定其外貌等级。

(1)鉴定准备 鉴定前对牛的品种、年龄、胎次、产犊日期、泌乳天数、妊娠日期、健康状况、体尺体重、产乳量及饲养管理等情况要逐项调查清楚并登记。

(2)鉴定方法 对乳用牛进行外貌评分鉴定时,按照中华人民共和国国家标准(GB/T 3157—2008)进行,使被鉴定牛自然站立在平坦的场地,鉴定人员站立于距牛约4 m处,先观察牛的整体轮廓,依次从前方、侧方、后方观看牛的体型。然后走近牛体,按鉴定评分标准逐一仔细触摸各个部位,并按评分表中规定的内容逐项打分,然后计算总分,最后评定等级(表1-1-4)。

表1-1-4 乳牛外貌鉴定评分表

项目	细目与评满分要求	标准分
一般外貌与乳用特征	1.头、颈、鬐甲、后大腿等部位棱角和轮廓明显	15
	2.皮肤薄而有弹性,毛细而有光泽	5
	3.体高大而结实,各部结构匀称,结合良好	5
	4.毛色黑白花,界限分明	5
	小计	30
体躯	5.长、宽、深	5
	6.肋骨间间距宽,长而开张	5
	7.背腰平直	5
	8.腹大而不下垂	5
	9.尻长、宽、平	5
	小计	25
泌乳系统	10.乳房形状好,向前后延伸,附着紧凑	12
	11.乳房质地:乳腺发达,柔软而有弹性	6
	12.四乳区:前乳区中等大,四个乳区匀称,后乳区高、宽而圆,乳镜宽	6
	13.乳头:大小适中,垂直呈柱形,间距匀称	3
	14.乳静脉弯曲而明显,乳井大,乳房静脉明显	3
	小计	30
肢蹄	15.前肢:结实,肢势良好,关节明显,蹄质坚实,蹄底呈圆形	5
	16.后肢:结实,肢势良好,左右两肢间宽,系部有力,蹄形正,蹄质坚实,蹄底呈圆形	10
	小计	15
	总计	100

(3)鉴定时间 乳用母牛在第 1、3、5 胎产犊后 1～2 个月内进行外貌鉴定。犊牛、育成牛尚处于发育阶段,不评特等,最高为一等。体重与外貌发育达标即可列入该等级,如其中一项不达标,应降一个等级。犊牛初生时进行鉴定选留,以后分别在 6、12、18 月龄进行鉴定。鉴定评级标准见表 1-1-5,表 1-1-6。

表 1-1-5 中国荷斯坦奶牛外貌评分等级标准

等级	特级	一级	二级	三级
分数	80	75	70	65

表 1-1-6 乳用犊牛、育成牛外貌评分等级标准   kg

等级	外貌发育	初生重		6 月龄重		12 月龄重		18 月龄重	
		公	母	公	母	公	母	公	母
一等	发育良好、肢势正常、体型外貌良好	40	38	200	180	350	295	480	400
二等	发育正常、体型外貌无明显缺陷	38	36	190	170	340	275	460	370
三等	发育一般、体型外貌无严重缺陷	36	34	180	160	320	260	440	340

3. 根据奶牛的外貌线性鉴定法选择

线性鉴定法是 20 世纪 80 年代发展起来的乳牛体型鉴定方法。线性鉴定法根据乳牛各个部位的功能和生物学特性给予评分,比较全面、客观、数量化,避免了主观抽象因素的影响,应用于乳牛选择,对乳牛改良工作起到了很好的指导作用。

线性鉴定的每个性状,按照其生物学特性的变异范围,定出这个性状的最大值和最小值,在此区间以线性的尺度进行评分。每个性状的评分鉴定,不是依照其分数的高低确定其优劣,而是看这个性状趋向于最大值或最小值的程度。其次,线性鉴定具有数量化的评分标准,评分明确、肯定,不会有模棱两可的情况。例如体高,可以根据具体的尺寸评分,体高 140 cm,就是 25 分。还有一些性状可以借助于其他性状比较,确定评分。例如,后乳房高度是借助乳房与大腿连接翻转的距阴门的距离来评分,距离 30 cm,评分 25 分。总之,由于线性评分的数量化,缩小了鉴定员之间的差异。

线性鉴定的性状,是根据其经济价值决定的,这些性状评定的结果将作为选种的依据。分为主要性状和次要性状。国际上一般线性鉴定是 29 个性状,其中主要性状 15 个,次要性状 14 个。我国的线性鉴定,1994 年中国乳牛协会确定主要性状 14 项,即体高、胸宽、体深、棱角性、尻角度、尻宽、后肢侧视、蹄角度、前乳房附着、后乳房高度、后乳房宽度、悬韧带、乳房深度、乳头位置。次要性状 1 项,即乳头长度。线性鉴定的制式分为两类,一类是美国等国家采用的 50 分制,全辐评分较细致,从 1 分到 50 分;另一类是加拿大等国家采用的 9 分制,全辐评分较简洁,从 1 分到 9 分。这两类评分制可以相互转换,50 分制的 25 分,等于 9 分制的 5 分。每个性状根据生物学特性独立打分,使评定的结果向两个极端拉开距离。15 个线性评分完成后,按规定再转换成功能评分(表 1-1-7),然后用这些功能评分乘以规定项目的权重系数,综合出一般外貌、乳用特征、体躯容积、泌乳器官(公牛前三项)四项特征性状的分数,在此基础上用各大项特征性状的权重综合出整体评分,确定等级。

表 1-1-7　奶牛线性转换功能评分

线性分	体高	胸宽	体深	棱角性	尻角度	尻宽	尻长	后肢侧视	蹄角度	前乳房附着	后乳房高度	后乳房宽	悬韧带	乳房深度	乳头位置
50	80	75	75	75	51	88	88	51	80	80	97	97	80	70	75
49	82	75	76	76	53	89	89	52	81	82	96	96	83	71	78
48	84	76	77	77	56	90	90	53	82	84	94	95	86	72	81
47	86	76	79	79	59	91	91	54	83	86	92	94	89	73	84
46	88	77	82	82	62	93	93	55	84	88	91	93	92	74	87
45	90	77	85	85	65	95	95	56	85	90	90	92	95	75	90
44	93	78	86	87	66	97	97	57	86	82	89	92	94	76	90
43	95	78	87	89	67	95	95	58	87	94	88	91	93	77	89
42	97	79	88	91	68	93	93	59	88	95	87	91	92	79	89
41	96	82	89	93	69	91	91	60	89	94	86	90	91	82	88
40	95	85	90	95	70	90	90	61	90	92	85	90	90	85	88
39	94	88	89	93	71	89	89	62	91	90	84	89	89	87	87
38	93	91	88	91	72	88	88	64	92	88	83	88	88	89	87
37	92	94	87	89	73	87	87	66	93	87	82	87	87	90	86
36	91	92	86	87	74	86	86	68	94	86	81	86	86	91	86
35	90	90	85	85	75	85	85	70	95	85	81	85	85	92	85
34	89	88	84	84	76	84	84	71	93	84	80	84	84	91	85
33	88	86	86	83	77	83	83	72	91	83	80	83	83	90	84
32	87	84	82	82	78	82	82	73	89	82	79	82	82	89	84
31	86	82	81	81	79	82	82	74	87	81	78	81	81	87	83
30	85	80	80	80	80	81	81	75	85	80	78	80	80	85	83
29	84	79	79	79	82	80	80	78	83	79	77	79	79	82	82
28	83	78	78	78	84	80	80	81	81	78	77	78	78	79	82
27	82	77	77	77	86	79	79	84	79	77	76	77	77	77	81
26	81	76	76	76	88	78	78	87	77	76	76	76	76	76	81
25	80	75	75	75	90	78	78	90	76	76	75	75	75	75	80
24	79	75	75	75	88	77	77	87	75	75	75	74	74	74	79

线性分	体高	胸宽	体深	棱角性	尻角度	尻宽	尻长	后肢侧视	蹄角度	前乳房附着	后乳房高度	后乳房宽	悬韧带	乳房深度	乳头位置
23	78	74	74	74	86	76	76	84	74	74	74	73	73	73	78
22	77	74	74	74	84	76	76	81	73	73	72	72	72	72	77
21	76	73	73	73	82	75	75	78	72	72	71	71	71	71	76
20	75	73	73	73	80	74	74	75	71	70	70	70	70	70	75
19	74	72	72	72	78	73	73	73	70	69	70	69	69	69	73
18	73	72	72	72	76	71	72	71	69	68	69	68	68	68	71
17	72	72	72	71	74	71	71	69	69	67	69	67	67	67	69
16	71	70	70	70	72	70	70	67	68	66	68	66	66	66	67
15	70	69	69	69	70	69	69	65	68	65	68	65	65	65	65
14	69	68	68	68	69	68	68	64	67	64	67	64	64	64	64
13	68	67	67	67	67	67	67	63	67	63	67	63	63	63	63
12	67	66	66	66	66	66	66	62	66	62	66	62	62	62	62
11	66	65	65	65	65	65	65	61	65	61	66	61	61	61	61
10	64	64	64	64	64	64	64	60	64	60	65	60	60	60	60
9	63	63	63	63	63	63	63	59	63	59	64	59	59	59	59
8	61	61	61	61	61	61	61	58	61	58	63	58	58	58	58
7	60	60	60	60	60	60	60	57	59	57	61	57	57	57	57
6	58	58	58	58	58	58	58	56	58	56	59	56	56	56	56
5	57	57	57	57	57	57	57	55	56	55	58	55	55	55	55
4	55	55	55	55	55	55	55	54	55	54	56	54	54	54	54
3	54	54	54	54	54	54	54	53	53	53	54	53	53	53	53
2	52	52	52	52	52	52	52	52	52	52	52	52	52	52	52
1	51	51	51	51	51	51	51	51	51	51	51	51	51	51	51

奶牛体型线性评定的性状识别和判断方法：

(1)体型　体高为鬐甲到地面的垂直高度。体高低于 130 cm 评 1～5 分,140 cm 者属中等,得 25 分,高于 150 cm 评为 45～50 分,在此范围内每增减 1 cm,增减 2 个线性分。从定等给分看,极端高、极端低的乳牛均不是最佳体型,当代乳牛最佳体高为 145～150 cm。

胸宽反映了母牛保持高产水平和健康状态能力,乳牛胸部宽度用前内裆宽表示(即两前肢内侧的胸底宽度),前内裆宽低于 15 cm 评 1～5 分,为 25 cm 时属中等,得 25 分,大于 35 cm 评 45～50 分,在此范围内每增减 1 cm,增减 2 个线性分。当代乳牛适度的胸宽是最佳表现。

体深（强壮度）为奶牛体躯最后一根肋骨处腹下沿的深度（图 1-1-20）。体深程度可表现个体是否具有采食大量粗饲料的体积，用胸深率表示，即胸深与体高之比。极端浅的评 1～5 分，当胸深率为 50% 时属中等，评

图 1-1-20　乳牛线性评定示意图

25 分，极端深的评 45～50 分，在此范围内增减 1%，增减 3 个线性分。此外，体深还须考虑肋骨开张度，最后两肋间距不足 3 cm 扣 1 分，超过 3 cm 加 1 分，评定时以左侧为好。适度体深的体型是当代乳牛的最佳体型结构。

棱角性（乳用性）主要观察奶牛整体的 3 个三角形是否明显，鬐甲棘突高出肩胛骨的清晰程度。它是乳用特征的反映。其中等程度为头狭长清秀，颈长短适中，能透过皮肤隐隐约约看到胸椎棘突的突起，大腿薄，四肢关节明显，侧面可见有 2～3 根肋骨评 25 分，极不清秀的评 1～5 分，极端清秀的评 45～50 分。当代乳牛较明显的棱角性是最佳表现。

（2）尻部　尻角度指腰角与坐骨结节连线与水平线夹角的大小进行线性评分。腰角高于坐骨结节时，所形成的角度为正角度，反之为负角度。尻角度 <－6° 评 1～5 分，为正 2° 评 25 分，>10° 评 45～50 分，在中间范围内，每增减 1°，增减 2.5 个线性分。当代乳牛的最佳尻角度是腰角稍高于坐骨结节。

尻宽主要根据髋宽评分。髋宽在 38 cm 以下评 1～5 分，为 48 cm 评 25 分，58 cm 以上评 45～50 分。在 38～58 cm，每增减 1 cm，增减 2 个线性分。极宽尻的体型是当代乳牛的最佳体型结构。

尻长主要依据腰角与坐臀端的距离进行线性评分。尻长在 43 cm 以下评 1～5 分，为 53 cm 评 25 分，63 cm 以上评 45～50 分。在 43～63 cm，每增减 1 cm，增减 2 个线性分。极长尻的体型是乳牛的最佳体型结构。

（3）肢蹄　后肢侧视（后腿），从侧面看牛只后肢飞节的弯曲程度进行线性评分。飞节角度大于 155° 评 1～5 分，为 145° 时评 25 分，小于 135° 评 45～50 分，在此中间范围内，每增减 1° 增减 2 个线性分。飞节适当弯曲（145°）的体型是最佳体型结构。

蹄角度依据蹄侧壁与蹄底的夹角进行评分。蹄角度小于 25° 评 1～5 分，为 45° 时评 25 分，大于 65° 评 45～50 分，在此中间范围内，每增减 1° 增减 1 个线性分。只有适度的蹄角度（55°）才是当代乳牛的最佳体型结构。

（4）乳房　前乳房附着依据侧望乳房前缘韧带与腹壁连接附着的角度进行线性评分。角度越大，附着越坚实。角度小于 45° 评 1～5 分，为 90° 时属中等附着，评 25 分，大于 120° 评 45～50 分。在 90°～120° 范围内，每增加 1° 增加 0.67 个线性分，在 90°～45° 范围内，每减少 1° 减去 0.44 个线性分。连接附着偏于充分紧凑者为当代乳牛最佳体型。

后乳房高是影响乳房容积大小的因素之一，主要根据后乳房附着点（后腿窝连接乳房的转驻点）位于飞节与臀端的相对位置而定，即后乳房附着点在中心点（臀端与飞节连线的中点）上、下位置进行线性评分。后乳房附着点距中心点下 10 cm 以上评 1～5 分，与中心点重合评 25 分，距中心点上 10 cm 以上评 45～50 分，在中心点上下 10 cm 范围内，每增减 1 cm，增减 2 个线性分。附着点极高的个体是当代最佳的体型结构。

后乳房宽是有关乳房容积大小的另一个因素，根据后乳房左右两附着点间的宽度评分。宽度在 5 cm 以下评 1～5 分，为 25 cm 时评 25 分，45 cm 以上评 45～50 分，在此范围内每增

减 1 cm,增减 1 个线性分,后乳房极宽者是当代乳牛最佳的体型结构。

悬韧带强弱直接决定了乳房的悬垂状况,主要根据后乳房底部中隔纵沟的深度评分,即左、右乳房之间的深度。深度 0 cm 时评 1～5 分,中等深度为 3 cm,评 25 分,6 cm 以上为极深,评 45～50 分,每增减 1 cm,增减 6.67 个线性分。强度高的悬韧带是当代乳牛的最佳体型。

乳房深度关系到乳房容积大小,深度适宜时乳房容积大而不下垂,太深易引起损伤,是下垂的表现。乳房深度根据乳房底部与飞节的相对位置评分,低于飞节 5 cm 以下评 1～5 分,高于飞节 5 cm 评为 25 分,高于飞节 15 cm 以上评 45～50 分,每变化 1 cm,变化 2 个线性分。过深和过浅的乳房均不是当代乳牛的最佳体型结构。

乳头位置以前乳头在乳房基部的位置进行评分。它反映了乳头分布的均匀程度,关系到挤奶操作的难易和乳头是否容易发生损伤。乳头越离散,分数越低,极靠外评 1～5 分,处于中央分布评 25 分,极靠内评 45～50 分,乳头中央分布为:把后乳房宽分成三等份,左侧和右侧的两个乳头恰好处于三等分线上。乳头分布稍靠近是当代最佳的体型结构。

特征性状的综合评定方法见表 1-1-8,表 1-1-9,表 1-1-10:

表 1-1-8　特征性状评分的权重构成

一般外貌	100	乳用特征	100	体躯容积	100	泌乳系统	100
体高	15	棱角性	50	体高	20	前房附着	20
胸宽	10	尻角度	10	胸宽	30	后房高度	15
体深	10	尻宽	10	体深	30	后房宽度	15
尻角度	15	后肢侧视	10	尻宽	20	悬韧带	15
尻宽	10	蹄角度	10			后房深度	25
后肢侧视	20	尻长	10			乳头位置	10
蹄角度	20						

表 1-1-9　整体评分合成

指标	特征性状				合计	等级
	一般外貌	乳用特征	体躯容积	泌乳系统		
权重	30	15	15	40	100	
功能分						
加权得分						

表 1-1-10　乳用母牛整体评分的分级

整体评分	≥90	85～89	80～84	75～79	65～74	≤64
等级	优(EX)	很好(VG)	好+(GP)	好(G)	中(F)	差(P)

4.根据奶牛生产性能选择

产乳性能的评定是生产母牛选择的主要依据,在实际生产中,人们常根据母牛产乳性能的高低来选优去劣。考察项目主要包括以下几个方面:

（1）产乳量　根据产奶记录，按母牛产乳量的高低依次排序，将产乳量高的母牛选留，将产乳量低的母牛淘汰。

（2）乳的品质　包括乳脂率和乳蛋白率两个指标。乳脂率的遗传力为 0.5～0.6，乳蛋白率的遗传力为 0.45～0.55，遗传力较高，根据这两个性状选择，容易见效果。

（3）排乳速度　排乳速度是指平均每分钟的排乳量。排乳速度与整个泌乳期的总产乳量之间呈正相关（0.571）。此外，排乳速度快的牛，也有利于在挤奶厅集中挤乳，可提高劳动生产效率。

（4）泌乳均匀性　常用前乳房指数表示 4 个乳区发育的均匀程度，对机械挤奶非常重要。一头奶牛前乳房的挤奶量占总挤奶量的百分比为前乳房指数，一般为 40%～46.8%。该指数大较好，说明前后乳区发育更为均匀。产乳高的奶牛在整个泌乳期中，泌乳稳定、均匀，下降幅度不大，产乳量能维持在很高的水平。

5. 根据奶牛的繁殖能力选择

对成年母牛的选择要了解其初产月龄和以往各胎次的产犊间隔（胎间距）及本胎产犊日期、产后生殖道健康状况、产后第一次配种日期、最近一次配种日期、是否妊娠、受胎日期。对青年牛、育成牛要了解其初配月龄、配种日期、受胎日期、配种次数、妊娠月龄等。此外，还要了解母牛有无流产史及流产原因。条件允许的情况下，还应通过直肠检查母牛内部生殖器官是否正常和是否妊娠。以上情况应做详细记录，作为选种依据。

6. 根据母牛的健康状况选择

一看母牛的精神状态、膘情状况、食欲情况、鼻镜湿润程度等。二看系谱资料中的患病记录及以往检疫、免疫记录。三看当地是否流行特大、重大传染病。

7. 根据奶牛的系谱资料选择

待选母牛要有至少三代以上系谱资料供查阅，系谱资料越全面，记录越详细越好。重点考察其亲代生产性能和上述性状及其祖上有无重大遗传缺陷或隐性不良基因。

（四）种公牛的选择

种公牛的选择，其意义远大于母牛的选择。所谓："母好好一窝，公好好一坡"，讲的就是这个道理。在实际生产中，要选择一头好的种公牛，往往要结合外貌选择、系谱选择、后裔测定等几方面的资料进行综合选择。相比母牛，种公牛的选种难度也要大得多，种公牛的选择难度大在于，奶牛重要的性状如产奶性状是限性性状，公牛自身无法体现。后裔测定数据是最能反映公牛乳用育种值的依据，因此，后裔测定几乎被世界各国采用，用于估计公牛的育种值。

1. 外貌选择

主要通过观察种公牛本身的体型外貌、生长发育状况等情况进行的选择。选择时要看其体型结构是否匀称，外形毛色是否符合品种要求，雄性特征是否突出，有无明显的外貌缺陷或生殖器官畸形，如发现有四肢不够健壮结实、肢势不正、凸背、凹背、颈浅薄、胸狭窄、垂腹、尖尻、单睾、隐睾或疝气的个体，一律不能作种用。种公牛的外貌鉴定等级不得低于一级，种子公牛的等级要求特级（表 1-1-11）。

表 1-1-11　中国荷斯坦奶牛外貌评分等级标准

等级	特级	一级	二级	三级
分数	85	80	75	70

2.系谱选择

根据系谱上记载的父母代及祖先的资料,如生产性能、生长发育状况、鉴定等级以及其他有关材料而进行选择。在审查公牛的系谱时,主要审查父母代和祖代的资料,距离自己代数越近的父母代或祖先的资料越重要,但不能忽视远祖中的某一个成员可能携带隐性有害基因。同时要逐代比较其祖先的生产力是否一代超过了一代。审查和鉴定不能针对某一性状,要以生产性能为主做全面的比较;不同系谱要同代祖先相比,即亲代与亲代、祖代与祖代比较。公牛父亲(种子公牛)必须是经后裔测定证明为优秀的种公牛,一般占成年公牛群体的5%~10%;公牛母亲(种子母牛)一胎305天产奶量应在9 000 kg以上,最高胎次305天产奶应在11 000 kg以上,乳脂率3.6%,种子公牛必须是良种登记牛,至少有3代以上详细而完整的系谱资料。

3.精液品质评定

经系谱选择和外貌及发育鉴定合格的后备公牛一般在12~14月龄开始采精,此时应按国家标准《GB 4143—2008 牛冷冻精液》对其进行精液质量评定,如合格应在18月龄备足800~1 000 mL冷冻精液,并准备参加后裔测定,长期精液质量不合格的后备公牛应淘汰处理。

4.后裔测定

经选育合格的后备公牛必须进行后裔测定。根据其女儿的生产性能和体型评定结果,经过遗传评定来证明公牛本身遗传素质的优劣,是目前选育种公牛的最可靠方法。我国乳用后备公牛要求配种的母牛数为80~200头,即必须保证被鉴定公牛至少有30个女儿。后备公牛配种结束后,停止采精,当达到18月龄后再继续采精,将其精液冷冻保存,不能用于生产上的配种。当被鉴定公牛的女儿产犊后,在产后30~50天对其女儿进行外貌鉴定和体尺测量,被鉴定公牛女儿一个泌乳期结束后,按照女儿产奶量的高低及发育情况来判定该后备公牛种用性能的优劣,对鉴定结果优秀的公牛可广泛推广使用,以前保存的冻精也可使用,对劣质公牛及其精液都应淘汰。

参加后裔测定的后备公牛数越多,选择的强度就越大,选出公牛的品质就越好,参与后裔鉴定的女儿数越多,鉴定的结果就越准确可靠。但是,种公牛的后裔鉴定是一项耗时间、费用高、有风险的试验,目前在我国,由于条件所限,被鉴定的公牛数和参加配种的母牛数往往较少。

三、奶牛编号与个体育种档案建立

(一)奶牛个体编号与标识

1.编号与标识的意义及编号的要求

为了便于对牛群的管理和育种工作的需要,必须对每头牛进行编号和标识。例如,制订牛群饲养管理计划,确定牛的饲料定量;牛群的分群、转群、死亡、淘汰;牛群年度产奶计划;繁殖配种计划,卫生防疫、疾病防治;系谱编制、公牛后裔测定、牛的良种登记等等都离不开牛号。这项工作应做得及时而正确。在对牛只进行编号时应注意同一牛场不应有两头牛重号。从外地购入的牛只可沿用原来的号,但如果与本场牛只重号应重新编号。牛号包含的内容应全面、简便易行、便于使用,一旦编定,在一定的历史阶段内,不宜随意变动,以保持牛号的连续性。对牛只编号进行标识时,应注意防脱、长效、方便使用原则。

2.编号的方法

根据中国奶牛协会 2006 年制定的牛只编号方法,牛只编号全部由数字或拼音字母与数字混合组成,通过牛号可直接得到牛只所属地区、出生年代等基本信息。具体编号方法是:2 位品种代码＋3 位国家代码＋1 位性别编号＋牛只编号(母牛 12 位,公牛 8 位)。日常管理和品种登记只使用牛只编号部分,如需要与其他国家或品种进行比较,可在牛只编号前加上 2 位品种代码,3 位国家代码和 1 位性别编号。牛只编号见图 1-1-21。

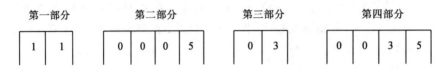

图 1-1-21　牛只编号示意图

(1)母牛编号　中国奶牛协会编制了全程 12 位数字,分为四大部分:

第一部分:全国省(自治区、直辖市)编号,两位数。如北京的编号为 11、上海编号为 31 等。

第二部分:省(自治区、直辖市)内牛场编号,4 字符。可由数字和英文字母组成。由各省(自治区、直辖市)奶协确定,如某牛场编号四位为“0005”。

第三部分:是出生年份后两位数。如 2003 年为“03”。

第四部分:是年内出生序号,四位数。如某牛年内出生顺序号是 35 号则编为:“0035”。

以上四部分前两部分永久不变。此外,编制系谱时还需要对进口牛记载原牛牛号、登记号、原耳号、牛场名等。不同国家来源牛只应注明其来源国家英文缩写。如美国用 USA,加拿大用 CAN,日本用 JPN,荷兰用 NLD,丹麦用 DNK 等。

(2)公牛编号　8 位牛只编号也由 4 大部分构成(图 1-1-22)。

图 1-1-22　公牛编号格式图

各部分代表的含义基本与母牛编号相同,其中第二部分为省(自治区、直辖市)内公牛站编号,只有 1 位数,第四部分为该公牛年内出生顺序号,3 位数。如上海市种公牛站的一头公牛编号为 31100632,其中 31 为上海市编号,第三位数 1 为上海市种公牛站在上海的编号,第四、第五位数 00 表示该公牛为 2000 年后出生,后三位数 632 为该公牛年内出生顺序号。

3.牛号标识方法

牛号的标识方法很多,有耳标法(图 1-1-23)、火烙字法、液氮冷烙法及牛体写字法、电子芯片标记法(图 1-1-24 至图 1-1-26)等,甚至随着科技发展已经有部分牛场开始使用牛体二维码标号法。目前常用的为耳标法或耳标和其他方法结合使用。常用耳标主要有两种,一种是不带编号的塑料裸耳标,可根据牛场实际情况由工作人员自己用不易掉色掉漆的记号笔临时编写,另一种是经激光喷码打印的串号耳标。

图 1-1-23　牛塑料耳标

图 1-1-24　电子芯片耳标及埋植针

图 1-1-25　圈式电子耳标

图 1-1-26　牛体二维码标记

使用传统耳号标记编号法具有直观、操作方便等优点,但存在易脱落、随着时间推移编号容易模糊等缺点(牛体二维码标记法也存在相同情况)。电子芯片标记编号法能弥补传统标记法的缺陷,但需要借助扫描仪来读取数据,因此往往和耳标编号法结合使用。

(二)奶牛个体育种档案的建立

奶牛的个体育种档案一般由奶牛个体系谱资料以及奶牛育种记录、良种登记资料、牛群周转记录等资料构成。

1.系谱的建立

系谱是系统地记载奶牛个体及其祖先情况的一种文件。完整的系谱除了记载种畜的名字、编号外,还应尽可能详细地记载种畜的生产成绩、外形评分、发育情况、有无遗传缺陷及鉴定结果。系谱一般记载3～5代。系谱中可以有配种记录、产犊记录、称重及体尺测量记录、奶产量记录和饲料消耗记录等。查看一个系谱,除了解血缘关系外,还可根据祖先生产成绩发育情况来推断该种畜种用价值的大小,以作为选种的依据和制订选配计划的重要参考。

(1)竖式系谱　种畜的名或号写在上面,下面依次是亲代(Ⅰ)、祖代(Ⅱ)和曾祖代(Ⅲ),以此类推上溯到更远祖先。每一代祖先中的公畜记在右侧,母畜记在左侧。竖式系谱的格式如下:

Ⅰ	母				父			
Ⅱ	外祖母		外祖父		祖母		祖父	
Ⅲ	外祖母的母亲	外祖母的父亲	外祖父的母亲	外祖父的父亲	祖母的母亲	祖母的父亲	祖父的母亲	祖父的父亲
⋮	…	…	…	…	…	…	…	…

(2)横式系谱　种畜名字记在系谱左边,历代祖先依次向右记载,父在上,母在下,越向

右祖先代数越高。横式系谱编制方法如下：

某种畜	父	祖父	祖父的父亲	……
			祖父的母亲	……
		祖母	祖母的父亲	……
			祖母的母亲	……
	母	外祖父	外祖父的父亲	……
			外祖父的母亲	……
		外祖母	外祖母的父亲	……
			外祖母的母亲	……

在实际编制过程中，祖先一般都要用名、号来代表，各祖先的位置上可以记载其品种、来源、出生日期、胎次、外貌特征、体尺、体重、生产性能、繁殖性能、评定等级、有无遗传缺陷等信息。如条件允许，记载的信息越详细越好。

2. 育种记录

在实际生产中，为了育种工作需要，往往会对奶牛进行育种资料的记录。主要方法有填写种公、母牛卡片，奶牛产奶记录，配种产犊记录，饲料消耗记录和牛群周转记录等。

（1）种公、母牛卡片　记录种牛的编号、良种登记号、品种、血统、出生地与日期、体尺体重、外貌结构及评分、后代配种繁殖成绩、鉴定成绩等信息，并附其左右侧及头部照片（表1-1-12，表1-1-13）。

表1-1-12　公牛卡片

公牛编号	品种	良种登记号	出生地点	出生日期	父亲编号	母亲编号	外貌结构及评分	配种成绩	鉴定成绩
公牛所在地									
公牛照片									

表 1-1-13 母牛卡片

母牛编号	品种	良种登记号	出生地点	出生日期	父亲编号	母亲编号	外貌结构及评分	产奶性能	产犊成绩	鉴定成绩

母牛照片

（2）奶牛的产奶记录 母牛产奶性能是奶牛选种的重要依据,因此育种档案中需要对奶牛产奶性能进行记录。记录的内容主要有奶牛的胎次、年龄、泌乳天数、日产奶量、最高产奶量、305 天产奶量、总产奶量、校正产奶量、乳脂率、乳蛋白率等。

（3）体尺、体重记录 如实记录犊牛初生体重以及牛只 6 月龄、12 月龄、18 月龄和各胎次的产后 60～90 天的体尺和体重测定数据(表 1-1-14)。

表 1-1-14 奶牛体尺体重记录表

年龄	体重	体高	体斜长	胸围	管围	备注
初生		—	—	—	—	
6 月龄						
12 月龄						
18 月龄						
一胎						
三胎						
五胎						

（4）配种产犊记录 如实记录牛只配种和产犊情况。包括:母牛号、与配公牛号或冻精的公牛号、配种时间、配种的次数与方法、预产期、妊娠天数、各胎次分娩情况(是否难产、剖宫产)、胎儿情况(是否死胎、畸形胎、双胎)、胎衣排出情况、母牛产后健康状况、初生犊牛情况(毛色、公母、体重、编号)等。

（5）饲料消耗记录 记录犊牛、育成牛、初孕牛、产乳牛每月、每年各种饲料消耗的种类和量,可为育种和饲料工作提供可靠的参考依据。

（6）牛群周转记录 牛场每天牛群的变动、转群、调入、调出、死亡及淘汰出售情况也必须如实记录,便于工作人员对每头牛的在场和不在场情况进行随时查阅。

3.良种登记资料

良种登记资料也是奶牛育种档案的重要组成部分,主要包括奶牛个体的系谱、生产性能和体型外貌等内容(见本学习任务知识链接)。通过良种登记,可以正确开展选配工作,我国在2007年制定了《中国荷斯坦牛》标准,规定:凡双亲为登记牛者或本身含87.5%以上荷斯坦牛血统者或在国外已经为登记牛者均可申请登记为良种牛。国家和各级地方政府为了加快和扩大我国奶牛优质种质资源的建立,出台了很多良种补贴政策,对登记良种牛给予一定的补贴,对我国奶牛改良起到了一定的作用。

(三)计算机育种管理软件的应用

现代奶牛生产和育种是一个时间跨度大,影响因素多,内容结构复杂的系统工程。大多数奶牛场的育种生产数据采集和管理还依靠手工完成,不仅费时费力,而且不能保证数据资料的规范性,给分析带来诸多不便。近年来,我国奶牛业发展快速,奶牛场规模和水平不断提高,非常有必要开发新的奶牛育种管理系统。

发达国家实践证明,计算机技术在奶牛育种中应用能促使畜牧生产的发展和品种改良,提高畜禽的生产性能。1968年,美国育种服务组织开发遗传配种服务程序GMS,30多个国家超过100万头奶牛使用了该程序,该系统根据奶牛所提供的体型参数及结构特征等方面数据,告诉用户如何配种,并在全国成立了奶牛改良协会(DHTA),应用计算机建立了9个数据处理中心,提供准确的生产管理报告及摘要,加速了后裔测定和选种选配进程。

与发达国家相比,我国奶牛育种起步晚,基础差,组织尚不健全,用于奶牛登记与群体管理的软件开发和应用少。近年来,国内在这方面也进行了一些研究,逐步在一些畜禽养殖企业推广应用。一些农业高校和科研机构结合我国当前推行的加拿大奶HI测定和9分制体型线性鉴定体系研发了"奶牛登记与群体管理软件系统",该管理软件系统包括奶牛信息登记、信息查询、精液管理与选配、报表浏览、用户管理等模块,可对奶牛基本信息、系谱、奶牛图像、乳用性能测定、体型外貌评定、生产、繁殖、疾病治疗、精液等信息进行规范有效的采集和管理,从而方便地实现奶牛良种登记、奶牛评定、牛群繁殖和生产管理等功能。目前已在国内多家奶牛场和奶业小区投入生产运行,有效地规范牛场的繁殖和生产管理。

【技能实训】

▶ **技能项目一　牛的年龄鉴定与生长发育指标测定**

1.实训条件

不同年龄阶段的奶牛活体、牛用保定架及配套保定绳索、牛鼻钳、塑料手套、牛体称重专用秤、奶牛体尺测量专用测杖,3~5 m软卷尺等。

2.方法与步骤

(1)牛的年龄鉴定　保定待鉴定牛体,打开牛的口腔,观察牛门齿变化规律,结合所学习知识,在指导教师帮助下确定牛的年龄。

(2)体重、体尺测量　利用专用秤称取待测定牛的体重;利用专用测杖和软卷尺量取牛的体高、体斜长、胸围、管围。

3.实训练习

分小组实训,在奶牛场每组完成不少于5～8头的年龄鉴定和生长发育指标测定任务,并如实做好记录。

牛的年龄鉴定与生长发育测定实训记录

牛号	牙齿变化	年龄确定	体重/kg	体尺/cm			
				体高	体斜长	胸围	管围

◉ **技能项目二　奶牛等级鉴定**

1.实训条件

奶牛活体、奶牛体质外貌评分表(等级评定表)和外貌线性评定标准、测杖、软尺、磅秤。

2.方法与步骤

(1)应用观察法辅之以触摸初步对奶牛体质外貌做出鉴定,并如实填写鉴定结果。

(2)应用奶牛线性外貌评分法按照评分标准对奶牛各观测点进行测量,如实填写测量结果,打分,最后做出综合评分。

(3)对比不同牛只,使用两种不同方法鉴定方法做出的鉴定结果,看结果是否准确一致。

3.实训练习

分组在奶牛场实训时按照体质外貌鉴定法和外貌线性评定法对每一头奶牛分别做一次鉴定,然后对比结果。每组完成5～10头乳牛外貌鉴定任务,并撰写实训报告。

◉ **技能项目三　奶牛编号与标识**

1.实训条件

实训牛场、奶牛活体、联通互联网的计算机、牛场育种档案资料等。

2.方法与步骤

(1)通过查阅牛场前期育种档案资料确定初生犊牛顺序号,通过询问确定初生犊牛的出生时间(年号)。

(2)应用互联网或者查阅牛场育种档案资料确定牛场的国家代码、省(自治区、直辖市)编号、牛场编号。

(3)根据以上获得信息按照国家制定奶牛编号方法的格式给牛编号。

(4)将编号结果录入计算机存档。

(5)将编号通过记号笔写在塑料耳标上,通过耳号钳将耳标固定在与之对应的牛耳上。如果采用电子芯片耳标标识,应首先将编号信息及其他相关信息录入芯片内存,然后借助芯片埋植针将芯片植入牛耳根部皮下。

3.注意事项

(1)牛编号要避免重名。

(2)对牛进行塑料耳标标识时,有字样的一面应朝外,不能打反,以便于观察。耳标钉钉在牛耳的位置要适中,不应太靠近牛耳上部,也不应太靠下,最好左右各打一相同耳标,如有脱落情况,应及时补打。

4.实训练习

分组在奶牛场按照以上步骤每组完成奶牛编号与标识5～8头的任务,并将实训过程与结果写入实训报告。

【自测练习】

1.填空题

(1)属于乳用品种的牛有 _____、_____、_____、_____;属于乳肉兼用型的牛有_____、_____。

(2)牛的年龄鉴定方法有 _____、_____、_____,其中以 _____法最为准确可靠。

(3)用于估测牛体重的两个体尺参数是 _____和 _____。

(4)系谱的编制形式有 _____和 _____两种。

2.判断改错题(在有错误处下画线,并写出正确的内容)

(1)奶牛的体型特点应是前窄后宽,整体呈三角形。(　　　)

(2)新疆褐牛是乳肉兼用型品种。(　　　)

(3)中国黑白花牛是以荷兰荷斯坦牛为父本,以中国本地黄牛为母本,采用级进杂交培育而成的。(　　　)

(4)一头奶牛前乳房的挤奶量占总挤奶量的百分比为前乳房指数,前乳房指数越高,代表前后乳区发育更为均匀。(　　　)

(5)公牛编号标准格式为8位数,母牛为12位数。(　　　)

(6)横式系谱比竖式系谱好。(　　　)

3.问答题

(1)中国荷斯坦牛的育成史是什么?分为几个类型?各类型培育有何特点?

(2)高产奶牛具有哪些体质外貌特征?

【学习评价】

考核任务	考核要点	评价标准	考核方法	参考分值
1.奶牛品种识别 2.奶牛的个体选择	操作态度	精力集中,积极主动,服从安排	学习行为表现	10
	协作意识	有合作精神,积极与小组成员配合,共同完成任务		10
	查阅生产资料	能积极查阅、收集资料,认真思考,并对任务完成过程中的问题进行分析处理		10
	识别品种	根据图片、实物等,结合所学知识,正确做出判断	识别描述	20
	奶牛的个体选择	生产母牛的选择方法、种公牛的选择方法	方法描述	20
	鉴定结果综合判断	准确	结果评定	20
	工作记录和总结报告	有完成全部工作任务的工作记录,字迹工整;总结报告结果正确,体会深刻,上交及时	作业检查	10
合计				100

【实训附录】

附表1　中国牛只品种代码编号表

附表2　中国荷斯坦母牛品种登记表

实训附录 1-1-1

【知识链接】

中国荷斯坦牛品种标准(GB/T 3157—2008)。

中国西门塔尔牛标准(GB 19166—2003)。

新疆褐牛品种标准(ZB B 43003—86)。

学习任务二　牛的生物学特性与消化生理分析

【任务目标】

了解牛的行为学、生态适应性、泌乳生理、消化生理等生物学特性;能对牛的行为学、生态适应性、泌乳、消化生理等异常情况进行鉴别和分析。

【学习活动】

◀ 一、活动内容

奶牛生物学特性与消化生理分析。

◀ 二、活动开展

通过查询相关信息,结合奶牛生产图片、录像资料介绍,现场实地调研,深入了解牛正常的行为学、生态适应性、泌乳生理、消化生理等生物学特性,掌握牛的正常生物学特性标准范围;通过实训,掌握牛的生物学特性观察方法、如实记录牛的各项生物学特征数据并学会对其分析。

【相关技术理论】

◀ 一、牛的行为学特性

(一)群居行为

牛的合群性较强,一般 3～5 头牛结群活动或卧地休息,牛群过大则会影响牛的辨识能力、增加争斗次数、影响采食。在牛群转移时,常以小群驱赶为宜。舍饲条件下,每头牛的适宜运动面积为 15～30 m²。

(二)放牧行为

即放牧吃草行为,具有一定的节律性,每天大体上都在同一时间吃草、休息。吃草最活跃的两个时间是黎明和黄昏,采食迅速,喜食酸甜口味的饲料,放牧时喜食高草。

(三)母性行为

包括哺育、保护和带领犊牛。母牛在产犊后 2 h 左右后即与犊牛建立牢固的相互关系,主要方式包括外貌、气味、叫声。人工哺乳的犊牛也可由此认出犊牛饲养员,便于日后的乳房按摩和人工挤乳工作。

(四)牛鼻唇腺分泌现象

牛鼻唇湿润是牛健康的表现之一,鼻唇腺分泌物可蒸发冷却鼻镜,当给予适口性好的饲料时,成年牛的鼻唇腺分泌量会增加。发病的牛往往鼻唇腺分泌停止,鼻镜干燥结痂、发热。因此,应经常观察牛鼻唇的分泌情况。

(五)性行为

公牛的求偶行为表现为驱使母牛向前移动,并对所追逐的母牛表现出以头贴近母牛尾站立的守护行为,如见到其他公牛靠近,便表现出用前蹄刨地、低头弯颈、扩张鼻孔、喘粗气等威吓性行为,甚至因求偶而发生打斗,一般不会致命,争斗胜利的一方往往能获得更多的交配机会。

母牛生长发育到一定阶段会有周期性的发情行为,发情全过程可分为互嗅阶段、尾随阶段、爬跨阶段,以后退回到尾随、互嗅阶段,发情终止;适宜于配种的发情母牛站立发情;如出

养牛与牛病防治

现乏情或发情异常现象,应及时查找原因,并加以治疗。

二、牛的生态适应性

(一)牛的温度适应性

奶牛的耐寒能力较强,而耐热能力较差。奶牛对环境温度的耐受范围为－15～26℃,最适宜的环境温度为10～15℃。牛舍温度过低(低于－4℃)时,会出现产奶量减少。但低温与高温相比,奶牛对高温更为敏感,当气温高于28℃,奶牛将会产生热应激,产奶量将下降(表1-1-15),公牛的精液品质降低,母牛的受胎率会下降。

表 1-1-15　热应激对产乳效率的影响

气温/℃	维持需要(以在20℃的维持需要为100)	掺入量为6.8 kg的DMI/kg	预期DMI/kg	预期产乳量/kg	产乳效率
20	100	18.0	18.0	26.8	1.48
25	104	18.3	17.6	24.8	1.41
30	111	18.8	16.8	22.8	1.36
35	120	19.3	16.6	17.9	1.08
40	132	20.0	10.1	11.9	1.18

注:资料来源,河北农标普瑞纳饲料公司。

(二)牛的湿度适应性

牛舍空气相对湿度以50%～70%为宜。牛对环境湿度的适应性,主要取决于环境的温度。气温在24℃以下,空气湿度对奶牛的产奶量、乳成分以及饲料利用率都没有明显影响,但当气温超过24℃时,相对湿度升高,奶牛产奶量和采食量都下降,高温高湿条件下,奶牛产奶量下降,乳脂率减少。另外,夏季高温季节,牛易发生中暑(尤其是产前、产后母牛)。因此,要尽量避免高温季节产犊。

三、牛的泌乳生理特性

(一)乳房的内部结构

(1)乳区的结构　由乳房的中悬韧带和结缔组织将其分为四个区,每个乳区都有各自独立的乳汁分泌系统,各有一个乳头,各个乳区的导管系统互不相通。

(2)乳腺的结构　一是由乳腺泡和乳腺导管系统构成的实质;二是由纤维结缔组织和脂肪组织构成的间质;此外,还分布有丰富的血管和神经组织。奶牛乳腺泡和乳腺导管系统越发达,泌乳性能越好,反之,如果牛乳房中纤维结缔组织和脂肪组织过多,也就是我们常说的肉质乳房,产奶量一般不高。另外,高产奶牛的乳房里分布着粗大而稠密的血管,所以,乳静脉的粗细和弯曲度也是作为鉴定乳牛生产力高低的依据之一。

(二)乳腺的发育

牛乳房乳腺发育主要经历以下几个阶段:

(1)犊牛期　结缔组织和脂肪组织增加。

（2）初情期　乳腺导管系统开始生长,体积开始膨大。

（3）妊娠早期　乳腺导管数量继续增加,末端形成没有分泌腔的腺泡。

（4）妊娠中期　腺泡中出现分泌腔,腺泡和导管容积不断增大,逐渐替代脂肪组织和结缔组织。

（5）妊娠后期　腺泡的分泌上皮开始具有分泌机能。

（6）临产前　分泌初乳。

（7）分娩后　正常泌乳,一段时期后,进入 40～60 天的干乳期。

在牛妊娠 5～6 个月后,乳房进入高速发育阶段,经常对乳房进行按摩和热敷,可有效促进其乳房腺泡和乳腺导管发育,从而提高今后产乳量。

（三）乳的合成与分泌

乳的合成过程包括乳脂肪、乳蛋白质、乳糖的合成,均需在 ATP 和酶的作用下完成。乳是乳腺细胞的代谢产物,原料来自于血液。在形成乳的过程中,乳腺细胞有选择的从血液中吸收各种营养物质,一部分直接成为乳的成分,另一部分在各种酶的作用下,经过一系列负责生化反应后合成。据研究,每生产 1 kg 乳,需 400～800 L 血液流经乳房。因此,乳牛的饲养应供给足够的营养和饮水。

牛乳的分泌过程受神经和激素的调控,当受到吮吸、按摩、挤乳等因素刺激乳头和乳房时,通过神经传导从而导致脑垂体分泌促乳素,促使乳汁分泌(图 1-1-27)。乳腺细胞分泌活动与乳腺泡的充盈度有关。腺泡内充满乳汁时,压力增大,乳汁分泌减慢,挤乳后,腺泡内的乳汁排出,压力降低,乳腺分泌机能最为旺盛。所以,适当增加挤乳次数可提高产奶量。同时,要求对泌乳牛必须定时挤奶。

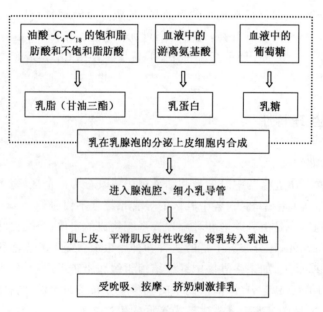

图 1-1-27　牛乳的合成与分泌过程示意图

四、牛的消化生理与分析

(一)牛的消化生理特点

1. 牛的采食和饮水

牛无上切齿,其功能由坚韧的齿板代替,牛舌长而灵活,可将草料送入口中,饲料第一次进入口腔一般不充分咀嚼,而是匆匆吞咽进入瘤胃,易发生误食异物现象。牛舌尖有大量倒生的坚硬的角质化乳头,这些乳头有助于收集细小的颗粒料,但是发生误食异物时,也不易吐出。牛多喜欢在午前或傍晚或采食后饮水。因此,在饲喂时必须注意以下问题:①不宜喂整粒籽实料,食入整粒料会沉入胃底,不能返回口腔重新咀嚼,不能消化而形成过腹料排出,白白浪费。最好将籽实压扁或破碎后饲喂。②对草料要进行认真筛选,将混入草料中的尖锐异物(如钉子、铁丝、缝针、别针、发夹等)、塑料、有毒植物及发霉变质的饲料拣出来,防止误食。否则,铁钉、铁丝之类的锐物会导致牛创伤性网胃炎、心包炎,或因误食有毒变质饲料而发生中毒。③不要喂大块块根、块茎饲料,否则易发生食道梗阻。④牛没有上切齿,不能啃食过矮的牧草,牧草高度低于 5 cm 时,牛不易吃饱。⑤应供给牛群足够的饮水,最好是自由饮水。

2. 唾液分泌

每天每头牛的唾液分泌量为 100~200 L,且富含碳酸盐、磷酸盐、尿素等。其作用有利于消化饲料和形成食团,促进反刍;维持瘤胃内环境和内源性氮的重新利用。

3. 复胃

牛属于复胃动物,有四个胃:瘤胃、网胃、瓣胃和皱胃。前三个胃室没有分泌消化液的胃腺,又统称为前胃。皱胃有胃腺,能分泌消化液,与单胃动物的胃相似,又称真胃。牛的瘤胃容积较大,成年奶牛的瘤胃容积为 150~200 L,约占胃总容积的 80%,瘤胃中含有大量微生物,分解粗纤维,网胃可以进行水分的再吸收,瓣胃是将食物进一步研磨,并将稀软部分送入皱胃,皱胃有消化腺,能分泌消化液,将食物进一步消化。牛胃的构造参见图 1-1-28。

图 1-1-28 牛的消化系统结构示意

(1)瘤胃 牛的瘤胃容积较大,成年奶牛的瘤胃容积为 150~200 L,约占胃总容积的 80%。瘤胃不分泌消化液,但其胃壁强大的肌肉环能强有力地收缩而使瘤胃进行节律性蠕动,以搅拌和揉磨食物。同时,牛瘤胃中存在大量的微生物,对饲料营养物质的分解、合成起着极其重要的作用。瘤胃微生物区系由已知的 60 多种细菌和纤毛虫组成,在 1 mL 瘤胃内容物中,大约有细菌 100 亿个,纤毛原虫 100 万个。正是这些强大的瘤胃微生物完成了牛 40% 以上的饲料的消化,特别值得重视的是微生物区系中存在大量的纤维、半纤维分解细菌,使牛能充分消化青、粗饲料中的纤维性物质,并通过微生物利用非蛋白氮合成自身需要的各种蛋白质。比如,瘤胃微生物能将粗纤维分解产生大量挥发性脂肪酸(乙酸、丙酸、丁酸,乙酸可以合成乳脂,丙酸合成体脂肪),可以将饲料中的蛋白质分解成小肽和氨基酸,部分氨基酸又被分解成氨和 CO_2。因此,可以说牛的瘤胃是一个高度自动化的"饲料发酵罐",

具有贮积、加工和发酵饲料的功能。

（2）网胃　网胃位于瘤胃前部，约占四个胃总容积的 5%，实际上它与瘤胃并不完全分开，因此饲料颗粒可以自由地在两者之间移动。网胃内皮有蜂窝状组织，故网胃俗称蜂窝胃。网胃的主要功能如同筛子，可以进行水分的再吸收，随着饲料吃进去的重物，如钉子和铁丝，都存在其中，网胃便起到了过滤的作用。

（3）瓣胃　俗称百叶，牛的第三胃。位于腹腔前部右侧，约占四个胃总容积的 7%。前通网胃，后接皱胃。黏膜面形成许多大小不等的叶瓣，没有消化腺。其主要功能在阻留食物中的粗糙部分，继续加以磨细，并输送较稀部分入皱胃，同时吸收大量水分和酸。

（4）皱胃　又称真胃，容积约占四个胃总容积的 8%。一般认为，其功能与单胃动物的胃无异，分泌消化液，使食糜变湿。真胃的消化液内含有消化酶，能消化部分蛋白质，基本上不消化脂肪、纤维素或淀粉。饲料离开真胃时呈水状，然后到达小肠，进一步消化。未消化的物质经大肠排出体外。

4. 反刍

牛消化具有反刍特点，牛在采食过程中，饲料未经充分咀嚼，就匆匆将食物吞咽入瘤胃，在瘤胃内经过一段时间的浸泡和软化，再通过逆呕返回口腔，重新咀嚼并混入唾液，再咽下。这一过程叫反刍，包括逆呕、咀嚼、混入唾液、吞咽 4 个过程。牛进食后 30～60 min 后，开始反刍，每次反刍 40～50 min，休息一段时间再行反刍。健康的成年牛，一昼夜反刍 6～8 次。因此，必须考虑给牛以足够的休息时间，以保证其正常的消化机能。犊牛大约在生后第三周出现反刍，如果对犊牛尽早地训练采食植物性饲料，可以促进其反刍，促进瘤胃微生物的滋生，提高消化机能，有利于其生长。

5. 嗳气

饲料在瘤胃发酵的过程中会产生多种气体，主要是二氧化碳、甲烷和氨气等，气体刺激瘤胃壁的压力感受器，引起瘤胃由后向前收缩，压迫气体经食管由口腔排出，这一过程称嗳气。牛平均每小时嗳气 17～20 次。通过嗳气排出的甲烷是饲料能量的损失。嗳气排到体外，连同牛粪发酵产生的硫化氢、氨气等会造成牛舍内空气环境的恶化。因此，牛舍应经常开窗通风。

6. 食管沟反射

牛的食管沟始于贲门，延伸至网瓣胃口，是食道的延续。收缩闭合成一条中空的管道，可使流体食物穿过瘤胃和网胃直接进入瓣胃。哺乳期的犊牛，由于哺乳时的吮吸动作，可引起食管沟闭合，避免乳汁进入前胃发生异常发酵，这种现象叫食管沟反射。初生犊牛人工哺乳时要用哺乳器让其产生吮吸的动作，便于形成食管沟反射。

（二）牛的消化方式

牛的消化方式有以下 3 种：机械消化、化学消化、生物学消化。

1. 机械消化

又称物理消化，主要包括咀嚼、吞咽、反刍、胃肠蠕动将饲料磨碎和胆囊分泌的胆汁将饲料中的脂肪物质分散成脂肪小滴，并使之与消化液充分混合，并不断地向消化道后端推送，最后将残渣排出体外。机械消化主要起到将饲草料磨碎，变细，变软，增加饲料与消化液接触的面积，并与消化液混合，为化学消化创造条件的作用。因此，适当将饲草料切短、粉碎有利于饲料的消化利用。

2.化学消化

化学消化主要依靠消化腺分泌的消化液中消化酶来实现。在消化酶的作用下,饲料中的大分子物质被分解成小分子物质,便于肠壁吸收。

3.生物学消化

牛的生物学消化是借助牛消化道内微生物的作用,实现对饲料营养物质的消化分解,便于机体吸收的过程。主要作用是对饲料中的纤维素的消化和非蛋白氮的利用。例如,动物本身消化液中不含纤维素酶,植物性饲料中大量的纤维素和半纤维素可以通过牛瘤胃微生物分泌的纤维素酶对其进行分解发酵,变成易于被牛吸收的挥发性脂肪酸。同时,瘤胃还可以将分解的氮(非蛋白氮)、氨基酸和小肽重新合成菌体蛋白,供机体利用。此外,瘤胃中还有合成维生素的细菌,可以合成 B 族维生素和维生素 K。

饲料经过一系列的消化后,最终将蛋白质分解成氨基酸,将脂肪分解成甘油与脂肪酸,将碳水化合物分解成单糖,其中纤维素分解成低级脂肪酸,而后被牛机体吸收。剩余的不能被消化吸收的物质,形成粪便被排出体外。正常牛每天平均排尿 9 次,排粪 12～18 次。影响因素:饲料性质、采食量、环境温度、环境湿度和个体状况,例如吃青草时比吃干草排粪次数多,产奶牛比干奶牛排粪次数多。

【技能实训】

◉ **技能项目　奶牛的生物学特性观察与分析**

1.实训条件

舍饲或者放牧条件下活体牛群及牛消化道器官标本、照片、图片、幻灯片,投影设备等。

2.方法与步骤

(1)通过观看牛的图片、照片、幻灯片和消化道器官标本、实地调研活体牛群,对其行为学、生态适应性、泌乳、消化等特征进行观察,增强学生对牛的生物学特性的感性认识。

(2)对观察的个体牛生物学行为和现象分别进行描述性记载,并对其异常特征进行分析。

①群居行为描述与分析:牛自动组群活动群体大小、牛离群行为等。

②放牧行为描述与分析:采食、反刍时间等。

③母性行为描述与分析:包括哺育、保护和带领犊牛等行为。

④牛鼻唇腺分泌特征描述与分析:鼻唇是否干燥。

⑤性行为描述与分析:发情行为、公牛爬跨交配行为等。

⑥生态适应性特征描述与分析:牛对高温、低温、高湿、干燥环境所产生的反应,牛的最适生活温度、湿度等。

⑦牛泌乳生理描述与分析:牛乳房结构、分区、质地、乳头数量、发育时间、萎缩时间等特征。

⑧牛消化生理描述与分析:采食和饮水、唾液分泌、反刍、嗳气、排泄等特征。

3.实训练习

请在牧场(牛场)实训时按照下表完成奶牛生物学特性的观察实训任务并如实做好记录。

奶牛生物学特性观察

调研地点:省市县牛场(牧场)

品种:　　　　　　日期:　　　　　　调研人:

项目	□舍饲　□放牧
群居行为描述与分析	
放牧行为描述与分析	
母性行为描述与分析	
牛鼻唇腺分泌特征描述与分析	
性行为描述与分析	
生态适应性特征描述与分析	
牛泌乳生理描述与分析	
牛消化生理描述与分析	

【自测练习】

1.填空题

(1)奶牛的最适宜温度为_____℃。

(2)当气温高于_____℃时,奶牛易产生热应激。

(3)健康的成年牛,一昼夜约反刍_____次,每次_____min。

(4)牛平均每小时嗳气_____次。

(5)牛的消化方式有3种方式:_____、_____、_____。

2.判断改错题(在有错误处下画线,并写出正确的内容)

(1)皱胃又称真胃,是牛四个胃中唯一能分泌消化液的胃。(　　　)

(2)瘤胃是牛四个胃中体积最大的胃。(　　　)

(3)创伤性网胃心包炎,是因牛误食铁钉或铁丝之类锐物引起的。(　　　)

(4)牛乳房越大,产奶量越高。(　　　)

(5)奶牛对低温耐受能力较强,对高温应激比较大。(　　　)

3.问答题

(1)牛有哪些行为特性?

(2)奶牛消化生理有何特点?

【学习评价】

考核任务	考核要点	评价标准	考核方法	参考分值
奶牛生物学特性观察与分析	实训态度	态度认真,积极主动,服从安排	学习行为表现	10
	协作意识	有合作精神,积极与小组成员配合,共同完成任务		10
	查阅生产资料	能积极查阅、收集资料,认真思考		10
	特征描述	根据图片、实物等,结合所学知识,正确做出描述	描述正确	30
	异常情况分析	正确	结果评定	20
	工作记录和总结报告	有完成全部工作任务的工作记录,字迹工整;总结报告结果正确,体会深刻,上交及时	作业检查	20
合计				100

学习任务三 奶牛营养与日粮配合

【任务目标】

了解奶牛营养需要成分,熟悉奶牛在不同的生理时期和生产条件下对饲料营养的需要量及特点,熟知国家奶牛饲养标准,能够应用国家饲养标准、结合当地饲草料条件和奶牛生物学特性、生活习性,合理科学配制奶牛日粮。

【学习活动】

▶ 一、活动内容

(1)奶牛营养需要特点与饲草料储备;
(2)奶牛日粮配合技术。

▶ 二、活动开展

(1)深入奶牛场进行实地调研,收集第一手生产资料,例如奶牛体况、产奶情况、繁殖情况、饲养管理技术方案、奶牛饲喂日粮结构与加工配合技术、奶牛饲草料储备计划的完成情况等,做好相应的记录。

(2)对收集到的奶牛场技术信息,在指导教师指导下查阅有关资料,进行技术分析,从中学习掌握奶牛营养学特点,学习利用奶牛国家饲养标准、查阅当地饲草料营养成分分析表,应用试差法设计奶牛日粮配方,在生产中进行科学加工配制,在实践中检验应用效果;学习对已有的当地奶牛场泌乳牛饲料配方检验分析技术,并能够对接受调研的奶牛场日常饲喂技术工作提出合理化的建议。

【相关技术理论】

▶ 一、奶牛的营养需要

清洁的水为奶牛必需的营养物质,奶牛的饮水主要受干物质的采食量、产奶量、气温及日粮组成的影响。一般让牛自由饮水。满足奶牛的营养需要,可使奶牛生产、生长潜质得到表达。奶牛的营养需要按营养成分可分为干物质和水。干物质中包括蛋白质、能量、粗纤维、矿物质、微量元素和维生素等物质。奶牛的营养需要按功能分类则分为:维持需要、泌乳需要、妊娠需要、生长需要、活动需要、寒暑需要以及增重需要等。

(一)干物质

干物质的进食量是奶牛日粮的重要指标,必须在奶牛干物质进食量限制下满足其对营养的需要。奶牛对干物质的进食量取决于许多因素,包括年龄、体重、生产性能、泌乳阶段、环境条件、饲养管理(包括饲喂方法、饲喂频率以及奶牛与饲料的接触时间)、饲料品质、日粮组成(包括含水量、精粗比等)和体况。干物质的采食量一般用占体重的百分比来表示,通常为2%～4%。我们所指的干物质,应该从有效干物质的概念去理解。当母牛分娩后,泌乳前期的产乳量快速增加,通常在产后8～10周达到产奶高峰,但奶牛对干物质的采食量(DMI)的高峰通常出现在产后10～14周,因此,奶牛在泌乳初期往往处于营养负平衡,体重减轻。故而分娩后3周内干物质的进食量可能要比估算值低一些,这一点在实际工作中应予以重视。在饲养实践中,多采用浓度较高的饲料来弥补这两者之间的差异。同时应经常注意提高奶牛摄入干物质的能力,以满足因日产不断提高而摄入更多干物质的需要,特别能减少分娩后采食量不足所带来的营养负平衡。要特别指出的是,奶牛产后的保健与福利是奶牛产后采食量多少的极为重要的影响因素。

(二)蛋白质

泌乳牛饲料中粗蛋白质(CP)的适当量为13%～18%,CP不足易引起产奶量和乳蛋白率降低。饲料中的CP一般60%～70%在瘤胃降解,被瘤胃微生物利用,称为降解蛋白(DIP)。剩余的30%～40%不在瘤胃降解,称为非降解蛋白(UIP)。微生物蛋白(MCP)和非降解蛋白(UIP)进入真胃和小肠,被分解成肽、氨基酸而吸收利用。非降解蛋白对高产牛和泌乳初期奶牛非常重要,日泌乳30 kg以上时,不但要求粗蛋白质含量高,而且非降解蛋白质的量也必须增加。

(三)能量

能量是奶牛维持生命、生长、产奶和繁殖的重要营养成分,产奶牛能量供应不足,将造成产乳量下降,体重减轻,严重或持续不足还会导致降低奶牛的繁殖率。

1. 碳水化合物

碳水化合物是奶牛最重要的能量来源,并且是牛奶中乳脂和乳糖的最初前体。碳水化合物包括淀粉、糖、纤维素等。碳水化合物中的粗纤维刺激奶牛的反刍和唾液的产生;非纤维性碳水化合物在瘤胃中快速发酵,可提高日粮的能量水平。为了获得高的产奶量,保持乳牛日粮中纤维和非纤维性碳水化合物的平衡是十分重要的。

2.脂肪

高产奶牛在泌乳初期能量处于负平衡,日粮中添加适量脂肪(日粮总脂肪占日粮干物质的5%~7%),对提高能量浓度,提高产奶量、乳脂率有效。添加脂肪主要有3种方法:

①熟化大豆,整粒棉籽;

②添加脂肪酸钙,它的机理是利用瘤胃和小肠内pH的差异;

③添加饱和脂肪,通常以棕榈油为主要原料氢化或其他方法制成纯脂肪形式出现。它的机理是通过提高脂肪的熔点来达到过瘤胃的目的。高度不饱和脂肪添加量过高,会影响微生物消化,使无脂固体物(特别是乳蛋白率)降低。

(四)矿物质

奶牛对矿物质的实际需要要考虑到矿物质在日粮中的配比和有效利用率。奶牛需要钙、磷、镁、钾、钠、氯、硫等常量元素和钴、铜、锰、硒、锌、碘、铁(后备牛)等微量元素。

1.钙

钙是组成骨骼的一种重要矿物成分,其功能主要包括:肌肉兴奋、泌乳等。奶牛对钙的吸收受许多因素的影响,如维生素D和磷,日粮过多的钙会对其他元素如磷、锰、锌产生拮抗作用。成乳牛应在分娩前10天饲喂低钙日粮(40~50 g/天)和产后给予高钙日粮(148~197 g/天)。钙缺乏会导致犊牛佝偻病、成母牛产褥热等。

2.磷

磷除参与组成骨骼以外,是体内物质代谢必不可少的物质。磷不足可影响生长速度和饲料利用率,出现乏情、产奶量减少等现象,补充磷时应考虑钙、磷比例,通常钙磷比为(1.5~2):1。

3.钠和氯

在维持体液平衡,调节渗透压和酸碱平衡时发挥重要作用。泌乳牛日粮氯化钠需要量约占日粮总干物质的0.46%,干奶牛日粮氯化钠的需要量约占日粮总干物质的0.25%,高含量的盐可使奶牛产后乳房水肿加剧。钾是细胞内液的主要阳离子,与钠、氯共同维持细胞内渗透压和酸碱平衡,提高机体的抗应激能力。

4.硫

硫对瘤胃微生物的功能非常重要,瘤胃微生物可利用无机硫合成氨基酸。当饲喂大量非蛋白氮或玉米青贮时,最可能发生的就是硫的缺乏,硫的需要量为日粮干物质的0.2%。

5.碘

碘参与许多物质的代谢过程,对动物健康、生产均有重要影响。日粮碘浓度应达到0.6 mg/kg[DM(干物质)]。同时有研究认为碘可预防牛的腐蹄病。

6.锰

锰功能是维持大量的酶的活性,可影响奶牛的繁殖。需要量为40~60 mg/kg[DM(干物质)]。

7.硒

硒与维生素E有协同作用,共同影响繁殖机能,对乳房炎和乳成分都有影响。在缺硒的日粮中补加维生素E和硒可防止胎衣不下。适合添加量为0.1~0.3 mg/kg[DM(干物质)]。

8.锌

锌是多种酶系统的激活剂和构成成分。锌的需要量为日粮的 30～80 mg/kg[DM(干物质)]。在日粮中适当补锌,能提高增重、生产性能和饲料消化率,还可以预防蹄病。

(五)维生素

维生素可分为脂溶性与水溶性两大类,脂溶性维生素包括维生素 A、维生素 D、维生素 E、维生素 K,水溶性维生素包括 B 族维生素和维生素 C。维生素是奶牛维持正常生产性能和健康所必需的营养物质。乳牛在正常条件下,在瘤胃中可以合成 B 族维生素和维生素 K,在组织中可以合成维生素 C,而脂溶性维生素 A、维生素 D、维生素 E 需从日粮中供给。烟酸是 B 族维生素之一,与蛋白质、碳水化合物、脂肪代谢有关。对高产乳牛补充烟酸,可以预防酮病,提高产乳量。

(六)水

清洁的水为奶牛必需的营养物质,奶牛的饮水主要受干物质的采食量、产奶量、气温及日粮组成、水的品质及奶牛的生理状态的影响。一般让牛自由饮水。水的需要量按干物质采食量或产奶量估算,每千克干物质采食量(DMI)需要 5.6 kg 的水或每产 1 kg 的奶需要 4～5 kg 的水。环境温度达 27～30℃时泌乳母牛的饮水量发生显著的上升;日粮的组成显著地影响奶牛的饮水量,母牛采食含水分高的饲料,饮水量减少,日粮中含较多的氯化钠、碳酸氢钠和蛋白质时,饮水量增加,日粮中含有高纤维素的饲料时,从粪中损失的水增加。水的温度也影响奶牛的饮水量和生产性能,炎热的夏季防止阳光照射造成水温升高,在寒冷天气,饮水适当加温可增加奶牛饮水量。饮水应保持清洁卫生。

▶ 二、奶牛日粮配合技术要领

1.检查纤维性饲料的含量

首先,抓起一把搅拌后的饲料:通过观察搅拌后的饲料中的青贮来检查饲料是否蓬松,未受挤压。其中干物质应占 40%～45%,纤维性饲料应占 10%,长度约为 5 cm。

通过控制搅拌时间和投料顺序,使玉米秸秆很好的揉搓,并不破坏其结构。

稻草等饲料应被切断,而不是被磨断,以保证奶牛的反刍。

其次,查看奶牛的反刍:每次吞咽前的咀嚼次数为 60 次左右,说明饲料被搅拌的相当合适。

瘤胃的 pH 稳定对防止奶牛的酸中毒相当重要,如果反刍动作大约每分钟 2 次,为合适的间隔。如果咀嚼次数少于每分钟 40 次,反刍动作减缓,说明瘤胃 pH 下降,需增加饲料中的纤维刺激唾液分泌,平衡瘤胃酸度。

2.平均采食量的计算

干物质采食量＝体重×0.02＋产奶量×0.25,单位为 kg。

举例:如果一个牛群的平均产奶量为 28 kg,平均牛体重为 650 kg。则干物质的平均采食量为:(650×0.02)＋(28×0.25)＝ 20(kg)。

3.合适的饲料配方

最佳的配方也是最经济的配方,根据饲喂成本和产奶量确定最终的配方。

一般原则为 80% 粗饲料：20% 精饲料。精饲料一般不超过 50%。

4. 配方中的纤维性饲料

纤维性饲料的含量由 NDF 值衡量,对于高产奶牛:NDF 值为 32%～38%,其中 75% 来源于草料。不能只将玉米青贮当作纤维性饲料,必须混入一定数量的饲草。

5. 饲料中的营养供给量

营养供给量取决于每头奶牛平均的日消耗量(MJ)。营养供给量:饲料中每千克干物质所含能量[(MJ/kg CDM)]×干物质的采食量[kg(DM)]。

举例:产奶量 7 500 kg/(头·年):11.5 MJ/kg(DM)×20 kg(DM)=230 MJ/天。

产奶量 9 000 kg/(头·年):12.2 MJ/kg(DM)×23 kg(DM)=280 MJ/天。

6. 饲料中的蛋白质含量

蛋白质的理想数值:对于普通奶牛,每千克干物质中含 16% 的蛋白质;对于高产奶牛,每千克干物质中含 18% 的蛋白质。

7. 饲料中的可分解蛋白质

奶牛必须将所有营养及能量来源最大限度地转化成可消化吸收的蛋白。春天的牧草很易于分解和快速消化。而大豆或预处理过的蛋白饲料则不易分解。如果饲料中可分解蛋白含量过少,则会引起采食量和产奶量的下降。

8. 提高产奶量的同时提高牛奶质量

产奶量提高的同时,不能忽略牛奶质量,比如蛋白质和脂肪等的含量。每单位日消耗能量中应还有 9.5～11 g 有效的可分解蛋白和 4～4.5 g 的可转化蛋白。

9. 饲料中的糖分

糖分是饲料中能量来源必不可少的成分。青贮饲料是糖分的主要来源,还可加入糖蜜、甜菜等。

10. 饲料中的矿物质

磷酸盐占干物质的 0.36%～0.4%;钙占干物质的 0.7%～0.75%。

11. 奶牛饲养各阶段营养控制

(1)干奶期　此期的任务是恢复体力、瘤胃复原、乳腺组织再生和胎儿营养。因此,日粮干物质应占体重 2%～2.5%,每千克饲料干物质含奶牛能量单位 1.75,粗蛋白质 11%～12%,钙 0.6%,磷 0.3%,精料和粗饲料比为 30:70,粗纤维含量不少于 20%。

(2)围产期　分娩前 15 天日粮干物质应占体重 2.5%～3%,每千克饲料干物质含奶牛能量单位 2.00,粗蛋白质占 13%,含钙 0.2%,磷 0.3%;分娩后立即改为钙 0.6%,磷 0.3%,精料和粗饲料比为 40:60,粗纤维含量不少于 23%。

(3)泌乳高峰期　此期的奶牛产量约占泌乳期产量的 40%。为了牛只在此期不过度落膘,调动增产潜力,日粮干物质应保持占体重 2.5%～3.5%。每千克干物质含奶牛能量单位为 2.40,粗蛋白质占 16%～18%,含钙 0.7%,磷 0.45%,精料和粗饲料比由 40:60 逐渐改为 60:40,粗纤维含量不少于 17%。

(4)泌乳中期　此期日粮干物质应占体重 3.0%～3.2%,每千克干物质含奶牛能量单位为 2.13,粗蛋白质占 13%,钙 0.45%,磷 0.35%,精料和粗饲料比为 40:60,粗纤维含量不少于 17%。

(5)泌乳后期　此期日粮干物质应占体重 3.0%~3.2%,每千克干物质含奶牛能量单位 2.00,粗蛋白质占 12%,含钙 0.45%,磷 0.35%,精料和粗饲料比为 30：70,粗纤维含量不少于 20%。

12.饲料配方设计方法

应先了解奶牛大致的采食饲料量,从奶牛饲养标准中查出每天营养成分的需要量,从饲料成分及营养价值表中查出现有饲料的各种营养成分。根据现有各种营养成分进行计算,合理搭配饲料,配合成平衡日粮。奶牛饲料配方设计一般多采用试差法进行计算,根据奶牛饲养营养控制要求,结合饲养经验按个体营养标准人为设计精粗饲料搭配的日粮配方,也叫初始配方,然后计算初始配方营养水平,并与查得的营养标准进行比较,先调整能量饲料和蛋白饲料的量来平衡日粮配方能量、蛋白水平,然后微调钙、磷水平,不足部分用石粉、磷酸二氢钙等添加补充,其他微量成分多以奶牛专用添加剂或预混料形式补充即可。为了计算便捷,目前业内还普遍推荐应用 Mcrosoftexcel 拟制奶牛日粮配方,根据奶牛饲养标准自动生成及用 Excel 的"规划求解"拟制奶牛饲料配方。

奶牛 TMR 饲料配方的设计,是将奶牛按照体重、产奶水平相近分群散养,在同类相近个体日粮配方基础上,求得精粗饲料混合饲喂各种原料饲料比例,在饲料加工时再根据一定数量分组牛群总饲喂量,按照各原料饲料比例添加混合成一定的日粮进行饲喂,奶牛自由采食,所采食的每一口日粮营养都是相对均衡的。

【经验之谈】

经验之谈 1-1-1

【技能实训】

▶ 技能项目　应用试差法进行奶牛日粮配方设计

1.实训条件

计算器、计算机、奶牛饲养标准、常规饲料营养成分表。

2.方法与步骤

为体重为 600 kg、日产奶量为 30 kg、乳脂率为 3.5% 的奶牛配制日粮。可用饲料为全株玉米青贮、羊草、玉米、麸皮、豆粕、棉籽饼、磷酸氢钙、石粉、食盐等。

(1)查奶牛饲养标准　体重 600 kg、日产奶 30 kg、乳脂率为 3.5% 的成年母牛的营养需要量见表 1-1-16,饲料营养成分见表 1-1-17。

表 1-1-16　体重 600 kg、日产奶 30 kg、乳脂率为 3.5% 成年母牛的营养需要量

需要量	干物质/kg	奶牛能量单位/NND	可消化粗蛋白质/g	钙/g	磷/g
维持需要	7.52	13.73	364	36	27
产奶需要	11.70	27.90	1 560	126	84
合计	19.22	41.63	1 924	162	111

表 1-1-17　饲料营养成分含量

饲料种类	干物质/kg	奶牛能量单位/NND	可消化粗蛋白质/g	钙/g	磷/g
全株玉米青贮	22.7	0.36	10	1.0	0.6
羊草	91.6	1.38	37	3.7	1.8
玉米	88.4	2.76	59	0.8	2.1
麸皮	88.6	1.91	109	1.8	7.8
豆饼	90.6	2.64	366	3.2	5.2
棉籽饼	89.6	2.34	263	2.7	8.1
磷酸氢钙	100			230	160
石粉	100			380	

(2)确定奶牛饲料中的精粗比例,并计算粗饲料提供的营养　日粮干物质中粗饲料所占的比例按 40% 计,则粗饲料干物质需要＝19.22×40%＝7.688 kg,因此确定每天饲喂玉米青贮 20 kg,羊草 4 kg,可获得营养物质如表 1-1-18 所示。

表 1-1-18　日粮粗饲料提供的营养与需要量的差额

饲料种类	数量/kg	干物质/kg	奶牛能量单位/NND	可消化粗蛋白质/g	钙/g	磷/g
全株玉米青贮	20	4.54	7.2	200	20	12
羊草	4	3.664	5.52	148	14.8	7.2
合计	24	8.204	12.72	348	34.8	19.2
需要量的缺额		11.016	28.91	1 576	127.2	91.8

(3)计算精料补充料的用量及提供的营养,初拟精料补充料配方　现有玉米、麸皮、豆饼、棉籽饼等精料补充料种类,初拟精料各原料用量(kg):玉米 6.3、麸皮 2.5、豆饼 1、棉籽饼 3。表 1-1-19 为日粮营养含量。

(4)确定钙、磷的用量　尚缺的 106.36 g 钙和 29.57 g 的磷,用石粉和磷酸氢钙补充。需要加入的磷酸氢钙的量为:$X : 29.57 = 1 : 160$,则 $X = 29.57 \div 160 = 0.185$(kg);需要加入的石粉的量为:$Y : [106.36 - 0.185 \times 230] = 1 : 380$,则 $Y = [106.36 - 0.185 \times 230] \div 380 = 0.168$(kg)。因此,体重为 600 kg、日产奶 30 kg、乳脂率为 3.5% 的奶牛日粮组成为:羊草 4 kg、青贮玉米 20 kg、玉米 63 kg、麸皮 2.5 kg、豆饼 1 kg、棉籽饼 3 kg、磷酸氢钙 0.185 kg、

学习情境一　奶牛饲养技术

石粉 0.168 kg。营养水平:奶牛能量单位为 44.543,可消化粗蛋白质为 2 147.2 g,钙为 162.03 g,磷为 111.03 g(表 1-1-20)。

表 1-1-19　初配日粮营养含量

种类	数量 /kg	干物质 /kg	奶牛能量单位 /NND	可消化粗蛋白质 /g	钙 /g	磷 /g
玉米	6.3	5.569	17.388	371.7	5.04	13.23
麸皮	2.5	2.215	4.775	272.5	4.5	19.5
豆饼	1	0.906	2.64	366	3.2	5.2
棉籽饼	3	2.688	7.02	789	8.1	24.3
合计	12.8	11.378	31.823	1 799.2	20.84	62.23
与需要量比较		+0.362	+2.913	+223.2	−106.36	−29.57

表 1-1-20　平均体重为 600 kg、平均日产奶 30 kg、乳脂率 3.5% 的奶牛 TMR 日粮配方

项目	日喂量(DM)/kg	原料	含量/%
粗饲料	8.2	全株青贮玉米	55.36
		羊草	44.64
合计			100.00
精料补充饲料	11.39	玉米	48.95
		麸皮	19.51
		豆饼	8.00
		棉籽饼	23.64
合计			100.00
营养水平			
日采食干物质/kg	19.59		
奶牛能量单位/NND	44.543		
可消化粗蛋白质/g	2 147.2		
钙/g	162.03		
磷/g	111.03		

说明:按照分群散养原则,在奶牛 TMR 日粮配合加工时,可根据分群具体头数相乘日粮配方中的精、粗饲料的各自个体平均日喂量,然后根据饲料比例再计算出各种精、粗饲料原料的实际添加量即可。TMR 饲料用专门的设备进行加工。

3. 实训练习

根据当地的饲草料资源,利用试差法,设计平均体重 600 kg、平均日产奶量为 25 kg、乳脂率为 3.2% 的泌乳奶牛泌乳期为 30～50 天的 TMR 日粮配方,填写日粮配方表。

××××××奶牛 TMR 日粮配方表

项目	日喂量	原料	含量/%
粗饲料			
合计			
精料补充饲料			
合计			
营养水平 日采食干物质/kg			
奶牛能量单位/NND 可消化粗蛋白质/g 钙/g 磷/g			

【自测练习】

1.填空题

(1)干物质中包括_____、_____、_____和_____等物质。

(2)奶牛的营养需要按功能分类则分为_____、_____、_____、_____、_____以及_____等。

(3)泌乳牛饲料中粗蛋白质(CP)的适当量为_____,CP不足易引起产奶量和乳蛋白率降低。饲料中的 CP 一般 60％～70％在瘤胃降解,被瘤胃微生物利用,称为_____(DIP)。剩余的 30％～40％不在瘤胃降解,称为_____(UIP)。

(4)高产奶牛在泌乳初期能量处于负平衡,日粮中添加适量脂肪,占日粮干物质的_____％,对提高_____浓度,提高_____、_____有效。

2.判断改错题(在有错误处下画线,并写出正确的内容)

(1)奶牛对水的需要量按干物质采食量或产奶量估算,每千克干物质采食量(DMI)需要 10～11.6 kg 的水或每产 1 kg 的奶需要 2～3 kg 的水。(   )

(2)磷参与组成奶牛机体,是体内物质代谢必不可少的物质。磷不足可影响生长速度和饲料利用率,出现乏情、产奶量减少等现象,补充磷时应考虑钙、磷比例,通常钙：磷比为 3：1。(   )

(3)乳牛在正常条件下,在瘤胃中可以合成 B 族维生素和维生素 K,在组织中可以合成维生素 C,而脂溶性维生素 A、维生素 D、维生素 E 需从日粮中供给。(   )

(4)纤维性饲料的含量由 NDF 值衡量,对于高产奶牛:NDF 值为 43％～38％,其中 55％来源于草料。不能只将玉米青贮当作纤维性饲料,必须混入一定数量的精料。(   )

(5)粗饲料指在干物质中粗纤维占 20% 以下的饲料。如干草、玉米秸、麸皮等。（　　　）

3.问答题

(1)如何正确理解奶牛对日粮干物质的需要？

(2)就近调查奶牛场生产,检查饲养奶牛数量和饲喂方案,拟订一份该奶牛场泌乳牛年度饲料储备方案。

【学习评价】

考核任务	考核要点	评价标准	考核方法	参考分值
1.奶牛营养需要 2.奶牛饲料配方设计	操作态度	精力集中,积极主动,服从安排	学习行为表现	10
	协作意识	有合作精神,积极与小组成员配合,共同完成任务		10
	查阅生产资料	能积极查阅、收集资料,认真思考,并对任务完成过程中的问题进行分析处理		10
	奶牛营养需要	根据国家奶牛饲养标准,能够正确指出奶牛处于不同生长和生产时期营养需要成分,并确定具体的营养需要量	口述描述或依给定材料笔试	20
	奶牛饲料配方设计	应用试差法设计奶牛某一阶段饲料配方,可以借助 Mcrosoftex-cel 进行有关计算	通过现场给定资料进行配方设计并计算营养水平	20
	鉴定结果综合判断	准确	结果评定	20
	工作记录和总结报告	有完成全部工作任务的工作记录,字迹工整;总结报告结果正确,体会深刻,上交及时	作业检查	10
合计				100

【知识链接】

中国奶牛饲养标准(中华人民共和国农业行业标准 NY/T 34—204)。

P roject **2**

犊牛饲养管理

学习任务一 犊牛消化生理分析

【任务目标】

了解犊牛的消化生理,消化系统构造和消化特点,熟知犊牛生长发育规律。

【学习活动】

一、活动内容

犊牛生理分析。

二、活动开展

通过查询相关信息,结合初生犊牛图片、录像资料介绍,现场实地观察,深入了解本地区犊牛生长发育规律、消化生理特点以及对环境的适应性等。对观察得到的结果做好记录。

【相关技术理论】

一、犊牛消化系统

犊牛消化系统包括消化管和消化腺两部分。消化管为食物通过的管道,包括口腔、咽、食管、胃、小肠、大肠和肛门。消化腺为分泌消化液的腺体,含有多种酶,在消化过程中起催化作用,如胃腺、肠腺、唾液腺、肝和胰。消化系统的功能是摄取食物,对其进行物理的、化学的以及微生物的消化作用,吸收营养物质;最后将残渣排出体外,保证新陈代谢的正常进行。

二、犊牛消化生理

出生后头 3 周的犊牛,瘤胃、网胃和瓣胃均未发育完全。这个时期犊牛的瘤胃虽然也是一个较大的胃室,但是它没有任何消化功能。犊牛在吮奶时,体内产生一种自然的神经反射作用,使前胃的食管沟卷合,形成管状结构,避免牛奶流入瘤胃,使牛奶经过食管沟直接进入瓣胃以后进行消化。犊牛 3 周龄时开始尝试咀嚼干草、谷物和青贮饲料,瘤胃内的微生物体系开始形成,内壁的乳头状突起逐渐发育,瘤胃和网胃开始增大。由于微生物对饲料的发酵作用,促进瘤胃发育。随着瘤胃的发育,犊牛对非奶饲料,包括对各种粗饲料的消化能力逐

养牛与牛病防治

渐增强,才能和成年牛一样具有反刍动物的消化功能。所以,犊牛出生后头 3 周,其主要消化功能是由皱胃(其功能相当于单胃动物的胃)行使,这时还不能把犊牛看成反刍家畜。在此阶段,犊牛的饲养与猪等单胃动物十分相似。犊牛的皱胃占胃总容量的 70%(成年牛皱胃只占胃总容量的 8%)。

犊牛在以瘤胃为主要消化器官之前,尚不具备以胃蛋白酶进行消化的能力。所以,在犊牛出生后头几周,需要以牛奶制品为日粮。牛奶进入皱胃时,由皱胃分泌的凝乳酶对牛奶进行消化。但随着犊牛的长大,凝乳酶活力逐步被胃蛋白酶所替代,大约在 3 周龄时,犊牛开始有效地消化非乳蛋白质,如谷类蛋白质和菜籽粕等。而在新生犊牛肠道里,存在有乳糖酶,所以,新生犊牛能够很好地消化牛奶中的乳糖,这些乳糖酶的活力却随着犊牛年龄的增长而逐渐降低。新生犊牛消化系统里缺少麦芽糖酶,大约到 7 周龄时,麦芽糖酶的活性才逐渐显现出来。同样,初生犊牛几乎或者完全没有蔗糖酶,以后也提高得非常慢,因此,牛的消化系统从来不具备大量利用蔗糖的能力。初生犊牛的胰脂肪酶活力也很低,但随着日龄的增加而迅速增加起来,8 日龄时其胰脂肪酶的活性就达到相当高的水平,使犊牛能够很容易地利用全乳以及其他动、植物代用品中的脂肪。另外,犊牛也同样分泌唾液脂肪酶,这种酶对乳脂的消化有益,但唾液脂肪酶随着犊牛消耗粗饲料量的增加而有所减少。

犊牛因吃乳,皱胃特别发达,瘤胃与网胃相加的容积等于皱胃的 1/2。8 周时,瘤胃和网胃的总容积约等于皱胃的容积,12 周时则超过皱胃的 1 倍。此时瓣胃发育很慢。4 个月以后,随着消化植物性饲料能力的出现,前 3 个胃迅速增大,瘤胃和网胃的总容积为皱胃的 4 倍。到 1.5 岁,瓣胃与皱胃的容积几乎相等。这时 4 个胃容积达到成年时的比例。由此可知,4 个胃容积变化的速度受食物的影响,在提前给以大量植物性饲料时,其前 3 个胃的发育要比喂乳汁的迅速。在幼年靠喂液体食物为主时,前胃尤其瓣胃处于不发达状态。因此反刍兽胃的发育不仅表现在 4 个胃的大小比例及局部位置上,而且也反映在黏膜结构及肌层上。

【技能实训】

▶ 技能项目　犊牛主要消化器官胃发育的观察

1.实训条件

犊牛消化系统器官胃的图片、模型、浸泡标本,有条件的购置实物等。

2.方法步骤

根据给定的实训条件,就犊牛消化系统主要器官胃的形状大小、形态结构等方面进行观察。

3.实训练习

填写观察记录表。

犊牛胃的观察记录表

犊牛胃	生长发育主要特征
瘤胃	
网胃	
瓣胃	
真胃	

【自测练习】

1. 填空题

(1)犊牛消化系统包括 _____ 和 _____ 两部分。消化管为 _____ 通过的管道,包括 _____ 、_____ 、_____ 、_____ 、_____ 和 _____ 。

(2)初乳中含有 _____ 、_____ 、_____ ,有利于犊牛生长发育。

(3)初生犊牛的护理包括 _____ 、_____ 、_____ 。

(4)犊牛期分 _____ 、_____ 两个时期。

(5)犊牛在出生 6 周后有 _____ 颗牙齿。

2. 判断改错题(在有错误处下画线,并写出正确的内容)

(1)初生犊牛体重一般在 30～50 kg。( )

(2)犊牛舍按成年母牛的 30％设置。( )

(3)断奶后的幼牛,消化器官还处于强烈发育时期,消化粗饲料的能力比成年牛弱。( )

(4)犊牛出生后 1～2 h 必须吃上初乳。( )

(5)犊牛的皱胃占胃总容量的 70％(成年牛皱胃只占胃总容量的 8％)。( )

3. 选择题(单选题)

(1)新生犊牛肠道里,存在有乳糖酶,可以消化初乳中的( )。

A. 脂肪 　　　　 B. 蛋白质 　　　　 C. 乳糖 　　　　 D. 维生素

(2)哺乳期犊牛靠食管沟反射将吮吸的乳汁直接由食管流入( )。

A. 瘤胃 　　　　 B. 网胃 　　　　 C. 皱胃 　　　　 D. 瓣胃

(3)初乳中含有较多的镁盐有轻泻作用,有助于( )。

A. 排尿 　　　　 B. 胎粪排出 　　　　 C. 消化 　　　　 D. 吸收

(4)初生犊牛的食管沟在( )时期闭合。

A. 断奶后 　　　　 B. 3 个月后 　　　　 C. 6 个月后 　　　　 D. 18 个月后

(5)犊牛出生后要尽快饲喂初乳的原因是( )。

A. 不然犊牛会饿死 　　　　　　　　　　 B. 初乳放久了会变质

C. 免疫抗病能力提高 　　　　　　　　　 D. 营养丰富

4. 问答题

1. 犊牛胃的发育从出生到 12 月龄,经历了一个怎样的发育过程?

2. 什么是犊牛食管沟反射?在哺喂犊牛时应怎样利用好这一规律?

考核任务	考核要点	评价标准	考核方法	参考分值
犊牛消化生理分析	操作态度	精力集中,积极主动,服从安排	学习行为表现	10
	协作意识	有合作精神,积极与小组成员配合,共同完成任务		10
	查阅生产资料	能积极查阅、收集资料,认真思考,并对任务完成过程中的问题进行分析处理		10
	犊牛胃的观察	根据图片、实物等,结合所学知识进行犊牛胃结构及发育特点观察,正确记录结果	观察描述	30
	观察结果综合判断	准确	结果评定	30
	工作记录和总结报告	有完成全部工作任务的工作记录,字迹工整;总结报告结果正确,体会深刻,上交及时	作业检查	10
合计				100

学习任务二　犊牛饲养

【任务目标】

了解犊牛营养需要,熟知饲养标准,初生犊牛的接生,初乳对新生犊牛的重要意义,犊牛的培育,初乳的饲喂时间,初乳的喂量及饲喂方法,特殊情况的处理。掌握犊牛哺乳期及断奶后饲养方法,学会犊牛早期断奶方案制订。

【学习活动】

▶ 一、活动内容

犊牛科学饲养技术。

▶ 二、活动开展

通过查询相关信息,结合初生犊牛图片、录像资料介绍,现场实地参加犊牛饲养实践,深入了解本地区犊牛饲养方法,掌握犊牛的科学饲喂技术,在专兼职教师指导下能够制订犊牛早期断奶饲养方案。

学习情境一　奶牛饲养技术

【相关技术理论】

犊牛是指出生到 6 月龄的小牛。犊牛在哺乳的方式上,一般实行人工喂乳。

一、哺喂初乳

(一)初乳的特殊作用

母牛产犊后 7 天以内分泌的乳称为初乳。初乳色深黄而黏稠,有特殊气味,与常奶相比,初乳干物质含量高,其蛋白质、胡萝卜素、维生素 A 和免疫球蛋白含量是常奶的几倍至十几倍(表 1-2-1)。由于母牛胎盘的特殊结构,母体血液中的免疫球蛋白不能在胎儿时期通过胎盘传给胎儿,因而新生犊牛免疫能力较弱。初乳中含有大量的免疫球蛋白,犊牛可通过吃初乳来获得免疫力。

初乳中的抗体浓度平均为 6%(范围 2%～23%),浓稠黄色奶油状的初乳较好,稀薄并呈水样的初乳其抗体浓度可能较低。干乳期较短、早产、产犊前挤奶、产犊前初乳遗漏都会造成初乳中的抗体含量低,胎次高的母牛比头胎牛的初乳含抗体水平高。

初乳酸度高,含有镁盐、溶菌酶和 K-抗原凝集素。出生犊牛皱胃不能分泌胃酸,因而细菌易于繁殖,而初乳酸度较高,有杀菌作用;镁盐具有轻泻作用,又利于犊牛胎便的排出;初乳中的溶菌酶和 K-抗原凝集素,也有杀菌作用。

表 1-2-1　初乳与常乳成分比较　　　　　　　　　　　%

成分	第几次挤出的初乳					常奶
	1	2	3	4	5	
总固体	23.9	17.9	14.1	13.9	13.6	12.9
蛋白质	14.0	8.4	5.1	4.2	4.1	3.2
酪蛋白	4.8	4.3	3.8	3.2	2.9	2.5
免疫球蛋白	6.0	4.2	2.4	0.2	0.1	0.09
脂肪	6.7	5.4	3.9	4.4	4.3	4.0
乳糖	2.7	3.9	4.4	4.6	4.7	4.9
矿物质	1.11	0.95	0.87	0.82	0.81	0.74
体积质量/(g/cm³)	1.056	1.040	1.035	1.033	1.033	1.032

(二)哺喂初乳时间

犊牛在出生时肠壁的通透性强,初乳中的免疫球蛋白可直接通过肠壁以未被消化的状态吸收,但随着时间的推移,犊牛肠壁的通透性下降,导致以未被消化状态吸收免疫球蛋白的能力减小,且初乳中免疫球蛋白浓度也会随时间的推移而降低。

研究表明,出生最初几个小时的犊牛,对初乳中免疫球蛋白的吸收率最高,平均达 20%(范围为 6%～45%),而后急速下降,生后 24 h 犊牛就无法吸收完整的抗体。犊牛应在出生后 1 h 内吃到初乳,而且越早越好。

母犊在出生后的 12 h 内初乳的饲喂量及其死亡率见表 1-2-2。

表 1-2-2 初乳哺喂效果观察

饲喂量/kg	牛场数	平均死亡率/%
1～2	18	15.3
2.5～4	16	9.9
4～5	26	6.5

(三)初乳的喂量及哺喂方法

出生 1 h 犊牛初乳的喂量应为 2.0 kg,12 h 内再喂 2.0 kg,以后可随犊牛食欲的增加而逐渐提高,出生的当天(生后 24 h 内)饲喂 3～4 次初乳,一般初乳日喂量为犊牛体重的 8%。从第 4 天开始每天饲喂 4～6 kg,分 2～3 次饲喂。

初乳哺喂的方法可采用装有橡胶奶嘴的奶壶。犊牛惯于抬头伸颈吮吸母牛的乳头,是其生物本能的反应(促进网胃沟的闭合),因此以奶壶哺喂初生犊牛较为适宜。目前,奶牛场限于设备条件多用奶桶喂给初乳(易造成犊牛腹泻)。喂奶设备每次使用后应清洗干净,最大限度地降低细菌的生长以及疾病传播的危险。

挤出的初乳应立即哺喂犊牛,如奶温下降,需经水浴加温至 38～39℃ 再喂,饲喂过凉的初乳是造成犊牛下痢的重要原因。相反,如奶温过高,则易因过度刺激而发生口炎、胃肠炎等或犊牛拒食。

(四)特殊情况的处理

牛犊出生后 1～2 h,要使其吃到初乳,并每天保持喂奶 3～4 次。如果犊牛出生后如其母亲死亡或母牛患乳房炎,使犊牛无法吃到其母亲的初乳,也可配制人工初乳喂初生犊牛。参考配方是:常乳 750 mL,食盐 10 g,新鲜鱼肝油 15 g,加入鸡蛋 2～3 个,经过充分混匀后加热至 38℃ 喂给。另外也可用其他产犊时间基本相同健康母牛的初乳。如果没有产犊时间基本相同的母牛,除人工初乳哺喂外还可用常奶代替,但必须在每千克常奶中加入维生素 A 2 000 IU,土霉素或金霉素 60 mg,并在第一次喂奶后灌服 50 mL 液状石蜡或蓖麻油,也可混于奶中饲喂,以促使胎便排出。5～7 天后停喂维生素 A,抗生素减半直到 20 日龄左右。

🔹 二、哺喂常乳

刚出生时,犊牛消化系统的功能与单胃动物相同,真胃是唯一发育完全和有消化功能的胃,几天大的犊牛只能消化吸收液体食物。

(一)常乳哺喂方案

一般犊牛需喂奶至 2～3 月龄,2 月龄断奶为早期断奶。出生 1～7 天在保育栏饲养,喂奶(初乳或混合初乳)喂量从 3 kg 逐步增加到 6 kg,8～40 日龄喂奶量保持 6 kg,40 日龄后可以每周减少 2 kg 喂量,至 60 日龄断奶,哺乳量 300～340 kg(表 1-2-3)。

(二) 喂奶"定时、定量、定温"

①每天喂奶 2～3 次,早、中、晚三次喂奶时间要相对固定。

②喂奶量要相对固定,按照哺乳方案进行:多出的牛奶冷贮保存或喂养公牛。一次喂奶量不能超过犊牛初生重的 5%,喂奶量太多,超过皱胃容量溢入瘤胃,奶在瘤胃中异常发酵造成犊牛腹泻。

表 1-2-3　早期断奶哺乳方案(参考)　　　　　　　　kg/(头·天)

日龄	哺乳量(1)	日龄	哺乳量(2)	美国犊牛哺乳量
1	3.5	1	3.5	4
2	4.0	2	4.0	4
3	4.5	3	4.5	4
4	5.0	4	5.0	4
5	5.5	5	5.5	4
6	6.0	6~20	6.0	4
7~40	6.0	21~40	7.0	4
41~45	5.0	41~45	6.0	4
46~50	4.0	46~50	5.0	4
51~55	3.0	51~55	4.0	4
56~60	2.0	56~60	3.0	4
≥61	断奶	≥61	断奶	4
哺乳期喂奶量合计	302		342	240

③喂奶温度要固定,一般为接近犊牛体温,即 38~39℃,温度超过 40℃,易引起犊牛口炎,温度较低则易造成食管沟闭合不好(缺乏吮吸动作或喝奶太快时),牛奶部分进入瘤胃,引起腹泻。

(三)常乳哺喂方法

用奶桶或奶瓶哺喂,用带奶嘴的桶喂奶可迫使小牛比较慢地吸奶,可以减少腹泻及其他消化紊乱。现在生产中基本使用奶嘴饲喂。

(四)所用牛奶种类

多余的初乳、常乳、代乳粉等。不能哺喂乳房炎乳、有抗奶,乳房炎乳可能含有大量致病菌,有抗奶可导致耐药性。代乳粉应含蛋白质不低于 22%,脂肪含量为 15%~20%。

三、补饲精料、粗饲料

(一)精料补饲

犊牛饲喂固体饲料后,食道沟逐渐失去功能,草料中带入的微生物使瘤胃中的微生物区系逐渐开始建立起来。研究表明,精料在瘤胃发酵产生的挥发性脂肪酸是瘤胃发育的重要刺激物,只喂牛奶缺乏固体食物刺激犊牛瘤胃将不发育。因此尽早训练犊牛采食精料非常重要。犊牛出生后 7 天即可开始喂给精料,起喂量 30~50 g/(头·天),第 1 周末达到 100 g/(头·天),以后每周增加 100 g/(头·天),至第 8~9 周喂量达到 800 g/(头·天)。犊牛精料最好制成颗粒料,粉料中的谷物应是经过碾压或挤扁的,粉碎过细不利于促进瘤胃蠕动。

犊牛料应具有营养丰富、易消化、适口性强的特点,CP 18%～20%,粗纤维低于6%～8%(NDF 18%～30%),能量＞2.2 NND/kg,Ca 0.80%～0.95%,P 0.5%。

犊牛料参考配方1:玉米50%、豆饼35%、麸皮8%、鱼粉3%、磷酸氢钙1%、碳酸钙1%、食盐1%。

犊牛料参考配方2:玉米(粗磨)40%、燕麦(粗磨)30%、麦糠20%、豆饼10%、磷酸二钙1%、食盐1%。

另外,要加微量元素添加剂:30～60日龄时每千克犊牛料中添加维生素A 8 000 IU,维生素D 600 IU,维生素E 60 IU,烟酸2.6 mg,泛酸13 mg,维生素B_2 6.5 mg,维生素B_1 6.5 mg,叶酸0.5 mg,生物素0.1 mg,维生素B_1 20.07 mg,维生素K 3 mg,胆碱2.6 mg,60日龄以上犊牛可不添加B族维生素,只添加维生素A、维生素D和维生素E即可。

犊牛料饲喂方法:刚开始时可在犊牛喝完奶后立即抓一把放入奶桶底部让其舔食,以后将干料放在料槽让其自由摄取。料槽每天清扫,保持饲料新鲜。

(二)干草补饲

应饲喂苜蓿草(颗料)等优质干草,2周龄补草,让犊牛自由采食,60日龄喂量100 g/(头·天),第1周达到150～200 g/(头·天),以后每周增加150 g/(头·天)左右,到8～9周达到1.5 kg/(头·天)。现在的观点认为,干草对瘤胃的发育不如精料,若犊牛精料中NDF达到25%时,可以不喂干草,其他粗料像玉米青贮,可以在30日龄后或断奶前开始喂给,若30～60日龄要喂给青贮,一般起喂量控制在100～200 g/(头·天),到断奶时达到1 kg左右。

四、犊牛饮水

饮水对犊牛的生长非常重要,出生1周后单靠牛奶中的水分已不能满足小牛的需要(特别是气温较高时),应从出生后第2周起供给小牛清洁干净的饮水自由饮用,开始时可喂些温水,以后逐步过渡到常温。

五、饲养评估

良好的饲养管理犊牛成活率应在95%以上,哺乳期平均日增重600～700 g,2月龄断奶时体重应达75 kg以上。犊牛看上去活泼,精神好,毛色光亮,犊牛"三病"(腹泻、肺炎、脐带炎)发病率低。

【经验之谈】

经验之谈1-2-1

【技能实训】

▶ 技能项目　犊牛早期断奶方案制订

1. 实训条件

奶牛场犊牛培育技术资料。

2. 方法与步骤

①深入实际生产搜集生产资料:奶牛场犊牛饲养模式、犊牛培育技术规程等。

②分析犊牛生长发育情况,细心观察,在已有牛场犊牛培育方案基础上查阅相关技术资料,学习相应的技术理论知识,认真思考和计算,调整原有方案,制订新方案。

3. 实训练习

(1)犊牛体重达 75 kg,填写早期断奶饲喂计划表。

犊牛早期断奶饲喂计划表　　　　　　　　　　　　kg/(头·天)

周龄	喂奶量		犊牛料		粗饲料		青贮饲料	
	定额	小计	定额	小计	定额	小计	定额	小计
1								
2								
3								
4								
5								
6								
7								
8								
9								
合计								

注:粗饲料、玉米青贮均按自然态计,每 5 kg 玉米青贮折合 1 kg 干草。日喂奶量中也可喂人工乳代替部分常乳。

(2)进行犊牛精料补充料配方设计,填写犊牛料配方表。

犊牛料配方表　　　　　　　　　　　　　　　　　%

能量饲料		蛋白质饲料		石粉	磷酸氢钙	盐	预混料
营养水平							

注:犊牛料的配制及喂法,犊牛从出生后 3~7 天开始自由采食,犊牛料可按 1:1 的比例加水拌匀后再加等量干草或 5 倍的青贮料搅拌均匀后喂给。

养牛与牛病防治

【自测练习】

1.填空题

(1)初乳营养特点与作用有_____、_____、_____、_____、_____、_____、_____。

(2)犊牛的特点为_____、_____、_____。

(3)饲喂牛乳时的原则是要注意_____、_____、_____、_____。

(4)犊牛料应具有_____、_____、_____的特点

(5)人工哺乳又可分为_____、_____和_____法等。

2.判断改错题(在有错误处下画线,并写出正确的内容)

(1)初乳中含有大量的免疫球蛋白,犊牛可通过吃初乳来获得免疫能力。(　　)

(2)初乳乳温高,含有钙盐、溶菌酶和K-抗原凝集素。(　　)

(3)犊牛饲养中最主要的问题是哺育方法和乳温。(　　)

(4)初乳哺喂的方法可采用装有橡胶奶嘴的奶壶。(　　)

(5)犊牛常见"三病"是腹泻、肺炎、脐带炎。(　　)

3.选择题(单选)

(1)新生犊牛在第一次饲喂初乳时要让犊牛吃(　　)。

A.2 kg　　　　　　B.1 kg　　　　　　C.饱为止　　　　　　D.定量

(2)在初生犊牛脐带时,离腹部(　　)处用消毒剪刀剪断。

A.2~4 cm 处　　B.3~5 cm 处　　C.5~7 cm 处　　D.6~8 cm 处

(3)每天喂奶(　　)次,早、中、晚三次喂奶时间要相对固定。

A.1~2　　　　　B.2~3　　　　　C.3~4　　　　　D.4~5

(4)在饲喂哺乳期犊牛时注意(　　)和定质。

A.定时、定期、定量　　　　　　B.定时、定温、定量

C.定人、定温、定牛　　　　　　D.定时、定温、定地

(5)犊牛出生后要尽快饲喂初乳的原因是(　　)。

A.不然犊牛会饿死　　　　　　B.初乳放久了会变质

C.免疫抗病能力提高　　　　　　D.营养丰富

4.问答题

(1)犊牛饲养代乳品、代乳料、犊牛颗粒料各有何异同?

(2)结合自己的学习收获,试制订一份犊牛早期断奶方案。

【学习评价】

考核任务	考核要点	评价标准	考核方法	参考分值
犊牛饲养	操作态度	精力集中,积极主动,服从安排	学习行为表现	10
	协作意识	有合作精神,积极与小组成员配合,共同完成任务		10
	查阅生产资料	能积极查阅、深入奶牛场收集犊牛培育资料,认真思考,并对任务完成过程中的问题进行分析处理		10

续表

考核任务	考核要点	评价标准	考核方法	参考分值
犊牛饲养	犊牛早期断奶方案制订	能够依据牛场技术资料科学制订犊牛早期断奶技术方案	依据资料进行计算和编写	30
	实践效果综合分析	优良,准确	结果评定	30
	工作记录和总结报告	有完成全部工作任务的工作记录,字迹工整;总结报告结果正确,体会深刻,上交及时	作业检查	10
合计				100

【知识链接】

农业部《奶牛标准化规模养殖生产技术示范(试行)》农办牧(2008)。

学习任务三　犊牛管理

【任务目标】

了解犊牛培育原则,熟知犊牛健康管理技术要领,准确掌握促进犊牛生长发育、提高犊牛成活率的管理方法,掌握犊牛早期护理、犊牛人工哺乳、犊牛卫生管理方法,掌握犊牛断角、去副乳操作等。

【学习活动】

▶ 一、活动内容

犊牛管理技术。

▶ 二、活动开展

深入牛场实习参加犊牛管理工作生产实践,并通过查询相关信息,结合初生犊牛管理相关技术工作图片、网络资源及录像资料介绍,学习犊牛科学管理技术,在专兼职教师指导下熟练犊牛人工哺乳、断角、去副乳操作,正确完成犊牛早期断奶方案制订。

【相关技术理论】

▶ 一、乳用犊牛培育的原则

乳用犊牛的培育是奶牛生产的第一步,培育好坏会直接影响到奶牛一生中生产性能的

发挥,对乳用犊牛的培育应掌握以下原则:

1.改善牛群品质提高生产水平

犊牛从其父母双亲处继承来的优秀遗传基因,只有在适当的条件下才能表现出来;通过改善培育条件,才能使犊牛得到改良,加快奶牛育种进度,提高整个奶牛群的质量。

2.加强怀孕母牛的饲养管理,奠定新生犊牛的健壮体质

怀孕母牛的饲养管理,应根据胎儿发育特点和母体子宫的发育规律,适当调整各种营养物质的供给量,以保证胎儿组织器官的正常发育,保证新生胎儿的健壮无病。

3.提高成活率,增加牛群数量

由于新生胎儿出生后抵抗力差,机体的免疫机能尚未形成,容易遭受病菌的侵袭,感染呼吸道疾病,因此应加强护理,减少犊牛死亡,提高犊牛成活率,力争犊牛的全活和全壮,增加牛群数量。

4.合理使用优质粗料,促进犊牛消化机制的形成和消化器官的发育

在培育犊牛时,应在适宜的时期加喂干草和多汁饲料,以加强消化器官的锻炼,使其具有采食大量饲料的能力,使消化器官发育良好。

5.尽量利用条件加强运动并注意锻炼泌乳器官

适当的运动不仅有利于呼吸器官、血液循环系统的发育,而且有利于锻炼四肢,防止蹄病,同时也有利于乳房及乳腺组织的良好发育。

二、新生犊牛的护理

(1)清除黏液　犊牛出生后,首先应立即清除口腔内、鼻腔内及其周围的黏液,以免妨碍呼吸。如果犊牛已吸入黏液影响呼吸时,可握住犊牛的两后肢提起并拍打其胸部使之吐出黏液。其次是用干草或干布擦净犊牛体躯上的黏液,以免犊牛受凉,特别是冬季天冷时更应注意。处理好脐带,犊牛出生后往往自然扯断脐带,最好是人工断脐,在距腹部 6～8 cm 处用消毒剪刀剪端脐带,然后在断端用 5% 碘酊充分消毒,以免发生脐带炎。

(2)哺喂初乳　犊牛出生后应尽早喂初乳,且越早越好,最好在 1 h 内喂上初乳。每天分 3～4 次等量饲喂,1 周后可改为每天 2 次饲喂。饲喂时的温度保持在 35～38℃,温度过低需要温热。若乳牛犊不吸奶汁,进行人工诱乳后,牛犊便可自行吸奶。

三、犊牛的健康管理

(一)坚持"四定"、"二严"

四定:定量、定温、定时和定人;二严:严格消毒、严禁饲喂变质牛奶;要保持犊牛舍清洁、通风、干燥;牛床、牛栏、运动场应定期用 2% 火碱水冲刷,褥草应勤换,冬季要做好防寒保暖工作,犊牛舍冬天要保温,舍温要达到 18～22℃,一般来讲,当温度低于 13℃ 时新生犊牛就会出现冷应激反应;夏天通风良好;冬夏都要保持清洁干燥、空气新鲜。

(二)建立稳定的饲喂制度

开始给犊牛人工哺乳时,对于不会吸乳的犊牛先进行人工诱乳,方法是先将手洗干净,进行必要的消毒处理,在手指头上蘸些奶,放入犊牛嘴里诱导,训练 1～2 次,有了明显

的吸吮反应后就容易用奶壶的橡皮乳头喂乳了。由于犊牛自身神经反射不全，食管沟闭合也不全，使牛奶漏入瘤胃，引起初乳在瘤胃内滞留，发酵，霉变而引发疾病，因此一定要防止犊牛暴饮暴食。喂完奶用清洁温水涮壶后喂给犊牛，且一定要保证奶嘴及奶瓶干净清洁。

(三)补硒补铁

生后当天就应给犊牛补硒。肌肉注射 0.1‰亚硒酸钠 8～10 mL 或亚硒酸钠、维生素 E 合剂 5～8 mL，之后 15 天再加补一次，最好臀部肌肉注射。及时补硒是防治白肌病的关键，生长越快的犊牛硒越不能缺乏。铁主要在十二指肠内吸收，通过尿和粪排出。犊牛饲喂牛奶时间过长时容易发生缺铁，因为奶中含铁量低，20 周龄以后的牛很少缺铁，一般认为饲料内铁的含量丰富，能满足犊牛的营养需要量。日粮内铁的适宜含量为犊牛 100 mg/kg。补铁的添加剂有硫酸亚铁、碳酸亚铁、氧化铁和氯化铁。

(四)训练犊牛采食开食料

生后 10～14 天开始自由采食开食料，可在第 7 天开始用少量犊牛开食料(颗粒料)诱食，训练吃料，以后根据食欲及生长发育速度逐渐增加喂量，早期补料、补草是培育优秀犊牛的关键；可以促进瘤胃的发育，给以后平安断奶，过渡到完全依靠吃草、吃料来满足生长发育的需要打下良好的基础；既促进消化功能的加强，又可以节约奶源，增加盈利。

(五)犊牛皮肤卫生

要坚持每天刷拭皮肤，因为刷拭对皮肤有按摩作用，能促进皮肤的呼吸和血液循环，增强代谢作用，提高饲料转化率，有利于犊牛的生长发育。同时借助刷拭可保持牛体清洁，防止体表寄生虫滋生和养成犊牛驯良的性格。

(六)早期去角

固体苛性钠去角：犊牛在生后 7～10 天时，剪去角基部的毛，然后在外围用凡士林涂一圈，以防药液流出，伤及头部和眼睛。然后用苛性钠稍蘸水在剪毛处画圆，面积要包被角基，一般为 1.5～1.8 cm²，至表皮有微量血渗出为止。应注意的是，正在哺乳的犊牛，施行手术后 4～5 h 才能饲喂母乳，吃母牛奶的犊牛最好与母牛隔离一段时间，以防犊牛吃奶时苛性钠腐蚀母牛乳房及皮肤，另外手术的当日防止雨淋。如果犊牛发育不良，可以适当延迟去角时间，应用电烙铁法去角(图1-2-1)。

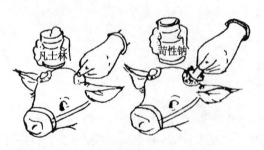

a.苛性钠去角　　　　　　　　　　　　b.电烙铁去角

图 1-2-1　早期去角

(七)去除多余副乳头

奶牛乳房上的副乳头给挤奶、清洗乳房带来不方便，也易形成乳房炎。所以母犊牛生后

1周内,用剪刀从副乳头基部剪去,涂以消毒药即可,注意不要剪错,造成人为的损失。

(八)独笼(栏)圈养

犊牛出生后应及时放入保育栏内,保育栏也称犊牛岛,每牛一栏隔离管理。出生的犊牛养在移动式犊牛岛内,栏内设置保温措施(图1-2-2)。另外,牛栏内要铺上软而厚的垫草,并应勤打扫牛舍,加强通风换气,保证犊牛的健康。15日龄出产房后转入犊牛舍犊牛栏中集中管理。

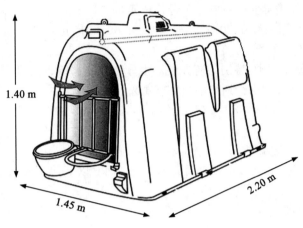

图1-2-2 犊牛岛

目前,国外多采用户外犊牛栏培育犊牛。户外犊牛栏多建于背风向阳、地势高燥、排水良好的地方。户外犊牛栏由轻质板材组装而成,可随意拆装移动。每头犊牛单独一栏,栏与栏之间相隔一定的距离。

四、饮水管理

保证犊牛自由饮水。犊牛出生后,若母牛饮水不足,则其奶水不能满足犊牛的正常代谢需求。所以,犊牛出生后要供给充足清洁的饮水。每次喂奶后应及时给犊牛饮水,水温18～35℃为宜,饮水要清洁卫生,饮水量:8～14日龄,每天1～2 kg,3次/天;有条件的养殖场要设置自动饮水盆,且能够控制饮水量。初期喂水,一定要掌握好量,决不能要多少给多少,造成犊牛水中毒,出现血尿。因为健康犊牛食欲旺盛,对食物没有选择能力,尤其是流质食物,必须人为控制,从而保证犊牛健康的生长发育。

五、档案管理与选育

(一)档案管理

对初生犊牛编号,称量初生重,标记,建立初步档案。具体要求是犊牛出生后应称初生重,并进行编号,同时对其毛色花片、外貌特征(有条件时可对犊牛进行拍照)、出生日期、谱系等情况做详细记录。在奶牛生产中,通常按出生年度序号进行编号,既便于识别,同时又能区分牛只年龄。标记的方法有画花片、剪耳号、打耳标、颈环数字法、照相、冷冻烙号、剪毛及书写等数种。

(二)犊牛的选育

根据第 1 周新生犊牛生长发育的标准进行比较,选留符合标准的犊牛。

1. 基本要求

犊牛健康、发育正常,具有良好的外貌特征,无任何生理及其他缺陷。

2. 体重和体尺

发育良好的犊牛,其初生重一般等于母体体重的 7%～8%,为 35 kg 左右,经产牛有产超过 50 kg 的犊牛;胸围一般在 70～75 cm,体高在 69～74 cm。

3. 查阅系谱资料

祖先系谱清楚,繁殖正常,特别是防异性双生母犊牛的选留。三代系谱中无明显疾病史,祖先生产性能优良。例如中国荷斯坦牛初生犊牛选留要求初产牛 305 天产奶量在 7 000 kg 以上,经产牛 305 天产奶量在 8 000 kg 以上,年平均乳脂率在 3.4% 以上,平均乳蛋白率在 3% 以上的奶牛后代。

4. 出生犊牛生长发育要求

第一周平均日增重 600～700 g,1 周后体重为 38 kg 以上,6 月龄体重 152 kg 以上。

六、环境卫生管理

(一)环境温度控制

在夏季,犊牛舍或栏要保证清洁、通风、干燥,冬季要做好防寒保暖工作,防止舍内温度突变。犊牛最适宜的环境温度为 10～24℃。

(二)犊牛舍卫生管理

出生期犊牛是放在护仔栏内,出生期结束后转入犊牛舍。护仔栏和牛舍应保持干燥,并铺以干燥清洁的垫草,垫草应勤打扫、勤更换,犊牛舍内地面、围栏、墙壁应清洁干燥,并定期消毒(夏季 1 周 2 次,冬季 1 周 1 次)。同时犊牛舍内应阳光充足、通风良好、空气新鲜。

【经验之谈】

经验之谈 1-2-2

【技能实训】

技能项目 犊牛断角去副乳头

1. 实训条件

去角苛性钠棒(或苛性钠膏)、断角电烙铁、剪刀、镊子、5% 碘酊棉球、塑料手套、防护服等。

2.方法与步骤

（1）苛性钠法断角　先将犊牛的角周围 3 cm 处进行剪毛,并用 5％碘酊消毒,在角基周围涂上一圈凡士林,然后按照 1.5∶1 的比例把氢氧化钠与淀粉混匀后加入少许水调成糊状,手戴上防腐手套,将其涂在角上约 2 cm 厚,或手持苛性钠棒(一端用纸包裹)在角根上轻轻地擦磨,直至皮肤发滑及有微量血丝渗出为上。约 15 天后该处便结痂不再长角。在操作时要防止操作者被烧伤。还要防止苛性钠流到犊牛眼睛和面部。

（2）电动法断角　电动去角是利用高温破坏角基细胞,达到不再长角的目的。先将电动去角器通电升温至 480～540℃,然后用充分加热的去角器处理角基,每个角基根部处理 5～10 s,适用于 3～5 周龄的犊牛。

在实际操作中选用一种断角法即可。

（3）剪除副乳头　先将乳房周围部位洗净和消毒,将副乳头轻轻拉向下方,用锐利的剪刀从乳房基部将其剪下,剪除后在伤口上涂以碘酊。如果在有蚊蝇季节,可涂以驱蝇剂。剪除副乳头时,切勿剪错。

犊牛在哺乳期内剪除副乳头,适宜的时间是 2～6 周龄。如果乳头过小,一时还辨认不清,可等到母犊年龄较大时再剪除。

3.实训练习

填写实训记录表。

犊牛断角去副乳头实训记录表

项目	操作方法	数量/头	效果观察
犊牛断角			
犊牛去副乳			

【自测练习】

1.填空题

（1）坚持"四定"、"二严"。四定：_____、_____、_____ 和 _____；二严：_____、_____。

（2）人工断脐,在距腹部 _____ cm 处用消毒剪刀剪断脐带,然后在断端 _____ 充分消毒,以免发生脐带炎。

（3）合理使用优质粗料,促进犊牛_____的形成和_____的发育。

（4）犊牛档案管理是对初生犊牛_____,称量_____,_____,建立初步档案。

（5）生后当天就应给犊牛补硒。肌肉注射_____亚硒酸钠_____或亚硒酸钠、维生素 E 合剂_____,之后 15 天再加补一次,最好臀部肌肉注射。

2.判断改错题（在有错误处下画线,并写出正确的内容）

（1）清除黏液的目的是为了犊牛出生后,以免妨碍呼吸。（　　）

（2）犊牛需补硒补铁,及时补硒是防治软骨症的关键。（　　）

（3）标记的方法有画花片、剪耳号、打耳标、颈环数字法、照相、冷冻烙号、剪毛及书写等数种。（　　）

（4）犊牛出生后应及时喂初乳,最好在 12 h 内喂上初乳。（　　）

（5）犊牛要限制饮水。犊牛出生后,若母牛饮水不足,则其奶水不能满足犊牛的正常代

谢需求。(　　)

3.选择题(单选)

(1)新生犊牛的护理方法是(　　)。

A.清除黏液和哺喂初乳 　　　　　　B.去角和清除黏液

C.早期断奶和断脐带 　　　　　　　D.哺喂初乳与去副乳头

(2)及时补硒是防治(　　)的关键,生长越快的犊牛硒越不能缺乏。

A.软骨症　　　　B.白肌病　　　　C.佝偻病　　　　D.夜盲症

(3)坚持每天刷拭犊牛皮肤,有(　　)能促进皮肤的呼吸和血液循环,增强代谢作用,提高饲料转化率,有利于犊牛的生长发育。

A.使犊牛舒服　　　　B.去痒作用　　　　C.按摩作用　　　　D.保持清洁

(4)犊牛去角方法有(　　)。

A.固体苛性钠去角和电烙铁法去角 　　B.锯角法

C.手术法 　　　　　　　　　　　　　D.生物法

(5)犊牛舍或栏要保证清洁、通风、干燥,犊牛最适宜的环境温度为(　　)。

A.20～30℃　　　　B.15～20℃　　　　C.8～15℃　　　　D.10～24℃

4.问答题

(1)怎样科学开展犊牛健康管理?

(2)如何正确设计和科学使用犊牛岛?

【学习评价】

考核任务	考核要点	评价标准	考核方法	参考分值
犊牛管理	操作态度	精力集中,积极主动,服从安排	学习行为表现	10
	协作意识	有合作精神,积极与小组成员配合,共同完成任务		10
	查阅生产资料	能积极查阅、收集资料,认真思考,并对任务完成过程中的问题进行分析处理		10
	犊牛健康管理	在牛场参加实际生产,熟悉犊牛管理技术工作,对牛场犊牛管理各环节结合所学知识进行评价,提出科学的意见	讨论发言	30
	犊牛断角去副乳	掌握实际操作要领,断角去副乳操作效果达到标准	实际操作	30
	工作记录和总结报告	有完成全部工作任务的工作记录,字迹工整;总结报告结果正确,体会深刻,上交及时	作业检查	10
合计				100

【知识链接】

农业部《奶牛标准化规模养殖生产技术示范(试行)》农办牧(2008)。

育成母牛饲养管理

学习任务一　育成母牛生长发育生理分析

【任务目标】

了解育成母牛的概念及育成母牛各阶段生长发育的规律和特点,为育成母牛的饲养管理奠定理论基础;掌握牛体尺、体重测量技术。

【学习活动】

▶ 一、活动内容

育成母牛生长发育生理分析。

▶ 二、活动开展

(1)通过查询相关信息,结合奶牛生产图片、幻灯片、录像资料介绍,实物标本观察、现场实地调研,深入了解育成母牛各生长阶段的体生长、消化器官发育、繁殖机能发育的生理特点。

(2)通过对不同月龄育成母牛体尺、体重的测量观测育成母牛的生长发育情况。

【相关技术理论】

▶ 一、育成母牛的概念

育成母牛是指断奶至初产的后备母牛。按照其生长发育特点,通常又把 7～12 月龄的牛叫小育成牛,把 13～18 月龄的牛叫大育成牛,把参加配种并已妊娠的母牛叫青年母牛。

▶ 二、育成母牛各阶段生长发育的生理特点及分析

(一)7～12 月龄育成母牛生长发育特点及分析

此阶段是育成牛生长发育最快的阶段,体躯向着长度、高度急剧生长,生殖器官和第二性征的发育也明显加快,小母牛开始出现发情现象,但发情周期往往不正常。消化器官经过犊牛阶段的发育和锻炼已经有了相当的容积和消化青饲料的能力,但是仍然保证不了采食足够的青饲料来满足强烈的生长发育的需求,而且消化系统本身仍然处于生长发育的阶段,满 12 月龄的育成牛瘤胃与全胃容积之比,已基本上接近成母牛。瘤胃发育迅速,对犊牛、育成牛的饲养具有特殊的意义。因此该阶段营养需要的特点是既要满足育成牛生长发育的营养需要,又能满足消化器官进一步的生长发育需要。为了检验育成牛消化器官发育状况,通

常的方法是测量育成牛的腹围。腹围越大,表示消化器官越发达,采食粗饲料能力也越强。高产奶牛必须具有很强的采食粗饲料干物质能力。需要注意的是,虽然此阶段是育成牛生长发育最快的阶段,但是也不要增重太快,因为,此阶段的育成牛的乳腺发育存在敏感期,过多脂肪沉积会影响乳腺发育,对今后泌乳功能产生不利后果。

(二)13～18月龄育成母牛生长发育特点及分析

此阶段育成母牛的生长发育速度逐渐减慢,消化器官经过前一阶段的发育和锻炼,容积进一步增加,消化能力进一步提高。此时育成母牛既无妊娠负担,又无产奶负担,因此,只要能吃到优质青饲料就能满足其营养需要,而且还能进一步促进其消化器官的生长发育,为以后生产性能的发挥奠定基础。此外,在13～14月龄,育成牛在体内生殖激素大量分泌的刺激作用下,生殖器官很快发育达到性成熟状态,发情排卵周期也趋于正常,具备了正常繁殖后代的能力,乳腺发育也进入盛期。此后,随着育成牛体重增加,在15～18月龄达到初配适龄,可适时配种。

(三)19月龄至初产育成母牛生长发育特点及分析

此阶段的育成母牛已受孕怀胎,生长缓慢下来,体躯继续向宽深发展。一般来说,妊娠的前3个月,胎儿生长发育比较缓慢,母牛体重增加不会出现明显增快,随着妊娠的进行,尤其到了妊娠的最后4个月,胎儿生长迅速,母牛体重增加明显加快,但到了临产前1个月,由于母牛摄入的营养不足以满足胎儿生长发育需要,往往反而会变得消瘦,但体重整体处于上升状态(图1-3-1)。

图1-3-1 妊娠期胎儿的成长曲线

总之,育成期是母牛生长发育最旺盛时期,疾病少,容易管理。要充分利用牛自身的"生长发育旺盛"的生理特点,除了能获得高的增重外,还要获得完美的内在器官发育及适应环境的能力。荷斯坦牛的性成熟年龄一般在6～14月龄。此期,育成母牛生殖器重量的增加在6月龄以前与体重增加是平行进行的,其后发育超过体发育。10个月龄后变慢,荷斯坦牛的初情期约在10月龄、体重250 kg、体高110～115 cm时出现。此外,此阶段育成母牛乳腺发育呈以下特点,进入妊娠后乳腺泡向全乳房急速扩展,乳管系统在妊娠后1～3月完成,乳池发育盛期是妊娠期的第5～6个月,在乳腺系统发育的同时脂肪也在向乳腺间不断填充。因此,应注意,不要把牛养得太肥。一般来说,育成母牛初产分娩前膘情体况评分应在3.2～3.75分为宜。

【经验之谈】

经验之谈1-3-1

▶ 技能项目　育成母牛生长发育曲线图的绘制

1. 实训条件

活体奶牛、测杖、软皮尺、牛体尺部位挂图、电子磅秤、牛称重架、牛体尺、体重记录表、计算机及 Excel 软件等。

2. 方法与步骤

(1)通过观看和讲解牛体尺部位挂图让学生了解牛体尺测量的常测项目名称和部位。

(2)对牛进行各指定项目的体尺测量。

(3)通过直接称重测量牛的体重。

(4)通过估测法估测牛的体重与实测值对比,增强学生对牛体尺与体重之间关联的理解。

(5)根据不同月龄的育成母牛体尺、体重数据,用 Excel 表,绘制育成母牛生长发育曲线图。

3. 实训练习

请在牛场实训时按照以上步骤完成育成母牛生长发育监测实训任务,并如实做好记录,用 Excel 表,绘制育成母牛生长发育曲线图。

育成母牛生长发育监测记录表

牛号:　　　　　测量人:　　　　　记录人:

月龄	体重/kg	体高/m	胸围/m	体斜长/m	管围/m	备注
6						
7						
8						
9						
10						
11						
12						
13						
14						
15						
16						
17						

续表

月龄	体重/kg	体高/m	胸围/m	体斜长/m	管围/m	备注
18						
19						
20						
21						
22						
23						
24						

【自测练习】

1.填空题

(1)育成牛是指_____月龄断奶至初产的母牛。

(2)一般来说,育成母牛初产分娩前膘情体况评分应在_____分为宜。

(3)用估测法测量育成牛的体重,需要确定_____和_____两个体质参数。

(4)一般我们把参加配种并已妊娠的母牛叫_____。

(5)牛性成熟一般为_____月龄。

2.判断改错题(在有错误处下画线,并写出正确的内容)

(1)7~12月龄是育成母牛生长最快的阶段。( )

(2)对13~18月龄阶段的育成牛的饲养管理工作重点应放在发情鉴定上。( )

(3)牛达到性成熟期即可参加配种。( )

(4)怀孕牛胎儿增重最快的时间是妊娠后期。( )

(5)在生产中,应定期对育成牛体尺、体重进行监测,是为了防止把牛养得过肥或过瘦。( )

3.问答题

(1)育成母牛各阶段体生长的特点是什么?

(2)育成母牛消化器官发育特点是怎样的?

(3)育成母牛具备什么条件的情况下可以参加初次配种?

【学习评价】

考核任务	考核要点	评价标准	考核方法	参考分值
奶牛的体尺、体重测量	操作态度	精力集中,积极主动,服从安排	学习行为表现	10
	协作意识	有合作精神,积极与小组成员配合,共同完成任务		10
	查阅生产资料	能积极查阅、收集资料,认真思考,对任务完成过程中的问题进行分析处理		10

续表

考核任务	考核要点	评价标准	考核方法	参考分值
奶牛的体尺、体重测量	测量过程、手法、部位	动作熟练、安全、部位准确	过程考核	40
	测量结果	准确	结果评定	20
	工作记录和总结报告	有完成全部工作任务的工作记录,字迹工整;总结报告结果正确,体会深刻,上交及时	作业检查	10
合计				100

【实训附录】
　　附录1　育成牛体尺、体重测量记录表
　　附录2　2~24月龄牛体高、体重变化曲线

实训附录 1-3-1

学习任务二　育成母牛饲养

【任务目标】
　　了解育成母牛各阶段饲养的要点,能确定育成母牛不同阶段的日粮组成。

【学习活动】

▶ 一、活动内容

　　育成母牛的饲养。

▶ 二、活动开展

　　通过查询相关信息,结合奶牛生产图片、幻灯片、录像资料介绍,现场实地调研,深入了解育成母牛饲养的阶段划分、培育目标、各生长阶段生长发育指标、营养需求、饲养标准及日粮配制等内容。

【相关技术理论】

一、育成母牛培育存在的认识误区

育成母牛生长发育迅速,较少发病,在饲养管理上容易被忽视。其实,育成牛阶段饲养管理的好坏直接影响育成奶牛的生长发育及其性成熟,培育出发育正常、健康体壮的育成牛是提高牛群质量的基础,育成牛只有在最佳的生长条件下其遗传潜力才能充分发挥,应该引起足够重视(图1-3-2)。

图1-3-2 正确认识育成母牛培育

二、育成母牛的饲养目标

对育成母牛培育的主要任务是保证后备母牛的正常发育和适时配种。在饲养上,既要保证牛能充分生长发育,又不宜营养水平过高。要使其在14~15月龄配种时活重达到340~380 kg,最高不超过450 kg,体高127 cm;产后体重达到500 kg以上(表1-3-1,表1-3-2),体况评分达到3.2~3.75。

表1-3-1 荷斯坦牛育成母牛培育目标

- 避免小母牛过肥及发育不足
- 保持相对一致的增重速度:0.77~0.82 kg/天
- 保证配种和产犊时的合适的体重和体型
- 适时配种　15月龄左右　体重:340~360 kg　体高:127 cm
- 适时产犊　22~24月龄　产后体重:516~588 kg　产后体高:132~140 cm

注:资料来源,河北农标普瑞纳饲料公司。

表1-3-2 荷斯坦牛育成牛理想体重与体高

月龄	理想体重/kg		实际体重均值/kg	理想肩高/cm		实际肩高均值/cm
	最小	最大		最小	最大	
6	150	182	173	97	107	105
7	177	204	199	102	109	108
8	195	232	223	107	114	113
9	227	261	254	109	117	116
10	250	284	279	112	122	121
11	272	306	304	117	124	124
12	295	329	324	119	128	127
13	318	352	349	121	130	128
14	341	375	378	122	131	130
15	363	409	404	123	132	131

月龄	理想体重/kg		实际体重	理想肩高/cm		实际肩高
	最小	最大	均值/kg	最小	最大	均值/cm
16	386	431	432	124	132	133
17	409	454	451	126	133	133
18	431	477	481	127	133	134
19	454	499	505	127	135	135
20	477	522	535	130	135	137
21	499	545	559	131	136	138
22	533	590	609	132	137	139
23	568	658	648	135	138	141
24	590	681	684	136	140	142

注:数据来源,河北农标普瑞纳饲料公司,体重为带犊体重。

三、育成母牛各阶段营养需求

育成母牛的营养供给要求全面,且应根据育成母牛各阶段生长发育规律供给,在满足其能量、蛋白需要的同时也应充分供应其对维生素 A、维生素 D 以及钙、磷的需要,除此之外,还应适当补充钠、镁、硫、硒等微量元素。营养素的缺乏会导致下列结果。

能量:能量缺乏会导致隐性发情;发情鉴定不准确,拖延了配种日期,增加了配种的次数。

蛋白质:蛋白质缺乏会降低食欲,从而引起生长缓慢和隐性发情;繁殖器官的发育和产生功能都需要蛋白质的参与;长期缺乏蛋白质会造成卵巢和子宫的发育缓慢,推迟性成熟时间。

磷:缺乏能引起食欲差、延误性成熟、发情受阻,磷具有在机体的组织之间传送能量的作用。

碘:碘缺乏导致发情不明显、受孕率差、胎衣不下的发病率高,新生犊被毛缺乏,犊牛体弱、流产、犊牛甲状腺肥大。

镁:镁缺乏导致发情周期不正常或不完整,严重缺乏会造成胎儿被子宫吸收,乳房发育差、乳汁分泌量少、初生犊体格弱小,多有死亡现象。

锌:缺锌导致繁殖力差。

维生素 A:维生素 A 缺乏能造成怀孕后期流产、发情不正常,降低繁殖力。严重缺少会抑制排卵和排斥受精卵在子宫着床,使黏膜组织对感染更加敏感。

钴:缺钴造成食欲差,小犊牛的生长发育差。

盐:缺盐会降低食欲,生长发育差,产奶量低。牛可能食粪尿,脏物异物,这是因缺钠而引起,这种现象多发生在只给牛喂劣质粗饲料的地方。

育成母牛各阶段营养需要可参照表1-3-3。

养牛与牛病防治

表 1-3-3 育成母牛各阶段营养需要

月龄	体重范围/kg	能量/NND	干物质(DM)/kg	粗蛋白质(CP)/g	钙/g	磷/g
6	178～200	9.5～10.5	4.7～5.2	650～830	21～31	10～13
12	302～318	12.5～13.7	6.5～7.1	780～960	30～41	15～19
15	360～380	15.5～16.7	8.5～9.0	850～1 030	30～41	16～20
18	416～450	19.8～21.0	10.0～10.5	1 400～1 550	50～61	25～29
初产	530～550	23.0～25.0	11.5～12.2	1 480～1 660	51～61	27～30

四、育成母牛各阶段日粮组成及饲喂量

育成母牛的日粮应以青粗饲料为主,适当补充精料,这对于个体的生长发育、生产性能及适时配种都是有利的。饲料原料的选用根据当地饲料原料产出情况选择合适的饲料种类合理搭配。育成母牛日粮具体供给量可参照表1-3-4。

表 1-3-4　育成母牛各阶段日粮饲喂量　　　　　　　　　　　　　　　　　　　kg

月龄	混合精料	玉米青贮	干草
7～8	2.0	10.8	0.50
9～10	2.3	11.0	1.40
11～12	2.5	12.0	2.00
13～14	2.5	12.0	3.00
15～16	2.5	12.0	4.00
17～18	2.5	13.5	4.50
19～20	3.0	15.5	4.50
21～22	4.5	11	4.50
22～23	4.5	5	5.50
23～24	4.5	5	6.00

五、育成母牛各阶段的饲养

(一)7～12月龄饲养

此期间性器官和第二性征发育很快,体躯向高度和长度方面急剧增长。前胃虽然经过了犊牛期植物性饲料的锻炼,已相当发达,容积扩大1倍左右,已具有了相当的容积和消化青粗饲料能力,但还保证不了采食足够的青粗饲料来满足此时的强烈生长发育所需营养物质,同时消化器官本身还处于强烈的生长发育阶段,需继续锻炼。在饲养上应供给足够的营养物质,日粮要有一定的容积以刺激前胃继续发育。除给予优质牧草、干草和多汁饲料外,还需给以一定量的精料(1.5～3 kg/天)。这一阶段的育成牛的日粮粗饲料含量可为50%～

90%，粗精比以 3：1 为宜。随着育成牛的生长发育可降低日粮中的蛋白质含量而提高纤维素的含量。精饲料中所含粗蛋白的百分比主要取决于日粮中粗饲料的粗蛋白质含量。一般来讲，用来饲喂育成牛的精饲料混合物含有 16% 粗蛋白质就可以满足它们的需要。这一阶段育成母牛培育过肥会使其乳房组织沉积很多脂肪，影响乳腺组织的形成，最终必然导致产乳量低下。其次，过肥的育成母牛受胎率也较低，抵抗力也较差。相反，如果营养不足导致育成母牛生长发育受阻，育成牛的发情也会推迟，给养殖户造成经济损失。

根据这一阶段育成母牛的生长发育特点也可将其细分为两个阶段进行饲养：

1.7～8 月龄饲养

这是育成牛在生理上生长速度最快的时期，其体躯向高度和长度方面急剧生长，是性成熟前性器官和第二性征发育最快的时期，尤其乳腺系统在育成母牛体重为 150～300 kg 时发育很快。在正常饲养管理条件下，母犊牛 7～8 月龄进入性成熟期，部分牛出现爬跨等发情症状。为兼顾机体生长发育的营养需要和消化器官的发育，日粮以优良的青粗饲料和青干草为主，适当补喂少量精料。

2.9～12 月龄饲养

9～12 月龄后开始，日粮干物质的 75% 来源于青粗饲料，25% 来源于精料，为刺激前胃的发育，可掺喂具有一定容积的秸秆、谷糠类饲料，占青粗饲料的 30%～40%。

(二)13～18 月龄饲养

13 个月以上的育成牛，其瘤胃已具有充分功能。此阶段消化器官、性腺的发育已接近成熟，又无妊娠、产乳负担，只喂优质青粗料就能满足需要，青粗料质量差时可补给精料，为了刺激消化器官的进一步发育，日粮应以粗饲料和多汁饲料为主，少量补给精料，要保证在配种前其体重达到成年母牛体重的 60% 左右（350 kg 以上）。此阶段育成牛主要营养指标：粗蛋白 13.0% 左右，能量 1.30 Mcal/kg，粗料占 50%～60%。13～18 月龄后备牛干物质采食量 8～9 kg（体重的 2.3%）。这一阶段的育成牛，高能量的粗饲料应限量饲喂，因为采食过量会引起育成牛得肥胖症。玉米青贮和豆科植物或生长良好的牧草混合饲料可为育成牛提供足够的能量和蛋白质。饲养时应注意矿物质、食盐的补充。

(三)19～24 月龄饲养

此期的育成牛已配种受胎，个体生长变得较为缓慢，体躯显著向宽、深发展。日粮应以品质优良的干草、青草、青贮料和块根、块茎类为主，精料可以少喂。但到妊娠后期（分娩前 1～2 个月），由于胎儿生长迅速，应及时调整饲喂计划，为妊娠育成牛分娩及第一次泌乳做准备。特别是在分娩前 2～4 周，应饲喂过渡期日粮，使育成牛对泌乳日粮逐步适应。育成牛的分娩应激比成年牛大得多，因此在分娩前就能够适应新日粮，有利于在产奶时表现它们的遗传潜力。日粮中必须逐渐增加精饲料的比例以确保平稳地过渡并在分娩后尽快促使大量干物质的摄入，而另一方面，青贮饲料的喂量则应适当减少，在临产前 15 天应停止青贮饲料的饲喂。因为，饲喂青贮饲料容易造成或加重牛乳房水肿。此外，产前 20～30 天，应控制食盐和矿物质的喂量，以防乳房水肿；并注意在产前 2 周降低日粮含钙量（降到 0.45%），以防产后瘫痪。

(四)临产前饲养

母牛在产前 4～7 天，如果乳房过度膨胀或水肿过大时，可适当减少或停喂精料及多汁料和食盐,如果乳房不硬则可照常饲喂各种饲料。产前 2～3 天,日粮中应加入小麦麸等轻泻性饲料,防止便秘;每日补喂维生素 A 和维生素 E,可提高初生犊牛的成活率,也会降低胎衣不下和产后瘫痪的发生。

六、育成母牛日常饲养方法要点

对育成牛进行科学饲养除了要根据其各阶段的生产发育特点和规律很好把握之外,在实际生产中,日常饲喂方法还应注意以下几个要点:

(1)定时定量　每天喂 2～3 次,每顿吃入八九分饱即可。

(2)合理拌料　冬天拌草料要干,夏天拌草料要湿。

(3)少喂勤添　把一顿草料分成两三次喂,每次吃完再添加新料,使其保证旺盛的食欲。

(4)饲草饲料相对稳定,防止突然变换　牛育成阶段,需要草料相对稳定。若突然变换,易引起瘤胃内环境改变,影响瘤胃微生物区系的发酵活动,导致降低发酵度和草料的消化吸收能力,甚至引起消化道疾病。

(5)保证充足饮水　每日饮水 2～4 次,或自由饮水,水温冬季 10～20℃ 为宜。

【经验之谈】

经验之谈 1-3-2

【技能实训】

技能项目　育成母牛饲养方案的制订

1. 实训条件

育成母牛各生长阶段营养需要表、本地区饲料原料品种、营养价值及供给情况相关资料。

2. 方法与步骤

(1)调查了解本地区饲料原料品种、营养价值及供给情况。

(2)根据育成母牛各阶段营养需要及生长发育特点,采用经济适用的原料,设计不同阶段日粮配方,制订出科学的饲养方案。

3. 实训练习

请按照以上步骤完成育成母牛饲养方案的制定实训任务,并如实做好记录,填写表格。

育成母牛饲料原料调研记录

姓名：　　　　　　　班级：　　　　　　　调研地区：

该地饲料原料主要品种	例如：玉米、小麦、棉籽粕、青贮…						
该地饲料营养价值、价格及供给情况	品种	能量/(MJ/kg)	粗蛋白质/%	钙/(g/kg)	磷/(g/kg)	价格/(元/kg)	丰富/一般/较少
	玉米						
	小麦						
	棉籽粕						
	青贮						
	⋮						

注：对于市售商品添加剂类饲料（如预混料），应收集其产品有关其成分及含量说明书。

育成母牛各生长阶段日粮配合及喂量方案制订

姓名：　　　　　　　班级：

		精饲料配方							
7～12月龄	原料	例如：玉米	例如：小麦	例如：棉籽粕	⋯				
	比例/%								
	日喂量/(kg/天)								
		青、粗、块根、块茎饲料选择及日喂量/(kg/天)							
	原料	例如：干草	例如：青贮	例如：甘薯	⋯				
	比例/%								
	日喂量/(kg/天)								
13～18月龄		精饲料配方							
	原料	例如：玉米	例如：小麦	例如：棉籽粕	⋯				
	比例/%								
	日喂量/(kg/天)								
		青、粗、块根、块茎饲料选择及日喂量/(kg/天)							
	原料	例如：干草	例如：青贮	例如：甘薯	⋯				
	比例/%								
	日喂量/(kg/天)								

续表

19～24 月龄	精饲料配方						
	原料	例如：玉米	例如：小麦	例如：棉籽粕	…		
	比例/%						
	日喂量/(kg/天)						
	青、粗、块根、块茎饲料选择及日喂量/(kg/天)						
	原料	例如：干草	例如：青贮	例如：甘薯	…		
	比例/%						
	日喂量/(kg/天)						

【自测练习】

1. 填空题

(1) 育成牛的日粮主要由_____、_____、_____等组成,主要以_____为主。

(2) 育成牛喂料一般以_____次为宜。

(3) 冬季育成牛饮水的温度以_____℃为宜。

(4) 缺乏_____容易导致牛的骨骼发育受阻。

(5) 牛发生异食癖,可能是日粮中缺乏_____。

2. 判断改错题(在有错误处下画线,并写出正确的内容)

(1) 牛产乳量与饮水量有直接关系,为了增加牛饮水量,可在饲料中加大食盐。( )

(2) 缺乏维生素 A 可能影响牛的生育能力。( )

(3) 牛日粮中蛋白质不足,可能引起牛生长发育受阻。( )

(4) 妊娠后期,应适当减少青贮饲料的喂量。( )

(5) 棉籽粕是一种廉价的蛋白质饲料,因此可以大量用于育成牛母牛的饲喂。( )

3. 问答题

(1) 搞好育成母牛培育有何重要意义?

(2) 育成母牛培育过肥或过瘦会对奶牛产生什么不利影响?

【学习评价】

考核任务	考核要点	评价标准	考核方法	参考分值
育成母牛饲养方案的制订	实训态度	精力集中,积极主动,服从安排	学习行为表现	10
	协作意识	有合作精神,积极与小组成员配合,共同完成任务		10
	查阅生产资料	能积极查阅、收集资料,认真思考,并对任务完成过程中的问题进行分析处理		10

续表

考核任务	考核要点	评价标准	考核方法	参考分值
育成母牛饲养方案的制订	调研资料	调研资料全面、真实	过程评定	20
	实训结果	方案科学、合理	结果评定	40
	工作记录和总结报告	有完成全部工作任务的工作记录，字迹工整；总结报告结果正确，体会深刻，上交及时	作业检查	10
合计				100

【知识链接】

农业部《奶牛标准化规模养殖生产技术示范（试行）》农办牧（2008）。

学习任务三　育成母牛管理

【任务目标】

了解育成母牛各阶段管理的要点，能制订出科学合理的管理方案，掌握育成牛分群、定期生长发育监测、牛体刷拭、发情鉴定、防流保胎、乳房按摩、临产前管理等管理技术。

【学习活动】

▶ 一、活动内容

育成母牛的管理。

▶ 二、活动开展

通过查询相关信息，结合奶牛生产图片、幻灯片、录像资料介绍，现场实地调研，深入了解成母牛各生长阶段的管理要点。

【相关技术理论】

▶ 一、制订培育计划

根据奶牛不同年龄的生长发育特点、饲草、饲料供给情况，制订合理培育计划，控制育成母牛体重合理增长，防止育成牛饲养过肥或过瘦。一般来说，育成牛培育期，日增重控制在 0.75 kg，育成母牛到初产时体重应控制在成年体重的 $80\% \sim 85\%$，荷斯坦牛产后体重应在 $516 \sim 588$ kg 为宜（图 1-3-3，图 1-3-4）。

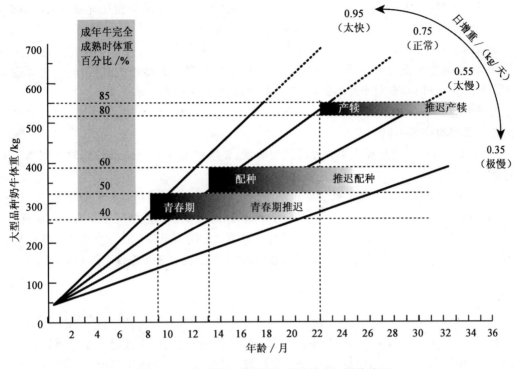

图 1-3-3　育成牛生长速度和生殖能力之间的关系

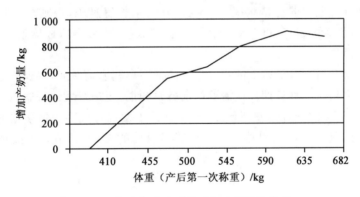

图 1-3-4　初产奶牛产后体重与产奶量的关系

分娩时避免不适当的体膘指数是很非常重要的,过肥或过瘦的怀孕牛都易发生难产和产后综合征。需要指出的是,妊娠后期并不是体膘调整时期,而是育成牛早期泌乳应激的准备时期。育成牛的生长速率不是恒定的,有研究表明,奶牛青春期前保持中等生长速度然后快速生长有利于奶牛在第一次分娩时获得理想体重,是最大限度获得牛奶产量的最佳饲养策略。

二、分群管理

6月龄转入育成舍后,育成母牛应按照月龄、体况、妊娠与否进行分群饲养。将不同龄育成牛分群。

育成牛组群：犊牛断奶后，单独饲养一个阶段再进行群养，可减少相互吮吸乳头的机会，吮吸犊牛乳头会造成乳头发育不良，还有可能引起产后乳房炎。

如果圈舍充裕，断奶后的犊牛，可按月龄4周以内的分为一群，每群4～6头，进行小群饲养，给犊牛熟悉群养的机会，使其适应小范围内的竞争，随着月龄增大，逐步转入更大的牛群中。此外，小群饲养有利于观察护理，胆小的牛编入竞争力弱的群。

育成牛应该至少分为三个管理群：6～12月龄，13月龄至配种期，怀孕育成牛，这三群牛的营养需要也有所不同。

(1)6～12月龄　这是育成牛饲养的关键阶段，日增重为0.7～0.8 kg，同时控制体况不能过肥。

(2)13月龄至配种期　提供高营养水平的饲料，以利于表现发情征兆和受孕率。

(3)怀孕育成牛　日增重至少为0.6～1.0 kg，同时要观察注意体况过肥或偏瘦的现象。

组群时，牛群大小确定还应注意：一要确保牛群有足够的采食槽位。二要确保每头牛之间有足够的采食距离，投放草料时，按饲槽长度撒满，从而能够为每头牛提供平等的采食机会。

三、注意观察

对奶牛的科学管理，在日常工作中应经常观察牛群的采食、饮水及健康状况，做到"三知六净"。三知即养殖户应对育成牛知冷暖，知饥饿，知疾病。六净即切实做到草净，料净，水净，槽净，圈净，牛体净。对育成阶段的母牛，管理者还要重点做好以下观察：

(1)定期观察育成牛的膘情状况　不要让育成牛长得过肥，否则会影响到育成牛的骨骼、生殖器官、乳腺等的发育，也不要让育成牛长得太瘦，太瘦会造成体重不达标、青春期延长、淘汰率高等后果。

(2)发情观察　对9月龄以上的育成牛要注意观察其发情时间，并做详细记录。在实际生产中，育成母牛初次配种日期往往需要提前数月预期，要进行发情观察、记录发情日期，发情记录有助于下一次配种时的发情预测，同时有助于发现育成牛初情期差的问题。从而能够及时采取措施，避免延长配种月龄。对长期不发情的母牛，要请人工授精员或兽医进行检查。

四、定期测量体尺、体重

为了监控育成母牛体尺和体重的增长情况，可在分别6月龄、12月龄、15月龄、18月龄对育成母牛进行体尺、体重测量。发现生长发育异常应及时查找和分析原因，并及时调整日粮营养水平。体尺、体重测量数据应如实记录、存档，也可作为后备牛的选育提供依据。

五、保证充足饮水

此期间应保持供给足够的饮水，采食的粗饲料越多相应的水的消耗量就越大，育成牛饮水量与泌乳牛相比并不少，据资料显示，育成牛6月龄时每日饮水量为15 L，18月龄时约40 L（实际饮水量因地区气候条件不同会有所差异）。

▶ 六、牛体刷拭

为了保持牛体清洁、促进皮肤代谢和便于以后挤奶时不畏惧人,使之养成温顺的习性,应对育成牛经常进行刷拭,每天至少刷拭 1～2 次,每次 5 min。

此外,还要注意定期检查蹄部和修蹄。

▶ 七、适当运动

为了促进骨骼,肌肉,内脏的发育,应保证育成母牛有充足运动,尤其在妊娠期间更应该注意运动。舍饲情况下每天至少有 2 h 驱赶运动时间。有条件的话,可以适当放牧,可以有效促进育成母牛骨骼发育和减少难产的发生。注意对怀孕育成母牛的驱赶,要避免过快、碰撞,防止流产。

▶ 八、适时配种

对处于 14～18 月龄阶段的育成母牛的培育工作重点应注意做好发情鉴定做到适时配种。此阶段,什么时间对育成母牛进行初配,以往大家一般认为需要等其月龄达到 18 月龄才进行,其实,这是一种认识误区,河北农标普瑞纳饲料公司认为,判断是否可以对育成母牛实施初配,不一定要以月龄为标准,主要应看育成母牛性机能是否发育成熟和体重是否已到初配标准。为此,河北农标普瑞纳饲料公司提倡(以荷斯坦牛为例),当育成母牛体重达到 360 kg 以上(成年母牛体重的 60% 左右)即可参加初配(表 1-3-5)。

表 1-3-5　河北农标普瑞纳饲料公司育成母牛初配时间方案

体重/kg	体高/cm	胸围/cm	月龄
360 左右	127	165	14～15

注意:判定何时为育成母牛最佳初配时间,要综合考察母牛的体尺、体重和月龄情况,过早配种容易造成犊牛发育不良、母牛分娩时体质虚弱、易难产、产奶量减少,过晚配种将导致育成牛培育成本增加、奶牛一生产奶量减少。河北农标普瑞纳饲料公司以 24 个月为初产月龄标准,对育成母牛过早配种和过晚配种与经济效益的关系进行了分析,值得大家参考(图 1-3-5)。

▶ 九、做好妊娠诊断,防止流产

对参与过配种的青年母牛,应做好受配牛妊娠诊断工作,确定妊娠应及时转入妊娠母牛圈,还应注意防止妊娠牛因滑倒、打斗、冬季饮冰碴水、吃霉变饲料等原因造成流产。

▶ 十、乳房按摩

乳用育成牛的培育,对其乳房按摩是一项非常重要的工作。育成母牛在交配受胎后,特

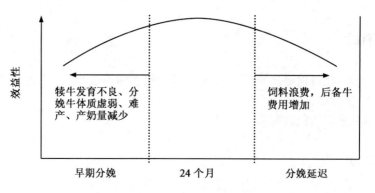

图 1-3-5　初产月龄与经济效益关系

别是在妊娠 5～6 个月后开始,乳房组织处于高度发育阶段,为了促进乳房发育,除给予良好的全价日粮外,还应进行乳房按摩,这对促进乳腺组织的发育有良好的效果。方法:妊娠 5～6 个月后开始每天 1 次,每次 3～5 min。按摩时用热毛巾敷擦乳房,注意不要将蜡状保护膜擦掉。据上海市牛奶公司牧场试验,第 6～18 月龄育成母牛每天按摩 1 次,18 月龄以上每天按摩 2 次,每次按摩时用热毛巾揩擦乳房,产前 1～2 个月停止按摩。结果表明,试验组母牛产乳量比对照组同胎牛产乳量提高了 657.14 kg,提高 13.13%。

▶ 十一、临产前管理

根据配种日期推算,在妊娠母牛分娩前 1 周左右,应将母牛转入产犊舍。提前应对产房进行清扫、消毒并垫上干净垫草,安排好值班人员,准备接产。分娩前几天,可将头胎母牛与泌乳牛共同放在挤奶房以协助年轻奶牛适应常规挤奶程序。

【经验之谈】

经验之谈 1-3-3

【技能实训】

▶ 技能项目　育成母牛管理方案的制订

1. 实训条件

育成母牛管理方法相关资料。

2. 方法与步骤

(1)查阅牛场资料,了解育成母牛群基本情况。

养牛与牛病防治

(2)现场实地调研、参与工作过程,结合前期查阅的资料和所学知识制订出科学合理的管理方案。方案制订涉及的一些项目内容如下:

①育成牛品种:属于什么奶牛品种。

②数量与结构:育成牛数量,其中分段牛实际比例统计。

③分群及管理标准:分群依据,分群育成牛管理指标。

④牛群日常管理:育成牛群日常观察内容与方法,饲喂与卫生打扫方法,牛群运动、牛体刷拭、个体乳房按摩的时间与方法要求等。

⑤生长发育测量:体尺、体重测定时间、方法与记录。

⑥发育达标个体配种:发情观察年龄、观察时间、发情确定方法等。

⑦其他:未尽事宜。

3.实训练习

填写育成牛管理方案表。

×××××××奶牛场育成牛管理方案表

育成牛品种		数量与结构	
分群及管理标准			
牛群日常管理			
生长发育测量			
发育达标个体配种			
其他			

【自测练习】

1.填空题

(1)育成牛的培育过程,控制增重速度非常关键,整个育成期,日增重控制在_____ kg/天比较合适。

(2)荷斯坦牛初配适龄为_____月龄,或者_____,当其体重达到成年体重的_____%,即可配种。

(3)育成牛乳腺组织发育开始于_____月龄,在_____时间,进入高速发育期。

(4)通常,我们在对育成牛管理时应做到"三知六净"。其中"六净"是指:_____、_____、_____、_____、_____、_____。

2.判断改错题(在有错误处下画线,并写出正确的内容)

(1)育成牛生长速度越快越好。(　　)

(2)育成牛初次参加配种越早越好。(　　)

(3)对育成牛进行牛体刷拭和乳房按摩,有利于牛养成温顺的习性,不畏惧人。(　　)

(4)妊娠母牛冬季饮冰碴水或采食霉变饲料容易导致流产。(　　)

(5)适当运动可以有效促进育成母牛骨骼发育和减少难产的发生。(　　)

3.问答题

(1)怎样对育成母牛进行分群管理?

(2)育成牛牛体刷拭和母牛乳房按摩的方法是什么?

【学习评价】

考核任务	考核要点	评价标准	考核方法	参考分值
育成母牛管理与管理方案的制订	操作态度	精力集中,积极主动,服从安排	学习行为表现	10
	协作意识	有合作精神,积极与小组成员配合,共同完成任务		10
	查阅生产资料	能积极查阅、收集资料,认真思考,并对任务完成过程中的问题进行分析处理		10
	牛体尺体重测量、刷拭、乳房按摩操作,对育成牛分群管理、运动、适时配种、防止流产进行描述	操作熟练、过程描述正确	管理过程评定结合描述是否正确评定	40
	实训结果	方案科学、合理	结果评定	20
	工作记录和总结报告	有完成全部工作任务的工作记录,字迹工整;总结报告结果正确,体会深刻,上交及时	作业检查	10
合计				100

【知识链接】

农业部《奶牛标准化规模养殖生产技术示范(试行)》农办牧(2008)。

Project 4

成年奶牛饲养管理

学习任务一　奶牛围产期饲养管理

【任务目标】

　　了解奶牛产前、产中、产后的生理特点,掌握奶牛接产、助产原则;掌握奶牛产后护理原则;会根据母牛体况、生产性能合理调整产前、产后日粮;能正确进行母牛的接产助产,会判断产后恶露变化、胎衣排出情况是否正常,并能采取正确措施处理;会正确实施产后挤奶、乳房消肿技术操作。

【学习活动】

一、活动内容

　　奶牛围产期饲养管理。

二、活动开展

　　1. 理论基础

　　认真查阅相关书籍及录像资料,运用所学知识,深入了解奶牛围产期的生理特点,产前预兆及产后护理特点,理解奶牛体质变化跟泌乳的关系,掌握围产期饲养管理要点,为奶牛泌乳打好基础。

　　2. 实践操作

　　对临产母牛食欲、哞叫、精神状态、乳房变化、产道排出物变化、骨盆韧带变化等进行记录,并判断分娩时间;根据所学知识准备接产所需药品、工具等;制定产房消毒程序,减少产后疾病的发生;根据产后母牛体况变化,制定合理的日粮,使奶牛产后尽快恢复体况,迅速到达泌乳高峰。

【相关技术理论】

　　围产期是指奶牛临产前15天至产后15天这一阶段,习惯上将产前15天称之为围产前期,产后15天称之围产后期,实际上,围产前期处于干奶后期,围产后期处于泌乳前期。围产期是奶牛生理状况发生重大变化的阶段。在此期,奶牛从干奶转为泌乳,经受着生理上的极大应激,表现为食欲减退,对疾病易感,容易出现消化、代谢紊乱,如酮病、乳热症、皱胃移位、胎衣滞留、奶牛肥胖综合征等均发生在此期。此外,对乳腺炎的致病因子易感性增加。近年研究发现,新感染的乳腺炎有40%～50%发生在干奶的第一周以及围产前期。因此,围产期是奶牛饲养管理过程中极为重要的一个生产环节,如果饲养不当,轻则发病率增加,影响母牛下一泌乳期的产奶量,重则造成母牛死亡和胎儿夭折,搞好这一阶段的饲养管理对于奶牛生产具有重要意义。

▶ 一、产前

重点做好产前准备。

(一)配制适宜日粮

围产前期,由于胎儿和子宫的急剧生长,压迫消化道,干物质进食量显著降低。据美国威斯康星州大学报道,产前7~10天奶牛的食欲降低20%~40%。同时,分娩前血液中雌激素和皮质醇浓度上升也是影响母牛食欲的原因之一。因此,应提高日粮营养浓度,以保证奶牛的营养需要。日粮粗蛋白质含量一般较干奶期提高25%,并从分娩前2周开始,逐渐增加精料喂量(0.5 kg/天)至母牛体重的1%,以便调整微生物区系,适应产后高精料的日粮。此外,增喂精料还可促进瘤胃内绒毛组织的发育,增强瘤胃对挥发性脂肪酸的吸收能力。同时,供给优质饲草,以增进奶牛对粗料的食欲,并注意逐渐将日粮结构向泌乳期转变,以防产后日粮组成的突然改变,影响奶牛的食欲。

对于体况过肥的牛(4分)或有酮病史的奶牛,宜在日粮中添加6~12 g的烟酸,以降低酮病和脂肪肝的发病率,已发生乳房过度水肿,则需酌减精料量,可采用低钙饲养法,典型的低钙日粮一般是钙占日粮干物质的0.4%以下,钙磷比例为1∶1。总之,应根据奶牛的健康状况灵活饲养,切不可生搬硬套。

有资料表明,在产前3周开始,每日给奶牛添加1 000 IU的维生素E有助于减少胎衣滞留,增进乳房的健康。围产前期奶牛日粮配方实例参见表1-4-1。

表1-4-1　围产前期奶牛日粮配方实例(以干物质为基础)

项目	妊娠天数	
	270	279
妊娠体重/kg	751	757
月龄	58	58
青贮玉米/kg	432	4.03
大豆粕,48%粗蛋白/kg	—	0.27
青贮牧草,中等成熟/kg	7.35	3.73
玉米/kg	—	0.31
干甜菜渣/kg	—	1.42
小麦秸/kg	1.56	—
食盐/kg	0.02	0.02
维生素和微量元素添加剂/kg	0.41	0.31

(二)做好分娩前的预兆观察

随着胎儿的逐渐发育成熟和产期的临近,母牛在生理上发生一系列的变化。

1.乳房膨大

产前15天左右,母牛乳房开始膨大,到产前2~3天,乳房体发红,乳头皮肤胀紧,从乳房向前到腹、胸下出现浮肿,并可挤出淡黄色黏稠的初乳。个别牛还会出现漏奶现象。但生产中,尽量不要提前试挤乳头,以免刺激乳房;打开乳嘴,细菌会趁机而入。

2.外阴部肿胀

约在分娩前 1 周,母牛阴唇逐渐肿胀、柔软,皮肤皱折平展;封闭子宫颈口的黏液塞逐渐溶化,在分娩前 1~2 天呈透明锁状物从阴门流出,悬垂于阴门外。

3.塌胯

从产前的几天,骨盆韧带松弛,尾根两边塌陷,在分娩前 1~2 天骨盆韧带充分软化,尾根两侧肌肉明显塌陷,呈两个坑,用手拽动牛尾根,可上下、左右自由活动。

4.行为表现不安

临产前,因子宫颈开始扩张,腹部阵痛不安,经常回顾腹部,时起时卧,频频排尿。

▶ 二、产中

(一)准备工作

产房必须事先用 2% 苛性钠溶液(或其他消毒液)喷洒消毒,然后铺上清洁干燥的垫草,并保持环境安静。临产奶牛进产房前必须填写入产房通知单等。准备好接产用具和药品,如脸盆、水桶、纱布、药棉、剪子、助产绳及碘酒、酒精、1% 煤酚皂液或 0.1%~0.2% 的高锰酸钾等消毒剂。接产人员对分娩母牛后躯用 1% 煤酚皂液或 0.1%~0.2% 的高锰酸钾溶液清洗消毒。分娩时,让母牛左侧卧或站立,以免胎儿受瘤胃压迫产出困难。

(二)接产、助产

牛在分娩过程中,要有专人值班,根据情况随时做好助产工作。饲养人员以加强监护为主,不要急于助产。因为,助产过程会不可避免地影响产道卫生。但当发现分娩异常时,要及时、果断地进行协助。

舒适的分娩环境和正确的接产技术,对奶牛护理和犊牛健康都极为重要。奶牛分娩时,环境必须保持安静,并尽量让其自然分娩。一般从阵痛开始需 1~4 h,犊牛即可顺利产出。

如果发现异常、难产等,技术人员及时进行助产。特别是在矫正胎位时,要有必要的保护措施,不可用蛮力,避免产道损伤而出血,如果在产道内无法矫正,可先将胎儿推入子宫(腹腔内)再进行矫正,助产时可灌入液状石蜡等润滑,矫正好胎位再拉来。奶牛分娩应使其左侧躺卧,以免瘤胃压迫胎儿,发生难产;注意当胎儿头部通过阴门时,一个人要用双手按压阴唇及会阴部,以防被撑破。奶牛分娩后应尽早驱其站立,以免因腹压过大而造成子宫或阴道翻转脱出。

▶ 三、产后

重点做好母牛护理工作。

应加强对母牛的护理,注意胎衣是否完全排出,保持产房的清洁与干燥。母牛产犊后,应立即挤初乳饲喂犊牛,挤奶前应对乳房进行热敷和按摩。

(一)围产后期的饲养

以补充体内水分消耗和恢复体力。奶牛分娩体力消耗很大,分娩后应使其安静休息,并饮喂温热麸皮盐钙汤 10~20 kg(麸皮 500~1 000 g,食盐 50~100 g,碳酸钙 50 g,水 10~20 kg),以利奶牛恢复体力和胎衣排出。若在产后 3 h 内静脉注射 20% 葡萄糖酸钙 500~

1 000 mL,可防止胎衣滞留和乳热症的发生。为了使奶牛恶露排净和产后子宫早日恢复,也可喂给母牛适量益母草汤(益母草 1～1.5 kg 熬汤去渣、麸皮 1 kg、红糖 0.5 kg、食盐 0.05～0.1 kg、磷酸氢钙 0.05～0.1 kg,混匀加适量温水喂服),可起到暖胃、充饥、增压、补血等效果。生产中也可使用益母草膏或产后汤粉剂溶水饮用。

产后 1 周内,为减轻乳房负担和根据母牛产后胃肠机能较弱的特点,以优质干草为主,任其自由采食,精料逐日渐增 0.45～0.5 kg。对产奶潜力大,健康状况良好,食欲旺盛的多加,反之则少加。待恢复正常后,再逐渐增加精料。青贮、块根、多汁饲料要适当控制,待奶牛食欲良好、粪便正常、恶露排净、乳房生理肿胀消失的情况下,按标准喂给。若产前采用引导饲养,则产后可在原有基础增加精料,在加料过程要随时注意奶牛的消化和乳房水肿情况,如发现消化不良,粪便稀或有恶臭,或乳房硬结,水肿迟迟不消,就要适当减少精料。

围产后期奶牛日粮配方实例参见表 1-4-2。

表 1-4-2　围产后期奶牛日粮配方实例

	日粮	比例(日粮以干物质为基础)/%
日粮组成	玉米青贮	36.4
	豆科干草	20.17
	玉米薄片	18.29
	大豆饼	7.65
	大豆粕(含粗蛋白质 48%)	2.53
	整粒棉籽	8.41
	脂肪酸钙	0.65
	血粉	1.02
	碳酸钙	0.56
	磷酸氢钙(1 水)	0.4
	食盐	0.7
	维生素和微量元素添加剂	3.18
日粮营养水平	中性洗涤纤维	31.6
	来自粗料的中性洗涤纤维	23.7
	酸性洗涤纤维	21
	非纤维性碳水化合物	41.4
	产奶净能/(MJ/kg)	7.32
	粗蛋白质	17.4

(二)围产后期的管理

(1)加强产后护理,观察胎衣排出,一般 2～12 h 即自行排出,排出后要观察是否完整并立即将胎衣移走,防止牛自食。若超过 24 h,应报告兽医处理。观察恶露排出情况,了解子宫复旧的程度,及早预防子宫炎。

(2)挤奶。最初几天挤奶时不要将乳汁全部挤净,防止发生产后瘫痪。使乳房保持一定内压，减少乳的形成，可防止血钙流失。一般在产后 30～60 min 开始挤奶，第一天每一次只挤出 2 kg 左右，够犊牛饮用即可，第二天挤出全奶量的 1/3，第三天为 1/2，第四天为 3/4，第五天可将乳房中乳汁全部挤净。每次挤奶时要坚持用 50～60℃ 温水洗擦乳房，并用湿毛巾趁温热敷，然后认真进行 15～30 min 的乳房按摩。促使乳房尽快消肿。

(3)产后 1 周内的奶牛，不宜饮用冷水，以免引起胃肠炎，一般最初水温宜控制在 37～38℃，1 周后方可逐渐降至常温。为了增进食欲，宜尽量让奶牛多饮水，但对乳房水肿严重的奶牛，饮水量应适当控制。

【经验之谈】

经验之谈 1-4-1

【技能实训】

▶ 技能项目　分娩母牛护理

1.实训条件

有临产牛的奶牛场产房或实习黄牛；临产牛录像、牛的分娩过程录像；酒精、碘酒、1％煤酚皂液或 0.1％～0.2％的高锰酸钾溶液；剪子、镊子、脱脂棉、产科绳、助产药品和器械。

2.方法与步骤

(1)母牛临产判断　首先进行整体表现观察，参与观察同学距离牛只一定距离，观察母牛行为表现，是否大声哞叫、是否频繁来回走动、是否时起时卧、是否频繁排粪尿等。然后进行局部观察，包括乳房观察、外阴部变化观察和骨盆韧带观察等。

(2)母牛接产、助产　分娩时，让母牛左侧卧或站立，以免胎儿受瘤胃压迫产出困难。

助产方法：因根据情况采取相应的措施。

正常分娩时，即两前肢夹着头先露出，一般不需助产。当胎儿头部露出于阴门之外，而胎衣未破时，要立即撕破，使胎儿鼻端暴露出来，防止憋死。倒生胎儿，即两后腿先产出，应迅速拉出胎儿，免得胎儿腹部进入产道后，脐带可能被压在骨盆底下，造成窒息死亡。

如果母牛体弱，阵缩、努责无力，需要用助产绳尽快助产。母牛难产时，先注入润滑剂或肥皂水，再将胎儿顺势推回子宫，胎位校正后，再顺其努责轻轻拉出，严防粗暴硬拉。

(3)母牛产后护理　要立即驱使母牛站立。防止长时间压迫出现麻痹；及时喂给母牛适量热水麸皮汤，以补充体内水分消耗和恢复体力；观察胎衣排出，一般 2～12 h 即自行排出，排出后要观察是否完整并立即将胎衣移走，防止牛自食，若超过 24 h，应报告兽医处理；将母牛的乳房和后躯部用温水洗刷干净，并清除地上污物后，更换垫草；观察恶露排出情况，了解子宫复旧的程度，及早预防子宫炎。

3.实训练习

按照实训要求对待产母牛进行临产观察,通过行为变化、乳房、外阴部、骨盆韧带等的观察,判断母牛具体分娩时间并填写技能任务单,从而更好地进行接产、助产,减少母牛体力的过度消耗,保证犊牛能够健康出生。按照要求进行接产、助产实训,严格消毒制度,并填写技能任务单。

母牛预产征兆记录表

序号	牛号	分娩预兆				分娩时间
		行为变化	乳房变化	外阴及黏液变化	骨盆韧带变化	

产房分娩记录

序号	牛号	分娩日期	犊牛性别	犊牛编号	破羊水时间	分娩时间	胎衣情况	恶露情况	犊牛去向

【自测练习】

1.填空题

(1)奶牛泌乳最初几天不能将奶全部挤净,原因是_____。

(2)奶牛自然分娩一般需_____时间,母牛正常在产后_____时间内会排出胎衣。

(3)奶牛分娩前会表现出_____、_____、_____、行为不安等临产预兆。

(4)奶牛产后不能立即饮用冷水,一般应保证水温在_____℃,待适应后改为饮常温水。

(5)产前给奶牛添加_____有助于减少胎衣滞留,增进乳房的健康。

2.判断并改错(在错误处下画线,并写出正确内容)

(1)奶牛产前高钙有利于防止产后瘫痪。(　　)

(2)母牛产后超过12 h胎衣没有排出或者排净称之为胎衣不下。(　　)

(3)产前乳房水肿严重者应适当减少盐和精料的喂量。(　　)

(4)接产时应彻底消毒,避免出现细菌感染引起产后疾病。(　　)

(5)母牛产后应立即补喂精料,以提高产奶量。(　　)

3.问答题

(1)一头奶牛在2014年8月7日配种妊娠,请根据所学知识判断应何时将母牛转入产房,计算预产期时间?

(2)产后母牛可喂饮"温热麸皮盐水汤",试述"温热麸皮盐水汤"有哪些功效?

【学习评价】

考核任务	考核要点	评价标准	考核方法	参考分值
分娩母牛护理	操作态度	精力集中,积极主动,服从安排	学习行为表现	10
	协作意识	有合作精神,积极与小组成员配合,共同完成任务		10
	查阅生产资料	能积极查阅、收集资料,认真思考,并对任务完成过程中的问题进行分析处理		10
	母牛临产观察	根据母牛临产症状、图片等,结合所学知识,正确做出判断	观察描述	30
	产后护理	根据母牛分娩症状,判断是否顺产,判断正确助产方法;正确接产、助产及护理饲养	观察描述实际操作	30
	工作记录和总结报告	有完成全部工作任务的工作记录,字迹工整;总结报告结果正确,体会深刻,上交及时	作业检查	10
合计				100

【知识链接】

农业部《奶牛标准化规模养殖生产技术示范(试行)》农办牧(2008)。

学习任务二　奶牛泌乳期饲养管理

【任务目标】

了解泌乳牛各阶段的生理特点,了解泌乳牛各阶段饲养的核心任务,熟悉泌乳牛的日常管理要求;会根据泌乳牛的产奶情况制订合理的攻奶方案,能够对泌乳牛饲养方案进行合理性分析、判断,能正确对牛蹄进行日常养护处理。

【学习活动】

▶ 一、活动内容

奶牛泌乳期饲养管理。

▶ 二、活动开展

1.理论基础

查阅相关书籍和视频,了解奶牛产后生理特点及变化,理解营养物质代谢规律及奶牛体重和产奶量的变化,结合牛场已有资料,总结奶牛泌乳各阶段的饲养管理要点。

2.实践操作

确定高产牛群、低产牛群、新产(头胎)牛群,给出泌乳期牛群的分群计划;对应高产牛群产奶量情况,制订合理的攻奶方案;通过日常监控,观察牛的神态(站姿、眼睛、耳朵、鼻镜等)、子宫分泌物、尿酮(或乳酮)、产奶量等,便于疾病的防控。

【相关技术理论】

▶ 一、泌乳期饲养

奶牛产犊后连续泌乳的一段时间称为泌乳期,一般为 305 天。根据母牛产后不同时期的生理状态、营养物质代谢规律以及体重和产奶量的变化,母牛的泌乳期分为 4 个阶段,分别为泌乳初期(0~15 天)、泌乳盛期(16~100 天)、泌乳中期(101~200 天)、泌乳后期(201天至干奶前)。

(一)泌乳初期

母牛分娩后 15 天为泌乳初期。此期奶牛饲养的首要任务是恢复体质,而不要急于催奶。在产房 1 周左右的时间内的饲养最为关键。若一切正常,母牛分娩后第 8 天转入泌乳牛舍饲养。

泌乳牛产后 1 周内通常在产房进行饲养管理,该阶段工作重点包括产后母牛护理、饲喂、挤奶三方面。

1.护理

产房应严格消毒,牛体后躯要及时清洗消毒,继续关注奶牛恶露排出情况,及时了解奶牛子宫复旧情况,防止子宫内膜炎的发生。

2.饲喂

随着乳房水肿的消失,食欲消化逐渐好转,日粮中可逐渐增加精料及多汁饲料的喂量。精料增加速度以每隔 2~3 天增加 0.5~1 kg 为宜,不可太急,以防影响奶牛健康,具体喂量及增料速度视牛体体况而定,体质好的奶牛精料可多喂一些。产后 10~15 天,奶牛日粮营养可达饲养标准。

3.挤奶

要注意充分按摩和热敷,促进乳房消肿,不可过早将乳房内乳汁挤净,避免出现乳房炎。待母牛乳房水肿消失后,方可改用挤奶机挤奶。

(二)泌乳盛期

泌乳盛期是母牛分娩 15 天以后,到泌乳高峰期结束,一般指产后第 16~100 天。

奶牛泌乳高峰的产奶量,决定奶牛泌乳期的产奶量。实践证明,高峰期产奶量每多

1 kg,整个泌乳期将多产 200 kg 奶。泌乳高峰产奶量由奶牛的遗传潜力、产犊时的膘情、泌乳早期的饲养水平决定。

由于母牛的泌乳高峰(一般出现在产后 30～40 天,高产牛多在产后 40～60 天)和最大采食量出现的时间(产后 80～110 天)不同步(图 1-4-1),母牛饲料摄取量比奶量上升缓慢,产生了食入的营养物质满足不了泌乳需要的负平衡,靠消耗牛体内蓄积营养来泌乳的现象(所谓"来自牛背的奶"),故泌乳早期的良好饲喂非常重要。此期要尽量使母牛少掉膘减重。相反,如果泌乳早期奶牛就开始增重(或增加膘情),表明该奶牛产奶潜力不高。

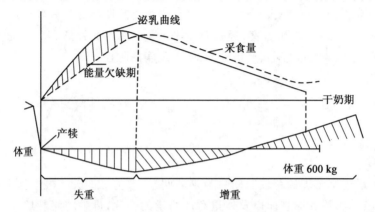

图 1-4-1　奶牛泌乳曲线、干物质采食量(DMI)与体重变化的波动

据报道,约 80% 的奶牛在产后 30～40 天,体况减少 0.5～1 分,经产牛一般在产后 50～60 天,体况才开始逐渐恢复。体况评分每 1 分对于经产母牛来说,相当于 50 kg 的体重,在泌乳中后期需要 6 个月的恢复时间,而青年母牛由于自身还在生长发育,需要 65～75 kg 的体重,才相当于 1 个体况分。极端的体重变化及过分减重均会影响繁殖力。据美国报道,奶牛分娩后 35 天,体况指标下降 0.5 分的受胎率为 65%,下降 0.5～1 分的受胎率为 53%,下降 1.0 分以上的为 48%。因此,尽快安全地达到产奶高峰、减少体内能量的负平衡是此期的工作重点。为此,采取以下几项饲养措施:

1. 短期优势法

由于奶牛产奶量不高,故饲料用量不大,增料过程可在较短时间内完成,而且每天的增幅也不需要很大;"优势"是指实际的饲喂量比实际需要量稍多。具体方法是:从母牛产后 15～20 天开始,在满足其维持需要和产奶需要的基础上,每天再多给 1～1.5 kg 混合料,作为提高产奶量的"预付"饲料。加料后母牛的产奶量继续提高,食欲、消化良好,隔 1 周再调整一次。在保证喂给足量的优质干草和多汁饲料的基础上,精饲料的给量随着产奶量的增加而增加,直至奶量不再增加为止。

日粮组成按干物质计,精饲料最大给量可达 60%。以后随产奶量下降,而逐渐降低饲养标准,改变日粮结构,减少精料比例,增喂青绿多汁料、青贮饲料和干草数量,使泌乳量比较平稳下降,则整个泌乳期可获得较高的产奶量。

2. 引导饲养法

此法仅适用于高产奶牛(胎次产奶量 8 000 kg 以上)。

所谓"引导",是指从产前就开始加料,使母牛瘤胃微生物在产前得到调整,逐渐适应高

精料水平饲养,发挥产奶潜力。具体措施是:产前2周开始,在干奶期给料的基础上,逐渐增加精料,到分娩时精料给量达到体重的0.5%～1.0%(最多不超过1%,否则母牛容易过肥)。产犊后可在分娩前加料的基础上,继续增加精料,每日约为0.45 kg,一直增加到产奶高峰或达到自由采食量,并给予充足饮水,以减少母牛消化道疾病。待增奶期过去,再逐渐减料,达到接近正常标准饲养。

引导饲养法,产前增加营养贮备,产犊后又增加营养摄入,从而引导母牛在增奶期出现新的泌乳高峰,增产趋势可持续整个泌乳期。但在母牛加料过程中,应切实注意饲料喂料的调节,防止消化不良。如对低产牛将导致过肥,反而产生不良影响。

3. 添加过瘤胃脂肪提高日粮能量浓度

泌乳盛期奶牛体内营养物质处于负平衡状态,常规的饲料配合难以保证日粮中的能量需要,尤其是高产奶牛能量需要,同时,大量增加精料比例,也容易导致瘤胃发酵异常,pH下降,乳脂率降低,以至出现瘤胃酸中毒及其代谢疾病。日粮中添加过瘤胃脂肪或保护脂肪,可以在不大改变日粮的精粗比例的情况下,提高日粮能量浓度。据报道,在奶牛日粮中添加脂肪,产奶量增加8%～17%,乳脂率提高13%～18%,同时,还有助于提高受胎率。

脂肪在奶牛日粮中的添加量以3%～5%为宜。对于高产奶牛,日粮中保护脂肪的添加量也不宜超过6%～8%。在添加脂肪的同时,要注意增加过瘤胃蛋白质、维生素、微量元素等的给量,以利于牛奶的形成和抑制体脂过量的沉积。

4. 提高日粮中过瘤胃蛋白质(氨基酸)的比例

泌乳盛期奶牛同样会出现蛋白质供应不足的问题。常规日粮所供给的饲料蛋白质由于瘤胃微生物的降解,到达皱胃的菌体蛋白质和一部分过瘤胃蛋白质难以满足产奶的需要。因此,提高日粮中过瘤胃蛋白质(氨基酸)的比例,可以缓解蛋白不足的矛盾,提高产奶量。据报道,给产前1周至产后8周的母牛,特别是食欲不振牛补饲或灌服丙二醇(113～226 g/天)或丙酸钙,可以防止酮病、皱胃移位及蹄叶炎的发生,提高产奶量。

同时,由于在泌乳盛期较多使用精料,在配制日粮时可考虑添加一些缓冲剂如碳酸氢钠和氧化镁,碳酸氢钠每头每天用量为120 g,氧化镁为40 g。表1-4-3为日产奶36 kg奶牛日粮实例。

表1-4-3 日产奶36 kg的奶牛日粮 　　　　　　　　　　　　　　　　　kg

饲料种类	日粮类型		
	1	2	3
玉米青贮	36.8	29.5	
苜蓿干草		9.1	11.4
玉米	8.5	9.1	0.9
大豆粕	4.6	3.9	0.9
磷酸氢钙	0.07		
碳酸钙	0.31	0.31	0.15
磷	0.19	0.25	0.30
微量元素	0.09	0.09	0.09

(三)泌乳中期

泌乳中期是指泌乳盛期以后,到产奶量逐渐下降的这段时间,一般指产后 101～200 天。催乳素的作用和代谢机能逐渐减弱,产奶量随之下降,按月递减率为 5％～7％。其饲养任务是减缓产奶量的下降速度。

泌乳 70～90 天后产奶量的下降幅度,每周为 1.5％～2％。如果产奶量下降过于迅速,可能在饲养方面出现问题。其中,大多起因于营养和卫生方面的问题;如果泌乳 90 天后泌乳下降速度低于 1％,表明奶牛或是未怀孕,或是奶牛泌乳高峰未达到预期产量。因此,这一阶段应根据奶牛的体重和泌乳量,每周或隔周调整精料喂量,同时,在满足奶牛营养需要的前提下,逐渐增大粗料比重。

《高产奶牛饲养管理规范》规定,此期日粮的精粗比为 40：60,其他营养标准为:日粮干物质应占体重 3.0％～3.2％,每千克含奶牛能量单位(NND)2.13,粗蛋白质含量为 13％,钙 0.45％,磷 0.4％,粗纤维含量不少于 17％。

(四)泌乳后期

泌乳后期是泌乳中期之后,干奶期以前的时间,一般指产后 201 天至干奶前。此时母牛妊娠过半,胎儿生长加快,妊娠黄体的作用日益加强,催乳素的作用减弱,泌乳量显著下降,此期的任务是满足母牛复膘和胎儿迅速生长的需要。

在泌乳后期恢复母牛膘情,不仅可以大大减轻干奶母牛的负担,有利于干奶牛乳腺机能的调整和保障胎儿的正常生长,而且实验也表明,此期奶牛饲料利用率要比在干奶期高。近年根据高产奶牛饲养实践和对牛消化生理的研究认为,高产奶牛泌乳阶段吃了很多精料,使瘤胃代谢处于特殊状态,若奶牛能在泌乳后期恢复体况,使奶牛在干奶前一个月体况达 3.5 分,干奶期仅喂粗料或粗料外加少量精料就能满足其营养需要,这样就可使瘤胃恢复正常发酵,这不仅对奶牛健康有利,也对奶牛持续高产有好处。因此,在泌乳后期,必须对失重过多和体弱母牛适当增加一些精料,使母牛在停奶前达到中等以上膘情。

母牛泌乳中、后期复膘的速度,以泌乳盛期结束时的膘情等级而定。饲养目标应使奶牛日增重 100～200 g。精饲料数量要根据产奶高峰产量进行调整,考虑到产奶量减少,并使某些营养物用于奶牛增重,不能只按产奶量计算饲料量,否则实际产奶量将会减少。

《高产奶牛饲养管理规范》中要求:日粮精粗料比为 30：70,日粮干物质应占体重 3.0％～3.2％,每千克含奶牛能量单位(NND)2.0,粗蛋白质含量为 12％,钙 0.45％,磷 0.35％,粗纤维含量不少于 20％。

▶ 二、泌乳期管理

(一)卫生管理

(1)牛槽　每日放牛后,须将槽内残余料、草渣打扫干净。夏季牛槽每周用清水刷洗 2 次,其他季节每周刷洗 1 次。

(2)舍内地面　每节放牛后,须将牛床地面、舍内走道和墙壁清扫干净,排尿沟通畅,保持舍内卫生,空气新鲜流通。

(3)料池、饮水地　夏季每周刷洗清理 2 次,其他季节每周清理 1 次。保持料槽、饮水池干净,饲料饮水不受污染。

（4）用具设备　舍内一切与鲜奶接触的用具设备,每次用后必须用清水或碱水洗刷干净,放在固定位置,不得乱拉乱用。

（5）运动场　牛粪应每天及时清除干净,运动场内外不得堆放粪便,必须保持运动场清洁、卫生、干燥。

（6）环境　牛舍外地面、道路,每天必须清扫1次,保持环境卫生。

（7）消毒　每月对牛舍和运动场进行大消毒1次。

（二）牛群管理

①每天须随时观察牛只食欲、精神、粪便、呼吸、皮肤、四肢和产奶等情况,发现异常应立即报告技术人员处理。

②发病牛应遵医嘱进行认真耐心细致地护理。

③对待牛只要温和,严禁粗暴打牛,工作时舍内要保持安静,禁止大声喧哗和擅离工作岗位。

④牛只进出牛舍时,应防止拥挤、滑倒,以免发生意外。

⑤工作时,精力要集中,严防被牛致伤,确保人畜安全生产。

⑥牛蹄养护:经常用3%福尔马林溶液给牛蹄浴;每年春、秋两季进行修蹄;发现病蹄及时治疗。

【经验之谈】

经验之谈 1-4-2

【技能实训】

● **技能项目　泌乳牛饲养管理技术规程编写**

泌乳牛是指母牛从产犊开始泌乳到停止泌乳为止的这段时期的生产母牛。泌乳期奶牛饲养管理是奶牛场生产的核心,为了更好地提高泌乳牛的产奶性能,发挥产奶潜能,编写相关饲养技术规程,可以使我们的饲养工作更加科学有效,产生巨大的经济效益。

1. 实训条件

为了使奶牛发挥更好的生产性能,多产奶,产好奶,一般要求进行规模化的圈养舍饲,圈舍设计合理科学,适应奶牛的生物学特性;给予优质的精料补充料和干草、青贮饲料,日粮结构合理,符合奶牛营养需要;在条件许可情况下要积极推广 TMR 饲养技术。

2. 饲养管理技术规程编制原则与方法

（1）编制原则

①结合某一熟悉的规模化奶牛场生产,在调研分析基础上进行编写。

②注意程序性、可操作性和生产指导性。

③编写语言要求简洁具体,定性定量进行阐述,要把操作程序说清楚。

(2)编写方法

①饲喂方式方法:在圈养舍饲条件下采用传统按个体进行饲喂,还是 TMR 饲喂等。

②日粮、营养:日粮结构,按个体或群体日饲喂量;营养水平。

③饲养程序:各时期日饲喂方法,操作顺序、时间及要领,有关操作规定。

④管理程序:各时期奶牛日常管理技术操作顺序、时间及要领,管理要求等。

⑤备注:注意事项及其他事宜。

3.注意事项

在编写泌乳牛泌乳期技术规程时,要充分调研牛场实际情况,对以往的技术规程进行科学分析,保留合理部分,同时认真查阅有关技术资料,认真进行日粮结构调整和奶牛营养分析,因地制宜制订出新的改进型的技术规程。

4.实训练习

详细编制某一奶牛场泌乳牛饲养管理技术规程。

××××××奶牛场泌乳牛饲养管理技术规程

奶牛场名称		奶牛品种	
头胎及初产牛群数量		成年围产期牛群数量	
泌乳盛期牛群数量		泌乳中后期牛群数量	
饲喂方式方法			
头胎及初产牛饲养管理技术操作规程	日粮、营养		
	饲养程序		
	管理程序		
成年围产期牛饲养管理技术操作规程	日粮、营养		
	饲养程序		
	管理程序		
泌乳盛期牛饲养管理技术操作规程	日粮、营养		
	饲养程序		
	管理程序		
泌乳中后期牛饲养管理规程	日粮、营养		
	饲养程序		
	管理程序		
备注			

【自测练习】

1.填空题

(1)奶牛泌乳初期的生理特点是_____,饲养的主要任务是_____。

(2)泌乳盛期,奶牛日粮中精料比例可以达到最高,一般占日粮的_____%。

(3)高产奶牛泌乳高峰一般在产后_____天到达,而采食高峰在产后_____天到达。

(4)高产奶牛应采取_____方法攻奶,而一般产量的奶牛宜采取_____方法攻奶。

(5)"引导饲养法"一般每天增加精料量为_____kg。

2.判断并改错(在错误处下画线,并写出正确内容)

(1)奶牛泌乳初期的主要任务是催奶。(　　)

(2)奶牛产奶高峰与采食高峰出现的时间不同。(　　)

(3)引导饲养法可使低产奶牛高产。(　　)

(4)恢复奶牛膘情,在泌乳后期比干奶期效果更好。(　　)

(5)奶牛日粮中精粗比例可影响乳的乳脂率。(　　)

3.问答题

(1)奶牛场一头奶牛在第2泌乳月时食欲下降,体重日趋消瘦,但产奶量未明显下降,根据你所学知识,分析原因及对策。

(2)奶牛泌乳期各阶段是如何划分的?其饲养的主要任务分别是什么?

(3)根据所学知识及家乡特点,谈谈该如何发展家乡奶牛生产。

【学习评价】

考核任务	考核要点	评价标准	考核方法	参考分值
1.泌乳牛分群 2.奶牛日常观察与健康判断	操作态度	精力集中,积极主动,服从安排	学习行为表现	10
	协作意识	有合作精神,积极与小组成员配合,共同完成任务		10
	查阅生产资料	能积极查阅、收集资料,认真思考,并对任务完成过程中的问题进行分析处理		10
	泌乳牛分群	能准确划分高产牛群、低产牛群	实际操作	20
	奶牛日常观察与健康判断	能准确根据奶牛行为变化判断健康状况,并试述病因	实际操作	20
	鉴定结果综合判断	操作熟练、结果准确	结果评定	20
	工作记录和总结报告	有完成全部工作任务的工作记录,字迹工整;总结报告结果正确,体会深刻,上交及时	作业检查	10
合计				100

【知识链接】

农业部《奶牛标准化规模养殖生产技术示范(试行)》农办牧(2008)。

学习情境一　奶牛饲养技术

【任务目标】

了解干奶牛的生理特点,掌握奶牛停奶时间确定的原则,了解不同停奶方法对产奶、胎儿健康等的影响;会根据奶牛实际情况选择适宜的停奶方法,能给奶牛正常停奶,能对停奶后乳房的变化是否正常做出正确判断,并能采取正确方法处理。

【学习活动】

▶ 一、活动内容

奶牛干奶期饲养管理。

▶ 二、活动开展

1. 理论基础

通过调查并查阅相关资料,了解临产母牛生理状况,将泌乳后期奶牛分到低产牛群。临近干奶前进行有计划的干奶,选择不同的干奶方法,让奶牛有一个适应期,将应激降到最低,使奶牛顺利进入干奶期。

2. 实践操作

根据牛体情况,进行科学干奶,给干奶牛体况评分,分析数据并调控膘情,适时调整日粮,使奶牛达到理想体况。

【相关技术理论】

泌乳牛停止挤奶至临产前的一段时间称为干奶期。干奶期是母牛饲养管理过程中的一个重要环节。干奶方法、干奶期长短、干奶期饲养管理好坏,对胎儿的正常生长发育、母牛的健康以及下一个泌乳期的产奶性能均有重要的意义。

▶ 一、奶牛干奶的意义

(一)乳腺组织周期性休整

母牛体内的乳腺组织经过一个泌乳期的分泌活动,需有一个周期性的休整,以便于乳腺分泌上皮细胞进行再生、更新,为下一个泌乳期能正常的泌乳做准备。

(二)消化机能恢复

母牛的消化器官经过一个泌乳期高水平精料日粮的应激,也需一段时间,以便通过饲喂粗饲料恢复瘤网胃的正常机能。

(三)恢复体况

母牛经长期的泌乳和妊娠,消耗了体内大量的营养物质,因此,也需有干奶期,以便让母牛体内亏损的营养得到补充,并且能贮积一定的营养,为下一个泌乳期能更好地泌乳打下良好的体质基础。

(四)疾病治疗

为治疗某些在泌乳期不便处理的疾病或调整代谢紊乱提供时机,在泌乳期内抗生素、驱虫药等是禁用的,因此治疗隐性乳房炎、驱虫等需要在干奶期进行。

美国田纳西州采用孪生奶牛进行试验,一头孪生奶牛连续 3 个泌乳期无干奶期,另一头在每个泌乳期间干奶 60 天,结果表明,无干奶期的孪生奶牛产奶量明显减少,第 2 泌乳期奶量减少 25%,第 3 泌乳期奶量减少 38%。

二、奶牛干奶时间的确定

适宜的干奶期,对于保证奶牛乳腺机能的调整和恢复、胎儿的正常生长发育有重要意义。

奶牛干奶期的长短依母牛的年龄、体况、泌乳性能而定。母牛营养状况差、年龄大、头胎牛和高产牛产前应保证有 60 天以上的干奶期,最长不宜超过 75 天;母牛营养状况良好、壮年及中产牛干奶期可适当缩短,但最短不宜少于 45 天。

对怀孕经产牛必须准确掌握配种、准胎和预产期,结合计划停奶的方法和时间,以便正确判断开始干奶的时间。

三、奶牛停奶的方法

奶牛在接近干奶期时,乳腺的分泌活动还在进行,高产奶牛甚至每天还能产奶 10~20 kg。但不论产奶量多少,到了预定停奶日,均应采取果断措施,进行停奶。给泌乳奶牛实施停奶,主要有一次性停奶、快速停奶和逐渐停奶三种方法。

停奶前要进行胚胎检查,确保有胎且处在怀孕的 180~210 天(胎儿的位置在腹腔),方可实施停奶。

(一)一次性停奶法

即预定停奶日,最后一次充分按摩乳房,挤净奶,消毒奶头后,每个乳区分别注入一支干奶膏(每个乳房剂量为 10 mL),最后药浴奶头。此法停奶速度快,节省人力,在一些发达国家采用较多。

(二)快速停奶法

预定停奶前 5~7 天,日粮基本不变,停止乳房按摩,逐渐减少挤奶次数,最后一次性停奶(方法同前)。此法比较好,方法简单,对母牛健康和胎儿发育影响不大。

(三)逐渐停奶法

预定停奶前 10~20 天,停止乳房按摩,逐渐减少挤奶次数,减少精料和多汁料,当产奶量下降至 10 kg/天以下时，一次性停奶。此法停奶时间长，对产奶量影响大；在母牛怀孕后期减少精料，降低了营养，而且持续时间长，对母牛健康和胎儿发育影响大。当然，对于停奶时产奶量大，以往停奶困难以及有乳房炎病史的个体，采用逐渐干奶法更为稳妥。

无论采取何种干奶方法，乳头经封口后即不再触动乳房，即使洗刷时也防止触摸它。在干奶后的 7～10 天内，每日 2 次观察乳房的变化情况（是否有红、肿、热、痛）。乳房最初可能继续充胀，5～7 天后，乳房内积奶逐渐被吸收，10～14 天后，乳房收缩松软，处于休止状态，停奶工作结束。若停奶后乳房出现过分充胀、红肿、发硬或滴奶等现象，应重新挤净处理后再行干奶。

◉ 四、奶牛干奶期的饲养

(一)干奶前期

自停奶至泌乳活动完全停止，乳房恢复松软正常为干奶前期，一般为 1～2 周。此期饲养的原则是在满足干奶牛营养的前提下尽早停止泌乳活动。因此，饲料应以青粗饲料为主，不用多汁饲料及加工副产品如酒糟等。精料喂量可视青粗饲料的质量和母牛膘情而定。加强卫生管理，注意乳房变化。

(二)干奶后期

干奶前期结束至分娩前为干奶后期。此期要求母牛适当增重，到临产前体况达到中上水平，健壮而不过肥。干奶期约为 6 周，这段时期的乳房已经恢复，胎儿及母牛都要一定的增长，因此，在短暂的时期内可适当控制青粗饲料，加喂一定的精料。精料的增加可视母牛膘情、健康、食欲及预产量而定（高产奶牛产前 2 周开始，进行引导饲养）。

干奶期母牛饲料喂量一般占体重的 2.0%～2.5%，精粗比为(20～25)∶(75～80)，粗蛋白质含量为 11%～12%。奶牛怀孕最后 2 个月所需营养通常建议为：

(1)奶牛膘情<3 级　怀孕第 8 个月(干奶期第 1 个月)：维持量＋相当 5 kg 产奶量；怀孕第 9 个月(干奶期第 2 个月)：维持量＋相当 10 kg 产奶量。

(2)奶牛膘情良好(3～3.5 级)　怀孕第 8 个月(干奶期第 1 个月)：维持量＋相当 2 kg 产奶量；怀孕第 9 个月(干奶期第 2 个月)：维持量＋相当 7 kg 产奶量。

(3)奶牛膘情超过 3.5 级　减少饲喂量，增加活动量。

◉ 五、奶牛干奶期的管理

(一)适当运动

干奶牛应给予适当的运动，但不可驱赶，以逍遥运动为宜，每天运动 2～3 h。此期运动不仅可促进血液循环，利于健康，而且更主要的是此期运动有助于分娩，减少难产和胎衣滞留。牛外出运动时，中间走道要铺垫草，以防道路打滑，出入门时要防止相互挤撞。此外，运动场要注意清除铁器、异物，保持清洁。

(二)清洁卫生

干奶牛新陈代谢旺盛，每日必须加强对牛体的刷拭，以清除皮肤污垢，促进血液循环，要求每天至少刷拭 2 次。同时,必须保持牛床清洁干燥,勤更换褥草,尤其注意保持后躯和乳房的清洁卫生。

(三)饲养管理

严禁喂给腐烂变质和冰冻的饲草饲料。干奶牛分娩前转入产房时,必须将配种日期、配种牛号、预产期、习性、健康状况和奶产量情况交接清楚,认真填好转群单(表1-4-4)。

表 1-4-4　由舍转产房通知单

年　月　日

牛号	配种情况		预产期	性情介绍	健康情况	原舍组长
	日期	公牛号				

六、奶牛体况评分

奶牛的体况是指其体内所贮备的脂肪量或能量的水平,它是奶牛饲养效果及营养代谢正常与否的反映,也是奶牛健康与否的标志之一。适宜的体脂储备对于保证奶牛高产,提高繁殖率和使用寿命至关重要。奶牛过肥或过瘦都可能使产奶量下降,妊娠率降低,并伴随有营养代谢病发生。奶牛的体况通常通过体况评分来度量,此法可用于检测奶牛体内能量储备状况,优于单纯的体重指标且体况评分是通过数字化评定奶牛体况来反映牛只体内脂肪的沉积情况。体况评分作为奶牛营养状况是否适度的一个"指示器",应用于营养管理非常科学而实用。

体况评分(body condition scoring,BCS)是衡量奶牛体组织储存状况及监控奶牛能量平衡的一种方法。它最早由外籍专家 Wildman 等(1982)提出,采用 5 分制,1 分表示过度消瘦,5 分表示过度肥胖。1984 年,外籍专家 Wright 等建议将体况评分作为一种评价奶牛能量负平衡相对程度的指标。1989 年,外籍专家 Aseltine 等在总结了大量前人研究的基础上,对体况评分进行修改、完善并广泛推广应用。现在,体况评分已成为检验和评价牛群饲养管理水平、预测牛群生产力的一项重要指标,是奶牛场饲养管理中不可缺少的一种工具。BCS 体系将视觉评估和触摸判断相结合,对奶牛体况进行打分,虽然在本质上带有主观性,但却是目前评估奶牛体能储备的唯一实用的方法。奶牛饲养过程的不同阶段,适时进行体况评分,有助于了解奶牛的营养状况及饲养管理中存在的问题,以便及时采取有效措施加以解决,保证奶牛健康和生产性能的发挥。

体况评分体系分很多种,如 0~5(CS5·0)、0~4(CS4·0)、1~4(CS4·1)和 1~9

(CS9·1),最常用的体系是美国使用 5 分制体系(CS5·1),它用 1~5 这个范围的数字表示,1 表示非常瘦,5 表示非常胖,每 0.25 个单位递增(实际操作中以 0.25 个单位递增困难较大,一般采取 0.5 个单位)。目前,这一指标在发达国家奶牛营养管理和饲养管理实践中正在普及应用。

5 分制体况评分是通过评估牛只尾部以及腰部的脂肪附着情况打出数字分。它是评价奶牛饲养效果的一种手段,能够比体重更好地追踪奶牛体脂的贮备情况。因为影响奶牛体重的因素并不仅仅局限于体脂,牛只的体格、内脏和乳房等的大小也会起到决定作用。

(一)奶牛体况评分方法

用眼观、手摸的方法进行评分。由于受奶牛被毛长短、光泽以及人的视差等因素的影响,仅凭眼观评分难免出现较大误差,因此,还是要靠手摸和眼观相互配合,综合评估,确定分值(图 1-4-2)。

图 1-4-2　奶牛的体况评分标准

奶牛五部位综合评分法见表 1-4-5。

表 1-4-5　五部位综合评分法

分值	脊椎部	肋骨	臀部两侧	尾根两侧	髂骨、坐骨结节
1	非常突出	根根可见	严重下陷	隐窝很深	非常突出
2	明显突出	多数可见	明显下陷	隐窝明显	明显突出
3	稍显突出	少数可见	稍显下陷	隐窝稍显	稍显突出
4	平直	完全不见	平直	隐窝不显	不显示突出
5	丰满	丰满	丰满	丰满	丰满

(二)体况评分对产奶量的影响

一般认为体况适中的奶牛比体况太大或太小的奶牛产奶量高。体况大的牛在整个泌乳期产奶量较低,而且对产奶量的影响程度比低体况的牛更大。当体况在 3~4 分这个范围内,分娩后增加体况,在 305 天的泌乳期中总产奶量能提高 422 kg。

对于体况评估低的奶牛,如果在分娩前体况增加一个单位,将在泌乳的头 120 天里增加 545.5kg 的产奶量。另外,如果在这个基础上体况再高 1 个单位会在泌乳的头 120 天里减少 300 kg 的产奶量。体况在 3 分以下 4 分以上 90 天以后产奶量下降速度较体况适中的奶牛快。因此需要一个合适的分娩体况才能获得最高的产奶量。所以,在正常饲养管理的条件下,体况小于 3 分和大于 3.75 分以上的牛一般不超过 5%~10%,即过肥过瘦的牛的比例在 5%~10% 及以下。这样,可有效地提高经济效益。各种试验中的结果不一致的原因主要是技术力量和日粮等,特别是我国的情况,技术落后和饲料(特别是粗饲料适口性和质量)较差,奶牛的体况不宜过大。

(三)关于理想体况

理想体况能让奶牛获得最大的产奶量和最小的代谢紊乱病。在奶牛泌乳早期不能维持适宜的体况或体况发生迅速变化,都表明牛群健康状况或饲养管理可能存在某些潜在的问题。奶牛达到理想体况可降低疾病率、提高产奶量、提高繁殖性能等。要得到最大的经济效益,必须在泌乳周期的各处阶段让奶牛体况达到最佳,避免过肥或过瘦。所以奶牛不同的生理时期和泌乳阶段应该有不同的体况评分,不合理的体况将会导致奶牛健康水平、繁殖率及泌乳持久力的下降,保持理想或合适的体况才能充分发挥其优良的生产性能。

【经验之谈】

经验之谈1-4-3

【技能实训】

▶ 技能项目一　奶牛快速干奶法

1.实训条件

待干奶母牛、消毒剂、干乳膏、长效抗生素、50 mL 注射器等。

2.方法与步骤

(1)快速干奶法　即预定停奶日前 5~7 天,调整奶牛日粮,适当减少精料喂量,增加运动,改变挤奶次数、挤奶时间,打乱泌乳规律,使奶牛产奶量短时间出现明显下降,最后一次充分按摩乳房,挤净奶,消毒奶头后,每个乳区分别注入一支干奶膏(每个乳房剂量为10 mL),最后药浴奶头。

(2)注入干奶膏　首先用 70% 酒精棉消毒奶头,然后一只手轻捏乳头,露出乳嘴,另一只手将干奶膏针头慢慢送入乳头,并将药剂注入;接下来,一只手捏住乳嘴,另一只手轻轻将乳头内药液慢慢赶到乳房内;最后,两手轻揉乳房,使药液在乳房内充分扩散。

药浴乳头的目的,是防止停奶后乳头受到微生物侵害。

干奶膏的有效成分是长效抗生素,保证停止挤奶后乳房内不会有细菌繁殖,保证乳房健康。干奶膏的质量是一次性停奶能否成功的关键。好的干奶膏一般是由多种抗生素组成的复合型制剂。如:花生油或大豆油 40 mL,青霉素 20 万 IU,链霉素 100 万 IU,磺胺粉适量。

(3)注意问题　最后一次挤奶一定要完全挤净;干奶后应多观察奶牛乳房变化情况,一般干奶后 7~10 天内乳房由肿胀变为干瘪,表明乳腺组织进入休息调整状态,若乳房肿胀严重要及时处理。

3.实训练习

(1)完成奶牛干奶技能训练任务。

(2)比较分析不同干奶方法的优缺点。

奶牛干奶 技术方案				
干奶牛号	干奶时间	干奶方法	预期效果	处理意见

班组长：　　　　　　　饲养员：　　　　　　年　月　日

说明：1."干奶技术方案"指采用什么干奶方法，使用怎样的辅助药物，怎样实施操作等；

2."干奶方法"指使用快速法还是逐渐法；

3."预期效果"指干奶1周后乳房是否有炎症；

4."处理意见"指经过干奶处理的奶牛是否进入正常干奶期，对有炎症的如何治疗处理。

▶ 技能项目二　奶牛体况评分

1.实训条件

泌乳牛群、干奶牛群、牛群基本信息表等。

2.方法与步骤

(1)选择不同阶段牛只，将其牵引到实习鉴定场地。

(2)参与鉴定学生站在牛的后方观察牛的膘情体况，主要观察背部椎骨形态、腰角与背椎棘突弯曲度、尾根与坐骨间隙等，结合评分标准进行体况评分。

奶牛体况评分标准，主要根据奶牛尾根外貌进行膘情分级，一般每月评分一次。评分采用5分制，即5分＝过肥；4分＝肥；3分＝良好；2分＝中等偏差；1分＝差；0分＝很差。具体把握要领如下

5分过肥：尾根被脂肪组织埋没，用力压下，触摸不到骨盆。

4分肥：皮下有小片起伏的软脂肪组织，用力压下，可触摸骨盆，但横向触摸不到腰椎。

3分良好：可触摸到所有骨骼，骨骼均有脂肪组织均匀包覆。

2分中等偏差：所有骨骼容易触摸到，尾根周围肌肉凹下，有一些脂肪组织。

1分差：肌肉、尾根及腰椎收缩凹陷，触摸不到脂肪组织，但皮肤仍柔软，并可自由活动。

0分很差：消瘦、皮薄、发紧，皮和骨之间触摸不到皮下组织。

(3)在牛场工作人员指导下将牛进行合理分群，以便更科学地进行饲养管理。

3. 实训练习

(1)完成奶牛体况评分记录。

(2)根据实际情况,分析牛群营养水平是否合适,并提出改进建议。

××××××牛场奶牛体况评分登记表

牛号	生产状态	体况					综合评分
		脊椎部	肋骨	臀部两侧	尾根两侧	髂骨、坐骨结节	

评分员: 　　　　　　　　　　　　　　　　　　　　　　　　年　月　日

说明:1."生产状态"指奶牛处于泌乳生产的哪一个阶段;2.上述记录表"体况"填写要按照"五部位综合评分"描述法进行记录。

【自测练习】

1. 填空题

(1)奶牛人工停奶的方法有_____、_____和_____三种。

(2)正常情况下,奶牛停奶后_____时间乳房可变得松软,此期饲料以_____为主。

(3)高产奶牛干奶时一般采用_____法,中低产奶牛采用_____法干奶。

(4)快速干乳法是采用_____时间对奶牛进行干乳的方法。

(5)奶牛干奶后如果发现乳房炎,停奶失败,应采取_____措施。

2. 判断并改错(在错误处下画线,并写出正确的内容)

(1)奶牛干奶期越长,奶牛体况调整越好。(　　　)

(2)奶牛停奶过程中,要加强乳房按摩,以便挤净奶。(　　　)

(3)高产奶牛干奶期应该短一些,这样其泌乳期产奶量会更高。(　　　)

(4)干奶期奶牛已经不在产奶,因此要停喂精料,防止浪费。(　　　)

(5)奶牛停奶时应向每个乳区内注入长效抗生素。(　　　)

3. 问答题

调查本地区某一奶牛场干奶牛体况和乳房健康状况,撰写一份不少于1 500字的调研报告,就牛场生产中存在的问题提出改进的措施意见。(调查报告撰写提要:调研时间、人员及方法,牛场奶牛饲养规模及结构,生产水平,调查内容即干奶方法、奶牛乳房炎发病率、干奶牛体况,分析生产中存在的问题,提出改进的措施意见。)

考核任务	考核要点	评价标准	考核方法	参考分值
1.奶牛快速干奶法 2.奶牛体况评分	操作态度	精力集中,积极主动,服从安排	学习行为表现	10
	协作意识	有合作精神,积极与小组成员配合,共同完成任务		10
	查阅生产资料	能积极查阅、收集资料,认真思考,并对任务完成过程中的问题进行分析处理		10
	奶牛快速干奶法	根据奶牛干奶前实际情况,确定不同干奶方法,能正确进行干奶操作	实际操作	30
	奶牛体况评分	能够正确判断奶牛体况分数,并指出是否合适,提出改善方法	结果评定	30
	工作记录和总结报告	有完成全部工作任务的工作记录,字迹工整;总结报告结果正确,体会深刻,上交及时	作业检查	10
合计				100

【实训附录】

奶牛在各关键时期适宜的体况评分

实训附录 1-4-1

学习任务四 奶牛 TMR 饲喂技术应用

【任务目标】

了解奶牛全混合日粮(TMR)机械,掌握奶牛 TMR 技术应用工艺流程,会 TMR 饲喂技术。

【学习活动】

一、活动内容

奶牛 TMR 饲喂技术应用。

二、活动开展

1. 理论基础

认真查阅相关书籍及录像资料,运用所学知识,深入了解奶牛 TMR 饲喂技术的优点、TMR 配套设备、TMR 饲料制作流程等。

2. 实践操作

深入生产第一线,询问技术人员相关信息,结合图片、录像资料、TMR 饲料搅拌车等,现场实地操作,了解 TMR 机械构造特点,明确 TMR 饲喂技术的优点,掌握 TMR 技术应用工艺流程。

【相关技术理论】

一、TMR 简介

全混合日粮(total mixed ration,TMR)饲养技术始于 20 世纪 60 年代,首先在英、美、以色列等国推广应用,目前,已被奶牛业发达国家普遍采用。所谓全混合日粮是指是根据奶牛在不同生长发育和泌乳阶段的营养需要,按营养专家设计的配方,将切短的粗饲料与精饲料以及矿物质、维生素等各种添加剂在饲料搅拌喂料车内充分混合而得到的一种营养平衡的日粮,能够提供足够的营养、保证奶牛所采食每一口饲料都具有均衡性的营养、以满足奶牛需要的饲养技术。

二、TMR 利弊

(一)与传统饲喂方式相比 TMR 的优点

1. 提高适口性,加快采食速度,增加采食量

采用全混合日粮,使奶牛不能挑食,奶牛每一口都获得几乎相同成分的全价日粮,对瘤胃内环境的稳定有益,可提高采食量。

2. 营养均衡,提高泌乳量

全混合日粮营养均衡,能很好地缓解奶牛在泌乳初期高产奶量的能量需要与进食之间的负平衡问题。研究表明:饲喂 TMR 的奶牛每千克日粮干物质能多产 5%～8%的奶。奶牛泌乳曲线稳定,产后泌乳高峰期较长,全期泌乳量增加,同时产后体重恢复较早,减重较少。

3. 简化饲养程序,节省成本

TMR 日粮可有效利用一些适口性差的饲料,营养能够被奶牛有效利用,与传统饲喂模式相比饲料利用率明显提高,便于实现饲喂机械化、自动化,与规模化、散栏饲养方式的奶牛生产相适应。

4. 提高饲料消化吸收效率,降低疾病发生率

采用全混合日粮,可避免以往奶牛由于分别采食精料和粗料而造成的精料吃得过多,粗

料采食不足,以致造成瘤胃机能障碍,使产奶量、乳脂率下降和发生消化道疾病等缺点;而且少量频繁采食全混合日粮,也有助于维持瘤胃内环境,减少真胃移位、酮血症、产褥热、酸中毒等营养代谢病的发生。

(二)TMR 的缺点

(1)奶牛必须进行分群饲喂,由于频繁分群增加牛场工作量。

(2)需要添置专业的设备用于取料、称量、混合及分发日粮。

(3)无法对个体奶牛的采食量进行更有效的控制。

▶ 三、TMR 设备及使用

(一)TMR 饲料搅拌机(混合器)

TMR 搅拌机(混合器)可分为立(竖)式和卧式两种,可固定在饲料车间,也可连接在车上方便投料。

(1)立式搅拌机结构简单、称重准确、更有利于搅拌大捆牧草、草块等。立式绞龙呈锥形,其底部叶片直径与料箱直径几乎相等,绞龙推动饲料转动 2~3 圈,就可将饲料从底部推至顶部,而料箱顶部的空间很宽大,被推至顶部的饲料落回底部,从而不断循环切割、搅拌,搅拌效果理想。使用时一般先添加长干草,再添加青贮等含水量大饲料,最后添加精料和水,装料时搅拌机处于搅拌状态,但要注意干草、苜蓿长度,若切割太短,加入干草后搅拌 2~3 min 可暂停搅拌。

(2)卧式搅拌机一般先添加水分多的饲料,量少的饲料在中间加入,长干草等最后加入,加料过程中搅拌机缓缓转动或间歇性开启。

由于卧式搅拌机是水平结构,容易挤压饲料而结块,效果略差,现阶段国内外 70%~80% 的牧场选择立式搅拌机混合日粮。

(二)TMR 发料车

若 TMR 搅拌机固定在饲料车间,则需使用 TMR 发料车进行发料,现阶段多使用搅拌、发料一体车,效果更好。

(三)TMR 青贮取料机

北方玉米种植区养牛场多建有青贮池,青贮饲料使用较多,为保证 TMR 饲料品质,可使用 TMR 青贮取料机。其优点是取料快捷方便,切割面整齐,减少局部变质腐败的可能。

(四)TMR 附属设备

根据牛场 TMR 要求选购叉车、草捆切碎输送一体机等。

▶ 四、TMR 技术应用流程

TMR 技术应用流程如图 1-4-3 所示。

(一)饲料原料的管理

首先要保证原料的质量,从进货及贮存中控制。在原料接收过程中对于存在明显质量问题(如霉变、结块等)的原料应拒绝接收;在品种、数量等方面不相符时,要及时上报。在原料贮存时要注意通风防潮,不同种类或不同批次的饲料堆放时要保持一定的间距,以方便铲

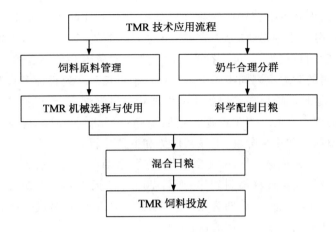

图 1-4-3　TMR 技术应用流程示意图

车取用,在炎热的夏季,取料时(青贮)要注意均匀度,防止饲料霉变。

其次,测定饲料原料的营养成分是科学配制 TMR 的基础。因原料的产地、收割季节及调制方法的不同,其干物质含量和营养成分都有较大差异,故 TMR 原料应每周化验一次或每批化验一次。原料水分是决定 TMR 饲喂成败的重要因素之一,一般全混合日粮水分含量以 35%～45% 为宜,过湿或过干的日粮均会影响奶牛干物质的采食量。据研究,全混合日粮中水分含量超过 50% 时,水分每增加 1%,干物质采食量按体重 0.02% 下降。

(二)分群饲养技术

在 TMR 工艺中,核心技术是要对奶牛进行分群饲养,以求在大生产中尽量做到对奶牛实行区别对待,以期最大限度地合理发挥饲料的效能和奶牛的生产性能。

按奶牛所处的不同的状态,可分为泌乳牛、停奶牛、育成牛(指经配种后受孕至其第一次分娩的奶牛)、发育牛(指育成牛与犊牛阶段之间的奶牛)和犊牛(又分为哺乳犊牛和断奶犊牛)等群体。

在停奶牛中,又分为停奶前期和后期(预产期前 20～30 天)。

泌乳牛是奶牛中比例最高的群体,而这阶段奶牛对营养的需求,又比较复杂而多样,各有所需。分群通过同类牛合并的办法来实现。泌乳牛大致有五种分群办法:

(1)按不同的泌乳状态,可分为泌乳前期、泌乳中期和泌乳后期三个阶段。

(2)按不同的繁殖状态,可分为产后复原期、受孕期、妊娠期和妊娠后期四个阶段。

(3)按不同的胎次,有一胎、二胎与三胎及以上之分。

(4)按不同的生产性能,日产奶量分为高、中、低三档。

(5)按体况分群。按照不同的泌乳阶段,可分别评定体况为一类(符合该阶段所要求的体膘状况)、二类(偏肥或偏瘦)和三类(太肥或太瘦)。假设按奶牛的胎次来分类集合,这固然能满足胎次间不同的营养需求,但在面对十几个不同泌乳状态、不同繁殖状态及不同日产性能和不同体况,很难既满足日粮组分的不同要求,又满足其对数量的不同要求。以日产性能或体况分组集合,同样存在类似的问题。

以泌乳状态与繁殖状态来划分,并将繁殖状态中的复原期与受孕期归结为复原受孕期,则可以看到,复原受孕期—妊娠期—妊娠后期与泌乳前期—泌乳中期—泌乳后期之间有比较相近的时间分段,因此各个相对应的阶段对日粮组分也有近似的需求。所以采取以泌乳期之异同为主要区分手段分栏(或分牛舍)饲养的生产工艺,对不同栏(阶段)的奶牛配合以不同成分、不同浓度的日粮组合,可以符合各阶段奶牛对营养和采食量的不同需要。以此划分阶段,对奶牛繁殖的管理也因同步而十分有利。辅以按日产奶性能和体况的不同,在营养补给站给予调节。这样既可以做到按奶牛的生理状态科学配方、合理投料,又有日常管理方便和可操作性强的优点。尤其当牛群遗传进展渐趋近似和饲养管理规范、牛群体况差异缩小时,以泌乳、繁殖状态为主来分群,更显其优势和方便易行。

按泌乳阶段分群,如按泌乳早期、泌乳中期、泌乳后期和干乳期分群。在产后 70 天以内的牛分为泌乳早期组,此期日粮精料较多;产后 70~140 天为泌乳中期组,按平均奶产量和平均体重配料;产后 140 天至干乳期为泌乳后期组,干乳期母牛另成一组,都按营养需要配料。TMR 技术采用自由采食的饲喂方法。

在有条件时关注一胎牛的小群集合,将使本工艺得到更好的效果。在进行分群分栏饲养中,每栏的牛头数不宜太多,以 30~50 头一群为宜,能使奶牛比较平和均匀地获得饲料与营养。这样的工艺,在上海"光明"和福建"长富"及其他一些奶牛的生产实践中都已取得实效,冠其名曰《分阶段饲养法》。

在按阶段实行分群之后,又如何进行具体饲养呢?用《引导饲养法》即可收到 1+1>2 的效果。

在饲养实践中,若对一些正处在泌乳曲线上升阶段(泌乳前期)的牛群,按饲养标准配给或在原实施的日粮基础上,多付给 2%~5% 的营养分(以配合精料为主),然后监察牛群的生产性能与健康反应。若牛群生产性能有上升反应,则稳定数日后再递增 2%~5% 和监察反应。三次递增后,宜作一次减料来测试其惯性效应(增三减一测试)。若生产性能下降,则应恢复增料;若反应平稳,则可延长时日监察,然后再进行增三减一测试。期间只要保持精粗比在 6:4 以下即可,在特别高产的牛群中,在临床和实验室的有效监测下,精粗比在短期内达到 6.5:3.5/7:3 也是允许的。这样呈梯度逐步以配合精料引导着奶量逐步上升,称之为"料领着奶走"。这对于牛群保持健康、泌乳高峰日的延后呈现、泌乳前期奶量的增加乃至整个泌乳期奶总产量的递增是大有裨益的。

当该牛群进入泌乳曲线峰值之后,在饲养工艺技术良好的情况下,会进入泌乳曲线比较平坦的泌乳中期(为第 3~6 个泌乳月),在此阶段内应该保持日粮的相对稳定,这对于稳产与胎次高产是很重要的。待奶量自然下降后,则与料领着奶走的方法相反,减去 2%~5% 的营养并监察,使之形成"料跟着奶走"的梯度逐其间,也需要有减二增一的测试,即依次减了二次料后,不妨增一次料以观后果并决定之后的增减方案。

泌乳后期是泌乳中期的简单延续,此期主要观察体膘状况来决定投料量。

这种"料领着奶走"和"料跟随着奶走"的方法,称之为"引导饲养法"。这种方法,看似不十分精确,但却是通过连续不断的现场试验来决定日粮组合和投料量的增减,达到比较符合实际的、投之有报的效果,既提高了泌乳曲线的峰值,使泌乳曲线在更高的点上开始下降,同时延缓泌乳曲线下降的坡度;这样能达到既养好牛,又提高胎次奶产量的效果。

(三)科学配制日粮

日粮配方是以不同群体的营养需求、牛群的状况以及现有饲料原料为基础,通过各种饲料原料的不同配比制作出来的用以实际生产的分阶段饲养日粮配合方案。制作日粮配方时,根据牧场实际情况,考虑分阶段饲养奶牛的各泌乳阶段的产奶量、奶牛体况、饲料资源特点、乳品质(乳脂和乳蛋白)、牛群大小、设备的优化配置、气候等因素合理制作配方。

(四)TMR 机械设备的选择与使用

TMR 机械设备应根据奶牛场的实际情况,选择相关设备,具体包括 TMR 混合发料车、青贮玉米取料机、计算机控制的自动化配料系统以及铲车等。

(五)混合日粮营养要平衡和均匀

配制全混合日粮是以营养浓度为基础,这就要求各原料组分必须计量准确,充分混合,并且防止精粗饲料组分在混合、运输或饲喂过程中的分离。饲料搅拌喂料车集饲料的混合和分发为一体,全混合日粮的饲喂过程由计算机进行控制。同时,为了保证日粮混合质量,还应制定科学的投料顺序和混合时间,投料顺序一般为:干草—青贮料—精料(包括添加剂);混合时间:转轴式全混合日粮混合机通常在投料完毕后再搅拌 5～6 min,若日粮无 15 cm 以上粗料则搅拌 1～3 min 即可。

(六)TMR 饲料的投放

采用混合喂料车投料,要控制车速和放料速度,以保证全混合日粮投料均匀。整个饲槽投放均匀,每只母牛应有 50～80 cm 的采食空间,发现发热、发霉的剩料应清出并给予补饲。每天投料 2～3 次,空槽时间每天不应超过 2～3 h。

【经验之谈】

经验之谈 1-4-4

【技能实训】

▶ 技能项目 按 TMR 配方进行奶牛饲草料加工

1.实训条件

牛群基本信息表、产奶信息表、分群记录表、奶牛饲草料等、TMR 日粮配方、TMR 机械;必要的幻灯片或录像片。

2.方法与步骤

(1)确定 TMR 加工所需饲草料用量　根据泌乳牛群产奶水平制定日粮配合,确定精粗饲料的比例,各种饲料的具体喂量。按照奶牛日粮配方和 TMR 搅拌车容积,计算每一次 TMR 加工需要的各种饲料原料用量。

(2)依 TMR 配方饲草料加工步骤

干草类添加:按计算要求将优质干草如羊草、苜蓿等用叉车投入到 TMR 搅拌车内进行搅拌。

青贮饲料及其他副料(酒糟、玉米粉渣、柠檬酸渣等)添加:青贮饲料用专用取料车取,切割面整齐,饲料不容易变质,效果好。

精料添加:将配好的精料投入 TMR 搅拌车内,此时可额外添加维生素及微量元素。

水的添加:各种饲草料添加完后,加入水混合均匀,将饲料调整到含水量 35％～45％ 为宜。

3.实训练习

填写 TMR 饲喂技术应用实践记录表,并写总结报告。

规模化奶牛场散栏 TMR 饲喂技术应用实践记录表

分组牛群		数量		TMR 加工时间	
TMR 日粮结构					
TMR 饲料加工投料顺序					
TMR 饲料加工时间、成品料水分					
投料饲喂方法					
饲喂效果观察					

说明:1.“分组牛群”指泌乳哪一阶段的饲喂群;

2.“TMR 日粮结构”指日粮组成及比例数量等;

3.“投料饲喂方法”指如何将成品料投喂到散栏牛舍;

4.“饲喂效果观察”指牛群膘情、产奶量、采食量、剩草量等情况是否正常。

【自测练习】

1.填空题

(1)TMR 是指_____。

(2)TMR 搅拌机可分为_____和_____两种类型。

(3)TMR 饲养技术中,一般全混合日粮水分含量以_____为宜。

(4)往 TMR 饲料搅拌车内投料顺序为_____。

2.判断并改错(在错误处下画线,并写出正确的内容)

(1)TMR 饲养技术只针对粗饲料进行搅拌混合,精料需额外添加。(　　)

(2)采用 TMR 饲养技术,能明显提高奶牛食欲,提高产奶量。(　　)

(3)TMR 技术优点多,适应于所有奶牛场。(　　)

(4)TMR 饲料搅拌车应先投入精料,这样搅拌均匀,不会浪费。(　　)

(5)在投料时应注意投放速度,保持匀速,保证饲槽投放均匀。(　　)

3.问答题

(1)结合生产实践谈谈你对 TMR 日粮的认识。

(2)TMR 搅拌设备只是解决机械化饲喂的重要环节,结合所学内容,配齐必要的设施,譬如上料设备、青贮取料机等,以图片形式汇总。

考核任务	考核要点	评价标准	考核方法	参考分值
按 TMR 配方进行奶牛饲草料加工	操作态度	精力集中，积极主动，服从安排	学习行为表现	10
	协作意识	有合作精神，积极与小组成员配合，共同完成任务		10
	查阅生产资料	能积极查阅、收集资料，认真思考，并对任务完成过程中的问题进行分析处理		10
	TMR 饲草料用量确定	能根据牛群特点制订合理的日粮配合，准确计算 TMR 饲草料用量		20
	TMR 饲草料加工	熟练使用相关机械取料、混合、投放日粮	实际操作	40
	工作记录和总结报告	有完成全部工作任务的工作记录，字迹工整；总结报告结果正确，体会深刻，上交及时	作业检查	10
合计				100

【实训附录】

奶牛 TMR 机操作规程

实训附录 1-4-2

学习任务五　挤奶与奶厅管理

【任务目标】

　　了解奶牛的泌乳生理，了解奶牛挤奶的卫生要求，熟知奶牛机械挤奶的操作步骤，明确挤奶厅管理规章制度；会正常进行挤奶操作，能正确处理挤奶过程中出现的问题如奶牛不老实、乳房炎等，能正确进行挤奶后挤奶厅的卫生处理。

【学习活动】

▶ 一、活动内容

　　挤奶与奶厅管理。

二、活动开展

1.理论基础

通过查阅相关信息,结合图片、录像资料等,现场实地调研,了解奶牛泌乳规律,理解机器挤奶技术的优点,明确挤奶厅管理规章制度,最终掌握了机器挤奶技术。

2.实践操作

在实践指导老师带领下实际操作,并对每一个环节进行总结评价,最终能够熟练进行挤奶,并能正确进行挤奶后挤奶厅的卫生处理。

【相关技术理论】

为了提高奶牛的产奶量,除重视育种和科学的饲养管理外,还要掌握正确的挤奶技术。经验证明,在正常的饲养条件下,正确和熟练的挤奶技术能充分发挥奶牛的产奶潜力,获得量多质好的牛奶,并可防止乳房炎的发生。

挤奶的方法有手工挤奶和机器挤奶两种。在国外奶牛业发达的国家,机械化水平很高,几乎全部都采用机器挤奶,手工挤奶已经废弃不用;而且多采取散放饲养方式,在特设的挤奶台(厅)用管道式电气挤奶机进行集中挤奶。机器挤奶与手工挤奶相比,可以大大减轻工作人员的劳动强度,并可提高劳动效率2~2.5倍;而且挤奶时速度和刺激始终保持一致,使奶牛感到舒适,因而可提高其产奶量。此外,由于机器挤奶是在密闭的挤奶系统中进行的,牛奶污染的机会少,因而可以大大提高牛奶的质量。

一、奶牛的泌乳生理

(一)乳房的结构

奶牛的乳房结构如图 1-4-4 所示。

奶牛乳房的 4 个乳区各不相通,泌乳系统相对独立,故有可能 1 个乳区发病而并不影响其他乳头正常产奶。4 个乳区所产牛奶可能存在差异。强健的悬韧带支撑着乳房并使其附着在骨骼上。

每个乳区以乳头为最终部位,在乳头的最低处是乳头管,大约 1 cm。周围是坚强的乳头闭合肌,这块肌肉的硬度,决定了挤奶的难易。乳头腔及乳池池壁很脆弱,不正确的挤奶方法很容易遭到损坏。

牛奶是在乳腺细胞中产生的。一个发育良好的乳房大约有 20 亿个这样的乳腺细胞组成群体。通常在泌乳期后期数目减少,不正确的挤奶也会加快乳腺细胞的减少,从而导致牛奶产量降低。

(二)泌乳反射

良好的泌乳反射(排乳)(图 1-4-5)是顺利挤奶的前提。挤奶时,奶牛的积极配合,贮藏在乳池中的奶才能克服肌肉的阻力排出来。

奶牛感到它将被挤奶时,例如:它注意到站在旁边的奶牛的挤奶过程、擦洗乳房和乳头,放头把奶,挤奶设备的形状和声音,喂诱人的精饲料,这些现象反映到大脑,并传导在大脑垂体腺。腺体释放催产素,催产素(通过心脏)与血一起流入乳腺细胞,由于激素的作用,腺胞体积缩小,奶被挤压到奶管中,然后再流入乳池中。

泌乳反射维持的时间仅有5～7 min,泌乳反射一旦形成,应尽快挤奶。挤奶时要注意力集中,中间不能停顿。社会上有的农户将奶牛牵到大街上,牛奶"现挤现卖",这种方式不仅不符合卫生要求,而且严重影响奶牛的产奶量和乳房的健康。

泌乳反射形成的标志,是乳头胀紧、发红,容易挤奶。

图 1-4-4　乳区的平面和立面剖面　　　　图 1-4-5　泌乳反射示意

▶ 二、奶牛的挤奶卫生

(一)鲜奶的主要污染源

1.挤奶设备、用具

这是最主要的污染源,通过接触传染。每毫升腐败奶中含50亿个细菌。挤奶设备、用具应严格清洗,保持卫生。

2.奶牛

牛体的皮及毛上尘土每克含有50亿个细菌。经常刷拭牛体,保持牛体清洁、剪掉乳头周围的毛甚至整个后胯部位的毛是十分重要的(细菌包括:大肠杆菌群、丁酸菌、腐败菌)。

3.挤奶厅(棚)

挤奶厅(棚)的地面是丁酸菌和大肠杆菌群的重要污染源。如果挤奶场所地面很脏,在连接奶杯时就很容易沾上污物,尤其是当给乳房深的奶牛连接挤奶杯时。跌落地面的奶杯要及时清洗,然后再用。

4.奶牛的饲料、饲草

如果牛饲料和奶混在一起,饲料中的各种细菌都会污染牛奶。如果牛正在饲喂,引起腹泻的细菌会通过粪便侵入牛奶(通常是产生孢子的细菌)。

5.牛舍(棚)

牛舍(棚)必须保持清洁、凉爽、无尘。牛舍的建造尤其是地面一定要符合易保持清洁的要求。

6.过滤器

过滤器不恰当会增加细菌的数量。每次挤奶应该用一个新的过滤器。

7.挤奶员

挤奶员要身体健康,并有责任清洗牲畜,保持挤奶场地面的清洁,清洗设备并消毒。挤奶员在挤奶前必须洗手,并应穿干净的衣服。

(二)牛奶中的外来物质及异味

1.奶质不纯

挤奶和收集奶在不良的卫生条件下进行,土、草棍、粪便、饲草等杂物会混入牛奶中。尤其是采用手工挤奶和手提式挤奶机挤奶(每挤完一头牛,需打开奶桶盖,将牛奶转移,牛奶与外界接触)时。

2.抗生素

奶牛的乳房炎等通常用抗生素来治疗。牛奶生产中应注意遵守弃乳时间(表1-4-6),达到无抗奶要求。

表1-4-6　泌乳期奶牛临床用药的弃乳及停药时间

药物名称	给药途径	弃奶时间/h	停药时间/天
磺胺二甲嘧啶	口服	96	10
磺胺二甲氧嘧啶	口服	60	7
磺胺异恶唑	口服	96	10
普鲁卡因青霉素G	注射	72	5
磺胺二甲氧嘧啶	注射	60	5
磺胺二甲嘧啶	注射	96	10
红霉素	注射	72	2～14
青霉素及新生霉素	乳房注入	72	15
青霉素G	乳房注入	84	4
氨苄西林	乳房注入	48	10
呋喃西林	乳房注入	72	未定
盐酸土霉素	乳房注入	72	未定
新生霉素	乳房注入	96	30

3.杀虫剂

杀虫剂会直接或通过奶牛的血液系统进入牛奶。基于这个原因,在使用杀虫剂时要特别当心。

4.清洗剂和氧化剂

清洗剂和含有氧化剂的消毒剂经常被用来清洗设备和消灭微生物。氧化剂也会对牛奶产生影响。脂肪的氧化会导致乳制品腐败和造成异味,特别是黄油和乳酪。在使用清洁剂和消毒剂清洗挤奶设备之后,必须要用干净的清水把它冲洗干净。

5.异味

牛奶中混入的杂物很容易造成牛奶产生异味。这些异味可直接或间接混入牛奶,如奶牛在挤奶前2h内食用了味很浓的饲料,这些味就会带入牛奶中。放置在味很浓的青贮饲料、汽油或油漆附近的牛奶将会吸收这些物质的气味。细菌产生的废物也会造成异味。

▶ 三、手工挤奶与机械挤奶

(一)手工挤奶

手工挤奶适用于泌乳牛分娩的第1周挤乳,以及患有疾病的奶牛挤乳。

1.挤奶的程序

挤奶前观察或触摸乳房外表是否有红、肿、热痛症状或创伤。清洗乳房和乳头,清洁乳房可仅擦洗乳头,乳房很脏时用40～50℃的温水清洁乳房。奶牛饲养厩舍要保持清洁干燥。

2.挤弃头把乳

头把奶检查是否有凝块、絮线状或水样奶,可及时发现临床乳腺炎,防止乳腺炎奶混入正常乳中。

3.乳头预药浴

用专用乳头消毒液对乳头表面进行药浴不少于30 s。预药浴可减少乳头皮肤细菌数,降低50%的环境性乳房炎,降低新发生乳房炎的发病率(43%～51%)。

4.擦干乳头

药浴后马上擦干乳头及其末梢,不擦干会有水流入牛奶中,必须做到使用卫生的一次性毛巾或纸巾,可阻止乳房炎的交叉感染。

5.按摩乳头

在擦干乳头的同时,应对乳头做水平方向的按摩,按摩时间为20 s(4只乳头×5 s),以保证挤奶前足够的良性刺激。

6.挤奶

人工挤奶方法有两种。一种是拳握法:即先以拇指和食指挟紧乳头基部,将乳管切断,防止乳汁回流,然后用其余三指依次挤压乳头,如此反复挤压。手掌与乳头下部在同一水平线上,不使乳汁沾指,也不损伤乳头,这样,用力均匀速度快不易疲劳,但短乳头牛不好进行。另一种是指压法:即用拇指、食指或食指、中指挟住乳头,然后由上向下滑动挤压乳头。缺点是易伤乳头,常常造成乳头畸形,且速度慢,不易挤干。一般每分钟挤乳80～100次。高产牛可实行双人挤乳,挤干后用干毛巾擦净,再用药液封闭乳管。以防止细菌浸入,发生乳房炎。

7.挤奶次数和间隔

除饲养管理外,挤奶的次数和间隔对奶牛的产奶量有较大的影响,挤奶时间固定,挤奶间隔均等分配,都有利于获得最高产奶量。一般情况下,每天挤奶两次,最佳挤奶间隔是(12±1) h,间隔超过13 h,会影响产奶量。每天挤奶3次,最佳挤奶间隔是(8±1) h,一般每天3次挤奶产量可比2次挤奶提高10%～20%。

(二)机械挤奶

目前规模化奶牛场在正常生产情况下基本实现机械挤奶,有效提高了牛场劳动生产率和牛乳品质。

1.机械挤奶工艺与设备

机械挤奶根据挤奶机器设备分为桶式和管道两种挤奶模式。桶式适应于比较小的或牛群分散的牧场,管道适应于大型集约化饲养牧场。挤奶工艺概括起来有以下几点:

(1)机器挤奶的工艺原理　无论是哪一种机器挤奶系统都遵循同样的原理,即模仿犊牛吮奶的生理动作,由真空泵产生负压,真空调节阀控制挤奶系统的真空度,脉动器产生挤奶和休息节拍,空气通过集乳器小孔进入集乳器,以帮助把牛奶从集乳器输送到牛奶管道或桶体中。

（2）真空度　无论是哪一种挤奶系统，在挤奶过程中，奶衬与奶头之间要求一定的真空度。真空度太高会引起奶头开口处变硬，真空度太低会降低挤奶的速度，增加奶杯脱落的频率。

（3）真空泵　把电能转化为真空，是挤奶器的能量来源。选择真空泵大小时，除了考虑挤奶需要外，还要考虑管道漏气，奶杯脱落，奶杯滑动，集乳器小孔进气，并保证在挤奶过程中真空度的稳定。所需真空泵功率（排气量）简单的计算方法是：集乳器个数×85 L/min＋990 L/min。目前使用的真空泵大部分是旋转滑片式油泵，因此在日常使用中要保证润滑油的供应。

（4）管道　管道化挤奶器的管道安装设计要形成环状通道，管道应在牛床的牛头一侧，这样能使奶、气流更为畅通和均稳，更符合奶牛的生理特性和挤奶要求。管道坡度至少要达到 0.3％（挤奶台管道坡度 1.25％）管道的安装应保持挺直，保证牛奶快速回到牛奶接收罐中。

（5）真空调节阀　真空调节阀是最精确、最敏感的部件，其功能是保证挤奶系统中真空度的稳定。真空调节阀有重力式、弹簧式和膜片式。以膜片式准确性和灵敏度最高。真空调节阀应安装在贮气筒上，或安装在贮气筒与清洁筒之间（靠近清洁筒）的管道上。应保持周围环境干燥与清净，调节阀至少每月清洗一次，确保正常工作。

（6）脉动器　间歇地打开或关闭奶杯脉动腔中的真空，使奶杯内衬与杯间的奶杯脉动腔形成真空或大气压，交替完成挤奶和休息节拍。正常的脉动频率每分钟 50～70 次。在每个节拍中，挤奶时间占 60％，休息时间占 40％，每副奶杯之间的差别应保持在 5％以内。脉动器主要有单节拍和双节拍之分，单节拍脉动器是使四个奶杯同时工作。双节拍脉动器使四个奶杯前后交替工作，前后交替节拍的挤奶时间比可设计成有差异的。

每周应测试一次脉动器的频率，维护和调整脉动器频率的稳定。

（7）集乳器　集乳器是收集四个奶杯挤下的牛奶，每次挤奶前须检查泌乳器上的小孔是否畅通。在挤奶过程中，由于空气从小孔进入集乳器，形成集乳器与奶管的压力差，加速牛奶送入牛奶管道中，保证正常的挤奶速度。

（8）奶衬　是挤奶器直接与牛接触的唯一部件，其质量优劣，直接影响使用寿命、挤奶质量、乳头保护及牛奶卫生。选用奶衬时必须要与不锈钢奶杯相配套。奶衬材料在使用过程中会老化，失去弹性，形成裂缝（有的缝隙十分细微，难以觉察）或破裂，细菌藏匿于此不易清洗与消毒，导致疾病传染和影响正常的挤奶功能，因此按不同材质经使用不同规定时限后及时调换奶衬是挤奶器管理中极为重要的环节之一。采用 A、B 两组奶衬间隔数日交替使用，能恢复奶衬材料的疲劳，延长使用寿命。制造奶衬的材料有天然橡胶、合成橡胶和硅胶，由于材料不同，因此奶衬的使用寿命也不一样。

（9）注意事项　在选装管道挤奶机器时，应选择名牌产品和适宜的型号。在正式使用之前，应认真阅读、理解产品的使用要求，培训员工，以正确的方法使用、维修、保养和更换部件，是管道化机器挤奶获得成功的必要条件。

机械挤奶装置系统示意图如图 1-4-6 至图 1-4-10 所示。

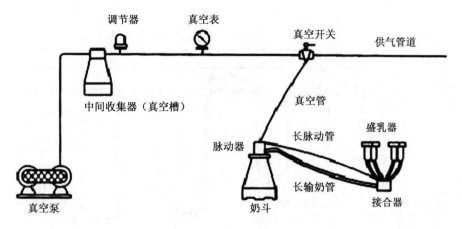

图 1-4-6　斗式挤奶机

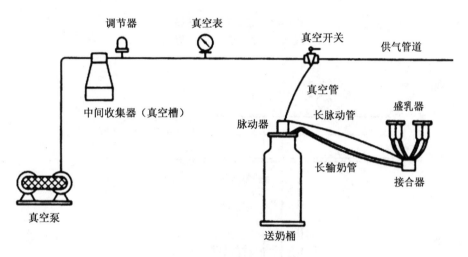

图 1-4-7　直入送奶桶式挤奶机

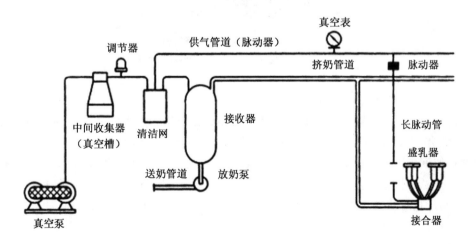

图 1-4-8　挤奶输奶机

注：可用一配有排放装置的集奶器代替接收器和放奶泵

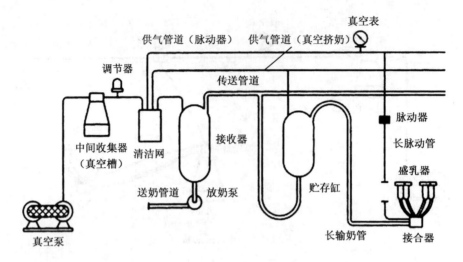

图 1-4-9 带贮存缸的挤奶机

注:可用一配有释放装置的集奶器代替接收器和放奶泵

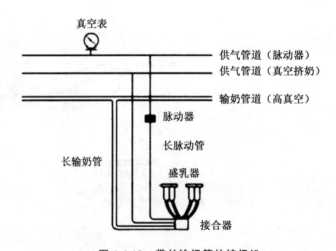

图 1-4-10 带长输奶管的挤奶机

注:可用一配有排放装置的集奶器代替接收器和放奶泵

2.挤奶时间与挤奶间隔

(1)挤奶时间 一般奶牛在分娩 7 天后即可用机器挤奶。每天的挤奶时间确定后,奶牛就建立了排乳(下奶)的条件反射,因此必须严格遵守,不轻易改变。

(2)挤奶间隔 一般挤奶间隔均等分配最有利于获得最高奶产量,每天 2 次挤奶,最佳挤奶间隔是 12 h,间隔超过 13 h,会影响产奶量。每天 3 次挤奶,最佳挤奶间隔是 8 h。一般三次挤奶奶产量可比二次挤奶提高 10%。采用 2 次挤奶或 3 次挤奶还必须同时平衡劳动力费用,饲料费用等。

3.机械挤奶方法

机器挤奶在挤奶前应先以热水(50~55℃)擦洗和按摩乳房,也可只清洗乳头。打开机器开关,接通电源,调节真空压力表,待脉动器搏动频率为 50~60 次/min 时,将挤奶杯套在奶牛乳头上挤奶。在挤奶过程中,可通过集奶器上的透明塑料管观察奶流情况,如无奶流通过时,应轻轻取下挤奶杯,结束挤奶,新式的集奶杯根据奶流情况能自动脱落。每次挤完奶后,应将奶罐(桶)及与奶接触的有关部件拆卸清洗,防治细菌滋生,以保证奶的品质。

根据现代化牧场挤奶的经验,奶牛规范的挤奶程序如下。

第一步,观察乳房。一切准备就绪,拿好擦洗乳房用毛巾,擦洗之前先查看乳房是否有红、肿、热、痛症状及是否有外伤出现。乳房炎牛,手工挤奶时,放到最后处理;机器挤奶时,需将牛奶单独挤奶和存放(将乳管接到小奶桶),并在挤奶后立即清洗所用管道、容器。

第二步,清洁乳房。检查乳房如没有异常,然后认真擦洗乳房。擦洗乳房用水的温度是45～50℃。要做到一头牛一条毛巾(带毛肚的小方巾)。手工挤奶时,乳房擦洗应全面、彻底,重点是乳头和乳房间沟。机器挤奶时,则以擦洗乳头为主。一头牛一条毛巾,并非一定是有多少头牛准备多少条毛巾,实际上是指每头牛用的毛巾必须是卫生的。具体方法是:每次挤奶前将准备使用的一定数量(如20条)的毛巾清洗干净,放在干净的装有温水的水桶内备用,同时再备一水桶,准备放脏毛巾。当所有干净毛巾用完一遍后,将脏毛巾集中清洗消毒,重新开始使用。

第三步,消毒乳头。目的是防止乳头表面的细菌污染牛奶。消毒剂最好选择专用商品制剂,也可选用0.03%～0.04%的漂白粉溶液或含有效氯3%～4%的次氯酸钠溶液。消毒剂在乳头上停留的时间不应少于30 s,以保证消毒效果。

第四步,擦干乳头。防止消毒剂污染牛奶。擦洗最好选用一次性纸巾。

第五步,检查头把乳。头几把奶主要是乳池中的奶,往往含有很多的细菌。在挤奶期间细菌从乳头孔进入乳池并在那里以牛奶为营养大量繁殖。此外,头几把奶中往往含有残留的乳头浸泡液。挤奶前,每个乳区都要挤两把奶进行检查,牛奶乳白色且呈匀质状态,说明乳房、牛奶正常;如发现牛奶出现絮状物(最多见)、水样、带血等,说明牛奶异常,多是乳房炎的特征。头把奶的检查一定要仔细,只要发现异常,哪怕是极少量的凝集,都要及时用药处理,进行治疗。并对该牛做出标记。

第六步,挤奶。当排乳反射形成后,要尽快套上奶杯实施挤奶,否则,从乳腺泡中往乳池排奶就会减缓或中断。催产素的作用时间通常维持7～8 min,如果套奶杯不及时,就缩短了挤奶时催产素的作用时间,乳房内的残留奶就多。

第七步,药浴乳头。目的是防止细菌在两次挤奶间隙中对乳头造成侵害。试验表明,洗必泰(0.5%～1.0%)、碘伏(0.5%～1.0%有效碘)和次氯酸盐(4%)药浴效果较好。

乳头药浴杯(图1-4-11)由软塑料构成,分上、下两部分,上为漏斗下为瓶,有孔相通。用时挤捏下部的瓶,药液即可挤入漏斗内,浸泡奶头,松手后药液即回流瓶中。

尽管乳头药浴有效果,但也可能出现某些危险性。有些药物对乳头皮肤有刺激作用;在寒冷天气,药浴易引起乳头皮肤皲裂;乳头浸湿遇上太冷天气容易结冰而引起乳头损伤。

在挤奶后用杀菌剂进行喷雾消毒有时更方便,要特别注意确保药物合理覆盖乳头皮肤。

图1-4-11 乳头药浴杯

4.挤奶设备清洗

现代化挤奶设备的日常清洗过程已基本实现自动化或半自动化,操作人员只要将挤奶结束后的奶杯按要求放好,开动清洗装置开关,按照设备提示,在适宜的时间加入定量清洗剂即可。当然,清洗过程中,需有人注意观察清洗过程。因为,当个别奶杯脱落漏气时,清洗将不能正常进行(通常可通过清洗时机器的声音变化即可判断出)。挤奶设备的日常清洗,包括预冲洗、碱洗或酸洗(生产中,碱洗与酸洗交替进行,保证清洗管道后的液体基本呈现中性,可做肥料等)、清洗。

(1)预冲洗 预冲洗不用任何清洗剂,只用清洁(符合饮用水卫生标准)的软性水冲洗。预冲洗水不能再循环使用。

预冲洗时间:挤完牛奶后,马上进行冲洗。当室内温度低于牛体温时,管道中的残留物会发生硬化,使清洗更加困难。

预冲洗水用量:预冲洗水不能走循环,用水量以冲洗后水变清为止。

预冲洗水温:水温太低会使牛奶中脂肪凝固,而太高会使蛋白质变性,因此水温在35~46℃最佳。

(2)碱洗 这是最主要的清洗,主要是清洗管道中的乳脂。

碱洗时间:循环清洗5~8 min。

碱洗温度:开始温度74℃以上,循环后水温不能低于41℃。

碱洗液浓度:pH 11.5,在决定碱洗液浓度时,首先要考虑水的pH和水的硬度,同时碱洗液浓度与碱洗时间、碱洗温度有关。

(3)酸洗 酸洗的主要目的是清洗管道中的矿物质。

酸洗温度:35~46℃。

酸洗时间:循环酸洗5 min。

酸洗液浓度:pH 3.5,浓度同样与清洗时间等有关。

(4)清洗 用符合饮用标准的清水进行清洗,以清除可能残留的酸、碱液和微生物,清洗循环时间2~10 min。

(5)手工清洗 个别部件,需要手工清洗。挤奶结束后拆散部件,马上用温水清洗一遍;按浓度加入碱液或酸液,用刷子清洗各个部件,晾干;用消毒液对设备进行消毒。

(6)清洗液的选择 可与专业生产厂联系,接产品要求进行使用。

(7)存放 各种牛奶容器的清洗和消毒,可参照上述办法,于每次挤奶后进行刷洗并防昆虫和晾干后备下次使用。

5.挤奶设备的维修、保养

对挤奶设备应有计划地检修和定期保养,以确保设备经常处于良好状态。

①每次挤奶,保证管道接口的密封性,无漏气、漏奶现象;操作真空压力应为50 kPa,以真空压力表为准;杯组挂钩应牢固,安全可靠,防止挤奶杯组元件滑落;杯组挤奶的脉动频率为60次/min,并观察挤奶初始的出奶情况是否正常;真空泵油壶有正常的油量,泵启动后检查吸油状况是否正常,有无异声,真空压力表读数是否正常。

②每周清洁稳压罐内外1~2次,并在失真情况下排污。

③每月1次,对牛舍内挤奶机管道进行清洁(气管、奶管),保持管道外部的整洁,特别是杯组滑阀接口处;清理真空泵消声器,检查皮带张紧度,检查螺丝是否牢固,必要时调整张紧

度及拧紧螺丝,禁止在真空泵工作状态下进行检修,禁止真空泵在无安全防护罩状态下工作运转;清洁真空稳压器外滤网,保证稳压器工作正常;检查集奶罐液位控制器的灵敏度,上下滑动是否自如,开关是否正常。

④杯组、脉动器每3个月进行1次保养维护,检查奶衬有无开裂损坏,清洗集乳过滤网,调整脉动频率,更换易损件。

⑤每半年1次,对真空泵体、真空自动清洗系统和抽奶泵进行维修保养。检查真空泵体刮片平整面,检查轴承是否磨损、松动,清洁泵体内外;检查抽奶泵轴承、轴密封及绝缘情况是否良好。

⑥每年1次对真空泵机组进行保养,除对泵体例保外,还要对电动机进行例保,检查电机、清洗轴承并加注润滑油。

⑦定期请专业人员上门测试、检修、保养挤奶机系统。

⑧机房电器应有可靠的接地保护,涉及机房发电箱及电器的维修保养,应由专职电工进行,保证安全、正常。

【经验之谈】

经验之谈 1-4-5

【技能实训】

◉ 技能项目　奶牛机器挤奶

1. 实训条件

奶牛场挤奶厅;或实习奶牛、手推式挤奶机、水桶、毛巾、药浴杯、药浴液等。

2. 方法与步骤

(1)挤奶前准备

准备好挤奶所用物品,如毛巾、消毒剂、单独奶桶等;检查挤奶装置是否进入挤奶前正常状态;挤奶员穿好工作服,洗净双手。

(2)挤奶操作　奶牛规范的挤奶程序是:

第一步,观察乳房。一切准备就绪,拿好擦洗乳房用毛巾,擦洗之前先查看乳房是否正常。如有异常,需特殊处理。

第二步,清洁乳房。检查乳房如没有异常,然后认真擦洗乳房。擦洗乳房用水的温度是45～50℃。要做到一头牛一条毛巾。

第三步,消毒乳头。消毒剂在乳头上停留的时间不应少于30 s,以保证消毒效果。

第四步,擦干乳头。防止消毒剂污染牛奶。擦洗最好选用一次性纸巾。

第五步,检查并弃掉头把乳。只有乳汁正常,才能正常挤奶。出现异常,要单独处理。

第六步,挤奶。要抓紧进行,同时每次挤奶必须尽量将奶挤净。

第七步,药浴乳头。

(3)挤奶后的卫生整理　挤奶厅地面、设备及管道表面用水冲刷干净;管道内清洗由设备自动清洗装置完成,实习时注意观察清洗设备的使用方法。

(4)注意问题　头把奶的检查一定要仔细,只要发现异常,哪怕是极少量的凝集,都要及时用药处理,进行治疗。并对该牛做出标记;避免空吸现象,挤奶员要认真负责,对挤奶杯无法及时脱落的情况,要及时发现处理。

3.实训练习

××××××奶厅生产管理记录

机器挤奶设备型号		设备功率	
机械挤奶操作规程			
挤奶时间(日期)		设备安全检查	
当日挤奶头数		当日挤奶产量/kg	
挤奶设备清洗方法			

班组长:　　　　　　　　挤奶管理员:

【自测练习】

1.填空题

(1)挤奶次数对产奶量有无影响_____,日产奶30 kg以上的奶牛宜每天挤奶_____次。

(2)乳房清洁时,为提高效率,机器挤奶时的方法是_____。

(3)机器挤奶去掉前几把奶的目的是_____。

(4)挤奶设备清洗的顺序是_____。

(5)乳房清洗热敷后,可促进血液循环,使奶牛分泌_____,引起排乳反射,此时应尽快将奶挤净。

2.判断并改错(在错误处下画线,并写出正确的内容)

(1)牛体刷拭应在挤奶后进行。(　　)

(2)产奶量高的牛就应该多挤几次,这样能提高产奶量。(　　)

(3)挤奶厅卫生至关重要,挤完奶后应及时清洗挤奶台及挤奶设备。(　　)

(4)机器挤奶很难将奶完全挤净,挤完后可进行后清奶,争取将奶完全挤净。(　　)

(5)挤奶前需将头几把奶弃掉不要,因为细菌多,容易影响奶的品质。(　　)

3.问答题

(1)机器挤奶的工艺及工作原理是什么?

(2)如何通过挤奶厅管理提高牛奶质量?

【学习评价】

考核任务	考核要点	评价标准	考核方法	参考分值
奶牛机器挤奶	操作态度	精力集中,积极主动,服从安排	学习行为表现	10
	协作意识	有合作精神,积极与小组成员配合,共同完成任务		10
	查阅生产资料	能积极查阅、收集资料,认真思考,并对任务完成过程中的问题进行分析处理		10
	奶牛机器挤奶	能够熟练进行奶牛机器挤奶,包括挤奶前的准备、上挤奶杯、挤奶后药浴以及奶厅卫生管理等	实际操作	60
	工作记录和总结报告	有完成全部工作任务的工作记录,字迹工整;总结报告结果正确,体会深刻,上交及时	作业检查	10
合计				100

【实训附录】

    附录1 ×××牧业挤奶设备管理制度
    附录2 ×××牧业挤奶厅清洗消毒记录

实训附录 1-4-3

奶牛生产性能测定与生鲜乳质量检测

学习任务一　奶牛生产性能测定(DHI)

【任务目标】

了解奶牛生产性能测定(DHI)技术程序与规范,熟知奶牛产奶量计算方法,达到能够依据给定资料正确计算出奶牛个体和群体产奶量;掌握奶牛个体泌乳曲线的绘制,并能够依据奶牛泌乳曲线对个体奶牛泌乳期状况做出正确分析。

【学习活动】

▶ 一、活动内容

(1)奶牛生产性能的测定与产奶量计算;
(2)个体奶牛泌乳曲线绘制。

▶ 二、活动开展

(1)通过查询相关信息,结合收集奶牛场历年生产档案资料,现场实地调研,深入了解本地区奶牛生产性能测定开展情况,技术规范与实施效果,熟悉对本地区奶牛业发展所发挥的作用。

(2)收集奶牛场技术信息,尤其是基础生产母牛产奶生产记录,在专兼职指导教师带领下依据已有的资料或亲自测定获取第一手奶牛产奶资料,进行奶牛个体与群体产奶量计算、奶牛个体泌乳曲线的绘制与分析,对奶牛场牛群产奶情况进行统计计算,对个体产奶牛产奶状况展开分析,学习掌握技术方法,为校企合作的奶牛场生产牛群调整和改进饲养管理技术提供科学的依据。

【相关技术理论】

▶ 一、奶牛生产性能测定

奶牛生产性能测定,也叫 DHI(dairy herd improvement)即为牛群改良计划,也称牛奶记录系统。其测定的性状主要有产奶量、乳脂率、乳蛋白率、乳糖、干物质、体细胞数等。世界上奶牛业发达国家如加拿大、美国、荷兰、瑞典、日本等都有类似组织。我国 DHI 系统始创于 1994 年,由中国—加拿大奶牛综合育种项目(IDCBP)与我国有关组织在杭州首先成立。现全国奶牛饲养省份大都建立 DHI 项目点。DHI 系统的分析结果即 DHI 报告可以为牛场管理牛群提供科学的方法和手段,同时为育种工作提供完整而准确的数据资料。在这里我们仅对产奶量主要测定性状进行阐述。

生产性能测定流程主要包括牧场的初期工作和实验室分析以及数据处理。

(一)样本采集

1.测定牛群要求

参加生产性能测定的牛场,应具有一定生产规模,最好采用机械挤奶,并配有流量计或带搅拌和计量功能的采样装置。生产性能测定采样前必须搅拌,因为乳脂比重较小,一般分布在牛奶的上层,不经过搅拌采集的奶样会导致测出的乳成分偏高或偏低,最终导致生产性能测定报告不准确。

2.测定奶牛条件

测定奶牛应是产后1周以后的泌乳牛。牛场、小区或农户应具备完好的牛只标识(牛籍图和耳号)、系谱和繁殖记录,并保存有牛只的出生日期、父号、母号、外祖父号、外祖母号、近期分娩日期和留犊情况(若留养的还需填写犊牛号,性别,初生重)等信息,在测定前需随样品同时送达测定中心。牛只编号规则详见附录1。

3.采样

对每头泌乳牛一年测定10次,测试奶牛为产后1周这一阶段的泌乳牛,因为奶牛基本上一年一胎,连续泌乳10个月,最后两个月是干奶期。每头牛每个泌乳月测定一次,两次测定间隔一般为26～33天。每次测定需对所有泌乳牛逐头取奶样,每头牛的采样量为50 mL,一天三次挤奶一般按4：3：3(早：中：晚)比例取样,两次挤奶按早、晚按6：4的比例取样。测试中心配有专用取样瓶,瓶上有三次取样刻度标记,具体采样操作规范见附录2。

4.样品保存与运输

为防止奶样腐败变质,在每份样品中需加入重铬酸钾0.03 g,在15℃的条件下可保持4天,在2～7℃冷藏条件下可保持1周。采样结束后,样品应尽快安全送达测定实验室,运输途中需尽量保持低温,不能过度摇晃。

(二)样本测定

1.测定设备

实验室应配备乳成分测试仪、体细胞计数仪、恒温水浴箱、保鲜柜、采样瓶、样品架等仪器设备。

2.测定原理

实验室依据红外原理作乳成分分析(乳脂率、乳蛋白率),体细胞数是将奶样细胞核染色后,通过电子自动计数器测定得到结果。

生产性能测定实验室在接收样品时,应检查采样记录表和各类资料表格是否齐全、样品有无损坏、采样记录表编号与样品箱(筐)是否一致。如有关资料不全、样品腐坏、打翻现象超过10％的,生产性能测定实验室将通知重新采样。

3.测定内容

主要测定日产奶量、乳脂肪、乳蛋白质、乳糖、全乳固体和体细胞数。

(三)生产性能测定报告提供的内容

数据处理中心,根据奶样测定的结果及牛场提供的相关信息,制作奶牛生产性能测定报告,并及时将报告反馈给牛场或农户。从采样到测定报告反馈,整个过程需 3～7 天,最后形成牛场牛群各项资料报表和数据分析报告。

奶牛生产性能测定(DHI)报告的项目指标有以下几项:

日产奶量:是指泌乳牛测试日当天的总产奶量。日产奶量能反映牛只、牛群当前实际产奶水平,单位为 kg。

乳脂率:是指牛奶所含脂肪的百分比,单位为%。

乳蛋白率:是指牛奶所含蛋白的百分比,单位为%。

泌乳天数:是指计算从分娩第一天到本次采样的时间,并反映奶牛所处的泌乳阶段。

胎次:是指母牛已产犊的次数,用于计算 305 天预计产奶量。

校正奶量:是根据实际泌乳天数和乳脂率校正为泌乳天数 150 天、乳脂率 3.5% 的日产奶量,用于不同泌乳阶段、不同胎次的牛只之间产奶性能的比较,单位为 kg。

前次奶量:是指上次测定日产奶量,和当月测定结果进行比较,用于说明牛只生产性能是否稳定,单位为 kg。

泌乳持续力:当个体牛只本次测定日奶量与上次测定日奶量综合考虑时,形成一个新数据,称之为泌乳持续力,该数据可用于比较个体的生产持续能力。

脂蛋白比:是衡量测定日奶样的乳脂率与乳蛋白率的比值。

前次体细胞数:是指上次测定日测得的体细胞数,与本次体细胞数相比较后,反映奶牛场采取的预防管理措施是否得当,治疗手段是否有效。

体细胞数(SCC):是记录每毫升牛奶中体细胞数量,体细胞包括嗜中性白细胞、淋巴细胞、巨噬细胞及乳腺组织脱落的上皮细胞等,单位为 1 000 个/mL。

体细胞分:将体细胞数线性化而产生的数据。利用体细胞分评估奶损失比较直观明了。

牛奶损失:是指因乳房受细菌感染而造成的牛奶损失,单位为 kg(据统计奶损失约占总经济损失的 64%)。

奶款差:等于奶损失乘以当前奶价,即损失掉的那部分牛奶的价格。单位为元。

经济损失:因乳腺炎所造成的总损失,其中包括奶损失和乳腺炎引起的其他损失,即奶款差除以 64%,单位为元。

总产奶量:是从分娩之日起到本次测定日时,牛只的泌乳总量;对于已完成胎次泌乳的奶牛而言则代表胎次产奶量。单位为 kg。

总乳脂量:是计算从分娩之日起到本次测定日时,牛只的乳脂总产量,单位为 kg。

总蛋白量:是计算从分娩之日起到本次测定日时,牛只的乳蛋白总产量,单位为 kg。

高峰奶量:是指泌乳奶牛本胎次测定中,最高的日产奶量。

高峰日:是指在泌乳奶牛本胎次的测定中,奶量最高时的泌乳天数。

90 天产奶量:是指泌乳 90 天的总产奶量。

305 天预计产奶量:是泌乳天数不足 305 天的奶量,则为预计产奶量,如果达到或者超过 305 天奶量的,为实际产奶量,单位为 kg。

群内级别指数(WHI):指个体牛只或每一胎次牛在整个牛群中的生产性能等级评分,是牛只之间生产性能的相互比较,反映牛只生产潜能的高低。

成年当量:是指各胎次产量校正到第五胎时的 305 天产奶量。一般在第五胎时,母牛的身体各部位发育成熟,生产性能达到最高峰。利用成年当量可以比较不同胎次的母牛在整个泌乳期间生产性能的高低。

根据不同牛场的要求,生产性能测定数据分析中心可提供不同类型的报告,如牛群生产性能测定月报告、平均成绩报告、各胎次牛 305 天产奶量分布,以及实际胎次与理想胎次对比报告、胎次分布统计报告、体细胞分布报告、体细胞变化报告、各泌乳阶段生产性能报告、泌乳曲线报告等。

(四)信息反馈

生产性能测定反馈内容主要包括分析报告、问题诊断和技术指导等方面。

1. 奶牛生产性能测定报告

奶牛生产性能测定报告是信息反馈的主要形式,奶牛饲养管理人员可以根据这些报告全面了解牛群的饲养管理状况。报告是对牛场饲养管理状况的量化,是科学化管理的依据,这是管理者凭借饲养管理经验而无法得到的。根据报告量化的各种信息,牛场管理者能够对牛群的实际情况做出客观、准确、科学的判断,发现问题,及时改进,提高效益。

2. 问题诊断

测定报告关键是从中发现问题,并及时将问题能够得到快速、高效、准确地解决。数据分析人员可以根据测定报告所显示的信息,与正常范围数据进行比较分析,找出问题,针对牛场实际情况,做出相应的问题诊断,分析异常现象(例如牛群平均泌乳天数较低,平均体细胞数较高等),找出导致问题发生的原因。问题诊断是以文字形式反馈给牛场,管理者依据报告,不仅能以数字的形式直观地了解牛场的现状,还可以结合问题诊断提出解决实际问题的建议。

3. 技术指导

一般情况下,因为受到空间、时间以及技术力量的限制,即使测定报告反馈了相关问题的解决方案,但牛场还是无法将改善措施落到实处。根据这种情况,奶牛生产性能测定中心要指定相关专家或专业技术人员,到牛场做技术指导。通过与管理人员交流,结合实地考察情况及数据报告,给牛场提出符合实际的指导性建议。

二、奶牛产奶量测定

(一)产奶量的测定方法

最精确的方法是将每头母牛每天每次的产奶量进行称量和登记。由于奶牛场的规模日益扩大,国外在保持育种资料可靠的前提下,力争简化生产性能的测定方法,许多国家近年来采用每月测定一次的办法,甚至有些国家(如美国)推行每 3 个月测一次产奶量。我国近年在这方面也进行了研究,如黑龙江省畜牧研究所等单位提出,用每月测定 3 天的日产奶量来估计全月产奶量的方法,结果表明,估计产奶量与实际产奶量之间存在极显著的正相关 ($r = 0.993, p < 0.01$)。这种方法估算容易,记载方便,在尚未建立各项记录的专业户乳牛场或其他类似的农牧场易于推广使用。其具体做法在一个月内记录产奶量 3 天,各次间隔为 8~11 天。计算公式为:

$$(M_1 \times D_1) + (M_2 \times D_2) + (M_3 \times D_3) = 全月产奶量(kg)$$

式中：M_1，M_2，M_3 为测定日全天产奶量；D_1，D_2，D_3 为当次测定日与上次测定日间隔天数。

另外还可以简化成每月等间隔记录两天产乳量，以此来统计整个泌乳期产乳量。此法特点是计算整个泌乳期产乳量比较简便。

例如：某母牛泌乳 287 天，每月 1、16 日两次日产奶量称重，共得 17 次记录：20.5，23.5，21.5，24.5，17.5，17.0，15.5，15.5，16.0，16.5，16.5，18.0，17.5，12.0，15.0，11.0，14.5。

先算出整个泌乳期平均日产奶量，再乘以泌乳期天数。

$$泌乳期平均日产奶量 = \frac{20.5 + 23.5 + 21.5 + \cdots + 15.0 + 11.0 + 14.5}{17} = 16.8(kg)$$

$$泌乳期总产量 = 16.8 \times 287 = 4\ 861.2(kg)$$

(二)个体产奶量的计算

个体牛全泌乳期的产奶量，以 305 天产奶量，305 天标准乳量和全泌乳期实际奶量为标准。其计算方法如下。

(1)305 天产奶总量　是指自产犊后第一天开始到 305 天为止的总产奶量。不足 305 天的，按实际奶量，并注明泌乳天数；超过 305 天者，超出部分不计算在内。

(2)305 天标准乳量　标准虽然要求泌乳期为 305 天，但有的乳牛泌乳期达不到 305 天，或超过 305 天而又无日产记录可以查核，为便于比较，应将这些记录校正为 305 天的近似产量，以利种公牛后裔鉴定时作比较用。各乳用品种可依据本品种母牛泌乳的一般规律拟订出校正系数表，作为换算的统一标准。

表 1-5-1 和表 1-5-2 是中国奶牛协会北方地区荷斯坦奶牛 305 天校正产奶量的校正系数表。

表 1-5-1　北方地区荷斯坦奶牛泌乳期不足 305 天的校正系数表

实际泌乳天数	240	250	260	270	280	290	300	305
第一胎	1.182	1.148	1.116	1.086	1.055	1.031	1.011	1.0
2～5 胎	1.165	1.133	1.103	1.077	1.052	1.031	1.011	1.0
6 胎以上	1.155	1.123	1.094	1.070	1.047	1.025	1.009	1.0

表 1-5-2　北方地区荷斯坦奶牛泌乳期超过 305 天的校正系数表

实际泌乳天数	305	310	320	330	340	350	360	370
第一胎	1.0	0.987	0.965	0.947	0.924	0.911	0.895	0.881
2～5 胎	1.0	0.988	0.970	0.952	0.936	0.925	0.911	0.904
6 胎以上	1.0	0.988	0.970	0.956	0.940	0.928	0.916	0.993

A.用荷斯坦公牛杂交四代以下的杂种母牛，不能用此系数校正；

B.使用系数时，如某牛已产奶 265 天，可使用 260 天的系数；如产奶 266 天则用 270 天的系数进行校正；依此类推。

(3)全泌乳期实际产奶量 是指自产犊后第一天开始到干乳为止的累计奶量。

(4)年度产奶量 是指1月1日至本年度12月31日为止的全年产奶量,其中包括干乳阶段。

(5)4%标准乳的计算 不同个体牛产的奶,其含脂率高低不一。为了统一奶牛产奶性能,便于比较不同个体之间产奶能力的高低,以4%乳脂率的牛奶作为标准乳,把不同含脂率的奶校正为4%标准乳,以便比较。4%标准乳校正的计算公式为:

$$4\%标准乳(F. C. M)=M\times(0.4+15F)$$

式中:M为含脂率为F的奶量;F为实际含脂率。

(三)全群产奶量的统计方法

全群产乳量的统计,应分别计算成年牛(又称应产牛)的全年平均产乳量和泌乳牛(又称实产牛)的全年平均产乳量。计算成年牛的全年平均产乳量时,须将成年牛群中所有泌乳牛和干乳牛(包括不孕牛)都统计在内,以便计算牛群的饲料报酬和产品成本。计算泌乳牛的全年平均产乳量时,仅统计泌乳牛的饲养头数,不包括干乳牛及其他不产乳的母牛,故用此法计算的全群年产乳量较前一种方法为高,可以反映牛群的质量,供拟订产乳计划时的参考。计算方法如下:

$$成年牛全年平均产乳量=\frac{全群全年总产乳量}{全年每天饲养成年母牛头数}$$

$$泌乳牛全年平均产乳量=\frac{全群全年总产乳量}{全年每天饲养泌乳母牛头数}$$

式中,"全群全年总产乳量"是指从每年1月1日开始,到12月31日止全群牛产乳的总量;"全年每天饲养成年母牛头数"是指全年每天饲养的成年母牛头数(包括泌乳、干乳或不孕的成年母牛)的总和除以365天(闰年用366天);"全年每天饲养泌乳母牛头数"是指全年每天饲养泌乳牛头数的总和除以365天。

举例:某地乳牛场1994年全年总产乳量为118 296.9 kg,全年每天饲养成年母牛数的总和为7 724头·天;饲养泌乳母牛数的总和为6 363头·天,试计算全年每头牛的平均产奶量。

第一步,先计算全年平均饲养头数:

全年每天饲养成年母牛头数=7 724÷365=21.16

全年每天饲养泌乳母牛头数=6 363÷365=17.42

第二步,再计算每年每头平均产乳量:

$$成年牛全年平均产乳量=\frac{118\ 296.9}{21.16}=5\ 678.8\ kg$$

$$泌乳牛全年平均产乳量=\frac{118\ 396.9}{17.42}=6\ 786.9\ kg$$

各乳用品种可依据本品种母牛泌乳的一般规律拟订出校正系数表,作为换算的统一标准。

三、奶牛泌乳曲线绘制

(一)泌乳曲线在实际生产中的应用

我们将健康奶牛一个泌乳期的产奶量以时间为横坐标,以产奶量为纵坐标做出一条曲线图,将会和上图曲线走向基本保持一致。母牛在产犊、受孕、泌乳的过程中,生理发生一系列的变化。在怀孕后期,奶牛受雌激素、生长激素和催乳素的作用,乳腺迅速发育,乳腺小泡和输乳导管积蓄的初乳不断增多,乳房膨胀起来;分娩时,母牛因催乳素和促肾上腺皮质激素含量的不断增多,孕酮含量下降,刺激泌乳,所以母牛泌乳量达到一定高峰后开始下降,直至干奶。泌乳奶牛从产犊、泌乳、受孕、干奶到产犊的全过程叫一个泌乳期(图1-5-1)。

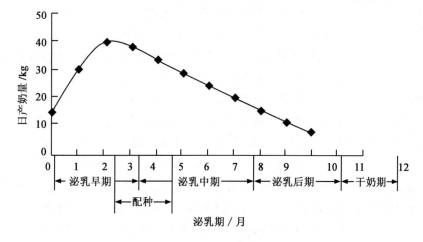

图 1-5-1　奶牛泌乳曲线

(1)母牛从产犊开始到停止泌乳整个泌乳期中产乳量的变化:分娩后,日产乳量逐渐上升,从第1个泌乳月末到第2个泌乳月中达到该泌乳期的最高峰。维持一段时间后,自第4个泌乳月开始,又逐渐下降。至第7个泌乳月之后,迅速下降,到第10个泌乳月左右停止泌乳。全期每日产乳量形成一个动态曲线,称为"泌乳曲线",该曲线反映了乳牛泌乳的一般规律。

在同一牛群中,虽然环境条件相对一致,但因个体的遗传素质有差异,所以,泌乳曲线也出现三种类型:第一类是高度稳定型,其逐月泌乳量的下降速率平均维持在6%以内,这类个体具有优异的育种价值;第二类是比较平稳型,其逐月泌乳量的下降速率为6%~7%,这类个体在牛群中较为常见,全泌乳期产乳量高。因此,可以入选育种核心群。第三类是急剧下降型,其逐月泌乳量的下降速率平均在8%以上,这类个体的产乳量低,泌乳期短不宜留作种用。

(2)高产奶牛的峰值较高,一般高峰期峰值多出1 kg奶,整个泌乳期能多产400 kg奶。

(3)高峰期之后,产奶量开始逐渐下降。下降的速度,依母牛的营养状况、饲养水平、妊娠期、品种及其生产性能而有所不同。高产奶牛一般每月下降4%~5%,低产奶牛可下降9%~10%;最初月数下降较慢,到泌乳末期(妊娠5~6个月),由于胎儿的迅速生长,胎盘激素和黄体激素的分泌加强,会抑制脑垂体分泌催乳素,泌乳量开始迅速下降。

(4)牛奶的乳脂率则和泌乳量相反,不同的泌乳时期,乳中含脂率也有变化。初乳期内的乳脂率很高,超过常乳的近1倍。第2~8周,乳脂率最低。第3个泌乳月开始,乳脂率又逐渐上升。

(5)与成母牛相比,头胎牛的泌乳量应达到成年牛的75%。如果低于成年牛的75%,说明头胎牛没有达到泌乳高峰;如果高于成年牛的75%,说明头胎牛达到了产奶高峰(由于品种、健康和育成牛培育工作都很好),或是成年牛没有达到高峰。

(6)产奶牛干物质采食量产后逐渐增加,但增加的速度较缓慢,其高峰出现在产后90~100天,之后又缓慢下降。

(二)奶牛个体全泌乳期泌乳曲线绘制方法

1.依据奶牛个体全泌乳期各泌乳月日平均产奶量绘制

实际上是依照奶牛个体全泌乳期各泌乳月日平均产奶量统计进行泌乳曲线绘制。

按照个体奶牛一个泌乳期各月实际产乳统计资料进行绘制泌乳曲线,各泌乳月按30天计,测定时尽量等间隔测定两三个泌乳日产奶量,然后各自乘以相隔天数,并相加,即为本泌乳月累积产奶量,再除以本泌乳月天数就得到各泌乳月日平均产奶量。以此为基础应用EXCLE绘制出个体奶牛泌乳曲线。注意:开始日、最高日、结束日泌乳量按照实际到来时间测定,要纳入统计计算。例如:某牛场××号泌乳母牛2015年3月12日产犊,至2015年12月15日干奶,实际产奶9个月零3天,即273天,产奶最高日在该奶牛泌乳的第51天到来。确定月日泌奶量(每隔15日测定一次),记录的结果如下:14 kg(开始日),20 kg,29 kg;32 kg,39 kg(最高日),35 kg,34 kg,34 kg;32 kg,31 kg;29 kg,28 kg;29 kg,26 kg;25 kg,24 kg;25 kg,22 kg;19 kg,17 kg;15 kg(结束日)。则该奶牛个体泌乳曲线绘制如下。

(1)某牛场××泌乳母牛全泌乳期及各泌乳月泌乳量、日平均产奶量统计计算见表1-5-3。

表1-5-3　泌乳统计

时间	泌乳量/kg	日平均泌乳量/(kg/天)
第一泌乳月	$14×1+20×14+29×15=855$	$855÷30=28.5$
第二泌乳月	$32×15+39×6+35×9=1029$	$1029÷30=34.3$
第三泌乳月	$34×15+34×15=1020$	$1020÷30=34$
第四泌乳月	$32×15+31×15=945$	$945÷30=31.5$
第五泌乳月	$29×15+28×15=855$	$855÷30=28.5$
第六泌乳月	$29×15+26×15=825$	$825÷30=27.5$
第七泌乳月	$25×15+24×15=735$	$735÷30=24.5$
第八泌乳月	$25×15+22×15=705$	$705÷30=23.5$
第九泌乳月	$19×15+17×15=540$	$540÷30=18$
第十泌乳月	$15×3=45$	$45÷30=1.5$
全泌乳期	7 554	25.2

(2)个体泌乳牛泌乳曲线绘制坐标系建立(表1-5-4)。

表1-5-4　某牛场××泌乳母牛泌乳曲线绘制坐标系表　　　　kg

牛号	泌乳月(X)	1	2	3	4	5	6	7	8	9	10
	日平均(Y)	28.5	34.3	34	31.5	28.5	27.5	24.5	23.5	18	1.5

(3)应用Excel绘制奶牛泌乳曲线图(图1-5-2)。

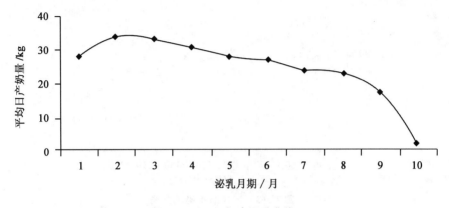

图1-5-2　××奶牛泌乳曲线

2.依照奶牛个体全泌乳期各泌乳月测点日实际产奶量绘制

从泌乳的第一天到泌乳结束,各泌乳月尽量等间隔测定两三个泌乳日产奶量,注意要将测得的开始泌乳日、最高泌乳日以及结束泌乳日个体日产奶量分别作为泌乳曲线的起点、最高点和终点,以此为基础借助Excel绘制个体泌乳曲线。接上例用计算机绘制泌乳曲线如下。

(1)列出个体泌乳母牛泌乳期各泌乳月测定日产奶量统计记录(表1-5-5)。

表1-5-5　某牛场××泌乳母牛泌乳期各泌乳月测定日产奶量统计记录表　　　　kg

牛号	××	开产日产量	14	最高日产量	39	结束日产量	15	全泌乳期实产量	7462
泌乳月	1月	2月	3月	4月	5月	6月	7月	8月	9月	10月
第1次	14	32	34	32	29	29	25	25	19	15
第2次	25	39	34	31	28	26	24	22	17	
第3次	29	35								

注:泌乳月是指测定时间在泌乳期的第几个月。

(2)个体泌乳牛泌乳曲线绘制坐标系建立(表1-5-6)。

(3)应用Excel图表绘制方法,结果如图1-5-3所示。

表 1-5-6　某牛场××泌乳母牛泌乳曲线绘制坐标系表

牛号	泌乳日(X)/天	0	15	30	45	51	60	75	90	105	120	135
	泌乳量(Y)/kg	14	25	29	32	39	35	34	34	32	31	29
牛号	泌乳日(X)/天	150	165	180	195	210	225	240	255	270	273	
	泌乳量(Y)/kg	28	29	26	25	24	25	22	19	17	15	

注:泌乳日是指测定时间在泌乳期的第几天。

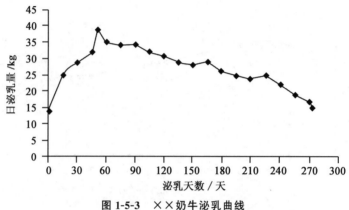

图 1-5-3　××奶牛泌乳曲线

3. 泌乳牛群体泌乳曲线的绘制

方法基本同前。不同之处是要求把泌乳牛群当作一个整体,以一年内某一段时间或实际各泌乳月为统计时间,在统计时间段内计算整体泌乳牛群各泌乳月日平均产奶量或各观测点日产奶量,再应用上述方法进行绘制即可。注意在应用各观测点日产奶量进行泌乳曲线绘制时,因为群体的统计工作比较繁杂,所以群体最高泌乳日一般可以用确定的正常观测点某一最高产奶量日来代表。

在进行泌乳牛群泌乳曲线绘制时,除上述方法外,还可以依据牛群各泌乳月产奶量进行绘制,方法中只要把群体泌乳月日平均产奶量更换为群体泌乳月产奶量,其他的不变。

【经验之谈】

经验之谈 1-5-1

【技能实训】

▶ 技能项目　奶牛个体泌乳曲线绘制

1. 实训材料

计算器、装有 Excel 软件的计算机,奶牛产奶量测定记录表等。

2.方法与步骤

去奶牛场调研或组成课题小组直接对奶牛场奶牛进行产奶量测定,获取奶牛个体产奶量记录第一手数据,然后进行统计分析,填入规定的表格,应用 Excel 工具绘制出某奶牛场个体奶牛泌乳曲线图,最后做泌乳曲线分析。

3.实训练习

(1)依据奶牛个体全泌乳期各泌乳月日平均产奶量绘制

①××牛场××泌乳母牛全泌乳期及各泌乳月泌乳量、日平均产奶量统计计算。

时间	泌乳量/kg	日平均泌乳量/(kg/天)
第一泌乳月		
第二泌乳月		
第三泌乳月		
第四泌乳月		
第五泌乳月		
第六泌乳月		
第七泌乳月		
第八泌乳月		
第九泌乳月		
第十泌乳月		
全泌乳期		

②××个体泌乳牛泌乳曲线绘制坐标系建立。

某牛场××泌乳母牛泌乳曲线绘制坐标系表

牛号	泌乳月(X)	1	2	3	4	5	6	7	8	9	10
	日平均(Y)										

③应用 Excel 绘制××奶牛泌乳曲线图。

(2)依照奶牛个体全泌乳期各泌乳月测定日实际产奶量绘制

①列出个体泌乳母牛泌乳期各泌乳月测定日产奶量统计记录

××牛场××泌乳母牛泌乳期各泌乳月测定日产奶量统计记录表 　　　　　kg

牛号	××	开产日产量		最高日产量		结束日产量		全泌乳期实产量		
泌乳月	1月	2月	3月	4月	5月	6月	7月	8月	9月	10月
第1次										
第2次										
第3次										

②个体泌乳牛泌乳曲线绘制坐标系建立

某牛场××泌乳母牛泌乳曲线绘制坐标系表

牛号	泌乳日(X)/天								
	泌乳量(Y)/kg								
牛号	泌乳日(X)/天								
	泌乳量(Y)/kg								

③应用 Excel 图表绘制方法绘制,将结果附在下面。

【自测练习】

1.填空题

(1)奶牛生产性能测定,也叫 DHI(dairy herd improvement)即为_____,也称_____。

(2)奶牛采样,每头牛每个泌乳月测定_____次,两次测定间隔一般为_____天。对每头泌乳牛一年测定_____次,测试奶牛为这一阶段的泌乳牛。

(3)奶牛场全群产乳量的统计,应分别计算_____和_____。

(4)产奶牛干物质采食量产后逐渐_____,但_____的速度较缓慢,其高峰出现在产后_____天,之后又缓慢。

2.判断改错题(在有错误处下画线,并写出正确的内容)

(1)日产奶量是指泌乳牛测试日当天的总产奶量。日产奶量能反映牛只、牛群当日实际产奶水平,单位为千克。(　　　)

(2)生产性能测定反馈内容主要包括产奶量统计、技术分析和技术指导等方面。(　　　)

(3)母牛从产犊分娩后,日产乳量逐渐上升,从第 1 个泌乳月末到第 3 个泌乳月中达到该泌乳期的最高峰。维持一段时间后,自第 4 个泌乳月开始,又逐渐上升。(　　　)

(4)奶牛初乳期内的乳脂率很低,超过常乳的近 3 倍。第 2～4 周,乳脂率最高。第 3 个泌乳月开始,乳脂率又逐渐下降。(　　　)

(5)挤乳技术熟练,适当增加挤乳次数,能提高产乳量。(　　　)

3.问答题

(1)奶牛生产性能测定的技术程序有哪些?

(2)试分析影响奶牛产奶性能的生理与环境因素。

【学习评价】

考核任务	考核要点	评价标准	考核方法	参考分值
1.奶牛产奶性能测定方法 2.奶牛产奶量测定与计算 3.奶牛泌乳曲线绘制	操作态度	精力集中,积极主动,服从安排	学习行为表现	10
	协作意识	有合作精神,积极与小组成员配合,共同完成任务		10
	查阅生产资料	能积极查阅、收集资料,认真思考,并对任务完成过程中的问题进行分析处理		10

考核任务	考核要点	评价标准	考核方法	参考分值
1.奶牛产奶性能测定方法 2.奶牛产奶量测定与计算 3.奶牛泌乳曲线绘制	奶牛生鲜奶产奶量的计算	根据奶牛场调查取得的资料,能够采用适当的统计计算方法计算奶牛个体及群体产奶量	奶牛产奶量计算	5
	奶牛个体泌乳曲线绘制	按照计算机绘制泌乳曲线技术要领,能够正确收集资料,获取关键数据,并依此绘制出奶牛个体泌乳曲线	实际绘制	20
	奶牛个体泌乳曲线分析	对泌乳曲线进行观察,从图中能够发现各泌乳阶段反映的问题并给出相应的判断	分析描述	10
	计算结果分析判断	正确、准确	结果评定	15
	工作记录和总结报告	有完成全部工作任务的工作记录,字迹工整;总结报告结果正确,体会深刻,上交及时	作业检查	20
合计				100

学习任务二　生鲜乳质量检验

【任务目标】

了解国家奶牛生鲜乳质量检验技术程序与规范,熟知生鲜乳实验室检验方法与手段,达到能够依据给定的生鲜乳样本材料正确评定牛奶品质;掌握牛奶掺假检测技术,并能够依据检测结果做出正确分析判断。

【学习活动】

▶ 一、活动内容

(1)奶牛生鲜乳收购与质量检验;
(2)牛奶掺假检测。

▶ 二、活动开展

(1)通过资讯相关信息,结合收集当地生鲜乳收购奶站及质检部门对牛场牛奶监测评估档案资料,现场实地调研,掌握第一手技术资料,深入了解本地区牛奶收购与质检开展

学习情境一　奶牛饲养技术

情况,熟知奶牛生鲜乳生产过程及收购过程存在的问题和当地采取的技术措施,所取得的效果。

(2)收集奶奶牛生鲜乳质量检测技术信息,在专兼职指导教师带领下,配合奶站开展生鲜乳收购工作,熟悉生鲜乳收购技术程序与规范,采集生鲜乳样品在实验室进行检验,过程中学习掌握生鲜乳国家标准,生鲜乳质量检验具体技术实施及检测手段应用,掺假牛乳的技术检测与分析等。在真实的工作环境中完成本学习任务。

【相关技术理论】

生鲜乳是哺乳动物哺育幼儿从乳腺分泌的一种白色或稍带黄色的不透明液体,味微甜并具有特有的香味。事实上,乳腺泡就相当于一个牛奶加工厂,它有能力从血液获得营养,将营养转变成自然界最完美的食物之一。

▶ 一、牛生鲜乳的品质分级

从母牛乳房挤下的未经加工处理的新鲜牛乳,其质量不但关系到乳制品质量的高低,而且也反映出牛的品种和饲养管理的好坏。一般对生鲜牛乳的质量分级如表1-5-7所示。

表 1-5-7　牛生鲜乳的质量分级

项　目		级　别		
		特级	一级	二级
比重(密度)	≥	1.030	1.029	1.028
脂肪/%	≥	3.20	3.00	2.80
酸度	≤	18.00	19.00	20.00
总乳固体/%	≥	11.70	11.20	10.80
细菌总数/(万个/L)	≤	50	100	200

▶ 二、牛生鲜乳收购

(一)技术要求

(1)生鲜牛乳及其外包装均需符合相应之国家、行业标准的规定,均不得有外来杂质存在。

(2)收购的生鲜牛乳系指从正常饲养、无传染病和乳房炎的健康母牛乳房内挤出的常乳。即收购的生鲜牛乳不能包含产前15天内的胎乳或产后7天内的初乳;收购的生鲜牛乳必须是无抗奶,对于打过激素类、抗生素类和其他各种针剂的奶牛产的牛奶在7天以内不得掺入正常牛奶中。

(二)感官

感官评价见表1-5-8。

表 1-5-8　感官评价

项目	要求
形态	形态均匀、无分层、无凝固物、无沉淀、无黏稠、呈均匀状的流体且不得结冰
颜色	正常牛乳应为乳白色或微带黄色,不得有红色、绿色或其他异色
滋味	应具有正常牛乳的滋味(乳香味),不能有苦、咸、涩的滋味
气味	不能有饲料、青贮、霉等其他异常气味
肉眼可见的异物滋味	不得检出

(三)理化要求

理化要求见表 1-5-9。

表 1-5-9　理化要求

检测项目	检测指标		检测依据	检测频次
蛋白质(以湿重计)/(g/100 mL)	≥2.80		内部标准	批检
脂肪/(g/100 mL)	≥3.00			
非脂乳固体/(g/100 mL)	≥7.80			
酸度/T°	13～18		GB/T 5009.46	
pH	6.55～6.80		GB/T 10786	
密度(20℃/4℃)	≥1.026 5		GB/T 5009.46	
酒精试验	pH≥4.6 中性奶产品(即利乐包纯牛奶,灭菌调味乳,袋装花色牛奶等)	75%(V/V)酒精试验,不出现絮片	GB 5409	
	pH≤4.6 的高酸产品(即营养快线等)	72%(V/V)酒精试验,不出现絮片		
煮沸试验	无挂壁、凝块现象,不出现絮片			
发酵试验(用于发酵奶)	ΔpH≥1.1		内部标准	
热稳定*	pH≥4.6 中性奶产品(即利乐包纯牛奶,灭菌调味乳,袋装花色牛奶等)	四级		
	pH≤4.6 的高酸产品(即营养快线等)	七级		
掺碱试验(含碳酸氢钠的浓度)/(g/100 g)	≤0.03		GB/T 5009.46	
掺盐试验	要求呈红色			
营养快线小样试验	合格		内部标准	
营养快线口味测试试验	合格			
原料奶到货温度	11月份至翌年3月份≤8℃;4～10月份≤12℃			

检测项目	检测指标	检测依据	检测频次
杂质度/(mg/kg)	≤0.75	GB 5413.30	
抗生素（β-内酰胺类）/(μg/kg)	<5	GB/T 5409	型式检验
冰点/℃	−0.51～−0.55	采用冰点仪	

备注：

生鲜牛乳原料中除蛋白质、脂肪、非脂乳固体、到货温度指标外，所有指标均合格的条件下，如果蛋白质、脂肪、非脂乳固体低于可接受水平的情况下，才可以采用让步接收。可以采用让步接收的水平为：蛋白质≥2.6 g/100 mL，脂肪≥2.78 g/100 mL，非脂乳固体≥7.3 g/100 mL，否则判定为不合格。

如果到货温度稍高于可接受温度水平，其他指标均合格的情况下可以让步接收，可以让步接收的水平为到货温度为15℃，如果再高于15℃则判为不合格。

◗ 三、鲜牛奶的取样及留样

（1）每个奶槽（奶缸）均需抽样，并做好标记。每个奶槽（奶缸）的样品一式两份，一份用于留样（500 mL），一份用于检测。留样需现场封样，瓶口外贴封签，注明取样时间、供应商名称及奶槽（奶缸）标记号，并署上取样人和供应商的签名。同时做好留样记录，并由供应商签字认可。留样鲜奶需4℃左右保存，待该批鲜奶生产的成品检验合格后方可处理。并于18 h内送到试验室进行检验；如无冷藏设备，必须于采样后2 h内进行检验。

（2）鲜牛奶的验收：对标记好的奶样必须分别进行感官测试和营养快线口味检测试验，经检测均正常后可以取等量样品混合后进行理化指标比如酸度、酒精试验、煮沸试验等指标的检测。

（3）检验前，无论是理化质量检验或卫生质量检验，所有生奶及消毒奶样品由冷藏处取出后均须升温至40℃，剧烈颠覆上下摇荡，使内部脂肪完全融化并混合均匀后，再降温至20℃，用吸管取样进行检验。

◗ 四、生鲜牛乳的质量检验

（一）感官鉴定

感官鉴定主要是看牛乳是否有异常气味、色泽、大量杂质和凝块。

（1）异常气味：如酸味、牛粪味、腥味、蒸煮味。

（2）异常色泽：如红色、绿色或明显的黄色。

（3）大量杂质：如煤屑、豆渣、牛粪、尘埃和昆虫。

（4）凝块：如发黏或凝块。

（二）理化检验

常用的理化检验主要是比重（密度）和酸度。

1.测定比重

目前我国一般采用乳的密度来替代乳的比重。乳的相对密度是指乳在20℃时的质量与同容积的水在4℃时的质量之比。正常牛乳的相对密度为1.030。乳相对密度的测定方法：取干净的250 mL玻璃量筒一个，将乳搅匀沿壁小心注入量筒中，加至量筒的3/4容积为止，测定乳的温度，然后把乳密度计轻轻插入量筒中，沉至1.030处时放手，待静止后读取液面月牙最高顶面的数值，该数值即为乳在当时温度下的相对密度。必须把此时的密度换算成标准密度，即当乳的温度比20℃每高1℃，密度就加上0.000 2；当乳的温度比20℃每低1℃，密度就减去0.000 2。当向乳中加水后，乳的相对密度会降低，根据经验，每加水10%，乳的相对密度就降低0.003。

2.测定酸度

测定乳的酸度有以下方法：

（1）滴定酸度　取10 mL乳于三角瓶内，用20 mL蒸馏水稀释，加入0.5%酒精酚酞溶液0.5 mL，用0.1 mol/L氢氧化钠溶液滴定至微红色为止，把用去的0.1 mol/L氢氧化钠毫升数乘以10，即为乳的酸度。乳的酸度可以换算成乳酸百分数：

$$乳酸百分数=\frac{0.1\ mol/L\ 氢氧化钠毫升数\times0.009}{供试牛乳重(体积\times密度)}\times100\%$$

（2）酒精试验　在生产中常用酒精试验来代替滴定酸度测定。取一定量（一般为2 mL）浓度为68%、70%或72%的中性酒精于试管内，加入等量的牛乳混合振摇，不出现絮片的为合格，出现絮片的为阳性，表示酸度较高（表1-5-10）。

表 1-5-10　酒精试验

酒精浓度/%	不出现絮片的滴定酸度/°T
68	20 以下
70	19 以下
72	18 以下

（3）煮沸试验（热稳定性试验）　取2 mL乳于试管内，置酒精灯上加热煮沸，如产生絮片或凝固，表示乳的酸度较高（表1-5-11）。

表 1-5-11　乳的酸度

乳的滴定酸度/°T	凝固情况	乳的滴定酸度/°T	凝固情况
18	煮沸时不凝固	40	63℃时凝固
22	煮沸时不凝固	50	40℃时凝固
26	煮沸时能凝固	60	22℃时自行凝固
30	72℃时凝固	65	16℃时自行凝固

3.乳脂肪测定（盖氏法）

量取浓硫酸（密度1.825）10 mL，注入乳脂瓶中，再取11 mL乳加入乳脂瓶内，再加入异戊醇（密度0.811～0.812）1 mL，塞紧橡皮塞后充分摇动，直至乳凝块溶解，然后将乳脂瓶放入 65～70℃的水浴中保温 5 min,调整橡皮塞使脂肪柱恰好位于刻度内,再置于离心机中以 800～1 000 r/min 离心 5 min,取出放入 65℃的水浴中保温 5 min 后立即读数,以脂肪柱的弯月面下限为准,所得数即为乳脂肪的百分数。

(三)营养快线用鲜奶口味测试试验(加酸煮沸)

①称取搅拌均匀的鲜奶 375 g 到烧杯中,并附加上保鲜膜;

②称取 30%的柠檬酸溶液 10 g,在搅拌状态下加入到待测鲜奶中,加酸速度要均匀并且慢一些;

③在边加热边搅拌的条件下进行煮沸试验,待煮沸 1～2 min 后,稍冷后二次煮沸,加热过程中尽量保证保鲜膜的密封性;

④自然冷却后 2 min 后需多人共同进行风味的判定:如无任何异味,则判定该批鲜奶合格;如果有强烈异味,则判定鲜奶不合格,不得用于生产。

注:用于营养快线生产时,须每批检测营养快线口味测试试验或营养快线小样试验。用于发酵奶生产时,须每批检测发酵试验。

▶ 五、异常乳

当奶牛受到饲养、疾病、气温以及其他因素的影响,使乳的成分和性质发生变化,这样的乳叫异常乳。异常乳可分为生理性异常乳、化学性异常乳、微生物性异常乳、病理性异常乳。

(一)生理性异常乳

营养不良乳是由于饲料差、营养不良致奶牛所产的乳。其对皱胃酶几乎不凝固,所以这种乳不能制造干酪。当喂以充足的饲料,加强营养之后,奶牛泌乳即可恢复正常,对皱胃酶即可凝固。

初乳产犊后 1 周所分泌的乳称为初乳,黄褐色、有异臭、苦味、黏度大,特别是 3 天之内的初乳其脂肪、蛋白质,特别是乳清蛋白质含量高,乳糖含量低,灰分含量高。初乳中铁量约为常乳的 3 倍,含铜量约为常乳的 6 倍。初乳中含有初乳球,可能是脱落的上皮细胞,其变性温度在 60～72℃,乳清蛋白的变性,一方面导致初乳凝聚或形成沉淀,另一方面导致其生物活性丧失,使初乳无再开发利用价值。

(二)化学性异常乳

乳品厂检验原料乳时,一般先用 68%或 70%的酒精进行检验,凡产生絮状凝块的乳称为酒精阳性乳。又分以下几种:

1. 高酸酒精阳性乳

一般酸度在 20°T 以上时的酒精试验均为阳性,称高酸酒精阳性乳。其原因是鲜乳中微生物繁殖使酸度升高。因此要注意挤乳时的卫生,将挤出鲜乳保存在适当的温度条件下,以免微生物污染繁殖。

冷冻乳:冬季因受气候和运输的影响,酸度相应升高,以至产生酒精阳性乳。但这种酒精阳性乳的耐热性比受其他原因而产生的酒精阳性乳高。

2. 混入异物乳

混入异物的乳是指在乳中混入原来不存在的物质的乳。其中,有人为混入异常乳和因预防治疗、促进发育以及食品保存过程中使用抗生素和激素等而进入乳中的异常乳。此外,还有因饲料和饮水等使农药进入乳中而造成的异常。乳中含有防腐剂、抗生素时,不应用作加工的原料乳。

3.风味异常乳

造成牛乳风味异常的因素很多,主要有通过机体转移或从空气中吸收而来的饲料味,由酶作用而产生的脂肪分解味,挤乳后从外界污染或吸收的牛体味或金属味等。

(三)微生物性异常乳

1.环境性微生物超标乳

鲜乳容易由乳酸菌产酸凝固、大肠杆菌产生气体等,而发生异常风味和腐败味。低温菌也能使乳产生陈化和变黏。脂肪的分解而发生脂肪分解味、苦味和非酸凝固。由于挤乳前后的污染、牛奶冷却和器具的洗涤杀菌不彻底等原因,可使鲜乳被大量微生物污染。

2.乳房炎乳

由于外伤或细菌感染,使乳房发生炎症,这时乳房所分泌的乳,其成分和性质都发生变化,使乳糖含量降低,且上皮细胞数量增多,以至无脂肪干物质含量较常乳少。造成乳房炎的原因主要是乳牛体表和牛舍环境卫生没达到要求,挤乳的凝乳张力下降,凝乳酶凝固的时间较长,这是乳蛋白异常所致。另外,乳房炎乳维生素 A,维生素 C 的影响变化大,维生素 B_1,维生素 B_2 含量减少。

3.其他疾病的乳

主要由患口蹄疫、布氏杆菌病等的乳牛所产的乳,乳的质量变化大致与乳房炎相类似。另外,乳牛患酮病、酸中毒等,也易引起分泌酒精阳性乳。

【经验之谈】

经验之谈 1-5-2

【技能实训】

◉ 技能项目一　乳汁酸度的测定

酸度是以酚酞为指示剂,中和 100 mL 乳所需氢氧化钠标准溶液(0.1 mol/L)的毫升数。

1.实训条件

制备试剂试剂及酸碱滴定装置。

氢氧化钠标准滴定溶液:$c(NaOH)=0.1$ mol/L,按 GB 601 制备与标定。

酚酞指示剂:称取 0.5 g 酚酞,用少量乙醇溶解并定容至 500 mL。

0.005%碱性品红溶液:称取 0.005 g 碱性品红,用 95%乙醇溶液溶解并定容至 100 mL。

酸碱滴定装置:酸碱滴定台、酸式和碱式滴定管、三角瓶、烧杯等。

2.方法与步骤

准确吸取 10 mL 生鲜牛奶试样于 150 mL 锥形瓶中，加入 20 mL 纯净水及 4 滴酚酞指示剂，混匀，用氢氧化钠标准溶液(0.1 mol/L)滴定至初现粉红色，并在 0.5 min 内不褪色。

注：滴定酸度终点判定标准颜色的制备方法如下。取滴定酸度测定的同批和同样数量的样品如牛乳 10 mL，置于 250 mL 三角烧瓶中，加入 20 mL 蒸馏水，再加入 3 滴 0.005％碱性品红溶液，摇匀后作为该样品滴定酸度终点判定的标准颜色。

3.计算

$$T° = \frac{10 \times V \times c}{0.1} = 100 \times V \times c$$

式中：T°为梯度；c 为氢氧化钠标准液实际浓度，mol/L；V 为消耗氢氧化钠体积，mL。

4.结果记录

生鲜乳样品酸度测定结果记录

生鲜乳标号	样品/mL	NaOH 标准液/(0.1 mol/L)	梯度/T°

◆ 技能项目二　奶牛隐性乳房炎检测

1.实训条件

奶牛养殖场现场或产奶牛；BMT 诊断液(北京奶牛中心生产)、诊断盘、蒸馏水、烧杯、量筒、定量加液器(连续注射器等)、水桶等；隐性乳房炎诊断标准。

2.方法与步骤

(1)稀释检测液：要求按照蒸馏水与原液 4：1 的比例稀释。

(2)取奶样：去除先乳和末乳，取中间过程中奶样，每个乳区 2 mL(平皿倾斜 45°，剩余奶样为 2 mL 即内侧圆周处)。

(3)加入检测液：每个乳区用定量加液器加入稀释后检测液 2 mL。

(4)混合：水平回旋运动片刻。

(5)结果判定：判定标准如下表所示。

隐性乳房炎判定标准表

判定	符号	乳汁凝集反应
阴性	—	无变化或有微量凝集，回转后消失
可疑	±	有少量凝集，回转不消失
弱阳性	+	有明显凝集，呈黏糊状
阳性	++	大量凝集，黏稠性强呈半胶状
强阳性	+++	完全凝集，呈胶冻状，旋转向心向上凸起

3.结果记录

填写下表。

隐性乳房炎检测结果

牛号	结果	牛号	结果

说明:结果一览根据反应结果填写时用符号表示。一般情况下只要有一个乳区呈现阳性反应就认为该个体是隐性乳房炎患者。

【自测练习】

1.填空题

(1)生鲜乳是哺乳动物哺育幼儿从乳腺分泌的一种_____或稍带_____的不透明_____,味微_____并具有特有的香味。

(2)收购的生鲜牛乳不能包含_____内的胎乳或_____内的初乳;收购的生鲜牛乳必须是_____奶,对于打过_____类、_____类和其他各种针剂的奶牛产的牛奶在_____天以内不得掺入正常牛奶中。

(3)测定酸度 测定乳的酸度有三种方法,即_____、_____、_____。

(4)当奶牛受到_____、_____、_____以及_____因素的影响,使乳的成分和性质发生变化,这样的乳叫异常乳。异常乳可为_____、_____、_____、_____。

2.判断改错题(在有错误处下画线,并写出正确的内容)

(1)感官鉴定主要是看牛乳是否有异常气味、色泽、大量杂质和凝块。( )

(2)乳的密度是指乳在4℃时的质量与同容积的水在20℃时的质量之比。( )

(3)在生产中常用酒精试验来代替滴定酸度测定。取一定量(一般为2 mL)浓度为50%、60%或70%的中性酒精于试管内,加入等量的牛乳混合振摇,出现絮片的为合格,不出现絮片的为阳性,表示酸度较低。( )

(4)牛乳中掺入淀粉或糊精,或直接加入米汤、面粉等淀粉类物质。我们可利用淀粉类遇碘变为红色或红紫色的原理进行检验。( )

(5)尿素能与亚硝酸钠在酸性溶液中反应生成CO_2、N_2气体,生鲜牛乳中若掺有尿素,引入亚硝酸钠后就会发生该反应。( )

3.问答题

(1)试简述生鲜乳收购有哪些技术程序和规范?

(2)调查当地牛生鲜乳收购质量检验应用的检测技术与手段,详细说明。

【学习评价】

考核任务	考核要点	评价标准	考核方法	参考分值
1. 鲜奶验收标准 2. 鲜奶理化检验 3. 鲜奶掺假试验 4. 奶牛隐性乳房炎检测	操作态度	精力集中,积极主动,服从安排	学习行为表现	10
	协作意识	有合作精神,积极与小组成员配合,共同完成任务		10
	查阅牛乳品质检验资料	能积极查阅、收集资料,认真思考,并对任务完成过程中的问题进行分析处理		10
	生鲜牛乳感官品质检查	根据生鲜牛乳给定样品,通过对牛乳样品气味、色泽、杂质和凝块等观察项目的检查,结合所学知识,对牛奶品质正确做出判断	牛奶品质描述	5
	生鲜牛乳理化检验	按照检测方法,对样品乳密度、乳蛋白含量、乳酸度进行正确测定	试验操作	10
	掺假试验	牛乳中掺米汤、豆浆、尿素、水分、碱等检验	试验操作	10
	奶牛隐性乳房炎检测	BMT液快速检测	试验操作	10
	检测结果综合判断	正确、准确	结果评定	15
	工作记录和总结报告	有完成全部工作任务的工作记录,字迹工整;总结报告结果正确,体会深刻,上交及时	作业检查	20
合计				100

【知识链接】

牛乳检验方法(GB 5409—85)。

学习情境二　肉牛饲养技术

肉牛饲养基础

学习任务一　肉牛品种及选择

【任务目标】

应知国内外优秀肉牛品种产地、分布、体质外貌和生产性能;能正确识别常见肉牛品种;正确选择肉牛品种进行饲养。能依照品种标准进行肉牛相关品的外貌鉴定。

【学习活动】

▶ 一、活动内容

肉牛品种识别与个体外貌鉴定。

▶ 二、活动开展

收集肉牛品种识别与个体外貌鉴定技术信息,如肉牛品种图片、录像及文本资料等,在专兼职教师指导下,深入了解本地区培育或引入的肉牛品种的体质外貌特征、生产性能特性,掌握品种标准,对所观察到的肉牛品种个体特征进行描述并做记载。同时依据品种标准以实习小组为单位进行个体外貌鉴定,为当地肉牛场整群提供技术参考。

【相关技术理论】

全世界约有 60 个专门化的肉牛品种,其中分布范围最广、生产性能较好的主要有夏洛来、利木赞、皮尔蒙特等大型品种及海福特、安格斯等中小型品种。我国地方黄牛品种多以劳役耕用为主,也具有一定的肉用良好性能,如秦川牛、南阳牛、鲁西牛等地方黄牛品种。

▶ 一、国内外优良肉牛的品种

(一)国外肉牛品种

1. 夏洛来牛(Chanolais)

原产地及分布:夏洛来牛原产于法国中西部到东南部的夏洛来省和涅夫勒地区(图 2-1-1),是世界公认的大型肉牛品种,以生长快、肉量多、体型大、耐粗放而受到各国的广泛欢迎,已输出世界各地,参与新型肉牛品种的培育、杂交繁育或纯繁。

外貌特征:该牛最显著的特点是被毛白色或乳白色,皮肤常带有色斑;全身肌肉特别发达;骨骼结实,四肢强壮。头小而宽,嘴端宽、方,角圆而较长,并向前方伸展。颈粗短、胸宽深,肋骨方圆,背宽肉厚,体躯呈圆桶状,肌肉丰满,后臀肌肉发达,并向后和侧面突出。公牛常见有双甲和凹背者。成年活重:公牛 1 100~1 200 kg,母牛 700~800 kg。

生产性能:夏洛来牛在生产性能方面表现最显著的特点是:生长速度快,瘦肉产量高。在良好的饲养条件下,6 月龄公犊可达 250 kg,母犊 210 kg。日增重可达 1 400 g,12 月龄公

养牛与牛病防治

犊可达 378.8 kg,母犊 321.8 kg。在加拿大良好饲养条件下,公牛周岁重可达 511 kg。屠宰率为 60%～70%,胴体产肉率为 80%～85%。泌乳量 2 000 kg,乳脂率为 4.0%～4.7%,但纯繁时难产率较高(13.7%)。

2. 利木赞牛(Limousin)

原产地及分布:利木赞牛原产于法国中部的利木赞高原,并因此而得名(图 2-1-2)。在法国主要分布在中部和南部的广大地区,数量仅次于夏洛来牛,20 世纪 70 年代输入欧美各国,目前世界许多国家都有该牛分布,属于专门化大型肉用牛品种。

图 2-1-1　夏洛来牛

图 2-1-2　利木赞牛

外貌特征:利木赞牛被毛为红色或黄色,口、鼻、眼圈周围、四肢内侧及尾帚毛色较浅,角为白色,蹄为红褐色。头较短小,额宽,胸部宽深,体躯较长,后躯肌肉丰满,四肢粗短。平均成年体重:公牛 1 100 kg,母牛 600 kg;在法国良好的饲养条件下,公牛活重可达 1 200～1 500 kg,母牛达 600～800 kg。

生产性能:利木赞牛产肉性能高,胴体质量好,眼肌面积大,前后肢肌肉丰满,出肉率高,在肉牛市场上很有竞争力。集约饲养条件下犊牛断奶后生长很快,10 月龄体重即达 408 kg,周岁时体重可达 480 kg 左右,哺乳期平均日增重为 0.86～1.0 kg。该牛 8 月龄小牛就可生产出具有大理石纹的牛肉,因此是法国等一些欧洲国家生牛肉的主要品种。

1974 年和 1993 年我国数次从法国引进利木赞牛,在河南、山东、内蒙古等地改良当地黄牛,效果明显。利杂牛体型改善,肉用特征明显,生长强度增大,杂种优势显著,目前,黑龙江、山东、安徽、陕西为主要供种区,现有改良牛 45 万多头。

3. 契安尼娜牛(Chianina)

原产地及分布:契安尼娜牛原产意大利中西部的契安尼娜山谷,是目前世界上体形最大的肉牛品种,与瘤牛有血缘关系,属含瘤牛血统的品种,现主要分布于意大利中西部的广阔地域(图 2-1-3),数量约 40.8 万头。

外貌特征:该牛被毛白色,尾帚黑色,除腹部外,皮肤均有黑色素。犊牛出生时,被毛为深褐色,在 60 日龄时,逐渐变为白色。成年牛体躯长,四肢高,体格大,结构良好,但胸部深度不够。体重:公牛 12 月龄 600 kg,18 月龄 800 kg,24 月龄 1 000 kg,成年 1 500 kg,最大活重 1 800 kg;母牛活重 800～1 100 kg。体高:公牛 184 cm,母牛 150～170 cm。

生产性能:该牛生长强度大,一般日增重都在 1 kg 以上,2 岁内日增重可达 2.0 kg。产肉多而品质好,大理石纹明显,适应性好,繁殖力强且很少难产。

4. 皮埃蒙特牛(Plemontese)

原产地及分布:皮埃蒙特牛原产于意大利北部的皮埃蒙特地区(图 2-1-4),原为役用牛,经长期选育而成为生产性能优良的专门化大型肉用品种。因含有双肌基因,是目前国际公认的杂交终端父本,已被世界 22 个国家引进,用于杂交改良。

图 2-1-3 契安尼娜牛　　　　　图 2-1-4 皮埃蒙特牛

外貌特征:体型较大,体躯呈圆桶状,肌肉高度发达。被毛为乳白色或浅灰色,犊牛幼龄时毛色为乳黄色,鼻镜为黑色;公牛肩胛毛色较深,黑眼圈,尾帚黑色,成年体重:公牛不低于1 000 kg,母牛 500～600 kg,体高:公牛 150 cm,母牛 136 cm。

生产性能:皮埃蒙特牛肉用性能十分突出,其育肥期平均日增重 1 500 g(1 360～1 657 g),生长速度为肉用品种之首。公牛屠宰适期为 550～600 kg 活重,一般为 15～18 个月。母牛 14～15 个月体重可达 400～450 kg。肉质细嫩,瘦肉含量高,屠宰率为 65%～70%,胴体瘦肉率 84.13%,骨骼 13.60%,脂肪占 1.50%。每 100 g 肉中胆固醇含量只有48.5 mg,低于一般牛肉(73 mg),猪肉(79.4 mg),鸡肉(76 mg)。

我国于 1987 年和 1992 年先后从意大利引进皮埃蒙特牛的冷冻胚胎和冷冻精液,育成种公牛,并展开了皮埃蒙特牛的杂交改良,现在全国 12 个省市推广应用,河南南阳地区用以改良南阳牛,已显示出良好的杂交效果。通过 244 天的育肥,2 000 多头皮南杂交后代,创造了 18 月龄耗料 800 kg、获重 500 kg、眼肌面积 114.1 cm 的国内最佳纪录,生长速度达国内肉牛领先水平。

5. 海福特牛(Herefard)

原产地及分布:海福特牛原产于英格兰西部的海福特郡(图 2-1-5)。是世界上最古老的中型早熟肉用品种,其培育已有 2 000 多年的历史,现已分布许多国家。

外貌特征:具有典型的肉用体型,分为有角和无角两种。颈粗短,体躯肌肉丰满,呈圆桶状,背腰宽平,臀部宽厚。肌肉发达,四肢短粗,侧望体躯呈矩形。全身被毛除头、颈垂、腹下、四肢下部及尾尖为白色外,其余为红色,皮肤为橙黄色,角为蜡或白色。

生产性能:体重:成年公牛 900～1 100 kg,母牛 520～620 kg,初生重为 28～34 kg。7～8 月龄的平均日增重为 0.8～1.3 kg,良好条件下,7～12 月龄日增重可达 1.4 kg 以上。据报道,加拿大一头海福特公牛,在肥育期日增重高达 2.27 kg。一般屠宰率为 60%～65%,18 月龄公牛活重可达 500 kg 以上。该品种适应性好,在干旱高原牧场冬季−48～−50℃的条件下,或夏季 38～40℃条件下都可放牧和正常生活繁殖。1913 年和 1965 年后曾陆续从美国引入我国,现已分布于东北、西北广大地区,约 400 头。与黄牛杂交一代表现体格加大,体型改善,宽度提高明显,犊牛生长快,抗病耐寒,适应性好,体躯红色被毛,但头、腹下和四肢部位多为白毛。

6. 短角牛(Shorthorn)

原产地及分布:短角牛原产于英格兰的诺桑伯、德拉姆、约克和林肯等郡(图 2-1-6)。因该品种是由当地土种长角牛经改良而来的,角较短小,故称短角牛。短角牛的培育始于 16世纪末 17 世纪初,到 20 世纪初短角牛已是世界上闻名的肉牛良种。1950 年,随着世界奶牛业的发展,短角牛的一部分又向乳用方向选育,于是形成了近代短角牛的两种类型:即肉用短角牛和乳肉兼用型短角牛。

图 2-1-5 海福特牛

图 2-1-6 短角牛

(1)肉用短角牛

外貌特征:肉用短角牛被毛以红色为主,有白色和红白杂交的沙毛个体(杂合子),部分个体腹下或乳房有白毛;鼻镜粉红色,眼圈色淡;皮肤细致柔软。体型为典型的肉用型,侧望呈矩形,背部宽平,腰平直,尻部宽广,丰满、腹部宽而多肉。体躯各部结合良好,头短、额宽平;角短细,向下稍弯,角尖部为黑色,颈部被毛较长且卷曲,额顶部有丛生的被毛。

生产性能:早熟性好,肉用性能突出,利用粗饲料能力强,增重快,产肉多,肉质细嫩,成年公牛 900～1 200 kg,母牛 600～700 kg,体高分别为 136 cm 和 128 cm。17 个月龄活重可达 500 kg,屠宰率 65% 以上。大理石纹好,但脂肪沉积不够理想。

(2)兼用型短角牛

外貌特征:基本与肉用短角牛一致,不同的是乳用特征较为明显,乳房发达好,个体较大。

生产性能:泌乳量平均 3 000～4 000 kg,乳脂率 3.5%～3.7%,肉用性能接近于肉用短角牛。1920 年前后到新中国成立后曾多次引种,在东北、内蒙古等地改良当地黄牛,普遍反映杂种牛毛色紫红,体型改善,体型加大,产乳量提高,杂交优势明显。尤其是新中国成立后我国育成的乳肉兼用型新品种——草原红牛,就是用兼用型短角牛同吉林、河北及内蒙古等地的土种黄牛杂交而选育成的。

7. 安格斯牛(Angus)

原产地及分布:安格斯牛属于古老的小型肉牛品种,原产于英国的阿伯丁、安格斯和金卡丁等郡(图 2-1-7)。目前世界大多数国家都有该品种牛。

外貌特征:安格斯牛以被毛黑色和无角为其重要特征,故也称无角黑牛。该牛体躯低结实,头小而方,额宽,体宽深,呈圆桶形,四肢短而直,前后裆较宽,全身肌肉丰具有现代肉牛的典型体型。体重:成年公牛 700～900 kg,母牛 500～600 kg,初生重 32 kg。体高分别为 130.8 cm 和 118.9 cm。

生产性能:具有良好的肉用性能,被认为是世界上专门化肉牛品种中的典型品种之表现早熟,胴体品质高,出肉多。一般屠宰率为 60%～65%,哺乳期日增重 900～1 000 g。育肥期日增重(1.5 岁内)平均 0.7～0.9 kg,肌肉大理石纹很好,适应性强,耐寒抗病。缺点是母牛稍具神经质。

(二)中国黄牛品种

"中国黄牛"是我国固有的,曾以长期役用为主的黄牛群体的总称。黄牛泛指除水牛以外的家牛。

中国黄牛广泛分布于各省、市、自治区,包括中原黄牛类型的秦川牛、南阳牛、晋南牛和鲁西牛,北方黄牛类型的延边牛和蒙古牛,以及南方牛类型的温岭高峰牛。其他黄牛品种可参阅《中国黄牛志》。

1.秦川牛

产地及分布:秦川牛因产于陕西关中的"八百里秦川"而得名(图 2-1-8)。其中以渭南、蒲城、扶风、岐山等 15 个县市为主产区,尤以礼泉、乾县、扶风、咸阳、兴平、武功和蒲城等 7 个县的牛最为著名。现群体总数约 80 万头。

图 2-1-7 安格斯牛

图 2-1-8 秦川牛

外貌特征:秦川牛属大型牛,骨骼粗壮,肌肉丰厚,体质强健,前躯发育好,具有役肉兼用牛的体型。被毛细致有光泽,毛色多为紫红色及红色;鼻镜肉红色;部分个体有色斑;蹄壳和角多为肉红色。前躯发育良好而后躯较差;公牛颈上部隆起,鬐甲高而厚,母牛鬐甲低,荐骨稍隆起,缺点是牛群中常见有尻稍斜的个体。

生产性能:秦川牛役用性能好。肉用性能突出,经过数十年的选育,秦川牛不仅数量大大增加,而且牛群质量、等级、生产性能也有很大提高。据邱怀等报道(1982),经短期(82天)育肥后屠宰测定结果,18 月龄和 22.5 月龄屠宰的公、母、阉牛平均屠宰率分别为 58.3% 和 60.75%,净肉率分别为 50.50% 和 52.21%。相当于国外著名的乳肉兼用品种水平,其平均肉骨比、瘦肉率等超过国外同龄肉牛品种。

秦川牛适应性良好,全国已有 20 多个省区引进秦川公牛改良当地牛,其杂交效果良好,秦川牛作母本,曾与荷斯坦牛、丹麦红牛、兼用短角牛杂交,后代乳肉性能均得到明显提高。目前,对秦川牛选育上要求一长(体长),二方(口方、尻方),三宽(额、胸、臀宽),四紧(四蹄叉紧),五短(颈、四肢短)。

2.南阳牛

产地分布:南阳牛原产于河南省南阳地区白河和唐河流域的广大平原地区,以南阳市郊区、南阳县、唐河、邓州等 9 个县市为主要产区。(图 2-1-9)现有数量 80 多万头,属大型役肉兼用品种。

外貌特征:毛色以深浅不一的黄色为主,另有红色和草白色,面部、腹下、四肢下部毛色较浅。体型高大,结构紧凑,公牛以萝卜头角为多,母牛角细;鬐甲较高,肩部较突出;背腰平直,荐部较高;额微凹,颈短厚而多皱褶。部分牛胸欠宽深,体长不足,尻部较斜,乳房发育较差。

生产性能:南阳牛产肉性能良好,15 月龄育肥牛,屠宰率 55.6%,净肉率 46.6%,胴体产肉率 83.7%,骨肉比 1∶5.1,眼肌面积 92.6 cm²,泌乳期 6~8 个月,产乳量 600~800 kg。已被全国 22 个省区引入,与当地黄牛的杂种牛适应性,采食性和生长能力均较好。

3.晋南牛

产地及分布:晋南牛产于山西省南部晋南盆地的运城地区,现有 80 万头(图 2-1-10)。

外貌特征:晋南牛属我国大型役肉兼用品种,体型粗大,体质结实,前躯较后躯发达;公牛头中等长,额宽,顺风角,颈较短粗,垂皮发达,肩峰不明显;胸部发达,臀端较窄;母牛头清秀,乳房发育较差。毛色以枣红色为主,红色和黄色次之,富有光泽;鼻镜粉红色。

图 2-1-9　南阳牛　　　　　　　　　　图 2-1-10　晋南牛

生产特性:役用性能良好,持久力大。肉用性能尚好,18 月龄时屠宰,屠宰率 53.9%,净肉率 40.3%,经强度肥育后屠宰率 59.2%,净肉率 51.2%,成年阉牛屠宰率 62.6%,净肉率 52.9%。

4.鲁西牛

产地及分布:鲁西牛产于山东南部的菏泽地区、济宁市(图 2-1-11),以郓城、鄄城、菏泽、嘉祥等 10 市县为中心产区,总数有 60 多万头,除上述地区外,在鲁南地区、河南东部、河北南部、江苏和安徽北部也有分布。

外貌特征:鲁西牛体躯高大,结构紧凑,肌肉发达,前躯较宽深,具有肉用牛的体型。被毛从浅黄到棕红,以黄色为最多,多数具有三粉特征(眼圈、口轮、腹下四肢为粉色);垂皮较为发达,角多为龙门角;公牛肩峰宽厚而高,母牛后躯较好,鬐甲低平;背腰短,尾毛多扭生如纺锤状。

生产性能:役用性能好,肉用性能良好,18 月龄育肥,公、母牛平均屠宰率为 57.2%,净肉率为 49.0%,肉骨比为 6:1,眼肌面积 89.1 cm²。该牛皮薄骨细,肉质细嫩,大理石纹明显,市场占有率较高。总体上看,鲁西牛以体大力强、外貌一致、品种特征明显、肉质良好而著称,但尚存在成熟较晚、增重较慢、后躯欠丰满等缺陷。

5.延边牛

产地及分布:延边牛产于吉林省延边朝鲜族自治州以及朝鲜,尤以延吉、珲春及汪清等市县的牛著称(图 2-1-12)。现东北三省均有分布,属寒温带山区役肉兼用品种。

图 2-1-11　鲁西牛　　　　　　　　　　图 2-1-12　延边牛

外貌特征:毛色深浅不一的黄色,鼻镜呈淡褐色,被毛密而厚、有弹力;胸部宽深;公牛颈厚隆起,母牛乳房发育较好。成年活重:公牛 465.5 kg,母牛 365.2 kg。体高分别为 130.6 cm、121.8 cm。体长分别为 151.8 cm、141.2 cm。

生产性能:该牛适于水田作业,善走山路。18 月龄育肥牛平均屠宰率 57.7%,净肉率 47.2%,眼肌面积 75.8 cm²;泌乳期 6~7 个月,产乳量 500~700 kg;耐寒、耐粗,抗病力强,适应性良好。

6.蒙古牛

产地及分布:蒙古牛广泛分布于我国北方各省区(图 2-1-13),在内蒙古以中部和东部为集中产地约有 400 万头，产区包括牧区、农区和半农半牧区。

外貌特征：毛色多样，但以黑色、黄色者居多；头部粗重，角长；胸较深，背腰平直，后躯短窄，尻部倾斜，四肢短，蹄质坚实；成年体重：公牛 350～450 kg，母牛 206～370 kg，地区类型间差异明显；体高分别为 113.5～120.9 cm、108.5～112.8 cm。

生产性能：蒙古牛役力持久，泌乳力较好，产后 100 天内，日平均产乳 5 kg，最高日产 8.10 kg，乳脂率 5.22％，屠宰率 53.0％，净肉率 44.6％，眼肌面积 56.0 cm²。终年放牧，在不同季节能常年适应，且抓膘能力强，发病率低。

7. 温岭高峰牛

产地及分布：温岭高峰牛产于浙江东南沿海的温岭县（图 2-1-14），毗邻诸县也有分布，总头数 1.5 万头左右。

图 2-1-13　蒙古牛　　　　　　　　图 2-1-14　温岭高峰牛

外貌特征：该牛前躯发达，骨骼粗壮，眼大突出，耳向前竖，耳薄而大，内生白毛；皮毛黄色或棕黄色，尾帚黑色，鼻镜青灰色，肩峰比较突出，分为峰高型——形如鸡冠，峰高而窄，一般高 12～18 cm；肥峰型——峰较低，形如畚斗。一般高 10～14 m。

生产性能：役用性能强，阉牛（3 岁）屠宰率 51.04％，净肉率 46.27％，眼肌面积 69.28 cm²，肉质细，味鲜美，对当地潮湿多雨的自然条件适应性强。

二、肉牛外貌及鉴定

(一)肉牛的外貌特征

肉用牛要求呈长方形体型，从前望、侧望、上望和后望，其轮廓均接近长方形。如图 2-1-15 所示。前躯和后躯高度发达，中躯相对较短，四肢短，重心低，体躯短、宽、深。颈圆粗而短，鬐甲平而宽厚，背腰平宽，胸宽而深，臀部丰满而深，骨骼发育良好，全身肌肉丰满，皮下脂肪发达，被毛细密，富有光泽。我国劳动人民总结肉牛的外貌特征为"五宽五厚"，即"额宽颊厚，颈宽垂厚，胸宽肩厚，背宽肋厚，尻宽臀厚"，对肉用体型的外貌鉴定要点作了科学的概括。

图 2-1-15　肉牛理想的外貌特征

(二)肉牛的外貌鉴定方法

1. 成年肉牛外貌鉴定

依据肉眼观察，辅以触摸和必要的测量，按照外貌鉴定评分表 2-1-1，对牛体各部分的优缺点一一衡量，分别给以一定的分数，得出的全部分数加以总和。求出总分后，再根据外貌评分等级标准表 2-1-2 来确定其外貌等级。

鉴定应在平坦、宽阔、光线充足处进行。鉴定人与牛保持约 3 倍于牛体长度的距离。其顺序:先从牛的前方观察,再走向牛的右侧,然后转向后方,最后到左侧鉴定。鉴定时主要观察牛的体型是否与选育方向相符,体质是否结实,各部位发育是否正常匀称,整体各部位是否协调,品种特征是否明显,肢蹄是否强健。全部观察后,令其走动,看其步态是否正常灵活。然后走近牛体对各部位进行详细的审查,最后评定优劣。

成年母牛在一胎、三胎产后两三个月进行外貌鉴定,成年公牛在 3、4、5 岁进行。

表 2-1-1　肉牛及乳肉兼用牛外貌鉴定评分标准

项目	鉴定要求	肉用		乳肉用	
		公	母	公	母
整体	品种特征明显,体尺达到要求,体质结实,乳肉兼用母牛的乳用性状及肉的肉用体型明显;公牛有雄相,各类牛的肌肉丰满,毛色合乎品种要求,皮肤柔软有力;公牛睾丸发育正常,精液品质良好	30	25	30	25
前躯	胸深宽,前胸突出,肩胛宽平,肌肉丰满	15	10	15	0
中躯	肋骨开张,背腰宽而平直,中躯呈圆桶,兼用牛腹较大;公牛腹部不下垂	10	15	10	15
后躯	尻部长、平、宽,大腿肌肉突出,伸延	25	20	25	20
乳房	肉用母牛乳房不要过小,兼用母牛乳房大,向长后延伸,乳头分布合适,长短、粗细适中,乳静脉粗、弯曲、分支多,乳井大	10		15	
肢蹄	四肢端正,两肢间距宽,蹄形正,蹄质坚实,运步正常	20	20	20	15
合计		100	100	100	100

注:以上标准适用于海福特、夏洛来、利木赞等纯种牛和西门塔尔、短角等兼用牛。

表 2-1-2　外貌等级评定表

性别	特级	一级	二级	三级
公	85	80	75	70
母	80	75	70	65

2.肉牛犊牛及育成牛外貌鉴定

肉用犊牛、育成牛分别在断乳及 18 月龄进行等级评定。见表 2-1-3。

表 2-1-3　肉用犊牛、育成牛外貌鉴定评级标准

等级	外貌表现
一等	具有品质特征,发育良好,肢势端正,体型外貌良好
二等	具有品质特征,发育正常,体型外貌无明显缺陷
三等	具有品质特征,发育一般,体型外貌有明显缺陷

三、经济杂交

近年来我国肉牛生产发展较快,但与世界养牛业发达的国家相比差距依然较大,主要是牛的良种产业化程度不高,牛的生长速度稍慢,饲料报酬低,屠宰率不高。随着人们生活水平的不断提高,膳食结构已发生了一定的改变,人们对高蛋白、低脂肪、低胆固醇的牛肉需求不断增加。因此,亟须引进国外肉牛品种,开展杂交改良及其配套技术研究,提高牛的生长速度、出栏率、出肉率等,目前,许多畜牧科技工作者已做了大量的探索与实践。研究表明我国黄牛与国外引进肉牛品种杂交,其杂交后代普遍具有耐粗饲、适应性强、生长快的特点,初生重、日增重、肉质、屠宰率等都有显著提高,表现出良好的杂交优势。例如甘肃武威的郭志明试验选择 20 月龄左右(体重 300 ± 20.5 kg)的利杂牛(利木赞♂×本地黄牛♀)、西杂牛(西门塔尔♂×本地黄牛♀)各 20 头,以青贮玉米和苜蓿干草为基础粗饲料,经过 90 天的短期肥育,研究肉牛肥育效果与品种之间的关系,进而分析各项屠宰指标。试验结果表明:西杂牛的平均日增重和饲料转化率>利杂牛,差异显著($P<0.05$);各项屠宰指标以及各分割肉块及其占胴体的比例与遗传因素有一定关系,但差异并不显著($P>0.05$)。试验以西门塔尔牛、利木赞牛和本地黄牛进行杂交,研究杂交肉牛的育肥效果,探讨不同杂交组合肉牛的多性状指标,充分利用杂交优势,为武威市及周边地区舍饲肉牛肥育技术和发展肉牛生产提供了科学依据。

经济杂交是提高肉牛产肉量的重要途径,据苏联对 100 个以上牛品种杂交组合研究证明,品种间杂交其后代生长快,屠宰率和胴体产肉率高,比原品种多产牛肉 10%～15%;美国研究资料则可提高 15%～20%。

【技能实训】

技能项目一　肉牛品种识别

1.实训条件
肉牛品种活体及照片、图片、幻灯片,投影设备等。

2.方法与步骤
(1)通过观察肉牛品种图片、照片和组织到牛场调研等增强学生对不同肉牛品种特征的感性认识。

(2)对观察的个体牛分别进行描述性记载,并做鉴别比较。

肉牛个体品种特征记录

牛号	个体体质	体型外貌特征				判定品种
		头颈	毛色	体躯	四肢	

3. 注意事项

对照不同肉牛品种标准进行肉牛个体特征观察,从而识别个体肉牛所属品种。依据肉牛品种标准熟悉不同品种区别要点。

▶ 技能项目二　肉牛品种个体外貌鉴定

1. 实训条件

肉牛品种活体个体、相应的肉牛品种标准、肉牛外貌评分标准。

2. 方法与步骤

(1)通过观察肉牛品种个体品质外貌特征、体型、四肢及测量生长发育各项主要指标情况,参照对应的品种标准和肉牛外貌评分标准进行个体等级鉴定。

(2)对观察的个体牛分别进行定性定量记载,并初步确定等级。

肉牛品种个体外貌鉴定记录

牛号	品种	个体品质外貌综合评分						生长发育指标测定					等级确定
		整体	前躯	中躯	后躯	四肢	合计	体高/cm	体长/cm	胸围/cm	管围/cm	体重/kg	

3. 注意事项

(1)对照肉牛品种标准和肉牛外貌评分标准进行肉牛个体特征观察和生长发育指标测

量,确定品种个体综合评分,并确定个体等级。要将两份标准融合使用。

(2)生长发育指标中个体活体"体重"指标测定有难度的情况下可以估测或不测。

【自测练习】

1.填空题

(1)全世界约有_____个专门化的肉牛品种,其中分布范围最广、生产性能较好的主要有_____、_____、_____等大型品种及_____、_____等中小型品种。

(2)夏洛来牛最显著的特点是被毛_____或_____,皮肤常带有色斑。后臀肌肉发达,并向_____和_____突出。公牛常见有_____和_____者。成年活重:公牛_____kg,母牛_____kg。

(3)安格斯牛属于古老的_____型肉牛品种,原产于_____的阿伯丁、安格斯和金卡丁等郡。以被毛_____色和_____角为其重要特征,故也称_____牛。

(4)"中国黄牛"是我国固有的,曾以长期_____为主的_____群体的总称。黄牛泛指除_____以外的家牛。

(5)我国劳动人民总结肉牛的外貌特征为"五宽五厚",即"_____,颈宽垂厚,_____,背宽肋厚,_____",对肉用体型的外貌鉴定要点作了科学的概括。

2.判断改错题(在有错误处下画线,并写出正确的内容)

(1)我国地方黄牛品种多以乳用为主,也具有良好的肉用性能。(   )

(2)利木赞牛原产美国,被毛为红色或黄色,口、鼻、眼圈周围、四肢内侧及尾帚毛色较深,角为褐色,蹄为黑褐色。(   )

(3)南阳牛毛色以深浅不一的黄色为主,另有红色和草白色,面部、腹下、四肢下部毛色较浅。(   )

(4)肉用牛要求呈楔形体型,从前望、侧望、上望和后望,其轮廓均接近楔子形。(   )

(5)我国黄牛与国外引进肉牛品种杂交,其杂交后代普遍具有耐粗饲、适应性强、生长快的特点,初生重、日增重、肉质、屠宰率等都有显著提高。(   )

3.问答题

(1)我国引进主要的国外优秀肉牛品种有哪些?

(2)开展我国黄牛与引进的国外肉牛品种经济杂交,取得了哪些效果?

【学习评价】

考核任务	考核要点	评价标准	考核方法	参考分值
1.肉牛品种识别 2.肉牛品种鉴定	操作态度	精力集中,积极主动,服从安排	学习行为表现	10
	协作意识	有合作精神,积极与小组成员配合,共同完成任务		10
	查阅生产资料	能积极查阅、收集资料,认真思考,并对任务完成过程中的问题进行分析处理		10

续表

考核任务	考核要点	评价标准	考核方法	参考分值
	识别品种	根据图片、肉牛个体实物等,结合所学知识,正确做出识别	识别描述	20
	肉牛品种个体鉴定	对肉牛品种具体个体依据品种标准进行个体外貌鉴定	实际操作	20
	鉴定结果综合判断	准确	结果评定	20
	工作记录和总结报告	有完成全部工作任务的工作记录,字迹工整;总结报告结果正确,体会深刻,上交及时	作业检查	10
合计				100

【实训附录】

海福特、利木赞、夏洛来牛鉴定试行标准

实训附录 2-1-1

学习任务二　肉牛营养需要与日粮配合

【任务目标】

　　了解肉牛营养需要成分,熟悉不同生长时期育肥牛对饲料营养的需要量及特点,熟知国家肉牛饲养标准,能够应用国家饲养标准、结合当地饲草料条件和育肥牛特性,合理科学的配制肉牛日粮。

【学习活动】

▶ 一、活动内容

　　(1)学习育肥肉牛营养需要与饲料营养转化;
　　(2)学习肉牛育肥日粮配合技术。

▶ 二、活动开展

　　(1)深入肉牛场进行实地调研,收集肉牛育肥饲料、日增重、饲料报酬、育肥牛育肥模式第一手生产资料,做好相应的记录。

(2)对肉牛场技术信息进行收集,在专兼职指导教师指导下,学习掌握肉牛营养需要特点,学会根据肉牛国家饲养标准和当地饲草料营养成分分析表,应用试差法设计肉牛日粮配方,并学习肉牛饲料配方应用效果的检验技术,对肉牛场育肥牛生产提出科学的建议。

【相关技术理论】

▶ 一、牛肉的化学成分

牛肉中含有蛋白质(由多种氨基酸组成)、水分、脂肪(由各种不同碳链的脂肪酸组成)、矿物质(主要是钙、磷)和维生素(含脂溶性和水溶性维生素两大类)。它是人类必需的营养丰富的食品。牛肉中含有人体在生命活动中所必需的氨基酸(如赖氨酸和蛋氨酸等)和高碳脂肪酸(如硬脂酸、油酸、亚油酸和亚麻酸)。牛肉中的蛋白质含量较猪肉高而较鸡肉低,脂肪含量相反。因此其含热量比较适中,介于猪肉和鸡肉之间。

牛肉的化学成分主要受饲养水平、肥度、生长阶段和年龄、取样部位以及区位生态条件的影响。不同肉牛品种之间也有一定的差异。

表 2-1-4 是牛腰肉化学成分与肥度之间的关系。总的趋势是,水分、蛋白质和灰分(矿物质)的含量随牛体增肥而下降;而脂肪和热量则随牛体增肥而上升。这一点是确定肉牛的营养需要量时十分重要的指标。

表 2-1-4   牛腰肉成分与肥度的关系

肥度	水分/%	脂肪/%	蛋白质/%	灰分/%	热量/(kcal/kg)
瘦	64	16	18.6	1.0	2 201
中等	57	25	16.9	0.8	2 899.5
肥	53	31	15.6	0.8	3 399.5
很肥	44	43	12.8	0.6	4 399.5

▶ 二、肉牛的生长发育特点

(一)生长发育的阶段性

肉牛生长发育过程通常划分为哺育期、幼年期、青年期和成年期。各个阶段的体重增长与体组织发育的特点不同。

1.哺乳期

哺乳期是指从出生到 6 月龄断奶为止。初生犊牛自身的各种调节机能较差,易受外界环境的影响,应注意加强护理。哺乳期生长速度是一生中最快的阶段,生后 2 月龄内主要长头骨和体躯高度,2 月龄后体躯长度增长较快,肌肉组织的生长也集中于 8 月龄前。哺乳期瘤胃生长迅速,6 月龄达到初生重时的 31.62 倍,皱胃为 2.85 倍。犊牛生长发育如此迅速,主要靠母乳来供给营养。母乳对犊牛哺乳期的生长发育、断奶后的生长发育,以及达到肥育体重的年龄都有着十分重要的影响。

肉用牛母牛的泌乳量在泌乳的第一、第二个月最高,第三个月保持稳定,以后则明显下降。因此犊牛出生后3个月内,母牛能够保证营养需要,随着月龄的增加,母乳就不能满足其生长发育的需要,应适时补饲料,保证犊牛正常生长发育。

2.幼年期

幼年期是指从断奶到性成熟为止。这个时期骨骼和肌肉生长强烈,各组织器官相应增大,性机能开始活动。体重的增加在性成熟以前是呈加速度增长,绝对增重随月龄增大而增加。这个时期的犊牛在骨骼和体型上主要向宽、深方面发展,所以后躯的发育最迅速,是控制肉用生产力和定向培育的关键时期。

3.青年期

青年期是指从性成熟发育至体成熟的阶段。这个时期绝对增重达到高峰,但增重速度进入减速阶段,各组织器官渐趋完善,体格已基本定型,直到牛达到稳定的成年体重。肉牛往往达到这个年龄或在这之前可以肥育屠宰。

4.成年期

成年期体型已定,生产性能达到高峰,性机能最旺盛,种公牛配种能力最高,母牛亦能生产初生重、大,且品质较高的后代。在良好的饲养条件下,能快速沉积脂肪。到老龄时,新陈代谢及各种机能、饲料利用率和生产性能均已下降。

(二)生长发育的不平衡性

1.体重增长不平衡性

在良好营养水平条件下,肉用犊牛表现生长发育快的特点,1岁以前日增重很快,直到性成熟时达到最高峰。肉牛生长发育有一个重要特性叫补偿生长。即在生长发育的某个阶段,若因营养不足,管理不当造成生长发育受阻,一旦恢复良好的营养、管理水平时,其增重速度比一般牛要快,经过一段时间后,能恢复到正常体重。通常受阻时间愈晚,持续时间愈短,补偿效果愈好。如果犊牛从出生到3月龄时生长发育受阻,影响最大的是体轴骨的生长,同时也影响生殖系统的发育,即使恢复了营养水平,也很难得到完全补偿。不同品种类型,其体重增长速度也不一样。在同样饲料条件下,饲养到胴体等级合格时(体脂肪达30%),小型早熟种较中型种、大型晚熟种所需时间短,出栏时间早。

2.外形和骨骼生长的不平衡性

从生长波的转移现象看,胚胎期首先是头部生长迅速,继而颈部超过头部;出生后向背腰转移,最后移到尻部。从体躯各部分生长变化看,胚胎期生长最旺盛的首先是体积,其次是长度,继而才是高度;出生后先是长度,最后才是宽度和深度。骨骼的生长,初生时骨骼占胴体重的30%,而当体重达400 kg时,骨骼只占胴体的13%。骨骼的发育,在胚胎期四肢骨生长强度最大,体轴骨(脊柱、胸骨、肋骨、肩胛骨等)生长较慢,所以初生犊牛显得四肢高、体躯浅、腰身短;出生后,体轴骨的生长强度增大,四肢骨的生长减慢,犊牛向长度方向发展;性成熟后,扁平骨生长强度最高,牛向深度与宽度发展。

3.组织器官生长的不平衡性

肌肉组织的生长主要集中于8月龄前,初生至8月龄肌肉组织的生长系数为5.3,8～12月龄为1.7,到1.5岁时降为1.2。

脂肪的比例在初生时占胴体的9%,1岁以内仍增加不多,以后逐渐增加,体重达到

500 kg 以上时，脂肪占胴体重的 30%。此后肌肉间、皮下脂肪增加较快，并穿透于肌纤维之间，形成牛肉的大理石纹状，使肉质变嫩。

犊牛初生时是单胃—肠消化型，皱胃比瘤胃大一半。瘤胃的迅速发育是从 2～6 周龄开始的，随着年龄与饲养条件的变化，一直持续到 6 月龄。6 月龄时瘤胃达到初生时的 31.62 倍，皱胃为 2.85 倍。至成年时，瘤胃占整个胃容积的 80%，皱胃仅占 7%。

▶ 三、肉牛的营养需要

肉牛在不同的生长发育阶段，不同的生长速度及不同的环境条件下，对各种营养物质的需求量大不相同。如能充分满足肉牛的营养需要，则可发挥最大的生产潜力。

1. 能量

能量的作用是保证牛的新陈代谢，维持牛的日常生命活动。日粮中能量不足，就会导致肉牛减重，由体组织贮存的营养物质分解，释放能量来维持肉牛的生命活动。因此，在肉牛育肥过程中，一定要保证供给牛足够的能量。牛由于有瘤胃微生物的作用，可利用相当数量的粗饲料作为能量来源。

2. 蛋白质

蛋白质是一切生物体细胞的基本成分。肉牛需要蛋白质先是补充机体组织的损耗，如毛发、角、蹄的生长，酶和激素的合成等，其次才是用于增重。由于一般的青干草和秸秆类含蛋白质较少，在肉牛育肥阶段需补充蛋白质饲料或非蛋白氮。

3. 矿物质

矿物质占肉牛体重的 3%～4%，是机体组织和细胞不可缺少的成分。除形成骨骼外，主要起维持体液酸碱平衡，调节渗透压以及参与酶、激素以及某些维生素的合成等。几种主要的矿物质有钠、钙、磷等称为常量元素。

钠盐——应经常供给，既可让牛自由舔食，也可在日粮中添加；

钙——在肉牛育肥阶段精饲料增加较大时，要给予必要的补充；

磷——可根据肉牛营养需要加到日粮中进行补充。

与肉牛有关的微量元素有硒、锌、铜、锰、钴、碘等。一般情况下，这些微量元素不会缺乏，只在一些土壤中缺乏某种元素的地区，才有必要在日粮中加以补充。

4. 维生素

维生素是属于维持畜禽正常生理机能所必需的低分子有机化合物。日粮中维生素缺乏可导致生长迟缓。肉牛最易缺乏的是维生素 A，建议在以秸秆为主的基础日粮中，每 100 kg 体重每天补充维生素 A 6 600 IU。

5. 水

水是动物机体的重要组成部分。肉牛的需水量，受增重速度、活动情况、日粮类型、进食量和外部环境等多方面影响。一般 250～450 kg 的育肥牛在环境温度 10℃ 时的饮水量在 25～35 kg。

四、肉牛育肥饲料营养转化

肉牛每天所采食的各种精、粗饲料中,含有一定数量的能量、蛋白质、矿物质和微量元素以及维生素等。供给能量的主要来源是饲料中所含的糖、淀粉、果胶、半纤维素和纤维素。它们的大部分是被牛瘤胃中的微生物区系发酵,形成挥发性脂肪酸,供牛体维持和生长所需的绝大部分能量。和奶牛不同的是,肉牛瘤胃中碳水化合物发酵的主要挥发性脂肪酸应该含有较高比例的丙酸。

瘤胃细菌区系以饲料中的糖和淀粉以及其他营养成分为原料完成自身的生命活动过程,并将饲料中含氮化合物(包括蛋白质和氨化物)降解为蛋白质分解过程中的各种中间产物,最终形成氨。这些氨中的绝大部分被细菌摄取,合成菌体蛋白质。这些菌体蛋白质和饲料中未降解的蛋白质(也称过瘤胃蛋白质)随着食糜一起进入牛的真胃和十二指肠,被这里分泌的消化酶消化,在小肠中这些消化产物(各种氨基酸)被吸收入血液,运送到牛体各部,供其利用。

矿物质(含微量元素)和维生素的利用不像能量和蛋白质那样复杂。其中的一部分是被瘤胃微生物直接利用,而另一部分是在牛瘤胃微生物的发酵和离解作用下,被分解为简单的化合物和单个离子,最后在牛消化道的不同部位被吸收,进入血液循环,供牛体利用。

上述这些营养成分在肥育牛体经转化供给牛体维持和增重需要。

(一)肉牛能量体系简介

能量体系:由于肉牛饲料的消化能(或代谢能)用于维持和增重的效率差异很大,以至饲料能量价值的评定和能量需要的确定比较复杂。所以各国采用了不同的能量体系,如英国的代谢能体系,优点是饲料能值评定方便,缺点是代谢能转化为维持和增重的效率不同,致使不同代谢能浓度转化为增重净能的效率差异很大,使用起来较复杂。美国 NRC 肉牛饲养标准则将维持和增重的需要分别以维持净能和增重净能表示,每种饲料也列出维持净能和增重净能两种数值,这种方法计算上较为准确,但用起来也很麻烦。法国、荷兰、北欧等国采用综合净能来统一评定维持和增重两种净能,我国的标准也是采用综合净能,符号是 NE_{mf}。

1.能量利用率的评定

消化能转化为维持净能效率(K_m)的回归公式:$K_m = 0.187\ 5 \times (DE/GE) + 0.457\ 9$

消化能转化为增重净能效率(K_f)的回归公式:$K_f = 0.523\ 0 \times (DE/GE) + 0.005\ 89$

消化能转化为维持和增重净能的综合效率为:

$$K_{mf} = \frac{K_m \cdot K_f \cdot APL}{K_f + (APL - 1) \cdot K_m}$$

APL 为平均生产水平,即总净能需要与维持净能需要间之比:

$$APL = \frac{NE_m + NE_g}{NE_m}$$

由公式可知,育肥牛不同体重、不同日增重条件下,APL 是不同的。如果对饲料综合净能价值的评定采用不同档次的 APL,将造成一个饲料由几个不同的综合净能值,用时很不方便,因此对饲料综合净能值的评定统一用 APL=1.5 计算。

2. 能量需要量确定

(1)维持需要量：$NE_m = 322W^{0.75}$

(2)增重需要量：$RE = (209\ 2 + 25.1W) \times \dfrac{\Delta W}{1 - 0.3\Delta W}$

故总的能量需要 $NE_{mf} = NE_m + NE_g (NE_g$ 即为 $RE)$。

由于不同体重和日增重下,肉牛的 APL 不同,为了与评定饲料的综合净能值(APL = 1.5)相吻合,必须对综合净能的需要进行校正。

3. 肉牛能量单位

为了生产中应用方便,饲养标准将肉牛综合净能值以肉牛能量单位表示,并以 1 kg 中等玉米(二级饲料用玉米,干物质 88.4%、粗蛋白 8.6%、粗纤维 2.0%、粗灰分 1.4%、消化能 16.4 MJ/kg DM, $K_m = 0.621\ 4$, $K_f = 0.461\ 9$, $K_{mf} = 0.557\ 3$, $NE_{mf} = 9.13$ MJ/kg DM)所含的综合净能值 8.08 MJ(1.93 Mcal)为一个肉牛能量单位(RND)。即 RND $= NE_{mf}$(MJ)/8.08。

(二)肉牛维持营养需要

就是在牛不增重、不生长的条件下,只是为了正常的生命活动(如心脏跳动、正常呼吸、维持体温、内脏活动以及逍遥运动等)所需要的各种营养物质的数量。

1. 能量

维持的能量需要量和牛的代谢体重成正比。表示方法为:

$$NE_m = 0.070 \times W^{0.75}$$

例如,一头体重 300 kg 的肉牛所需的维持净能(NE_m)为:

$$0.070 \times 300^{0.75} = 5.05\ (\text{Mcal})$$

换算为肉牛能量单位(RND)(1RND = 1.93 Mcal)为:

$$5.05\ \text{Mcal}/1.93\ \text{Mcal} = 2.61\text{RND}$$

即这头肉牛维持需要 2.61RND。

2. 蛋白质

表示蛋白质需要量有两个指标,一为粗蛋白质,二为可消化粗蛋白质。现今,随着反刍动物营养科学的不断进步,已将牛的蛋白质需要量剖分为:过瘤胃蛋白质(UDP)和瘤胃可降解蛋白质(RDP)两部分。

$$可消化粗蛋白需要量 = 3 \times 代谢体重$$

例如,上例中的 300 kg 体重牛的维持需要量为:

$$3 \times 300^{0.75} = 3 \times 72.08 = 216.3\ (\text{g})$$

因为粗蛋白质的消化率一般约为 55%。所以从可消化粗蛋白质变为粗蛋白质需要量一般为:粗蛋白质/55% = 216.3/0.55 = 393.2 g。

$$
\begin{aligned}
\text{RDP} &= 7.80 \times 代谢能 \\
&= 7.80 \times [4.18 \times 净能/0.73] \\
&= 7.80 \times [4.18 \times 5.05/0.73]
\end{aligned}
$$

$$= 7.80 \times [25.5/0.73]$$
$$= 7.80 \times 34.9 = 272.5 \ (g)$$
$$UDP = 3.3 \times 代谢能$$
$$= 3.3 \times [4.18 \times 净能]/0.73$$
$$= 3.3 \times [4.18 \times 5.05]/0.73$$
$$= 3.3 \times 34.9 = 115.17 \ (g)$$

这就是说,这头 300 kg 体重的肉牛,每天需要瘤胃可降解蛋白质 272.5 g,和过瘤胃蛋白质 115.17 g。前者的 1/2 或 1/3 可以用尿素代替,尿素给量可以达到 31.6～47 g。

使用新蛋白质体系,不光可以有效地利用尿素,节约 136.25～181.7 g 的饲料蛋白质,还可以使总的蛋白质需要量(272.5＋115.17)g,比粗蛋白质体系少[393.2－(272.5＋115.17)]5.53 g。

3. 矿物质

以钙、磷为例,估测维持的需要量。对于这两种矿物质元素一般按每百千克体重来计算。钙和磷的维持量均为其百克体重乘以 3.3～3.5 g。

(三)生长和肥育(增重)营养需要

由于不同年龄和生理状态下,肉牛增重中所含的成分变化很大,因此,对各种营养物质的需要量也有所不同。

1. 增重时的能量需要 一般以消化能(DE)计算,所使用的公式为:

200～275 kg 活重

$$DE = 0.119 \times 2.428G \times W^{0.75}$$

275～350 kg 活重

$$DE = 0.116 \times 2.164G \times W^{0.75}$$

351～500 kg 活重

$$DE = 0.140 \times 1.833G \times W^{0.75}$$

式中:DE 为以 Mcal 表示的消化能;G 为牛的日增重(kg 计);$W^{0.75}$ 为牛的代谢体重。

仍以上述 300 kg 体重幼牛为例,假设日增重为 0.5 kg,则:

$$DE = 0.116 \times 2.164 \times 0.5 \times 300^{0.75} = 9.04 \ (Mcal)$$

将消化能换算为增重净能(NE_g)

$$NE_g = 9.04 \times 0.3 = 2.71 \ Mcal = 1.40 \ RND$$

2. 增重时的蛋白质需要量

据研究,生长牛的粗蛋白质需要量与牛体活重(W,kg)和活体增重(W_g,g)有关,而从粗蛋白质转化为可消化粗蛋白质的系数为 60%,所以可以采用下面的公式计算可消化粗蛋白质(DCP,g)的日需要量:

$$DCP = 0.218 \ W_g + 0.663 \ W - 0.001 \ 14 \ W^2$$

仍以上述牛为例,每天所需的可消化粗蛋白质(g)为:

$$0.218 \times 500 + 0.663 \times 300 - 0.001\ 14 \times 300^2 = 109 + 198.9 = 205.3\ (g)$$

这头牛维持(216.3 g)加增重(205.3 g)共需可消化粗蛋白质 421.6 g(或粗蛋白质 766.5 g)。

按照新蛋白质体系计算,生长肥育时的瘤胃可降解蛋白质(RDP)需要量为 200.8 g,过瘤胃蛋白质(UDP)相应为 85 g。

3.增重时的矿物质需要

仍以钙、磷为例,每 100 g 增重日提供钙 2.4~2.6 g,提供磷 1.3~1.7 g,钙、磷比为(1.3~2):1。

肥育牛的其他矿物质和微量元素的需要量详见表 2-1-5。

表 2-1-5　肥育牛的矿物质需要量(干物质基础)

矿物质	推荐量	矿物质	推荐量
钙	0.30%	铁	75~100 mg/kg
磷	0.25%	锰	20 mg/kg
镁	0.10%	铜	10 mg/kg
钾	0.60%	钴	0.1~0.2 mg/kg
钠	0.15%	锌	30~50 mg/kg
氯	0.20%	钼	1 mg/kg
硫	0.15%	碘	0.8~1.0 mg/kg
		硒	0.1 mg/kg

4.维生素的需要量

由于肥育肉牛多以放牧和青绿饲料饲养为主,一般不需要考虑维生素的供应。但在舍饲条件下,特别是在冬季,饲料中的维生素含量不足,对牛来说,特别是脂溶性维生素,应当从饲料日粮中提供。

其需要量为:

(1)维生素 A　围栏放牧肉牛 2 200 IU/kg 饲料干物质;怀孕育成牛和母牛 2 800 IU/kg 饲料干物质;泌乳母牛和公牛 3 900 IU/kg 饲料干物质;犊牛育肥 30 000~50 000 IU/kg 饲料干物质;成年牛育肥 40 000~70 000 IU/kg 饲料干物质。

(2)维生素 D　由于肉牛体内不贮存维生素 D,主要依靠牛体照太阳,或采食经太阳照射过的干饲草来供给。但在冬季,由于光照时间短、光线弱,可能会出现维生素 D 不足。需要在每千克饲料干物质中添加 275 IU 的维生素 D。犊牛育肥 3 000~5 000/kg 饲料干物质,成年牛育肥 4 000~7 000 IU/kg 饲料干物质。

(3)维生素 E　成年肉牛不需补充,幼龄牛的需要量为每千克饲料干物质 15.4~59.4 IU。

◆ 五、肉牛育肥日粮配合

日粮是指肉牛1天内采食饲料的总量。日粮配合是根据饲养标准和饲料营养价值,选用若干种饲料按一定比例相互搭配,使其中含有的能量和营养物质能够符合肉牛的营养需要,即全价日粮。日粮的构成是否合理,将直接影响到肉牛生产性能和饲料利用效率。饲料随存放时间而变质,各种草料的价格也在变动,为选定优质、价廉的饲料种类,应经常调整日粮组成,合理配制日粮是提高肉牛生产经济效益的有效措施。

(一)配合日粮的原则

配合日粮并不是简单地把几种饲料混合在一起,必须遵守一定的配合原则。

(1)以饲养标准为基础。饲养标准是根据肉牛营养需要的平均数制定的,个体差异在±10%,可结合当地实际情况灵活运用。

(2)首先满足肉牛对能量的需要,在此基础上再满足对蛋白质、矿物质和维生素的需要,与标准差:能量±5%、蛋白质±10%。

(3)饲料组成要符合肉牛的消化生理特点,合理搭配。应以粗饲料为主,视不同饲养阶段搭配精料,粗纤维含量应为15%~24%,平均为20%。

(4)日粮要符合肉牛的采食能力。既要满足营养需要,又要让牛吃得下、吃得饱。肉牛对饲料干物质采食量为体重的2%~3%。

(5)日粮组成要多样化。发挥营养物质的互补作用,营养全面,适口性好。

(6)尽量就地取材,降低成本。

(7)在配合日粮时可按年龄、体重、性别、生产性能(日增重)和生理状态等情况将肉牛群中条件相似的划分为一组,然后分别为每一组肉牛配合一个日粮即可,个体间需要量的差异可在具体饲喂时通过增减喂量加以调整。

(二)配合日粮的方法

1.确定肉牛的营养需要和拟用饲料的营养价值

(1)查肉牛饲养标准表　根据体重和日增重,查出干物质、综合净能、粗蛋白质、钙和磷的需要量。

(2)查肉牛常用饲料成分和营养价值表　根据饲料编号和名称,查出干物质、综合净能、粗蛋白质、粗脂肪、粗纤维、钙和磷的含量。

2.确定日粮中饲草的种类和用量

日粮中饲草的用量按干物质计一般可按肉牛体重的1.5%~2.0%计算。对于分段育肥饲养,日粮喂量以饲养标准确定,其中在育肥前期的1个月精粗饲料按干物质计在量上的比例确定为7∶3,中期的2个月精粗比例6∶4,后期的2~3个月精粗比例5∶5;在圈养舍饲强度育肥条件下,精粗饲料在量上的比例按干物质计还可以适当向下调整一成,加大精饲料喂量。

3.用精料、矿物质、维生素补充和平衡不足营养

将肉牛的营养需要减去饲草提供的养分量,即是由精料补充的养分量。矿物质和维生素的补充在精料补充营养平衡后再行补充平衡。

【经验之谈】

经验之谈 2-1-1

【技能实训】

▶ 技能项目　肉牛日量配方设计

1. 实训材料

计算器、计算机、奶牛饲养标准、常规饲料营养成分表。

2. 方法与步骤

为体重 300 kg,日增重 1 kg 的育肥牛配制日粮。可用饲料有羊草、玉米、玉米青贮、小麦麸、豆饼、石粉。

(1)查中国肉牛饲养标准(NY/T 815—2004):体重 300 kg,日增重 1 kg 的育肥牛营养需要量见表 2-1-6,饲料营养成分见表 2-1-7。

表 2-1-6　体重 300 kg,日增重 1 kg 的育肥牛营养需要量

营养需要	采食干物质/kg	综合净能/MJ	粗蛋白质/g	钙/g	磷/g
合计	7.11	39.71	785	34	18

表 2-1-7　饲料营养成分含量

饲料种类	干物质/kg	综合净能/(MJ/kg)	粗蛋白质/%	钙/%	磷/%
全株玉米青贮	22.7	4.40	7.0	0.44	0.24
羊草	91.6	4.04	8.1	0.4	0.2
玉米	88.4	9.12	9.7	0.09	0.26
麸皮	88.6	6.61	16.3	0.20	0.88
豆饼	90.6	8.17	47.5	0.35	0.55
石粉	99.7			32.0	

(2)初拟配方。首先满足粗饲料的供应:粗饲料量的确定通常有两种方法:按体重的 1%~2%供应或按精粗比供给。这里我们选择按体重供给,根据每天应供给体重的 1%~2%的干草或相当于干草的青贮料的要求,选择给予体重的 1.5%,则 300×1.5%＝4.5(kg)。在 4.5 kg 中羊草和玉米青贮的比例为 1:2,则羊草用 1.5 kg,玉米青贮用 3 kg。

养牛与牛病防治

(3)计算初步拟定的配方日粮营养并与需要量比较。

项目	干物质采食量/kg	综合净能/MJ	粗蛋白质/g	钙/g	磷/g
玉米青贮	3.0	13.2	210	13.2	7.8
羊草	1.5	6.06	121.5	6	3
合计	4.5	19.26	331.5	19.2	10.8
需要量	7.11	39.71	785	34	18
相差	−2.61	−20.41	−451.5	−14.8	−7.2

(4)用精料补充能量和蛋白质的不足。精料有玉米、小麦麸和豆饼,按40∶40∶20的比例补充精料,则玉米1.04 kg,小麦麸1.04 kg,豆饼0.52 kg。

项目	干物质采食量/kg	综合净能/MJ	粗蛋白质/g	钙/g	磷/g
玉米青贮	3.0	13.2	210	13.2	7.8
羊草	1.5	6.06	121.5	6	3
玉米	1.04	9.48	100.9	0.9	2.5
麸皮	1.04	6.87	169.5	2.1	9.2
豆饼	0.52	4.25	247	1.8	2.9
合计	7.1	39.86	848.9	24	25.4
需要量	7.11	39.71	785	34	18
相差	−0.01	−0.15	65.9	−10	−7.4

(5)用矿物质补充钙、磷的不足。由上表可看出,蛋白、能量合适,钙不足,磷满足,可用石粉补足,石粉的克数X计算如下:

$X∶10=1\ 000∶320$,则$X=1\ 000÷320=31.3$(g)。

(6)折算成原样基础。目前配方是干物质基础,应折合成饲喂基础即原样基础(单位 kg):

羊草:1.5÷91.6%=1.64;玉米青贮:3÷22.7%=13.22;玉米:1.04÷88.4%=1.18。

小麦麸:1.24÷88.6%=1.40;豆饼:0.32÷90.6%=0.35;石粉:0.031 3÷99.7%=0.03。

(7)最终形成的日粮配方:在大群育肥情况下,配置体重 300 kg,日增重 1 kg 的育肥牛 TMR 日粮即在此各饲料添加量基础上乘以具体的育肥头数即可(表 2-1-8)。

表 2-1-8　体重 300 kg,日增重 1 kg 的育肥牛日粮配方

饲料	组成/kg	营养供给量
玉米青贮	1.64	NE_{mf}:39.6 MJ
羊草	13.22	Cp:787 g
玉米	1.18	Ca:34 g
麸皮	1.40	P:26 g
豆饼	0.35	
石粉	0.03	
合计	17.82	

说明:食盐采用补饲方式补给,也可以在饲料配方中进行相应的计算后直接加入日粮中。

3. 实训练习

结合当地的饲草料资源,利用试差法,设计平均体重 400 kg、日增重 1 kg 的育肥牛日粮配方。(提示:要注意日粮饲料组成的多样性。)

×××育肥牛日粮配方

饲料	组成/kg	营养供给量
合计		

【自测练习】

1. 填空题

(1)牛肉中含有_____、_____、_____是_____、_____和_____(含脂溶性和水溶性维生素两大类)。它是人类必需的营养丰富的食品。

（2）肉牛采食饲料经消化供给能量的主要来源是含在饲料中的_____、_____和_____、_____。

（3）牛瘤胃细菌区系以饲料中的_____和_____以及其他营养成分为原料完成自身的生命活动过程，并将饲料中含_____（包括蛋白质和氨化物）降解为蛋白质分解过程中的各种中间产物，最终形成_____。

（4）美国 NRC 肉牛饲养标准则将维持和增重的需要分别以_____和_____表示，每种饲料也列出_____净能和_____净能两种数值。我国的标准是采用_____净能，符号是_____。

2.判断改错题（在有错误处下画线，并写出正确的内容）

（1）肉牛在不同的生长发育阶段，不同的生长速度及不同的环境条件下，对各种营养物质的需求量大致相同。如能充分满足肉牛的营养需要，则不可发挥最大的生产潜力。（　　）

（2）矿物质占肉牛体重的 0.3%～0.4%，是机体组织和细胞无关紧要的成分。（　　）

（3）现今，随着反刍动物营养科学的不断进步，已将肉牛的蛋白质需要量剖分为：粗蛋白质和可消化蛋白质两部分。（　　）

（4）肉牛维持营养需要，就是在牛不增重、不生长的条件下，只是为了正常的生命活动（如心脏跳动、正常呼吸、维持体温、内脏活动以及逍遥运动等）所需要的各种营养物质的数量。（　　）

（5）日粮是指肉牛 1 天内所采食营养的总量。日粮配合是根据当地饲料条件和饲料品质，选用若干种饲料按一定比例相互搭配，使其中含有的能量和营养物质能够符合肉牛的营养需要，即全价日粮。（　　）

3.问答题

（1）简述肉牛体内饲料营养是如何转化的？

（2）就近调查肉牛场育肥生产，检查架子牛育肥日粮结构确定育肥牛饲料配方，对其进行检验并做出合理分析。

【学习评价】

考核任务	考核要点	评价标准	考核方法	参考分值
1.肉牛营养需要 2.肉牛饲料配方设计	操作态度	精力集中，积极主动，服从安排	学习行为表现	10
	协作意识	有合作精神，积极与小组成员配合，共同完成任务		10
	查阅生产资料	能积极查阅、收集资料，认真思考，并对任务完成过程中的问题进行分析处理		10

考核任务	考核要点	评价标准	考核方法	参考分值
	肉牛营养需要	根据国家肉牛饲养标准,能够正确指出肉牛处于不同体重和育肥增重要求下营养需要成分,并确定具体的营养需要量	口述描述或依给定材料笔试	20
	肉牛饲料配方设计	应用试差法设计肉牛在某一特定平均体重和增重要求下的日粮配方,可以借助 Mcrosoft excel 进行有关计算	通过现场给定资料进行配方设计并计算营养水平	20
	鉴定结果综合判断	准确	结果评定	20
	工作记录和总结报告	有完成全部工作任务的工作记录,字迹工整;总结报告结果正确,体会深刻,上交及时	作业检查	10
合计				100

【知识链接】

中华人民共和国农业行业标准——肉牛饲养标准(NY/T 815—2004)。

无公害食品,畜禽饲料和饲料添加剂使用准则(NY 5032—2006)。

养牛与牛病防治

Project 2

肉牛育肥技术

学习任务一　肉牛育肥模式与育肥方式

【任务目标】

肉牛育肥业是养牛生产重要的组成部分,本学习任务要求学生了解肉牛育肥模式与育肥方式,掌握适宜本地区的育肥模式与方式,对存在的问题能够通过调研正确分析,提出改进的措施。

【学习活动】

◆ 一、活动内容

(1)肉牛育肥模式;
(2)肉牛育肥方式。

◆ 二、活动开展

通过查询相关信息,结合收集当地肉牛场历年生产资料,学生在专兼职指导教师指导下现场实地调研,深入了解本地区肉牛产业化生产开展情况,掌握当地肉牛育肥模式与育肥方式的采用及取得的经济效益,撰写调研报告,为当地肉牛育肥业健康发展提供科学的指导。

【相关技术理论】

◆ 一、肉牛育肥技术模式及其特点

肉牛育肥获益的途径理论上有三条,一是通过提高肉质和产肉量从提升价格和产量两方面相乘性地获益;二是通过提高肉质提升价格获益;三是提高产肉量获益。无疑第一条途径最有效。这三条获益途径基本对应了不同的牛种和育肥模式。我国育肥模式大体有三种:6个月以内的短期育肥模式,6个月以上、12个月以下的中期育肥模式以及12个月以上、20个月以下的长期育肥模式。

(一)肉牛育肥技术模式

1.短期育肥模式

短期育肥模式利用的是架子牛的"补偿生长"生理特性,目的是获得最好的饲料报酬和与之对应的最大红肉产量,经营上的特点是成本低、周转快、产出投入比低。在肉质上风味性差、基本不产生大理石纹,针对的是以低档牛肉为主的低中档消费市场。这种育肥模式是目前中国肉牛育肥的主流。

2. 中期育肥模式

中期育肥模式介于短期和长期育肥模式之间,去势或非去势中期育肥模式则是利用了短期育肥生长快和饲料报酬高与长期育肥产肉量多和(去势)肉质好的特点,在肉质上可兼顾高、中档两层消费市场,在生产和经营上带有一定的随机性和主动性。

3. 长期育肥模式

长期育肥模式是 30 月龄以内出栏,12 个月以上、20 个月以下的去势长饲养模式,通过高度的技术组合,利用骨骼、肌肉以及脂肪的发育生理规律来达到以下 4 个目的:①给予骨骼最大强度、最低重量的同时,使之能够支撑静态体重和活动的负荷;②使肌肉组织获得最大发育速度的同时为沉积脂肪做好准备;③使脂肪在肌肉内获得最大沉积的同时,最大限度降低在肌间、皮下和脏器外周的脂肪沉积;④通过上述 3 者的有机结合获得最高的产肉特性和优秀的肉质特性:胴体重在 400 kg 以上、胴体净肉率在 72% 以上,不但使肌肉组织的鲜红色与脂肪组织的乳白色交相辉映,还要让肌肉的耐咀嚼和易剪断性、含氮风味物质和肉汁的耐加工和易释放性、脂肪组织的坚挺性和肌肉亲和性以及不饱和脂肪酸的富含性达到相对的统一,从而赋予牛肉最高的营养价值、观赏价值、赏味价值甚至是功能性食品价值,因此肉质处于金字塔的顶端,针对的是高档消费市场。日本黑毛和牛的育肥就是采用的这种育肥模式。该模式在经营上的特点是资金占用量大、周转慢、产出投入比高,属于高投入高产出模式。目前我国已有采用该育肥模式的肉牛生产企业,在肉质上结束了我国不产"雪花牛肉"的历史。

(二)育肥技术模式的变化及其原因

1. 短期育肥开始延长育肥时间

在 20 世纪 80 年代到 90 年代中期的约 15 年间,我国各地大都采用了 90~120 天育肥、出栏月龄在 18~20 月龄、出栏体重在 400~500 kg 的短期育肥模式。当时采用该模式的理由基本有 4 个:①外来牛种改良我国黄牛后代的体型还比较小,育肥技术正在普及之中;②牛肉消费量的扩大速度不允许中长期育肥,中长期育肥产出的中高档牛肉虽然肉质有所提高,但价格基本上得不到消费者的认可;③有足够的牛可宰;④不论生产方还是消费方,对肉质等级缺乏重视。从 20 世纪 90 年代中期至今,短期育肥模式发生了微妙的变化:育肥时间由原来的 90~120 天变成了 90~180 天,出栏月龄变成了 18~24 月龄,出栏体重变成了 450~600 kg。这些微妙的变化基于以下理由:①仍有相当数量的小体型牛(主要是未经过改良的黄牛或杂交代数低的杂种)被用来育肥,延长育肥时间可获得较大的活重;②改良牛的体型有了明显增长,越来越晚熟,达到较好的肉料比和产肉量的时间有所延长,且其比例占据了宰杀牛的主要份额;③全国基础母牛存栏量自 1995 年至今以每年近 3% 的比例持续减少,育肥架子牛数量减少,迫使育肥时间和出栏月龄延长;④牛肉消费量的持续性增加迫使育肥方延长育肥时间来提高活重和单位头数的产肉量;⑤我国牛肉等级标准(NY/T 676—2003),在一定程度上加强了屠宰销售(牛肉)方对活牛和牛肉的等级和规格的意识,迫使育肥方延长育肥时间提高了出栏档次。

2. 中期育肥模式刚刚开始

进入 20 世纪 90 年代特别是从 90 年代中后期开始,随着国外企业大规模进入我国,服务业和餐饮业也迅速把高档牛肉的烹饪方法和消费形式从高档宾馆带到了中高档餐厅,越来越扩大的富裕阶层形成了高中档牛肉消费层,此时进口牛肉消费量尽管不大,但在肉质和价位上占据了统治地位。与此同时,把牛肉略带的脂肪(酸)的风味与牛肉风味不足的调料以及"涮锅子"的传统消费习惯巧妙地融合在一起的我国独创的"肥牛火锅",也迅速得到了中低消费层的欢迎。消费者对带有脂肪的嫩牛肉的认同,必然促进育肥企业改进育肥技术和模式。于是,有一定技术力量和经济基础的育肥企业,开始尝试改进育肥技术、把育肥时间延长到 1 年以内,生产带有脂肪纹理的牛肉来应和消费需求。这种模式就是中期育肥模式,现在刚刚开始,在复州牛及其杂交后代、延边牛及其杂交后代、南阳牛及其杂交后代、云南省寻甸县本地牛及其杂交后代、草原红牛及其杂交后代、甘肃省张掖地区本地牛的杂交后代的育肥牛均有报道。我国其他黄牛品种及其杂交后代也在不同规模地接受着中期育肥。中期育肥的目的之一是获得带有一定大理石纹理的中档牛肉,但报道的资料大都没有明确大理石纹的密度,而从市场上流通的牛肉看,我国中期育肥生产的大理石纹理的密度还比较低,档次低者只是红肉上分布着比较明显的白色结缔组织,这样的牛肉其实嫩度很差、质地粗糙,档次较高者也只不过在条状结缔组织上沉积了两三成的脂肪。从肉质上能看出我国中期育肥采用的多是未去势公牛,在调控脂肪沉积的饲料营养技术和饲养管理技术上还没有从短期育肥技术脱胎换骨。因此,目前中期育肥的牛肉产品在肉质和价位上与进口到我国的牛肉还有很大差距,只能在中档消费层给出的价格底线上徘徊。

3. 长期育肥模式一枝独秀

早在 20 世纪 80 年代就有日本研究人员在山东和河南两省尝试过去势长期育肥模式,目的是为解决日本国内的牛肉不足,检验我国的黄牛品种能否产出大理石纹肉。20 世纪 90 年代在北京和山东等地中日合营也采用过长期育肥模式,但都没有实现产业化。真正实现了产业化经营的去势长期育肥模式开始于 2003 年,首批牛肉产品于 2006 年秋季问世,肉质已经等同于日本和牛的肉质,远远优于我国进口牛肉的肉质。理所当然地,这种模式产出的牛肉对应的是高端消费市场。如果用单位头数的销售收入比较,长期育肥模式是短期育肥模式的 5～6 倍。如上所述,三种育肥模式对应着三个消费层次,对育肥生产企业的经济实力、育肥技术要求、牛种及其杂交配套牛种的选择上有很大不同。

▶ 二、肉牛育肥方式

肉牛肥育方式一般可分为放牧肥育、半舍饲半放牧肥育和舍饲肥育等三种。

(一)放牧肥育方式

放牧肥育是指从犊牛到出栏牛,完全采用草地放牧而不补充任何饲料的肥育方式,也称草地畜牧业。这种肥育方式适于人口较少、土地充足、草地广阔、降雨量充沛、牧草丰盛的牧区和部分半农半牧区。例如新西兰肉牛育肥基本上以这种方式为主,一般自出生到饲养至 18 月龄,体重达 400 kg 便可出栏。

如果有较大面积的草山草坡可以种植牧草,在夏天青草期除供放牧外,还可保留一部分草地,收割调制青干草或青贮料,作为越冬饲用。放牧育肥最为经济,但饲养周期长。

(二)半舍饲半放牧肥育方式

夏季青草期牛群采取放牧肥育,寒冷干旱的枯草期把牛群于舍内圈养,这种半集约式的育肥方式称为半舍饲肥育。

此法通常适用于热带地区,因为当地夏季牧草丰盛,可以满足肉牛生长发育的需要,而冬季低温少雨,牧草生长不良或不能生长。新疆北疆地区及青海、内蒙古等地,也可采用这种方式。但由于牧草不如热带丰盛,故夏季一般采用白天放牧,晚间舍饲,并补充一定精料,冬季则全天舍饲。

采用半舍饲半放牧肥育应将母牛控制在夏季牧草期开始时分娩,犊牛出生后,随母牛放牧自然哺乳,这样,因母牛在夏季有优良青嫩牧草可供采食,故泌乳量充足,能哺育出健康犊牛。当犊牛生长至5~6月龄时,断奶重达100~150 kg,随后采用舍饲,补充一点精料过冬。在第二年青草期,采用放牧肥育,冬季再回到牛舍舍饲3~4个月即可达到出栏标准。

此法的优点是:可利用最廉价的草地放牧,犊牛断奶后可以低营养过冬,第二年在青草期放牧能获得较理想的补偿增长。在屠宰前有3~4个月的舍饲肥育,胴体优良.

(三)舍饲肥育方式

肉牛从出生到屠宰全部实行圈养的肥育方式称为舍饲肥育。舍饲的突出优点是使用土地少,饲养周期短,牛肉质量好,经济效益高。缺点是投资多,需较多的精料。适用于人口多,土地少,经济较发达的地区。

舍饲肥育方式又可分为拴饲和群饲。

1.拴饲

舍饲肥育较多的肉牛时,每头牛分别拴系给料称之为拴饲。其优点是便于管理,能保证同期增重,饲料报酬高。缺点是运动少,影响生理发育,不利于育肥前期增重。一般情况下,给料量一定时,拴饲效果较好。

2.群饲

群饲的问题是由牛群数量多少、牛床大小、给料方式及给料量引起的。一般每6头为一小群,每头所占面积4 m²。为避免斗架,肥育初期可多些,然后逐渐减少头数。在给料时,用链或连动式颈枷保定或可设简易牛栏像小室那样,将牛分开自由采食,以防止抢食而造成增重不均。但如果发现有被挤出采食行列而怯食的牛,应另设饲槽单独喂养。

群饲的优点是节省劳动力,牛不受约束,利于生理发育。缺点是:一旦抢食,体重会参差不齐;在限量饲喂时,应该用于增重的饲料浪费到运动上,降低了饲料报酬。

当饲料充分,自由采食时,群饲效果较好。

▶ 三、肉牛育肥体系

肉牛肥育技术,在生产实践中根据不同的分类标准,一般分为以下几个体系:

按性能划分,可分为普通肉牛肥育和高档肉牛肥育;按年龄划分,可分为犊牛肥育、青年牛肥育、成年牛肥育、淘汰牛肥育;按性别划分,可分为公牛肥育、母牛肥育、阉牛肥育;根据饲料类型可分为精料型直线肥育、前粗后精型架子牛肥育。

【经验之谈】

经验之谈 2-2-1

▶ 技能项目　××地方肉牛产业调查

1.方法步骤

去当地肉牛养殖行业主管部门、肉牛养殖场、育肥大户、牛肉消费市场进行调研,事先做好调查准备,方法采用走访、座谈、现场问卷等,获取第一手资料,然后进行讨论分析,最后撰写调研报告,为当地肉牛育肥产业化发展提供科学依据。

2.实训练习

调研报告撰写提纲:

(1)地方肉牛生产行业产业背景。

(2)调研方法、调研工作开展情况。

(3)调研取得的结果:

①地方牛肉市场消费水平及需求;

②当地肉牛采用的主要育肥模式、技术水平及经济效益;

③肉牛育肥产业化生产存在的主要问题。

(4)对当地肉牛育肥生产产业发展的建议。

【自测练习】

1.填空题

(1)我国育肥模式大体有三种:即 6 个月以内的短期育肥模式和_____个月以上、_____个月以下的中期育肥模式以及_____个月以上、_____个月以下的长期育肥模式。

(2)在 20 世纪 80 年代到 90 年代中期的约 15 年间,我国各地大都采用了_____天育肥、出栏月龄在_____月龄、出栏体重在_____kg 的短期育肥模式。

(3)在西北地区肉牛主要育肥方式包括_____、_____、_____。

(4)肉牛育肥类型,根据饲料类型可分为_____、_____。按年龄划分,可分为_____、_____、_____、_____。

2.判断改错题(在有错误处下画线,并写出正确的内容)

(1)短期育肥模式下的肉牛在肉质上风味性好、基本能产生大理石纹,针对的是以低档为主的低中档消费市场。(　　　)

(2)雪花牛肉,即指脂肪沉积到肌肉纤维之间,形成明显的红、白相间,状似大理石花纹的牛肉,也称其为大理石状牛肉。脂肪在牛不同的部位均有,多以其分布的密度、形状和肉质作为等级之分。(　　　)

(3)我国牛肉等级标准(NY/T 676—2010),在一定程度上加强了屠宰销售(牛肉)方对活牛和牛肉的等级和规格意识,迫使育肥方缩短育肥时间来提高出栏档次。(　　　)

(4)夏季青草期牛群采取放牧肥育,寒冷干旱的枯草期把牛群于舍内圈养,这种半集约式的育肥方式称为半舍饲肥育。(　　　)

(5)当饲料充分,自由采食时,拴饲效果较好。(　　　)

3.问答题

(1)我国肉牛育肥模式有哪几种?不同育肥模式各有什么特点?

(2)收集资料,试简述本地区肉牛舍饲育肥方式,生产水平。

考核任务	考核要点	评价标准	考核方法	参考分值
1.肉牛育肥模式确定 2.肉牛育肥方式确定	操作态度	精力集中,积极主动,服从安排	学习行为表现	10
	协作意识	有合作精神,积极与小组成员配合,共同完成任务		10
	查阅生产资料	能积极查阅、收集资料,认真思考,并对任务完成过程中的问题进行分析处理		15
	肉牛育肥模式确定	结合当地自然和社会经济条件以提高效益为目的正确确定育肥模式	口述描述或依给定材料笔试	25
	肉牛育肥方式确定	根据牛场肉牛育肥实际生产,结合市场需求,正确确定肉牛育肥方式	通过现场给定资料进行确定	25
	学习活动记录和总结报告	有完成全部学习任务的工作记录,字迹工整;总结报告结果正确,体会深刻,上交及时	作业检查	15
合计				100

学习任务二　肉牛育肥生产

【任务目标】

学习犊牛、架子牛、成年牛、小肉牛和中国荷斯坦公犊肥育技术,掌握肉牛育肥技术方案制订和实际饲养管理。熟知提高肉牛肥育效果的技术措施。

【学习活动】

➤ 一、活动内容

肉牛育肥技术。

➤ 二、活动开展

在专业教师指导下,学生收集相关肉牛育肥国内外技术信息,包括文本资料、图片和录像资料等,在此基础上分组深入本地区肉牛育肥场进行现场学习,实践体验肉牛育肥生产饲养管理技术工作,然后组织讨论肉牛育肥技术,总结提炼出适宜本地区的肉牛饲养管理技术规程。

【相关技术理论】

▶ 一、影响肉牛产肉性能的因素

肉牛的生产力受品种与类型、年龄、性别、饲养水平和营养状况及杂交等因素的影响。

（一）品种

不同品种类型，生产力水平有明显差异。肉用品种牛比乳用牛、乳肉兼用牛、役用牛品种能较快地结束生长期，能早期进行肥育，提早出栏，节约饲料，并能获得较高的屠宰率、净肉率，肉的质量也较好，大理石纹明显，且肉味鲜美。通常肉牛肥育后屠宰率平均为 60%～65%，兼用牛为 55%～60%，秦川牛和鲁西牛 18 月龄分别为 58.28% 和 58.33%，水牛为 53%。

在同等饲养环境条件下，一般大型肉牛品种比小型肉牛品种的初生重、日增重高；成年母牛体重大小对犊牛的生长也有明显效应。

早熟性对肉用家畜来说，是一个重要的生理要素，表现在屠宰率较高，肉质也好，生长早熟和发育早熟，利用早期生长快特点，进行育肥生产犊牛肉已受到国际肉牛业的广泛重视。根据早熟性特点进行选择，有助于加速产肉性能，提高和增加经济效益。

小型英国种早熟，欧洲大型种较晚熟，我国本地黄牛属晚熟种。

（二）年龄

肉牛的增重速度、胴体质量和饲料消耗与年龄有十分密切的关系。年龄越大增重消耗的饲料也越多，以干物质计算如表 2-2-1 所示。故一般年龄不超过 2 岁。

表 2-2-1　不同年龄牛增重 1 kg 的饲料消耗

平均月龄	300～360	360～720	720～1 080	1 080～1 440
增重 1 kg 活重需干物质/kg	2.31	5.11	7.73	10.65

年龄较大的牛，增加体重主要依靠贮积脂肪；而年龄较小的牛，则主要依靠肌肉、骨骼和各种器官的生长。肉牛生长发育第一年增重最快，第二年仅为第一年的 70%。

不同年龄的牛进行肥育，增重效果差异较大（表 2-2-2），一般年龄较小和肥育初期的牛增重速度较快。所以，最好选择 1.5 岁前的育成牛进行肥育。

表 2-2-2　不同年龄牛肥育增重效果比较

年龄	天数	平均日龄/天	平均活重/kg	初生后平均日增重/kg	全期增重/kg 总增重	全期增重/kg 日增重
犊牛	30	297	354	1.19	354	1.19
1 岁牛	152	612	606	0.99	252	0.799
2 岁牛	145	943	744	0.79	138	0.422
3 岁牛	133	1 283	880	0.69	136	0.395

(三)营养水平

如果母牛妊娠后期缺乏营养,胎儿后期发育受到影响,各部位发育比例失常,尤以四肢骨生长严重受阻,在外形上出现头大、颈细、四肢短小、初生重小的受阻现象。如果初生后犊牛缺乏营养,对体轴发育影响大,体躯的长、宽、深度发育受阻,外形上表现出体躯狭窄、四肢较高、后躯高耸的幼稚型。到了断奶时如果营养仍然缺乏,晚熟部分的腰、骨盆等的发育将受到很大影响。

营养水平的高低直接影响增重水平。不同营养水平杂种公犊的增重情况见表2-2-3。

表2-2-3　不同营养水平小公牛的增重情况　　　　　　　　　　kg

饲养方法	补饲标准	营养水平	头数	100天平均增重	平均日增重
放牧补饲	精料1.0,干草5.0	低	10	20.3	0.208
放牧补饲	精料2.5,干草7.5	中	18	75.6	0.756
放牧补饲	精料7.5,干草自由采食	高	20	95	0.95
强度育肥	精料4.5～5.5,干草15	极高	20	117.8(80天)	1.478

原西北农学院关于秦川牛不同饲养水平研究表明,公牛18～19月龄,如果营养水平较高时,宰前活重可达408.67 kg(18月龄);若营养水平较低时,宰前活重仅为228.33 kg(19月龄),相差180.34 kg。

表2-2-4　营养水平对胴体组织的影响

胴体组织	前后期营养水平				差异
	高—高	高—中	中—高	中—中	
胴体重/kg	347.3	329.2	308.7	338.7	$P<0.05$
肌肉组织/%	55.2	59.2	56.2	58.7	$P<0.05$
脂肪组织/%	30.6	25.5	29.0	26.2	
骨/%	11.8	12.8	12.3	12.7	
肌肉/骨	4.7	4.6	4.6	4.6	

肉牛肥育阶段,营养水平高低对不同体重阶段的肌肉、脂肪、骨骼的发育有明显影响(表2-2-4)。肉用犊牛的营养水平如果按高(断奶前)-高(断奶后)型饲养,则体重增长最快;如果按中-高型和高-中型饲养,则最为经济;而中-高型又比高-中型的肥育效果好。

日粮高营养水平时,脂肪占的比例较高,肌肉的比例较低;低营养水平时,肌肉的比例较高,骨骼占的比例最高。肉牛肥育阶段,前期粗饲料要高,后期精饲料要高。一般前期粗饲料与混合精料之比为(55～65):(45～35);中期为45:55;后期为(15～25):(85～5)。幼牛和肥育前期要求蛋白质含量高,成年牛和肥育后期要求能量含量高。

(四)环境

适宜的温度有利于生长发育。冬季低温条件下,能降低牛的消化率,增加能量消耗,从而降低日增重和增加饲料消耗。在正常情况下,以冬季产的犊牛初生重最大,夏季产的次之,秋季最小;但出生后的体重增长以秋季产的最快,夏季次之,冬季最小。这主要是与母牛妊娠后期的营养情况及犊牛所处的环境条件有关。寒冷对于肉牛体重增长不利,一般要求5～21℃为最适宜。

光照促使牛神经兴奋,提高代谢水平,有助于钙磷吸收利用,保证骨骼正常发育。不过肉牛催肥阶段需光线较暗的环境,以利安静休息,加速增重。

运动有助于各器官机能的生长发育,增强体质,提高生活力。在集约化饲养方式下,要保证充足运动,促使胸廓和四肢发育良好。肥育期控制运动,能降低能量消耗,有利催肥。

(五)性别

牛的性别能影响肉的产量和质量。公母犊牛在性成熟前的发育几乎没有差别。但从性成熟开始,公犊的增重速度明显地超过母犊,其原因是雄性激素促进公犊生长,而雌性激素抑制母犊生长。一般说,母牛的肉质较好,肌纤维细,结缔组织较少,容易肥育。育成公牛比阉牛有较高的生长率和饲料转化率。公牛比阉牛有较多的瘦肉、较高的屠宰率和较大的眼肌面积,而阉牛则有较多的脂肪沉积。

据试验,生长牛的增重速度以公牛最快,阉牛次之,母牛最慢。肌肉的增重速度也是公牛最快,但脂肪的沉积速度则以阉牛为最快。故目前有些国家主张公牛不去势,于12～15月龄屠宰,可降低生产成本,也不会影响肉的品质。

二、肉牛育肥技术

(一)犊牛肥育

用于育肥的犊牛应选择纯种和杂交改良品种,其增重快,肉质好,屠宰率高。6月龄左右的断奶犊牛直接进行肥育饲养,经过10～12个月的肥育,达到450 kg以上出栏。表现皮毛光亮,肌肉丰满,腰背肌肉隆起,高于脊背而形成背槽,臀部肌肉丰满呈圆形。

育肥可分为以下四个阶段

第一阶段,为适应期,大约1个月。日粮参考配方为:酒糟5～8 kg,玉米面1～2 kg,优质青干草1.5～2.0 kg,麸皮1～1.5 kg,食盐30～35 g。如初期消化不良,应加喂干酵母约30片。

第二阶段,为增重前期,4～5个月。日粮配方为:酒糟15～20 kg,玉米面3 kg,青干草2.5～3 kg,麸皮1 kg,豆饼1 kg,尿素50 g,食盐30～40 g。将尿素溶于水中,拌入饲料中喂给,切勿放于水中饮用,以防中毒。

第三阶段,为增重后期,2～3个月。日粮参考配方为:酒糟15～20 kg,玉米面3～4 kg,青干草2.5～5 kg,麸皮1 kg,豆饼1 kg,尿素100 g,食盐50 g。此期末,可见肉牛背部形成背槽。

第四阶段,为催肥期,1.5～2个月。进一步增喂精料,促进膘肥肉满,沉积脂肪。日粮参考配方为:酒糟20～25 kg,玉米面4～5 kg,麸皮1.5 kg,豆饼1.5 kg,尿素150 g,食盐70 kg。如牛有厌食现象或消化不良,可喂酵母40～60片。

说明:酒糟可以用甜菜渣和部分青贮玉米代替。

管理方面,一是采用舍饲、规模育肥散养,TMR饲喂,或小群拴养方法;拴养系绳要短,以减少牛体能量消耗。二是适当运动,每日在运动场运动1 h,接受阳光,增强体质。三是定期刷拭牛体,刺激皮肤,促进血液循环,增强代谢功能。四是创造良好环境,牛舍冬暖夏凉,保持干燥、清洁,并定期消毒牛舍。

(二)架子牛肥育

选用年龄 1～2 岁、未经育肥不够屠宰体重的牛,在短时期内集中进行强度肥育饲养 4～7 个月,草料量大,日增重快,出栏体重达到 450 kg 以上。现以 15～18 月龄、体重约 300 kg 架子牛为例:强度肥育 180 天,出栏体重达 500 kg 以上,其肥育期间饲养安排如下:如果购入的全粗料型架子牛,要有一个短时间的恢复过渡期,一般 20～30 天,此期以粗饲料为主,开始少给精料,结束时精料占日粮的 30%～40%。

催肥期 180 天,分为前期、中期和后期。

肥育前期 30 天,精料比例为 55%～60%,粗蛋白水平 12%,日进食干物质 7.0 kg。

育肥中期 60 天,精料比例占 70%～75%,粗蛋白水平 11%,日进食干物质 7.5 kg。

肥育后期 90 天,精料比例占 80%～85%,粗蛋白水平 10%,日进食干物质 8.5 kg。

饲养方法:在采用圈养舍饲情况下,对于规模育肥,一般进行 TMR 饲喂,即选用 TMR 饲草料加工设备进行精粗饲料完全加工混合后饲喂,育肥牛群较高密度的散养,自由采食,自由饮水,争取每一头育肥牛个体都能采食到足够的营养物质,达到快速增重的效果。

架子牛育肥期每天的饮水量为采食的干物质(草和料)的 5 倍。

(三)成年牛肥育

成年牛一般指 30 月龄以上牛,其大多来源于肉用母牛、淘汰的成年乳用母牛及老弱黄牛,这种牛骨架已长成,只是膘情差,采用 3～5 个月的短期肥育,以增加膘度,出栏重达 500 kg 以上。

成年牛出肉量大,肥育经济效益好。但肉中脂肪量太高,优质肉块比重减少,牛产不出高档牛肉。故肉质、饲料报酬、经济周转均不如幼牛、架子牛肥育有利。成年牛肥育以增加体脂肪为主,肌肉增加极少,日粮要求碳水化合物含量高,蛋白质不必太多,蛋白质水平初期 12%,中期和后期 10% 即可。矿物质的需要量略高于维持需要。现介绍三组日粮配方(表 2-2-5)。

管理技术:按体重、品种及营养情况将牛群分为若干组,肥育前牛群进行驱虫。成年公牛在肥育前 15～20 天去势。舍饲肥育要注意温度,冬季牛舍要保温,以 5～6℃ 为宜。夏季牛舍要通风,舍温以 18～20℃ 为宜。并饲养在光线较暗的牛舍内。舍内密度稍大,减少活动余地,降低能量消耗,以利增膘。肥育场所要保持安静,避免骚动干扰。对于规模育肥牛场要采用圈栏散养,TMR 饲喂技术。

表 2-2-5　成年牛肥育日粮参考配方

饲料	前期 20 天			中期 50 天			后期 50 天		
	1	2	3	1	2	3	1	2	3
氨化或微贮秸秆	7.0	10.0	5.0	8.0	12.0	6.0	5.0	9.0	2.0
白酒糟	15.0	10.0	0	20.0	10.0	0	25.0	10.0	0
玉米青贮	0	0	25.0	0	0	25.0	0	0	25.0
混合饲料	2.0	2.0	2.0	2.5	3.0	3.0	3.0	3.0	5.0
尿素	0.08	0.08	0.08	0.08	0.08	0.08	0.08	0.08	0.08

注:混合精料成分:玉米 59%、棉籽饼 37%、石粉 1.5%、食盐 1.5%、添加剂 1.0%。

(四)小肉牛肥育

小肉牛肥育指出生后犊牛,经特殊的肥育饲养出栏,其肉质风味独特,价格昂贵。我国市场需求量日益增加,涉外饭店绝大部分依靠进口。

现介绍小肉牛肥育主要技术工艺如下。

1.小肉牛的选择

出生的公牛犊和乳用公犊,初生重不少于 35 kg,体形外貌好,健康无病。

2.肥育指标

肥育期 6~8 个月;肥育结束体重 250~350 kg;胴体重 130~200 kg;屠宰率 58%~62%;胴体体表覆盖白色脂肪,肉质呈淡粉红色,多汁。

3.饲养管理

初生至 1 月龄喂代乳品每头每日 3~5 kg;30~150 日龄用脱脂乳,每头每日 2~6 kg,并加喂含铁量低的精料和优质粗饲料,每头每日 1.3~3 kg;150~185 日龄每头日用脱脂乳 6 kg,精料 3~5 kg,优质粗饲料 0.5 kg。代乳品、脱脂乳等饲料饲喂温度:1~2 周龄时为 38℃左右,以后为 30~35℃。并严格控制饲料和饮水中的含铁量。采用舍饲饲养,封闭式牛舍用漏缝地板,严格控制犊牛接触泥土。规模肥育要采用 TMR 饲喂技术。

我国人工乳配方为:豆浆 1 000 mL,鸡蛋 2~3 个,鱼肝油 15 mL,食盐 10 g,糖适量。丹麦犊牛代乳品主要成分:脱脂乳 60%~70%,猪油 15%~20%,乳清 15%~20%,玉米粉 1%~10%,矿物质、维生素适量。混合精料主要成分:亚麻饼 10%,大豆粉 30%,燕麦粉 29%,压碎的大麦 29%,矿物质和维生素 2%。

(五)中国荷斯坦公犊肥育

乳牛具有作为牛肉资源的重要地位,而乳牛群提供牛肉的首要途径是把留种多余的公犊肥育。荷斯坦牛公犊肥育技术如下:

1.哺乳期的饲养管理

为了降低生产成本,采用低奶量短期哺乳法。公犊的哺乳期为 3 周,1~3 日龄每天喂初乳 5~6 kg,以后改为常乳。4~7 日龄喂 4~5 kg;8~14 日龄喂 3~4 kg,15~21 日龄喂 2~3 kg。从 5 日龄开始训练犊牛吃料(代乳料),由熟到生,逐渐增多;并从 10 日龄起训练采食优质粗饲料,由嫩草、青草过渡到优质干草、青贮饲料。代乳料可自配。自配料配方为:玉米 40%,小米 20%,豆饼 20%,麸皮 18%,骨粉 1%,食盐 1%,另添加适量维生素和微量元素。

2.断奶后的饲养管理

60 日龄将粥状熟代乳料换成粥状生代乳料。90 日龄改粥状代乳料为精料拌草。12 月龄前是牛的快速生长期,在此快速生长阶段,平均每天每头喂混合精料 2~3 kg,粗饲料含青干草、青贮饲料和鲜草等,并充分自由采食。要求 1 岁体重达 350~400 kg。管理上加强犊牛运动,接受阳光照射,定期消毒栏舍,供给充足饮水。规模育肥公犊,采用 TMR 饲喂技术。

3.育肥期饲养管理

1 岁后生长速度变慢,要及时转入育肥期,以增加体重,提高肉量,改善肉质。育肥期 60~90 天,育肥料以粗料为宜,自由采食,充分供给。现介绍以秸秆饲料、青贮饲料和酒糟为主的日粮配方(表 2-2-6)。

表 2-2-6　不同粗饲料日粮配方参数(以干物质计算)

饲料	秸秆饲料为主日粮配方/%	青贮玉米为主日粮配方/%	白酒糟为主日粮配方/%
玉米	23.0	25.0	19.0
棉籽饼	23.0	13.0	13.0
青贮玉米	22.0	40.0	16.0
氨化或微贮秸秆	40.0	0	0
白酒糟	0	20.0	50.0
骨粉	1.5	1.3	1.4
食盐	0.2	0.4	0.3
添加剂	0.3	0.3	0.3
合计	100	100	100
每千克饲料(干物质)内含:			
RND	0.76	0.76	0.78
XOCP/g	92.7	91.0	110.0
Ca/g	6.0	6.2	5.5
P/g	5.0	4.6	4.0

注:添加剂为育肥牛专用,成分为微量元素、维生素。

育肥期以酒糟为主时,从 10 月龄开始训练采食酒糟,由少到多,逐渐增加,12 月龄时每天每头可达 20 kg。进入育肥期后,逐渐加大到日粮标准量。如出现食欲不振,应少喂或晒干后饲用。并适当调整饲料,以恢复消化机能。

小群小规模育肥,为限制运动量,牛缰绳拴系宜短;对于规模化集约化育肥,应注意分群散养,使用 TMR 饲喂设备进行饲喂。在育肥期牛日增重可达 900～1 200 kg,育肥期结束牛的出栏体重可达 480～500 kg。

▶ 三、高档牛肉生产技术

高档肉牛肥育技术在我国已经推广,这将改变我国高级宾馆、饭店所需高档牛肉靠进口的局面。

(一)选择适宜品种

一般以纯种肉用牛、杂交牛、国内优良黄牛品种为好。其肥育增重快,肉的品质好。自1990 年以来,我国肉牛业发展迅速,对国内黄牛生产高档牛肉进行了围栏舍饲,屠宰评定,生产证明,我国地方良种黄牛和引入良种肉牛与黄牛的杂交牛都能生产高档牛肉,其胴体体表脂肪覆盖率为 80% 以上,肌肉大理石花纹 4 级以上者占 90%,且屠宰成绩、胴体质量不低于纯种肉牛。

(二)严格控制年龄

以 6～7 月龄断奶后的幼牛、体重在 180～200 kg 为宜,肥育到 14～18 月龄达到出栏标准屠宰。年龄超过 30 月龄以上的牛生产不出高档牛肉。

(三)适当的肥育期和出栏体重

生产高档牛肉的牛,肥育期不能过短,一般为 7~10 个月,出栏体重达 400~500 kg,否则牛肉达不到优等或精选等级。故既要求适当的月龄,又要求一定的出栏重,二者缺一不可。

(四)日粮营养丰富

必须采用高营养平衡日粮,以粗饲料为主的日粮难以生产出高档牛肉。因为粗料型日粮营养水平低,除肥育期延长外,脂肪沉积量少。牛体脂沉积的规律是按心脏、肾脏、骨盆腔、皮下肌肉的顺序进行的。只有高营养平衡日粮才能使胴体表脂肪厚度、肌肉大理石花纹达到高档牛肉标准。

(五)胴体脂肪颜色

高档肉牛胴体脂肪要求白色,而一般肥育方法,肉牛胴体脂肪为黄色。造成黄脂的原因主要是粗饲料中含有较多的叶黄素,其与脂肪附着力强。而控制黄脂的主要方法,一是控制日粮中粗饲料的用量,二是应用饲料热喷技术,使叶黄素被破坏,饲喂后体脂为白色。

【经验之谈】

经验之谈 2-2-2

【技能实训】

◆ 技能项目 肉牛育肥方案制订

1. 实训条件

在深入调研本地区肉牛育肥生产,掌握第一手资料基础上进行育肥方案设计。现给定某一肉牛育肥场青年牛育肥饲养管理技术资料,作为参考。

架子牛肥育主要是利用幼龄牛生长快的特点,在犊牛断奶后直接转入肥育阶段,给予高水平营养,进行直线持续强度育肥,13~24 月龄前出栏,出栏体重达到 360~550 kg 以上。这类牛肉鲜嫩多汁、脂肪少、适口性好,是上档牛肉。结合当地饲草料条件,制订育肥方案,可以提高育肥的生产效益,减少我们在工作中的盲目性。

(1)舍饲强度肥育 青年牛的舍饲强度肥育一般分为适应期、增肉期和催肥期三个阶段:

①适应期:刚进舍的断乳犊牛,不适应环境,一般要有 1 个月左右的适应期。应让其自由活动,充分饮水,饲喂少量优质青草或干草,麸皮每日每头 0.5 kg,以后逐步加麸皮喂量。当犊牛能进食麸皮 1~2 kg,逐步换成育肥料。其参考配方如下:酒糟 5~8 kg,干草 7~

8 kg,麸皮 1～1.5 kg,食盐 30～35 g。

②增肉期:一般 7～8 个月,分为前后两期。前期日粮参考配方为:酒糟 10～15 kg,干草 5～8 kg,麸皮、玉米粗粉、饼类各 0.5～1 kg,尿素 50～70 g,食盐 40～50 g。喂尿素时将其与酒糟或精料混合饲喂。切忌放在水中让牛饮用,以免中毒。后期参考配方为:酒糟 20～25 kg,干草 2.5～5 kg,麸皮 0.5～1 kg,玉米粗粉 2～3 kg,饼类 1～1.3 kg,尿素 125 g,食盐 50～60 g。

③催肥期:此期主要是促进牛体膘肉丰满,沉积脂肪,一般为 2 个月。日粮参考配方如下:酒糟 20～25 kg,干草 1.5～2 kg,麸皮 1～1.5 kg,玉米粗粉 3～3.5 kg,饼类 1.25～1.5 kg,尿素 150～170 g,食盐 70～80 g。为提高催肥效果,可使用瘤胃素,每日 200 mg,混于精料中饲喂,体重可增加 10%～20%。

肉牛舍饲强度育肥要掌握圈栏散养 TMR 饲喂技术或小群传统的短缰拴系(缰绳长 0.5 m)饲喂方法(按照先粗后精,最后饮水,定时定量饲喂的原则。每日饲喂 2～3 次,饮水 2～3 次。

舍饲强度肥育的肥育场形式有:全露天肥育场,无任何挡风屏障或牛棚,适于温暖地区;全露天肥育场,有挡风屏障;有简易牛棚的育肥场;全舍饲肥育场,适于寒冷地区。以上形式应根据投资能力和气候条件而定。

(2)放牧补饲强度肥育　是指犊牛断奶后进行越冬舍饲,到第二年春季结合放牧适当补饲精料。这种育肥方式精料用量少,每增重 1 kg 约消耗精料 2 kg。但日增重较低,平均日增重在 1 kg 以内。15 个月龄体重为 300～350 kg,8 个月龄体重为 400～450 kg。

进行放牧补饲强度肥育,应注意不要在出牧前或收牧后,立即补料,应在回舍后数小时补饲,否则会减少放牧时牛的采食量。当天气炎热时,应早出晚归,中午多休息,必要时夜牧。当补饲时,如粗料以秸秆为主,其精料参考配方如下:1～5 月份,玉米 60%,油渣 30%,麸皮 10%。6～9 月份,玉米 70%,油渣 20%,麸皮 10%。

(3)谷实饲料肥育法　谷实饲料肥育法是一种强化肥育的方法,要求完全舍饲,使牛在不到 1 周岁时活重达到 400 kg 以上,平均日增重达 1 000 g 以上。要达到这个指标,可在 1.5～2 月龄时断奶,喂给含可消化粗蛋白质 17% 的混合精料日粮,使犊牛在近 2 月龄时体重达到 110 kg。之后用含可消化粗蛋白质 14% 的混合料,喂到 6～7 月龄时,体重达 250 kg。然后可消化粗蛋白质再降到 11.2%,使牛在接近 12 月龄时体重达 400 kg 以上,公犊牛甚至可达 450 kg。

(4)粗饲料为主的育肥法

①以青贮玉米为主的育肥法:青贮玉米是高能量饲料,蛋白质含量较低,一般不超过 2%。以青贮玉米为主要成分的日粮,要获得高日增重,要求搭配 1.5 kg 以上的混合精料。

以青贮玉米为主的肥育法,增重的高低与干草的质量、混合精料中饼粕饲料的含量有关。如果干草是苜蓿、沙打旺、红豆草、串叶松香草或优质禾本科牧草,精料中饼粕饲料含量占 1/2 以上,则日增重可达 1.2 kg 以上。

②以干草为主的肥育法:在盛产干草的地区,秋冬季能够贮存大量优质干草,可采用干草肥育。具体方法是:优势干草随意采食,日加 1.5 kg 精料。干草的质量对增重效果起关键性作用,大量的生产实践证明,豆科和禾本科混合干草饲喂效果较好,而且还可节约精料。

2.步骤与方法

(1)制订原则

①结合某一具体规模化养牛场,在深入调研基础上进行制订;

②方案语言简洁明了,定性定量进行说明,术语应用准确;

③在研究分析前提下科学制订方案,具有比较高的应用价值,对生产具有一定的指导作用。

(2)制订方法

①育肥指标:育肥成活率、料肉比、出栏体重。

②青年牛品种:具体品种或杂种牛名称。

③育肥方式:主要指与育肥环境条件关系密切关联的育肥,比如是舍饲育肥,还是放牧加补饲育肥等。

④育肥方法:主要指与育肥饲料关系密切关联的育肥,比如以谷物为主育肥,以糟渣为主育肥,或以青贮为主育肥等。

⑤批育肥数量:一般育肥牛场是按批量进行育肥的,计划每一批育肥的数量。

⑥饲草料种类及来源:精料补充料、各种饲草种类、糟渣等品种及来源。

⑦预饲、育肥时间:即育肥从进牛到出栏具体预计的年月日期。预饲期一般 7～14 天;育肥前期一般 50～60 天,育肥中期 70～80 天,育肥后期 50～70 天。

⑧预饲期饲养技术:日粮结构、换料方法及日常饲喂程序及要求。预饲期管理技术:圈舍具体消毒卫生,待育肥牛健康检查,免疫与驱虫,健胃等具体做法和顺序要求。

⑨育肥期饲养技术:个体日粮结构,营养水平;日粮饲喂与饮水方法及要求,工作顺序,注意事项。育肥期管理技术:圈舍卫生与消毒,饲养密度控制,青年牛育肥环境控制,比如温度、湿度、有毒有害气体控制具体措施,称重与生产指标检查等技术要领。

3.实训练习

确定某一熟悉肉牛场,制订具体的肉牛育肥方案。

××××××牛场××××牛育肥方案

一、育肥生产指标:

二、育肥时间:

三、育肥品种: ;批育肥数量:

四、育肥方式: ;育肥方法:

五、饲料种类及来源:

六、预饲期( )天

饲养技术	
管理技术	

七、育肥期（　）天

（一）育肥前期（　）天

饲养技术	
管理技术	

（二）育肥中期（　）天

饲养技术	
管理技术	

（三）育肥后期（　）天

饲养技术	
管理技术	

【自测练习】

1. 填空题

（1）年龄较大的牛，增加体重主要依靠＿＿＿＿＿＿；而年龄较小的牛，则主要依靠肌肉、＿＿＿＿＿＿和各种器官的生长。肉牛生长发育第一年增重＿＿＿＿＿＿，第二年仅为第一年的＿＿＿＿＿＿％。

（2）肉用犊牛的营养水平如果按＿＿＿＿＿＿型饲养，则体重增长最快；如果按＿＿＿＿＿＿型和＿＿＿＿＿＿饲养，则最为经济；而＿＿＿＿＿＿型又比＿＿＿＿＿＿型的肥育效果好。

（3）架子牛育肥，一般选用年龄＿＿＿＿＿＿岁、未经育肥不够屠宰体重的牛，在短时期内集中进行强度肥育饲养＿＿＿＿＿＿个月，草料量大，日增重快，出栏体重达到＿＿＿＿＿＿kg 以上。

（4）成年牛一般指＿＿＿＿＿＿月龄以上牛，其大多来源于肉用母牛、淘汰的成年乳用母牛及老弱黄牛，这种牛骨架已长成，只是膘情差，采用＿＿＿＿＿＿个月的短期肥育，以增加膘度，出栏重达＿＿＿＿＿＿kg 以上。

（5）高档牛肉生产，以＿＿＿＿＿＿月龄断奶后的幼牛、体重在＿＿＿＿＿＿kg 为宜，肥育到＿＿＿＿＿＿月龄达到出栏标准屠宰。年龄超过＿＿＿＿＿＿月龄以上的牛生产不出高档牛肉。

2. 判断改错题（在有错误处下画线，并写出正确的内容）

（1）在同等饲养环境条件下，一般小型肉牛品种比大型肉牛品种的初生重、日增重高；成年母牛体重大小对犊牛的生长影响效应不明显。（　　　）

（2）肉牛肥育阶段，营养水平高低对不同体重阶段的肌肉、脂肪、骨骼的发育没有明显影响。（　　　）

（3）一般说，母牛的肉质较好，肌纤维细，结缔组织较少，容易肥育。（　　　）

(4)育成公牛比阉牛有较高的生长率和饲料转化率。(   )

(5)小肉牛肥育指出生后犊牛,经特殊的肥育饲养出栏,其肉质风味独特,价格昂贵。我国市场需求量日益增加,涉外饭店绝大部分依靠进口。(   )

3.问答题

(1)影响肉牛育肥效果的因素有哪些?

(2)我国高档牛肉生产对育肥生产环节有哪些技术要求?

【学习评价】

考核任务	考核要点	评价标准	考核方法	参考分值
1.影响肉牛育肥生产性能的因素分析 2.肉牛育肥方案制订	操作态度	精力集中,积极主动,服从安排	学习行为表现	10
	协作意识	有合作精神,积极与小组成员配合,共同完成任务		10
	查阅生产资料	能积极查阅、收集资料,认真思考,并对任务完成过程中的问题进行分析处理		10
	影响肉牛育肥生产因素分析	在学习实践基础上,结合本地区情况分析影响肉牛生产性能的主要因素	口述分析	15
	肉牛育肥方案制订	在充分学习实践和对本地区肉牛养殖业调研基础上,制订一份适合本地区肉牛育肥的方案	制订具体方案	25
	综合判断	制订肉牛育肥方案可行、准确	结果评定	20
	工作记录和总结报告	有完成全部工作任务的工作记录,字迹工整;总结报告结果正确,体会深刻,上交及时	作业检查	10
合计				100

【知识链接】

无公害食品,肉牛饲养管理准则(NY/T 5128—2002)。

无公害食品,畜禽应用水水质(NY 5027—2008)。

肉牛饲养管理技术规范(甘肃省 DB62/T 1287—2005)。

学习任务三　肉牛生产性能测定

【任务目标】

了解肉牛屠宰工艺流程,熟悉肉牛宰前与宰后生产性能测定指标,掌握相关生产性能测定方法,依照有关标准能够对育肥效果做出正确评价,对宰后胴体品质进行科学评定。

【学习活动】

◆ 一、活动内容

肉牛育肥性能测定及宰后胴体品质评定。

◆ 二、活动开展

围绕学习任务进行咨询,在专业教师指导下,设计学习计划并实施。收集肉牛育肥场肉牛育肥生产相关技术信息,组织学生到肉牛屠宰场现场观摩和实践,学习掌握肉牛宰前育肥效果评定方法,宰后胴体测量和胴体分割技术、胴体品质评定标准等,熟练掌握具体操作技能。

【相关技术理论】

动物生产性能是指动物产肉、乳、皮、毛等产品以及为人类提供服务的能力,是一种生产产品的表型值,包括两个方面内容:生产产品的数量和质量、生产产品的效率。生产性能是代表动物个体表型最有意义的指标,是种用动物个体选择的重要内容。肉牛业发达国家的肉牛品种是通过生产性能测定,进行种群选育,选择培育优秀种牛,提高群体遗传水平和生产性能,长期选育改良形成的。肉牛业发达国家经过多年的选育,培育出了最适于本国生产牛肉的专门化品种,他们的牛肉几乎都是由专门化的肉牛品种提供的。全世界约有 60 个专门化的肉牛品种,其中分布范围最广、生产性能较好的主要有利木赞、夏洛来、皮尔蒙特等大型品种及海福特、安格斯等中小型品种。

◆ 一、肉牛主要育肥性状测定

(一)初生重和日增重

1.初生重

初生重是犊牛出生后被毛已擦干首次哺乳前实际称量的体重。它是衡量胚胎期生长发育的重要标志。它具有中等的遗传力,是选种的一个重要指标。影响初生重的主要因素是牛的品种及母牛的年龄、体重、体况。早熟种的初生重占成年母牛体重的 5%～5.4%,大型品种为 5.5%～6.0%。

2.断奶重

断奶重是肉牛生产中重要指标之一。不仅反映母牛的泌乳性能、母性强弱,同时在某种程度上决定犊牛的增重速度。由于犊牛断奶时间不一致,断奶前的增重速度受母牛年龄和犊牛性别的影响,因此,在比较犊牛断奶重时必须进行校正。其公式为:

$$校正断奶重 = \left(\frac{断奶重 - 初生重}{实际断奶日龄} \times 校正的断奶天数 + 初生重 \right) \times 母牛年龄系数$$

母牛年龄系数为:2 岁=1.15,3 岁=1.1,4 岁=1.05,5～10 岁不需校正=1,11 岁或更大＝1.05。

例如:选用 205 天校正断奶天数,初生重 40 kg,断奶重 216 kg,实际断奶日龄 201 天,母牛年龄为 3 岁。

$$校正断奶重＝[(216－40)/201×205＋40]×1.1＝241.5(kg)$$

3. 断奶后增重

肉用牛从断奶到性成熟体重增加很快,是提高产肉性能的关键时期,要抓住这个时期提早肥育出栏。为了比较断奶后的增重情况,通常采用校正的 1 岁(365 天)体重。计算公式:

$$校正的 365 天体重＝\frac{实际最后体重－实际断奶体重}{饲养天数}×(365－校正断奶天数)＋校正断奶重$$

如果 18 月龄(1.5 岁)肥育出栏,可以比较 550 天的增重性能。

$$校正的 550 天体重＝\frac{实际最后体重－实际断奶体重}{饲养天数}×(550－校正断奶天数)＋校正断奶重$$

4. 日增重

日增重是衡量增重和肥育速度的标志。肉用牛在充分饲养条件下,日增重与品种、年龄关系密切,8 月龄以前日增重较高,1 岁后日增重就下降。因此肥育出栏年龄宜在 1～2 岁之间。日增重在性别上有差异,公牛比阉牛长得快,而阉牛又比青年母牛长得快。计算日增重和肥育速度须定期测定各阶段的体重。其计算公式:

$$日增重＝\frac{期末重－期初重}{期始至期末的饲养天数}$$

例如:一肥育牛,开始体重为 300 kg,期末体重为 450 kg,饲养期为 140 天。计算这个阶段的日增重:

$$日增重＝\frac{450－300}{140}＝1.07(kg/天)$$

(二)饲料利用率

饲料利用率与增重速度之间存在着正相关,是衡量牛对饲料的利用情况及经济效益的重要指标。应根据总增重、净肉重及饲养期内的饲料消耗量,多用干物质或饲料单位或能量表示。其计算公式:

$$增重 1 kg 体重需饲料干物质(kg)或能量(MJ)或饲料单位数＝\frac{饲养期内共消耗饲料干物质(kg)或能量(MJ)或饲料单位数}{饲养期内纯增重(kg)}$$

$$生产 1 kg 肉需饲料干物质(kg)或能量(MJ)或饲料单位＝\frac{饲养期内共消耗饲料干物质(kg)或能量(MJ)或饲料单位}{屠宰后的净肉重(kg)}$$

例如:一头二代夏洛来,在饲养期内共消耗 971 个饲料单位,纯增重 334.5 kg,屠宰后净肉重 179.5 kg,其饲料利用率为:增重 1 kg 体重需饲料单位:$\frac{971}{334.5}＝2.9$,每千克肉需要饲料单位＝$\frac{971}{179.5}＝5.41$。

(三)肥育程度评定

通过目测和触摸来测定屠宰前肉牛的肥育程度,用以初步估测体重和产肉力(表2-2-7),但必须有丰富的实践经验,才能比较准确地掌握。目测的着眼点主要是测定牛体的大小、体躯的宽狭与深浅度,肋骨的长度与弯曲程度,以及垂肉、肩、背、臀、腰角等部位的丰满程度,并以手触摸各主要部位肉层的厚薄和耳根、阴囊处脂肪蓄积的程度。

表2-2-7　肉牛屠宰前肥育程度的评定标准

等级	评定标准
特等	肋骨、脊骨、腰椎横突都不明显,腰角与臀端呈圆形,全身肌肉发达,肋部丰满,腿肉充实,并向外突出和向下延伸
一等	肋骨、腰椎横突不显现,但腰角与臀端不圆,全身肌肉发达,肋部丰满,腿肉充实,但不向外突出
二等	肋骨不甚明显,尻部肌肉较多,腰椎横突不甚明显
三等	肋骨、脊骨明显可见,尻部如屋脊状,但不塌陷
四等	各关节完全暴露,尻部塌陷

二、肉牛屠宰与主要胴体性状测定

(一)肉牛屠宰程序和要求

肉牛屠宰前24 h停止饲喂和放牧,仅供给充足的饮水。宰前8 h停止饮水。宰前的牛要保持在安静的环境中。

1. 放血

在颈下缘喉头部,割断颈动脉放血,血盛入盘内,直到放尽为止。称血重和宰后重。

2. 剥皮

从头部剥起,四肢从蹄冠上系部剥起一直剥到尾部,注意割开尾皮,从第一尾椎骨处取下尾骨称重,在右背侧用卡尺量取双层皮厚,再被2除,得皮厚,并称取皮重。

3. 去头、蹄

自第一颈椎处将头割下;前肢从前臂骨和腕骨间的腕关节处割断;后肢从胫骨和跗骨间的跗关节割断,并分别称重。

4. 内脏剥离

沿腹侧正中线切开。纵向锯断胸骨和盆腔骨,切除肛门和外阴部,分出连接体壁的横膈膜。除保留肾脏和肾脂肪外,其他内脏全部取出。割除生殖器和母牛乳房。消化器官,分别称食道、胃、小肠、大肠、直肠的重量(无内容物)。其他内脏,分别称心、肝、肺、脾、肾、胰、气管、横膈膜、胆囊(包括胆汁)、膀胱(空)的重量。胴体脂肪,分别称肾脂肪、盆腔脂肪、腹膜脂肪、胸膜脂肪的重量。非胴体脂肪,分别称网膜脂肪、肠系膜脂肪、胸腔脂肪、生殖器官脂肪的重量。生殖器官称重。

5.胴体分割

沿脊椎骨中央,将胴体分割成左右各半片胴体(称为二分体)。无电锯时,可沿椎体左侧椎骨端由前而后劈开,分软、硬两半(左侧为软半,右侧为硬半)。注意砍面整齐,并称取胴体重。

图 2-2-1　肉牛屠宰过程示意

肉牛屠宰程序如图 2-2-1 所示。

主要测量指标如下:

$$胴体重=活重-(头重+皮重+血重+内脏重+腕跗关节以下的四肢重)$$

$$屠宰率=\frac{胴体重}{活重}\times100\%$$

这是表示肉牛产肉性能的重要指标,肉用牛的屠宰率为 58%～65%,兼用牛为 53%～54%,乳用牛为 50%～51%。

(二)胴体测量与胴体品质

胴体需要冷却 4～6 h(严寒条件下,防止胴体冻结)之后,才能进行胴体改观、部位测量和肉质评定。

用吊钩挂牢胴体跟腱部,倒吊,然后进行外观评定和胴体测量。

1.外观评定

(1)胴体结构　观察胴体整体形状,外部轮廓,胴体厚度、宽度和长度。

(2)肌肉厚度　要求肩、背、腰、臀等部位肌肉丰满肥厚。

(3)皮下脂肪覆盖　要求脂肪分布均匀,厚度适宜,覆盖度大。覆盖度一级为 90%以上;二级为 76%～89%;三级为 60%～75%;四级为 60%以下。

(4)放血充分,无疾病,胴体表面无污染和伤痕与缺陷。

2.胴体测量

(1)胴体长　自耻骨缝前缘至第一肋骨前缘的最远长度。

(2)胴体体深　自第七胸椎棘突的体表至第七胸骨的体表垂直深度。

(3)胴体胸深　自第三胸椎棘突的体表至胸骨下部的体表垂直深度。

(4)胴体后腿围　在肱骨与胫腓骨连接处的水平围度。

(5)胴体后腿宽　自割去尾的凹陷处内侧至大腿前缘的水平宽度。

(6)胴体后腿长　自耻骨缝至跗关节的中点长度。

(7)皮下脂肪厚度

背脂厚:在第 5～6 胸椎间离中线 3 cm 处的皮下脂肪厚度。

腰脂厚:肠骨外角(腰角)外侧处的皮下脂肪厚。

肋脂厚:第 12 肋骨弓最高处皮下脂肪厚。

上述项目测量完毕后,将胴体片平置于肉案上,去肾脏及附近脂肪,再进行下述项目测量(图 2-2-2)。

(8)肌肉厚度

大腿肌肉厚:自大腿后侧体表至肱骨体中点的垂直距离。

图 2-2-2　牛胴体剖分示意

腰部肌肉厚：自第 3 腰椎体表(棘突处 1.5 cm 处)至横突的垂直距离。

(9)眼肌测量

眼肌面积：12～13 肋间的眼肌面积，先用钢锯沿第 12 胸椎后缘锯开，然后再用利刀沿第 12 肋骨后缘切开，然后用利刀切开 12～13 肋骨间，在 12 肋骨后缘用硫酸纸将眼肌面积描出，用求积仪或方格透明卡片(每格 1 cm)计算出眼肌面积。

眼肌脂肪分布：即通称"大理石"状程度。可采用 9 级评定法，对眼肌横切面进行评定。

眼肌上部脂肪厚度：从眼肌的一边至另一边划出一条最长的水平线段，将该线段四等份，在其 3 个分点上各引出一条垂线与眼肌及其上部脂肪相交，测出 3 条垂线经过脂肪层的厚度，计算其平均值，即为眼肌上部的脂肪厚度。眼肌面积是评定肉牛生产潜力和瘦肉率大小的重要技术指标之一。

例如，秦川牛 18 月龄眼肌面积平均为(97.02±20.29) cm²，公牛高达 106.53 cm²，所以秦川牛胴体产肉率达 86.34%。

3.胴体重的最低限度

暂以 1 岁半出栏为标准，净肉率在 37%～42%。

特等：净肉 147 kg(活重 350 kg，净肉率 42%)。

一等：净肉 120 kg(活重 350 kg，净肉率 40%)。

二等：净肉 97.5 kg(活重 250 kg，净肉率 39%)。

三等：净肉 81.4 kg(活重 220 kg，净肉率 37%)。

四等：活重在 200 kg 以下，净肉率低于 37%。

4.肉质评定

(1)肌肉的色泽：要求肌肉颜色鲜红、光泽，肌纤维的纹理较细(颜色过深和过浅均不符合要求)。

(2)脂肪以白色、有光泽、质地坚硬、有黏性为最好。

(3)品味：将肉样(取臀部深层肌肉)切成 2 cm 小块，不加任何调料，在沸水中煮 70 min(肉水比为 1∶3)，然后由鉴定人员品评其鲜嫩度、多汁性、味道和汤味。

(4)熟肉率测定：将肉样(取腿部肌肉)放在沸水中煮 120 min，取出后立即称量(要在屠宰 2 天后进行)。

(5)化学分析：用化学方法分析肉样，测定其中蛋白质、脂肪、灰分、水分的含量。

(三)胴体解体分割

胴体解体分割取另侧胴体进行。

1.解体和部位

由二分体的 12～13 肋之间分割为两部分：前腿部、后腿部。前腿共分 5 部分：小腿肉、胸肉、前腿肉、背肉、脖肉。后腿共分 8 部分：腿肉、后腿肉、腹肉、内里脊肉、腰肉、短腰肉、臀部肉、膝圆肉。其中优质切块为腰部肉＋短腰肉＋膝圆肉＋臀部肉＋后腿肉＋里脊肉(图 2-2-3)。

图 2-2-3　胴体分割部位示意

2.前腿分割工序

(1)小腿肉　由肩胛骨远端关节(肘关节)割下，去骨。

(2)前腿肉　沿肩胛骨和胸壁结合处分割，使肩胛骨和前臂骨与胴体分离，去骨。

（3）胸肉　自脊椎骨内侧向前剔至颈部，剔掉颈骨使脖肉完整，不要割下，再用刀剑拆开肋骨膜，沿着软肋骨向上将肉揭开至肋骨顶端后，将肋骨、脊椎骨、颈骨、全部去掉。从胸骨尖端处斜切至 12 肋骨上端，离椎骨端 15 cm 左右。分割的下部即为胸肉。

（4）脖肉　沿最后颈椎棘突方向斜切，即为脖肉。

（5）背肉　分割后余下部分后骨。

3. 后腿分割工序

（1）腹肉　剔下第 13 肋骨。沿腰脊骨下缘经肠骨角向下，将腹肌全部割下。

（2）内里脊肉　由腰部内侧剔除出带里脊头完整条肉。

（3）腰肉　由第 5 腰椎骨后缘割下去骨。

（4）短腰肉　由第 5 椎骨处经髂骨干中点作斜线切割。

（5）后腿肉　有肱骨远端关节割下（膝关节），去骨和前小腿肉合并成小腿。

（6）膝圆肉　由肱骨自然骨缝分离，再用刀尖划开肱四头肌和半腱肌的连接膜，割下的肱四头肌（膝圆肉）。

（7）腿肉　由坐骨结节下缘沿骨缝经髋骨结节，再沿肱骨自然缝分离肱骨后部肌肉（主要为股二头肌、半腱肌、半膜肌）为腿肉。

（8）臀肉　剔后剩下部分去骨（臀中肌、臀深肌）。

（四）胴体骨肉分离与主要性状测定

对胴体进行骨肉分离。要求将骨上肉剔除干净，分别称取骨重和净肉重。

1. 肉骨比＝净肉重/骨重

胴体中肌肉、脂肪和骨骼的比例因品种而异，见表 2-2-8。

表 2-2-8　阉牛胴体组成

品种	头数	活重/kg	肌肉/%	脂肪/%	骨骼/%
海福特	27	402	54.5	31.3	14.1
婆罗门	16	379	60.1	24.4	15.3
圣塔-格特鲁迪斯	12	405	57.1	27.1	15.7
黑白花	23	413	60.1	22.1	17.6

肉骨比是指牛的胴体中肌肉重量和骨骼重量的比例，也就是肉重为骨重的倍数；肉脂比是指牛屠宰后，肌肉重量和脂肪重量的比例，即肌肉重量为脂肪的倍数。产肉指数（即肉骨比）相应为 5.0、4.1 和 3.3。肉骨比随胴体重的增加而提高，胴体重 185～245 kg 时肉骨比为 4:1，310～360 kg 时为 5.2:1。例如秦川牛 18 月龄时，肉骨比为 6.13:1，肉脂比为 6.25:1，说明秦川牛产肉性能好。

通常，海福特、安格斯含脂肪最多，婆罗门、圣塔—格特鲁迪斯次之，中国荷斯坦、夏洛来、利木赞最少。脂肪多就意味着肉量少，为了尽量降低肉的生产成本，脂肪所占的比例应减少到保持肉有较好的外观和味道所要求的最低限度。

胴体中肌肉、脂肪和骨骼三者的比例还因年龄不同而有变化，见表 2-2-9。

表 2-2-9　中国荷斯坦牛与海福特阉牛的比较

月龄	品种	头数	胴体重/kg	肌肉/%	脂肪/%	骨骼/%	结缔组织及淋巴/%
6	海福特	4	68	61.1	13.5	15.5	9.9
	黑白花	4	94	62.2	12.0	15.8	10.0
12	海福特	4	132	60.8	17.2	14.0	8.0
	黑白花	4	154	62.8	13.9	16.5	6.8
18	海福特	4	236	52.4	32.5	10.6	4.5
	黑白花	4	260	55.6	25.4	12.7	6.3
24	海福特	4	294	52.4	32.5	10.6	4.5
	黑白花	4	333	53.4	28.9	12.1	5.6

表 2-2-9 说明,随着年龄的增长,胴体中肌肉和骨骼的比例在下降,而脂肪的比例则增加。

牛的肥度对胴体中骨的相对含量影响很大,高饲养水平比低水平同龄牛的骨含量低;同品种小公牛比小母牛的胴体含瘦肉多而脂肪少;阉牛居于两者之间。

2.净肉率＝净肉重/活重×100%

3.胴体产肉率＝净肉重/胴体重×100%

【经验之谈】

经验之谈 2-2-3

【技能实训】

◆ 技能项目一　肉牛肥度活体评定

1.实训条件

肉牛场育肥牛个体、肉牛肥度评定标准等。

2.方法与步骤

第一步,目测。绕牛一圈,仔细观察牛体各部位的发育情况。重点是体躯的宽窄深浅,腹部状态及尻部、大腿等处的肥满情况。

第二步,触摸。结合目测,用手探测颈、垂肉、下肋、肩、背、腰、肋、臀、耳根、尾根和阉牛的阴囊等部位的肉层厚薄,脂肪蓄积的程度。具体操作要领:

（1）检查下肋　以拇指插入下肋内壁，余四指并拢，抚于肋外壁，虎口紧贴下肋边缘，掐捏其厚度与弹性，确定其肥育水平，特别是脂肪沉积水平。

（2）检查颈部　评定者站于牛体左侧颈部附近，以左手牵住牛缰绳，另牛头向左转，随后右手抓摸颈部。肥育牛肉层充实、肥满、瘦牛肌肉不发达，抓起有两层皮之感。

（3）检查垂肉及肩、背、臀部　用手掌触摸各部位，并微微移动手掌，然后对各部位进行按压，按压时由轻到重，反复数次，以检查其肥育水平，肥者肉层厚，有充实感，瘦者骨棱明显。

（4）检查腰部　用拇指和食指掐捏腰椎横突，并以手心触摸腰角。如肌肉丰满，检查时不易触觉到骨骼，否则，可以明显地触摸到皮下的骨棱。只有高度肥育状态下，腰角处才覆有较多脂肪。

（5）检查肋部　用拇指和食指掐捏肋骨，检查肋间肌肉的发育程度。肥育良好的牛，不易卡住肋骨。

（6）检查耳根、尾根　用手握耳根，高度肥育的牛有充实感；尾根两侧的凹陷很小，甚至接近水平，用手触摸坐骨结节，有丰满之感。

（7）检查阴囊　高度肥育的阉牛，用手捏摸阴囊，充实而有弹性，内部充满脂肪。如阴囊松弛，证明肥育尚未达到理想水平。

对观察的个体牛分别进行描述性记载，并做等级评定。

肉牛个体肥育度评定记录

牛号	目测综合评价		体躯主要部位触摸评价						肥度等级
	个体大小	体躯丰满度	肋骨	脊骨	腰椎横突	腰角	臀端	腿肉	

说明：

目测综合评价：①个体大小填写"大、中、小"；②体躯丰满度填写"极丰满、丰满、较丰满、不丰满"。

体躯部位触摸：①触摸部位不外露、圆形、肌肉极度充实外展，填写"＋＋"；②触摸部位外露不明显、圆形、肌肉充实，填写"＋"；③触摸部位肌肉较多，但明显外显，填写"±"；④触摸部位肌肉较少，骨骼外露很明显，且有塌陷，填写"－"。

3．注意事项

对照育肥牛肥度评定标准进行肉牛个体特征观察，要将目测与触摸结合起来进行肥度综合评定。

1.实训条件

屠宰场肉牛屠宰后胴体二分体、测量用 3M 钢卷尺、纸笔等。

2.方法与步骤

结合前面关于胴体测量相关知识,对牛胴体进行测量,测量项目有胴体长、胴体深、后腿围、后退宽、后腿长、皮下脂肪厚度等。对测量结果记入下表。

肉牛胴体测量记录表 cm

编号	胴体测量项目							
	胴体长	胴体深	后腿围	后腿宽	后腿长	皮下脂肪厚度		
						背脂厚	腰脂厚	肋脂厚

3.注意事项

肉牛宰后胴体静置 2~4 h 开始测量,测量前要将胴体剖分为二分体,取左半或右半胴体进行测量;测量时要将待测半边胴体自然平整地放置在肉案板上;测量一定要找准部位,测量读数精确到 0.5 cm。

【自测练习】

1.填空题

(1)影响肉牛初生重的主要因素是_____及母牛的_____、_____、_____。早熟种的初生重占成年母牛体重的_____%~_____%,大型品种为_____%~_____%。

(2)肉用牛在充分饲养条件下,日增重与_____、_____关系密切,_____以前日增重较高,_____后日增重就下降。

(3)肉牛宰前肥育度评定是通过_____和_____来测定的,以此初步估测体重和产肉力。

(4)肉牛屠宰程序包括_____、_____、_____、_____、_____。

(5)肉牛胴体品质评定内容包括_____、_____、_____。

2.判断改错题(在有错误处下画线,并写出正确的内容)

(1)肉牛育肥饲料利用率与增重速度之间存在着负相关,是衡量牛对饲料的利用情况及经济效益的一般指标。(　　)

(2)肉牛屠宰前12 h停止饲喂和放牧,仅供给充足的饮水。宰前6 h停止饮水。宰前的牛要保持在极度快乐的环境中。(　　)

(3)胴体后腿宽:自割去尾的凹陷处内侧至大腿前缘的水平宽度。(　　)

(4)肉骨比是指牛的胴体中肌肉重量和骨骼重量的比例,也就是肉重为骨重的倍数。(　　)

(5)在肉质评定中要求肌肉颜色鲜红、光泽,肌纤维的纹理较细。(　　)

3.问答题

(1)试简述肉牛屠宰程序及操作要求有哪些?

(2)走访餐饮业,设计一份调查表,调查分割牛肉在本地区生活餐饮上是如何具体使用的?

【学习评价】

考核任务	考核要点	评价标准	考核方法	参考分值
1.肉牛育肥性能测定 2.肉牛胴体品质评定	操作态度	精力集中,积极主动,服从安排	学习行为表现	10
	协作意识	有合作精神,积极与小组成员配合,共同完成任务		10
	查阅生产资料	能积极查阅、收集资料,认真思考,并对任务完成过程中的问题进行分析处理		10
	肉牛肥育性能测定	根据在肉牛场收集到的肉牛育肥生产过程统计数据,能够对肉牛日增重、饲料报酬等反映育肥效果的指标进行计算	实际操作	20
	肉牛胴体品质评定	掌握肉牛胴体测量方法、并依据标准对胴体品质做出评定	实际操作	20
	测量与评定结果综合判断	准确	结果评定	20
	工作记录和总结报告	有完成全部工作任务的工作记录,字迹工整;总结报告结果正确,体会深刻,上交及时	作业检查	10
合计				100

【实训附录】

鲜、冻分割牛肉验收标准

实训附录2-2-1

学习情境三　牛群繁殖技术

Project 1

公牛精液

学习任务一　公牛采精

【任务目标】

熟悉假阴道的组成部件,能正确规范安装并调试牛假阴道;学会公牛采精调教,能够熟练掌握公牛采精训练及采精操作等技术要点。

【学习活动】

▶ **一、活动内容**

公牛采精训练及采精操作。

▶ **二、活动开展**

(1)通过查询相关信息,结合公牛采精图片及视频资源,了解公牛采精场地要求,相关器械和设备使用,熟悉公牛采精流程。

(2)创造条件现场观摩,分组训练操作,学习公牛调教方法,熟悉公牛采精过程,掌握采精技术要点。

(3)在教师的指导下,学生完成公牛采精系列操作。

【相关技术理论】

采精是牛人工授精工作的首要环节,能否得到量大、品质优良的精液是保证母牛受胎的前提。

▶ **一、采精准备**

(一)采精场地的准备

采精要有固定的场地,以便公牛建立良好的性条件反射,保证人畜安全和防止精液污染。理想的采精场地应设有室外和室内两个部分,并与精液品质检查室、输精操作室相连或距离较近,室外采精场地要求宽敞、平坦、安静、清洁、避风。室内采精场地应宽敞明亮、地面平坦,注意防滑,场地内应有供公牛爬跨的假台畜。室内采精场的面积一般为 $10 \text{ m} \times 10 \text{ m}$。

(二)台畜的准备

台畜是供公畜爬跨用的台架,有真台畜和假台畜之分。使用发情母畜和调教的公牛做台畜采精效果更好。真台畜应选择健康无病、体格健壮、性情温顺、无恶癖的母牛。母牛牵入保定栏内保定,可用横木保定,用绳索把后肢固定好,以防踢伤人。使用假台畜采精既简单方便,又安全。假台畜(图 3-1-1)是用钢筋、木材、橡胶制品等材料模仿家畜的外形制成的,固定在地面上,其大小与真畜相近。假台畜的外层覆以棉絮、泡沫等柔软之物,亦可用畜

皮包裹,以假乱真。假台畜内可设计固定假阴道的装置,可以调节假阴道的高低。利用假台畜采精需对公畜进行调教,其方法是:

(1)在假台畜的后躯涂抹发情母畜阴道分泌物或外激素,以引起公牛的性兴奋,并诱导其爬跨假台畜,多数公牛经多次调教即可成功。

(2)在假台畜的旁边拴系一发情母牛,让待调教公牛爬跨发情母牛,然后拉下,反复几次,当公牛的性兴奋达到高峰时将其牵向假台畜,成功率较高。

(3)可让待调教公牛目睹已调教好的公牛利用假台畜采精或在场内播放有关录像,进而诱导公牛爬跨假台畜。

在调教过程中,切忌强迫、抽打、恐吓或有其他不良刺激,以防止公牛性抑制而造成调教困难。同时要注意人畜安全和公牛生殖器官清洁卫生,加强公牛的科学饲养管理。公牛初次爬跨试采成功后,要连续多次重复训练,以便建立起稳定的条件反射。

(三)假阴道的准备

1.假阴道的结构

假阴道是模仿母牛阴道的生理条件而设计的一种采精工具。假阴道由外壳、内胎、集精杯(瓶、管)、活塞(气嘴)、固定胶圈等部件构成。

2.假阴道调试时应注意的问题

假阴道经正确安装后通过注水、消毒、涂抹润滑剂、调压、调温等调试。具有适宜的温度(38～40℃),适当的压力和适宜的润滑度。温度来自于注入假阴道内的温水,注入量占假阴道外壳与内胎容积的2/3。温度过低,不能引起公牛的性欲;温度过高,使公牛受到不良刺激,调教较难。压力是借助注水和空气来调节的,压力不够,公畜难以排精;压力过大,公畜阴茎难以伸入假阴道,也容易造成内胎破裂,致使精液品质下降。通常用液状石蜡作润滑剂。润滑度不够,采精效果差;润滑剂过多,常与精液混合,使精液品质受到影响。

(四)公牛的准备

公牛精液品质的好坏与其体况密切相关。公牛必须保持良好的繁殖体况,给予全价饲料,精心饲养管理,加强运动,注意畜体与畜舍的环境卫生,做好疾病的预防和治疗工作。实践证明,公牛采精前的性准备与采精量和精液品质有着密切关系,应采取有效方法进行诱导,使公牛保持充分的性兴奋和性欲。例如,让公牛反复多次爬跨台畜或在待采栏内观察等待。

(五)操作人员的准备

采精员应技术熟练,动作敏捷,对每一头公牛的采精条件和特点了如指掌,操作时要注意人畜安全。操作前,要求脚穿长筒靴,着紧身工作服,避免与公牛及周围物体钩挂,影响操作。指甲剪短磨光,手臂要清洗消毒。

▶ **二、采精技术**

牛通常采用假阴道法采精。

(一)牛的假阴道安装与调试

1.牛假阴道的各部件组成的认识

牛的假阴道由外壳、内胎、集精管、三角漏斗、活塞、固定胶圈等部件构成。见图3-1-2。

图3-1-2　牛假阴道各部件组成

2.牛假阴道的安装与调试步骤

（1）检查　安装前,要仔细检查内胎及外壳是否有裂口、破损、沙眼等。

（2）清洗　假阴道使用后,拆开各部件,可用热的洗衣粉水清洗,内胎的油污必须清洗干净。再用大量清水冲净,自然晾干后即可使用。

（3）安装内胎　将内胎的粗糙面朝外,光滑面向里放入外壳内,内胎露出外壳两端部分长短应相等。而后将其翻转在外壳上,内胎应平整,不应扭曲,再以胶圈加以固定。牛的集精杯(管)可借助特制的保定套或胶漏斗与假阴道连接。

（4）消毒　用长柄钳夹取75%的酒精棉球,擦拭内胎及外壳两端部分,包括胶漏斗。

（5）注水　通过注水孔向假阴道内、外壁之间注入50~55℃温水,使其能在采精时保持38~40℃,注水总量约为内、外壁间容积的1/3~1/2。注水主要为了调节温度。公牛射精对温度的要求较高。温度过低,不能引起公牛性欲,造成采精量少或公牛不射精;温度过高,不但会影响精液品质,还会使公牛产生不良的应激。

（6）涂润滑剂　用消毒好的玻璃棒,取灭菌凡士林或液状石蜡少许,均匀涂于内胎的表面,涂抹深度为假阴道长度的1/2左右,润滑度不够,公牛阴茎不易插入或有痛感;如果润滑剂过多或涂抹过深,则往往会流入集精瓶,影响精液品质。

图3-1-3　合适压力的假阴道内胎

（7）调节压力　可用双连球由注水孔注气调压,假阴道入口处内胎呈"Y"字形。压力是借助注入水和空气来调节的,压力不足,公牛不射精或射精不完全;压力过大,不仅妨碍公牛阴茎插入和射精,还可造成内胎破损和精液外流。调试好的假阴道,见图3-1-3。

（8）测温　把消毒的温度计插入假阴道内腔,待温度不变时再读数,一般38~40℃为宜,也要根据不同个体的要求,作适当调整。调试结束后,在假阴道的入口端用消毒纱布盖好,装入保温箱内备用。

(二)牛的采精

采精时,采精员多站在台畜的右后方。当公牛爬跨台畜的瞬间,迅速将假阴道靠在台畜尻部,使假阴道与公畜阴茎伸入方向一致,用左手托起阴茎将其导入假阴道内。操作时要注意动作的协调性。当公畜射精完毕从台畜上跳下时,持假阴道跟进,阴茎自然脱离假阴道后,取下集精杯。把精液送到处理室。

牛对假阴道的温度较敏感,要特别注意温度的调节。将阴茎导入假阴道时,切勿用手握,否则会造成阴茎回缩。牛采精时间较短,只有几秒钟,当公牛用力向前一冲即表示射精,因此,要求采精者动作迅速。

三、采精频率

合理安排采精频率,既能最大限度地发挥公畜的利用率,也有利于公牛健康,延长使用年限。

采精频率是根据公牛睾丸的生精能力、精子在附睾的贮存量、每次射出精液中的精子数及公牛体况等来确定。睾丸的生精能力除遗传因素外,与饲养管理密切相关。因此,公牛的饲养管理得当,可适当增加采精频率。

公牛每周可采精 2～3 次,每次连续采两个射精量,第二次射出的精液,品质往往比第一次好。

【经验之谈】

经验之谈 3-1-1

【技能实训】

技能项目一　假阴道安装

1. 实训条件

假阴道各个部件、充气筒以及照片、图片、视频等资源。

2. 方法与步骤

(1) 将假阴道外壳、内胎、集精杯清洗后,检查外壳和内胎是否有破损裂缝或砂眼。

(2) 将内胎放入假阴道内,使两端露出的内胎相等,并翻转于外壳上,用橡皮圈固定两端内胎。

(3) 将装好的假阴道用卷上棉球的长玻璃棒蘸上 70% 酒精擦拭内胎进行消毒。擦拭方法:由假阴道中部均匀地旋转玻璃棒往外涂擦,擦好一端再以同样方法擦另一端。如立即采精,可再用 95% 酒精以同样方法擦拭内胎一次,最后用灭菌的 1% NaCl 溶液充分冲洗内胎,以防止酒精残留而杀死精子。

(4) 将消毒过的集精杯安装于假阴道一端的开口上,并加上固定套和固定圈。

(5) 在假阴道外壳的注水孔中注入 50～55℃ 的热水,采精时应保持在 40～42℃,切勿过高或过低,注水量约为假阴道内、外胎之间容积的 1/2～1/3 为宜。

（6）用消过毒的玻璃棒蘸已灭菌的润滑剂（如凡士林）涂于假阴道内胎上。涂的深度为假阴道全长的 2/5～1/2，涂润滑剂的量不宜过多，防止流入精液内。

（7）在外壳的活塞上吹入适当的空气，以调节假阴道内的压力。压力不能过大，防止阴茎插不进去，也有可能使内胎膨胀而脱开。

（8）全部准备好的假阴道，必须进行一次最后检查，即压力、温度是否适度，是否有漏水、漏气现象。检查温度可用 70％酒精棉球消毒过的温度计插入假阴道内胎内约 2 min 至水银柱不再上升为止。最后用消毒过的纱布盖住假阴道入口端，以备采精。

3.实训练习

5 人一组，在教师示范教学及指导下每人独立完成 2～3 只采精用假阴道组装练习。

公牛采精用假阴道组装实训记录

假阴道编号	注水量/mL	温度/℃	内胎外口充气形状	组装检查	组装员

◆ 技能项目二　公牛采精

1.实训条件

待采精公牛、假台畜、假阴道及配套设备和试药等。

2.方法与步骤

（1）采精员左手持假阴道站立于台畜臀部右侧处距离约一步。

（2）当公牛牵近台畜时，切勿使公牛立即爬跨，应适当控制，增强其性欲。当公牛阴茎充分勃起，并排出少量无色透明的分泌物时，才令其爬跨。

（3）当公牛爬跨时，采精员取下遮盖假阴道的纱布，同时以左手心向上，通过拨动阴茎基部，将阴茎导向右侧，同时右手将假阴道置于台畜臀部的右侧，使其与公牛阴茎伸出的方向一致，约与水平线呈 35°角度。当公牛阴茎插入阴道内的同时后躯突然向前耸身，即表示射精。

（4）射精后，随公牛跳下的同时取下假阴道，并立即使假阴道集精杯向下直立，打开活塞，放出夹层中的空气和部分温水，以使精液流入集精杯内。

（5）回实验室取下集精杯，并盖上盖子，进行精液品质的各项检查。

(6)假阴道、集精杯等用具洗涤、消毒、保存,以备下次使用。

3. 实训练习

严格按照操作程序,在指导教师示范下学生分组练习,每组 3～5 人完成 3～5 头公牛采精,要求人人动手采精。

公牛采精记录

公牛号	采精时间	采精量/mL	采精员

【自测练习】

1. 填空题

(1)在假台畜的后躯涂抹发情母畜阴道_____或_____,以引起公牛的性兴奋,并诱导其爬跨_____。

(2)台畜是供公畜爬跨用的台架,有_____和_____之分。

(3)假阴道由_____、_____、_____、_____、_____等部件构成。

(4)合理安排采精_____,既能最大限度地发挥公畜的_____,也有利于公牛健康,延长使用年限。

2. 判断改错题(在有错误处下画线,并写出正确的内容)

(1)公牛初次爬跨试采成功后,不再需要连续多次重复训练,以便建立起稳定的条件反射。(　　)

(2)假阴道经正确安装后通过注水、消毒、涂抹润滑剂、调压、调温等调试。(　　)

(3)采精时,采精员多站在台畜的左后方。当公牛爬跨台畜的瞬间,迅速将假阴道靠在台畜尻部,使假阴道与公畜阴茎伸入方向一致,用左手托起阴茎将其导入假阴道内。(　　)

(4)公牛每周可采 3～5 次,每次连续采两个射精量,第二次射出的精液,品质往往没有第一次好。(　　)

(5)牛对假阴道的温度较敏感,要特别注意温度的调节。(　　)

3. 问答题

(1)公牛调教怎样进行?

(2)公牛采精方法是什么?

考核任务	考核要点	评价标准	考核方法	参考分值
1.假阴道安装 2.台畜清理检查 3.公牛采精	操作态度	精力集中,积极主动,服从安排	学习行为表现	10
	协作意识	有合作精神,积极与小组成员配合,共同完成任务		10
	查阅生产资料	能积极查阅、收集资料,认真思考,并对任务完成过程中的问题进行分析处理		10
	假阴道安装	水量、水温适中,内胎平整无皱褶,消毒彻底	实际操作及结果评定	20
	台畜清理检查	检查认真、清理彻底无污物,假台畜破损及时修复	实际操作及结果评定	20
	公牛采精	准备工作充分,操作规范准确,流程清晰	实际操作及结果评定	20
	实训报告	有完成全部工作任务的工作记录,字迹工整;总结报告结果正确,体会深刻,上交及时	作业检查	10
合计				100

【知识链接】

《牛、羊用采精器》中华人民共和国农业行业标准(NY 530—2002)。

《兽用输精枪》农业行业标准(NY 531—2002)。

学习任务二　公牛精液品质检查

【任务目标】

了解精子发生及精子运行方式,熟知精液理化特性。明确精液品质检查意义,能够进行精液外观判定,同时对精子活力、精子密度、精子畸形率等指标做出准确评定结果。

【学习活动】

一、活动内容

公牛精液品质检查。

二、活动开展

(1)通过查询相关信息,结合图片及视频等教学资源,了解精子发生及精子运行、运动特性。熟悉外界环境因素对精子的影响。

（2）明确精液品质检查的目的和意义,在教师指导下对采集的精液进行外观评定。

（3）在外观评定基础上,练习使用实训室仪器设备完成精子活力、精子密度、精子畸形率等指标测定。

（4）对精液品质检查结果及操作过程进行综合评价。

【相关技术理论】

▶ 一、精液

(一)精液的组成及理化特性

1.精液的组成

精液由精子和精清组成。精清是由附睾液、副性腺及输精管壶腹的分泌物组成,占精液的绝大部分。牛精液中精清所占比例为85%。精液中干物质占2%～10%。公畜精液量的多少取决于其副性腺,牛的副性腺不发达,分泌能力弱,故精液量小。

2.精液的理化特性

（1）精液的物理特性　精液一般呈不透明的灰色或乳白色。精子密度越大,颜色越浓。牛精液密度大,精液呈乳白或厚乳白色。精液一般有腥味,牛精液往往带有微汗脂味。精液pH的大小主要由副性腺的分泌物决定,刚采出的精液近于中性,牛的精液呈弱酸性。此后由于精子较旺盛的代谢,造成酸度累积,致使pH下降,精子存活受到影响。

（2）精液的化学特性

无机成分:在精液中的无机离子主要有K^+、Na^+、Ca^{2+}、Mg^{2+}、Cl^-、PO_4^{3-}等,对维持渗透压起重要作用。

糖类:糖是精液的重要成分,是精子代谢的能量来源。精液中的糖类主要有果糖、山梨醇、唾液酸等。果糖在精液中含量较高,主要来自副性腺。刚排出的精液,果糖很快分解为丙酮酸,其释放的热量是精子的主要能源。

氨基酸:精液中含有10多种游离的氨基酸,是精子有氧代谢的基质,有利于合成核酸。

酶:精液中的酶较多,对精子体外代谢起着催化作用。如顶体酶对精卵子结合受精起重要作用;三磷酸腺苷酶是精子的呼吸和糖酵解活动所必需的;脱氢酶使精子具有受精力等。

维生素:维生素对于增加精子活力和密度至关重要。牛的精液中已发现有硫胺素、核黄素、抗坏血酸、烟酸、泛酸等。

脂质:精液中的脂质类物质主要为磷脂,卵磷脂有助于延长精子存活时间,对精子能起到抗冷冻作用。

(二)精子结构

牛的精子是形态特殊、结构相似、能运动的雄性生殖细胞。表面有质膜覆盖,精子形似蝌蚪,分头、颈、尾三部分。家畜精子的长度一般为$60～70\ \mu m$,头和尾的重量大致相等,其体积只有卵子的$1/30\ 000～1/10\ 000$,长度约为卵子直径的$1/2$（图3-1-4）。

1.头部

牛精子的头部为扁椭圆形,一般长$8\ \mu m$、宽$4\ \mu m$、厚$1\ \mu m$。

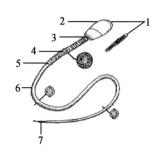

图3-1-4　牛精子结构图
1.顶体　2.头　3.颈　4.中段
5.终环　6.主段　7.末段

家禽的精子则比较特殊,呈长圆锥形。精子的头部主要由细胞核构成,内含遗传物质 DNA。核的前部在质膜下为帽状双层结构的顶体,也称核前帽。核的后部由核后帽包裹并与核前帽形成局部交叠部分,叫核环。顶体内含有多种与受精有关的酶,是一个不稳定的结构。精子的顶体在衰老时容易变性,出现异常或从头部脱落,为评定精子品质的指标之一。

2. 颈部

颈部位于头的基部,是头和尾的连接部,其中含 2~3 个颗粒,核和颗粒之间有一基板,局部的纤维丝即以此为起点。颈部是精子最脆弱的部分,在体外处理和保存过程中,极易变形而失去受精能力。

3. 尾部

尾部是精子最长的部分,是精子的代谢和运动器官。根据其结构的不同又分为中段、主段、末段三部分。中段由颈部延伸而成,其中的纤丝外围由螺旋状的线粒体鞘膜环绕,一般为 50~70 圈,是精子分解营养物质,产生能量的主要部分。主段是尾部最长的部分,内有多条纤丝,没有线粒体鞘膜包裹。末段最短,是中心纤丝的延伸。从中段至主段有 2 条中心纤丝,9 条内卷纤丝和 9 条外卷纤丝。精子主要靠尾部的鞭索状波动,推动精子向前运动。由于精子能量来自尾的中段,对于头尾脱离或头部有缺陷或损伤的精子仍可能有运动能力。

(三)精子的生理特性

1. 精子的代谢

精子在体外生存,必须进行物质代谢,尤其是能量代谢,以满足其生命活动所需养分。精子代谢过程较为复杂,主要有糖酵解和呼吸作用。

(1)精子的糖酵解　糖类对维持精子的生命活动至关重要,但精子内的糖很少,必须利用精清中的糖经酵解后供精子利用。精子糖酵解主要利用果糖,代谢产物是丙酮酸和乳酸,在有氧的情况下最终分解成 CO_2 和水,并释放能量。精子对糖的分解能力与精子密度成正比,可作为评定精液品质的标准。

(2)精子的呼吸　精子的呼吸主要在尾部进行,通过呼吸作用,对糖类彻底氧化,从而得到大量能量。呼吸旺盛,会使氧和营养物质消耗过快,造成精子早衰,对精子体外存活不利。为防止这一不良现象,在精液保存时常采取降低温度,隔绝空气和充入二氧化碳等办法,使精子减少能量消耗,以延长其体外存活时间。

2. 精子运动

精子运动与其代谢机能有关,是活精子的主要特征。

(1)精子的运动形式

直线前进运动:在条件适宜的情况下,正常的精子做直线前进运动,这样的精子能运行到输卵管壶腹部与卵子结合受精,是有效精子。

原地摆动运动:精子头部摆动,不发生位移,这种精子属无效精子。

圆周运动:精子围绕点做转圈运动,这样的精子也属无效精子。

(2)精子的运动特性

向流性:在母畜生殖道中,由于发情时分泌物向外流动,精子可逆流向输卵管方向运行。

向触性:在精液中如果有异物,精子就会向着异物运动,其头部顶住异物做摆动运动,精子活力就会下降。

向化性:精子具有向着某些化学物质运动的特性,雌性动物生殖道内存在某些特殊化学物质如激素,能吸引精子向生殖道上方运行。

二、精液品质检查

精液品质检查目的是鉴定精子品质的优劣,还可以确定配种负担能力,决定稀释倍数。精液品质反映了种公畜的饲养水平和种用价值,也可反映出精液处理的水平。进行精液品质检查时,要对精液进行编号,将采取的精液迅速置于 30 ℃的温水中,防止低温对精子的打击。检查时动作迅速、准确、取样要有代表性。

(一)精液外观性状检查

1. 采精量

采精后将精液盛装在有刻度的试管或精液瓶中,可测出精液量的多少。牛的采精量为 5~10 mL,精液量与正常差异较大,应查明原因,及时调整采精方法或对公畜进行治疗。

2. 颜色

精液一般为乳白色或灰白色,精子密度越大,精液的颜色越深。牛的精液呈乳白色或厚乳白色,有时呈淡黄色。若精液呈红色,说明混有鲜血。精液呈褐色,是混有陈血。精液呈淡黄色则是混有脓汁或尿液。颜色异常的精液应废弃,立即停止采精,查明原因,及时治疗。

3. 气味

正常精液略带有腥味,牛精液除具有腥味外,另有微汗脂味。气味异常往往伴有颜色的变化。

4. 云雾状

牛的精液精子密度大,放在玻璃容器中观察,精液呈上下翻滚状态,像云雾一样。称为云雾状。这是精子运动活跃的表现。云雾状明显可用"＋＋＋"表示;较明显可用"＋＋"表示;不明显用"＋"表示。

(二)精子活力检查

精子活力又称活率,是指精液中作直线前进运动的精子占整个精子数的百分比。活力是精液检查的重要指标之一,在采精后、稀释前后、保存和运输前后、输精前都要进行检查。

1. 检查方法

检查精子活力需借助显微镜,放大 200~400 倍,把精液样品放在镜下观察

(1)平板压片法 取一滴精液于载玻片上,盖上盖玻片,放在镜下观察。此法简单、操作方便,但精液易干燥,检查应从速。

(2)悬滴法 取一滴精液于盖玻片上,迅速翻转使精液形成悬滴,置于凹玻片的凹窝内,即制成悬滴玻片。此法精液较厚,检查结果可能偏高。

2. 评定

评定精子活力多采用"十级一分制",如果精液中有 80%的精子做直线运动,精子活力计为 0.8;如有 50%的精子做直线运动,活力计为 0.5,依此类推。评定精子活力的准确度与经验有关,具有主观性,检查时要多看几个视野,取平均值。

牛的精液精子密度较大,为观察方便,可用等渗溶液如生理盐水等稀释后再检查。

国家规定公牛新鲜精液活力要求达到 0.6 以上为正常、冻精解冻后活力达到 0.3 为正常可以使用。

温度对精子活力影响较大,为使评定结果准确,要求检查温度在 37℃左右,显微镜需有恒温装置。

(三)精子的密度检查

精子密度是指每毫升精液中所含有精子的数目。精子密度也是评定精液品质的重要指标。目前评定精子密度的方法通常采用估测法、血细胞计数法和光电比色法。

1.估测法

通常与检查精子活力同时进行。在显微镜下根据精子分布的稠密和稀疏程度,可以把精子密度大致分为"密、中、稀"三个等级(图 3-1-5)。这种方法带有一定的主观性,误差较大。

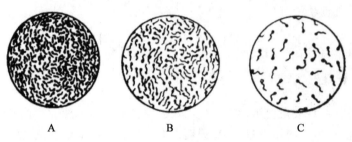

图 3-1-5　用估测法评定精子的密度

A.稠密　B.中等　C.稀薄

2.血细胞计数法

用血细胞计数法定期对公畜的精液进行检查。这种方法可以准确地测定的精子密度(图 3-1-6)。

血细胞计数室中有一块计算板和红、白细胞吸管。计算板上有两个计算室,每个计算室有 25 个中方格,每个中方格分为 16 个小方格。计算室边长是 1 mm,为一正方形,高度为 0.1 mm。红细胞吸管能对精液进行 100 或 200 倍的稀释,适合于牛、羊精液检查;白细胞吸管能对精液进行 10 或

图 3-1-6　血细胞计数格操作示意

20 倍的稀释,适合于猪和马的精液检查。血细胞计数法计算精子密度的具体步骤如下:

(1)在显微镜下找到血细胞计算板上的方格　寻找方格时,在低倍镜下找到血细胞计算板方格的全貌,再用高倍镜找到血细胞计算板的中方格。

(2)稀释精液　用血细胞吸管先吸取原精液至刻度"0.5"或"1.0"处,再吸取 3% 的 NaCl 液至刻度"11"或"101"处,这样对精液分别进行了 10、20 倍或 100、200 倍的稀释。用拇指和食指堵住吸管的两端,振荡几次,充分混合均匀,弃去吸管前端液体 2～3 滴备用。

(3)滴片、镜检　从吸管挤出一小滴精液,在盖玻片和计算板之间轻轻一划,精液会自然充满盖玻片和计算板之间。调整显微镜螺旋,直至能同时看到方格和精子为止,观察并计数(图 3-1-7)。计数时选 5 个有代表性的中方格,即四角和中央的方格。对于头部压线的精子,采用"上计下不计,左计右不计"的原则,避免重复和漏掉。

(4)计算　1 mL 原精液中精子数＝5 个中方格的精子数×5(25 个中方格的精子数)×10(1 mm³ 内的精子数)×

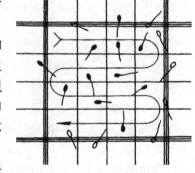

图 3-1-7　血细胞计数格计数示意

1 000(1 mL 稀释后的精子数)×稀释倍数。

　　为保证检查结果的准确性,滴入计算室的精液不能过多,否则会使计算室的高度增加。为了减少误差,应连续检查两次,取其平均值。如果误差大于 10%,要求做第三次,第三次结果与前两次中数据接近的一次平均计算,作为最后结果。

　　3.光电比色法

　　光电比色法是目前普遍应用于牛精液密度评定的一种方法。此法快速、准确、操作简便。使用光电比色计,通过反射光和透射光来测定精子的密度。事先必须先将精液稀释成不同比例,并用血细胞计算板计算精子密度。根据不同精子密度标准管的透光度,求出每相差 1%透光度的级差精子数,制成精子查数曲线或采用计算机直接显示。

　　(四)精子的其他检查

　　1.精子畸形率检查

　　形态和结构不正常的精子都属于畸形精子(图 3-1-8)。畸形精子率即为畸形精子数占总精子数百分比。正常情况下,精液中常有畸形精子出现,牛不超过 18%。如果畸形精子超过 20%,视为精液品质不良,不能用于输精。

图 3-1-8　畸形精子类型

　　检查时,将精液制成抹片,用红、蓝墨水染色,水洗干燥后,在 400 倍显微镜下观察。检查总精子数 200~500 个,计算出畸形精子的百分率。

　　2.精子顶体异常率检查

　　精子顶体异常可导致家畜受精障碍。顶体异常有膨胀、缺损、脱落等。正常精液精子的顶体异常率不高,牛平均为 5.9%,猪为 2.3%,如果精子顶体异常率超过 14%,受精能力就会明显下降。

【经验之谈】

经验之谈 3-1-2

【技能实训】

技能项目一　精子活力测定

　　1.实训条件

　　精液样本,显微镜,载玻片,盖玻片等。

　　2.方法与步骤

　　在显微镜下估计精液样本在 35~37℃温度时,具有直线前进运动精子百分数。观察时可用普通的载玻片,滴一小滴精液后,盖上盖玻片,或凹面玻片做成悬滴标本后,置于 200~

400 倍的显微镜下直接观察精子的运动状况。

（1）平板压片法　把显微镜调整到备用状态，注意要使用暗视野。用玻璃棒蘸取一小滴精液于载玻片上，轻轻压上盖玻片，放在显微镜下 400 倍观察，评定活力。精子的运动形式大致有三种，即直线前进运动、原地摆动和圆周运动。评定精子活力，要观察做直线运动的精子占整个精子的百分比。评定活力的标准用"十级一分制"，如视野中有 50％的精子做直线运动，精子活力记为 0.5，依此类推。检查时，显微镜最好有保温设施，温度在 37℃ 左右，且检查要迅速。为评定准确，要推动玻片，看 3～5 个视野，取其平均值。制作精液样本时应注意，精液不宜过多或过少，一般有足够的精液布满盖玻片与载玻片之间的空隙而不溢出为准。观察时温度不宜过高或过低，最好保持在 37℃ 左右，同时评定时速度力求迅速，评定要求准确。

（2）悬滴法　取一小滴精液于盖玻片上，倒置盖玻片使精液成悬滴，放在凹玻片的凹槽内，置于镜下观察。调节显微镜的螺旋，找到视野，多看几个层面，取平均值作为评定结果。检查精子活力时，如精子的密度大，影响观察，可用生理盐水或等渗的葡萄糖溶液稀释后再进行检查。牛的精液很密，可用等温的灭菌生理盐水或稀释液稀释后评定。

3. 实训练习

每 2 人一组分组练习，在教师指导下每组完成 3～5 份精液活力的检查，并详细记录结果。

公牛精液活力检查记录单

公牛精液编号	精液类别	检查方法	光学显微镜倍数	第一视野活力	第二视野活力	第三视野活力	平均活力

说明："精液类别"指新鲜精液或冻精。

▶ 技能项目二　精子密度测定

1. 实训条件

显微镜、光电比色计、血细胞计数室、计数器等。

2. 方法与步骤

（1）估测法　取一滴原精液，制成平板压片，放在 400 倍镜下观察，按密、中、稀三级评定。

"密"：精子充满整个视野，精子间的空隙难以容纳一个精子，看不清单个精子运动，密度在 10 亿/mL 以上。

"中"：精子间的空隙能容纳 1～2 个精子，能看清单个精子的运动，密度为 3 亿～

9 亿/mL。

"稀"：精子在显微镜下分布较松散,精子间的空隙能容纳 3～9 个精子,密度评为 1 亿～3 亿/mL。

(2)血细胞计数法

①在显微镜下找到血细胞计算板上的方格　先用低倍镜找到方格的全貌。计算板上红细胞计数区的一个大方格(边长 1 mm),由 25 个中方格组成,每个中方格又分为 16 个小格,整个红细胞计数区的一个大方格中共有 400 个小方格。找清格后盖上盖玻片,置于 400 倍镜下,视野调至任意一角的中方格上。

②稀释精液　用血细胞吸管先吸取原精液至刻度"0.5"或"1.0"处,然后再吸 3‰NaCl 液至刻度"11"或"101"处,这样对精液进行了 20、10 倍或 200、100 倍稀释。然后用拇指和食指堵住吸管的两端,振荡几次,充分混合均匀,再弃去 2～3 滴。

③滴片镜检　从吸管挤出一小滴精液,在盖玻片和计算板之间轻轻一划,精液就会自然充满盖玻片与计数板之间,调整螺旋,直至能同时看清方格和精子为止,观察计数。

④计数　通常检查 25 个中方格有代表性的 5 个,即四角和中间的一个,把 5 个中方格的精子数累加,按下列公式计算：

$$1 \text{ mL 原精液中的精子数}=5 \text{ 个中方格的精子数}\times 5\times 10\times 1\ 000\times \text{稀释倍数}$$

(3)光电比色计测定法　常用的光电比色计有 581-G 型、72-1 型和 76-1 型等。

牛精液精子浓度的测定。用 2.9‰等渗枸橼酸钠(柠檬酸钠)液 5 mL,定点到 100,取鲜精 0.1 mL 加进另一个装有 2.9‰柠檬酸钠 4.9 mL 的比色皿中。

如用 581-G 型比色计,要用 42 号蓝色滤光片比色;如用 72-1 型比色计,要用 440nm 进行比色,记录其透光和光密度值(X 值)。

同上另在测定管内加 1 滴 8 mol/L 的苛性钠,同除去精清的密度记录方法,记录其透光密度。

用血细胞计数盘计数,待测各鲜精样品数批,每份样品测 2 次,如 2 次误差超过 5‰时需要重测。将 2 次测量的平均值作为该透光度(或光密度)溶液的密度。用牛精液测定的结果如表 3-1-1 所示。

表 3-1-1　牛精子密度查数表　　　　　　　　　　　　　　　　　　亿个/mL

透光度	密度	透光度	密度	透光度	密度	透光度	密度	透光度	密度
5	24.764 1	24	19.721 5	43	14.678 9	62	9.636 3	81	4.593 7
6	24.498 1	25	19.456 1	44	14.413 5	63	9.370 9	82	4.328 3
7	24.233 3	26	19.190 7	45	14.148 1	64	9.105 5	83	4.062 9
8	23.967 9	27	18.925 3	46	13.882 7	65	8.840 1	84	3.797 5
9	23.702 5	28	18.659 9	47	13.617 3	66	8.754 7	85	3.532 1
10	23.437 1	29	18.394 5	48	13.351 9	67	8.309 3	86	3.266 7
11	23.171 7	30	18.129 1	49	13.086 5	68	8.043 9	87	3.001 3
12	23.906 3	31	17.863 7	50	12.821 1	69	7.778 5	88	2.735 9
13	22.640 9	32	17.598 3	51	12.555 7	70	7.513 1	89	2.470 5
14	22.375 5	33	17.332 9	52	12.290 3	71	7.247 7	90	2.205 1

透光度	密度	透光度	密度	透光度	密度	透光度	密度	透光度	密度
15	22.110 1	34	17.067 5	53	12.024 9	72	6.982 3	91	1.939 7
16	21.844 7	35	16.602 4	54	11.759 5	73	6.716 9	92	1.674 3
17	21.759 3	36	16.536 7	55	11.494 1	74	6.451 5	93	1.408 9
18	21.313 9	37	16.271 0	56	11.228 7	75	6.186 1	94	1.143 5
19	21.048 5	38	16.005 9	57	10.963 3	76	5.920 7	95	0.878 1
20	20.783 1	39	15.740 9	58	10.697 9	77	5.655 3	96	0.612 7
21	20.527 7	40	15.475 1	59	10.432 5	78	5.389 0	97	0.347 3
22	20.252 3	41	15.209 7	60	10.167 1	79	5.174 5	98	0.081 9
23	19.986 9	42	14.944 3	61	9.901 7	80	4.859 1		

注:新鲜精液 0.1 mL＋2.9％柠檬酸钠 4.9 mL。

3. 实训练习

每 2 人一组分组练习,在教师指导下每组完成不少于 3 份精液密度的测定,并认真记录测定结果。

公牛精液密度测定记录单

公牛精液编号	精液类别	估测法密度	血细胞计数法密度	比较分析

说明:"比较分析"指两种密度测定法结果之间差异型大小。

▶ 技能项目三　精子畸形率测定

1. 实训条件

精液,显微镜,载玻片,玻棒,擦镜纸,计数器等。

2. 方法与步骤

(1)用细玻棒蘸精液一小滴于清洁的载玻片之一端,如是牛和羊的精液最好用 1～2 滴 0.9％ NaCl 溶液稀释。

(2)取另一张边缘平整的载玻片,以其顶端呈 35°抵于精液滴上,待精液沿接触面扩散后,均匀推向另一端,做成精液抹片。但必须注意精液抹片不要太厚,同时要防止抹片时用力过大而造成人为的畸形精子数增多。

(3)待抹片自然干燥后,用 0.5％的甲紫(龙胆紫)酒精溶液染色 3 min。然后用缓缓流水洗去染料,待干即可镜检。如果没有龙胆紫酒精溶液,也可用红墨水或蓝墨水,红药水等染色 3～5 min，用水缓缓冲洗，待干后镜检。

(4)畸形精子的计算方法：将制好的精液抹片，置于显微镜下放大 400 倍，随机计数出不同视野中的精子 500 个，然后计算出畸形精子百分率。

精液中畸形精子数过多，会影响受胎率，一般公牛的精液中畸形精子不超过 18%。

3.实训练习

每 2 人为一组分组练习，在教师指导下，每小组完成不少于 3 份精液畸形率检查，并认真记录检测结果。

公牛精液畸形率检查记录单

公牛精液编号	精液类别	精液染色液	视野精子计数总数	畸形精子数	精子畸形率

【自测练习】

1.填空题

(1)精液由_____和_____组成。_____是由附睾液、副性腺及输精管壶腹的分泌物组成，占精液的_____部分。牛精液中精清所占比例为_____%。精液中干物质占_____%。

(2)牛的精子是一形态特殊、结构相似、能运动的_____生殖细胞。表面有_____覆盖，精子形似蝌蚪，分_____、_____、_____三部分。家畜精子的长度约_____ μm，头和尾的重量大致_____。

(3)精子的运动特性，具有_____、_____和_____。

(4)精液外观品质检查，主要观察_____、_____、_____。

2.判断改错题(在有错误处下画线，并写出正确的内容)

(1)公畜精液量的多少取决于其副性腺，牛的副性腺不发达，分泌能力弱，故精液量小。(   )

(2)精液 pH 的大小主要由副性腺的分泌物决定，刚采出的精液近于中性，牛的精液呈弱酸性。(   )

(3)如果精液的温度从体温状态急剧降到 20 ℃以下，精子会不可逆的失去活力，不能恢复，这种现象称为冷休克。(   )

(4)精液品质检查目的是鉴定精子品质的优劣，还可以确定配种负担能力，决定稀释倍数。(   )

(5)评定精子活力多采用"十级一分制"，如果精液中有 80% 的精子做直线运动，精子活力计为 0.8；如有 50% 的精子做直线运动，活力计为 0.5，依此类推。(   )

3.问答题

(1)公牛精液理化特性有哪些？

(2)公牛精子结构是怎样的？请简要叙述说明。

【学习评价】

考核任务	考核要点	评价标准	考核方法	参考分值
1.精子活力测定 2.精子密度测定 3.精子畸形率测定	操作态度	精力集中,积极主动,服从安排	学习行为表现	10
	协作意识	有合作精神,积极与小组成员配合,共同完成任务		10
	查阅生产资料	能积极查阅、收集资料,认真思考,并对任务完成过程中的问题进行分析处理		10
	精子活力测定	仪器设备准备调试工作完善,活力测定结果准确	实际操作及结果评定	20
	精子密度测定	仪器设备准备工作完善,活力测定结果准确	实际操作及结果评定	20
	精子畸形率测定	准备工作充分,操作规范准确,流程清晰	实际操作及结果评定	20
	实训报告	有完成全部工作任务的工作记录,字迹工整;总结报告结果正确,体会深刻,上交及时	作业检查	10
合计				100

【知识链接】

《牛冷冻精液》国家标准(GB 4143—2008)。

《牛塑料细管冷冻精液质量标准》新疆维吾尔自治区(DB65/T 2163—2004)。

学习任务三　公牛精液稀释与保存

【任务目标】

明确精液稀释目的,熟悉精液稀释液的组成成分及其作用。能正确选择精液稀释液的种类及筛选配方。掌握精液稀释倍数的计算方法并能熟练配制精液稀释液。能规范、顺利地对公牛精液进行稀释。熟悉精液常温、低温、冷冻保存的温度条件及保存原理。

【学习活动】

一、活动内容

公牛精液稀释与保存。

▶ 二、活动开展

(1)通过查询相关信息,结合图片、视频及现场教学等教学资源,使学生知道精液稀释目的并掌握精液稀释液的组成成分及其作用。

(2)掌握牛精液常用稀释方法,进行牛精液稀释倍数计算,合理选择稀释液配方,完成牛精液稀释液的配制。

(3)按照教师指导准备器具和药品,制备牛精液不同保存方式稀释液。

(4)带领学生完成牛精液的常温、低温、冷冻保存操作,并对操作结果进行评价。

【相关技术理论】

▶ 一、精液稀释

精液稀释是采精及精液品质检查后,向精液中添加适合精子体外存活并保持受精能力的液体。

(一)精液稀释的目的

(1)扩大精液量,增加受配母畜头数。

(2)通过向精液中添加营养物质和保护剂可延长精子在体外的存活时间。

(3)便于精子保存和运输。

(二)稀释液的成分及作用

1. 稀释剂

稀释剂主要用以扩大精液容量,要求所选用的药液必须与精液具有相同的渗透压。严格地讲,凡向精液中添加的稀释液都具有扩大精液容量的作用,均属稀释液的范畴。一般用来单纯扩大精液量的物质有等渗的氯化钠、葡萄糖、蔗糖等。

2. 营养剂

主要为精子体外代谢提供养分,补充精子消耗的能量。如糖类、奶类、卵黄等。

3. 保护剂

(1)缓冲物质　精子在体外不断进行代谢,随着代谢产物(乳酸和 CO_2)的累积,精液的 pH 会逐渐下降,甚至发生酸中毒,使精子不可逆地失去活力。因此,有必要向精液中加入一定量缓冲物质,以平衡酸碱度。常用的缓冲剂有柠檬酸钠、酒石酸钾钠、磷酸二氢钾等。

(2)降低电解质浓度　副性腺中 Ca^{2+}、Mg^{2+} 等(强电解质)含量较高,刺激精子代谢和运动加快,在自然繁殖中无疑有助于受精,但这些强电解质又能促进精子早衰,精液保存时间缩短。为此,需向精液中加入非电解质或弱电解质,以降低精液电解质的浓度。常用的非电解质和弱电解质有各种糖类、氨基己酸等。

(3)抗冷物质　在精液保存过程中,常进行降温处理,如温度发生急剧变化,会使精子发生冷休克而失去活力。发生冷休克的原因是精子内部的缩醛磷脂在低温下冻结而凝固,影响精子正常代谢,出现不可逆的变性死亡。因此,在保存的稀释液中加入抗冷休克物质,使精子不受伤害。常用的抗冷休克物质有卵黄、奶类等。

(4)抗冻物质　在精液冷冻保存过程中,精液由液态向固态转化,对精子危害较大,不使用抗冻剂精子冷冻后的复苏率很低。一般常用甘油和二甲基亚砜(DMSO)作为抗冻剂。

(5)抗菌物质　在采精和精液处理过程中,虽严格遵守操作规程,也难免使精液受到细菌的污染,况且稀释液含各种营养物质较丰富,给细菌繁殖提供了较好条件。细菌过度繁殖不但影响精液品质,输精后也会使母畜生殖道感染,患不孕症。常用的抗菌物质有青霉素、链霉素、氨苯磺胺等。近些年来,国内外将一些新型抗生素如林肯霉素、卡那霉素、多黏菌素等用于精液保存,取得了较好的效果。

另外,一些稀释液使用明胶,对精子有一定的保护作用。蜂蜜中含有丰富的葡萄糖和果糖及多种维生素,不仅为精子提供营养,而且也具有良好的保护作用。

4.其他添加剂

除上述三种成分以外,另向精液中添加的,起某种特殊作用的微量成分都属其他添加剂的范畴。

(1)激素类　向精液中添加催产素、前列腺素 E 等,能促进母畜子宫和输卵管的蠕动,有利于精子运行,提高受胎率。

(2)维生素类　某些维生素如 B_1、B_2、B_{12}、C、E 等具有改进精子活力,提高受胎率的作用。

(3)酶类　过氧化氢酶能分解精液中的过氧化氢,提高精子活力;β-淀粉酶能促进精子获能等。

另外,向精液中添加有机酸、无机酸类进行常温保存;加入提高精子活力的精氨酸,咖啡因;区分精液种类的染料等都属此类。

(三)稀释液的种类和配制

1.稀释液的种类

配制稀释液之前,应根据不同用途的精液选择配方。

(1)现用稀释液　采精后经稀释处理马上输精用。此类稀释液配方简单,只有一种或两种等渗液,如生理盐水、蔗糖,不能进行保存。

(2)低温保存稀释液　用于精液低温保存的稀释液,必须加入卵黄等抗冷休克的一类物质。

(3)常温保存稀释液　用于精液常温保存的稀释液,以糖类和弱酸盐为主体,pH偏低。

(4)冷冻保存稀释液　适于精液的冷冻保存。该稀释液以卵黄、甘油为主体,具有抗冻的特点。

生产中选用何种稀释液,应根据不同用途、不同家畜进行综合判定。家畜种类不同,所用稀释液不同;精液的保存方式不同,稀释液不同。应选择来源广、成本低、效果好、配制容易的稀释液。

2.稀释液的配制

配制稀释液时应注意以下几个问题:

(1)稀释液应现用现配,如配制后确需贮存的,经消毒、密封后放入冰箱中最多能保存2~3 天。

(2)配制稀释液的器具,用前必须洗净并严格消毒,用稀释液冲洗后才能使用。

（3）配制稀释液的蒸馏水要新鲜，最好现用现配制。

（4）所用药品要纯净，一般使用化学纯制剂。药品称量要准确，经溶解、过滤、消毒后方能使用。

（5）卵黄要取自新鲜鸡蛋，抽取时尽量不要混入蛋清，待稀释液消毒冷却后加入。

（6）奶粉的颗粒比较大，溶解时先用等量蒸馏水调成糊状，然后加蒸馏水至需要量，用脱脂纱布过滤后放入 90～95℃的水浴中消毒 10 min。

（四）精液稀释方法与稀释倍数

1. 精液的稀释方法

采精后立即将精液置于30℃的保温瓶中，以防温度的变化。稀释前将精液和稀释液同时放在30℃的水浴锅内，稀释时把稀释液沿着精液容器的壁慢慢加入精液中，边加入边搅拌。如需高倍稀释，应先做3～5倍的低倍稀释，然后再高倍稀释，以防稀释打击。

2. 精液的稀释倍数

精液的稀释倍数过大，对精子存活不利且严重影响受胎率；稀释倍数过小，不能充分发挥精液的利用率，所以，应准确计算精液的稀释倍数。

精液的稀释倍数应根据母畜每次受精所需的有效精子数、稀释液的种类、受配母畜数量等确定。

如一头中国荷斯坦种公牛一次采得鲜精 8 mL，经检查精子活力为 0.7，密度是 11亿/mL。如为母牛输精时要求有效精子数不少于 3 000 万，输精量为 0.25 mL，本次采得的精液处理后能为多少头母牛输精？

答：

（1）1 mL 原精液中的有效精子数＝11亿/mL×0.7＝7.7亿/mL。

（2）稀释后的 1 mL 精液中的有效精子数＝0.3亿÷0.25 mL＝1.2亿/mL

（3）稀释倍数＝7.7亿/mL÷1.2亿/mL≈6（倍）

（4）输精母畜头数＝8 mL×6（倍）÷0.25 mL＝192（头）

本次采得的精液能为 192 头母牛输精。

▶ 二、牛精液冷冻精液保存

精液稀释后即可进行保存，经保存可延长精子的存活时间，使用方便，也利于运输。现行的精液保存方式有三种，常温（15～25℃）保存、低温（0～5℃）保存和冷冻（－196～－79℃）保存。常温和低温保存精液是液态，故为液态保存。牛精液常采用冷冻保存。

精液冷冻保存是利用液氮（－196℃）或干冰（－79℃）作冷源，将精液处理后冷冻起来，达到长期保存的目的。精子在超低温条件下，其代谢活动几乎停止，以生命相对静止状态保存下来，升温后又能复苏而不丧失受精能力。牛精液冷冻保存技术如下：

（一）采精及精液品质检查

精液品质的优劣直接关系到冷冻后效果，做好采精的准备和操作，争取获得优质的精液。用于冷冻保存的精液，活力不低于 0.6，密度在 8亿/mL 以上。

(二)精液稀释

根据冻精的种类、分装剂型及稀释倍数的不同,精液的稀释方法也不相同,现生产中多采用一次稀释法或两次稀释法(表3-1-2)。

表3-1-2　牛冷冻精液稀释液

成　　分	乳糖、卵黄、甘油液	蔗糖、卵黄、甘油液	葡萄糖、卵黄、甘油液	葡萄糖、柠檬酸钠、卵黄、甘油液	
				第一液	第二液
基础液:					
蔗糖/g	—	12	—	—	—
葡萄糖/g	—	—	7.5	3.0	—
乳糖/g	11	—	—	—	—
二水柠檬酸钠/g	—	—	—	1.4	—
蒸馏水/mL	100	100	100	100	—
稀释液:					
基础液/容量%	75	75	75	80	86
卵黄/容量%	20	20	20	20	—
甘油/容量%	5	5	5	—	14
青霉素/(IU/mL)	1 000	1 000	1 000	1 000	—
双氢链霉素/(μg/mL)	1 000	1 000	1 000	1 000	—

1.一次稀释法

将含有甘油、卵黄等的稀释液按一定比例加入精液中,常用于制作颗粒冷冻精液,近年来也在细管、安瓿冻精中应用。

2.两次稀释法

为避免甘油与精子接触时间过长而造成的危害,常采用两次稀释法,也就是将精液分两次稀释。首先用不含甘油的稀释液(第一液)对精液进行最后稀释倍数的半倍稀释,然后把稀释后的精液连同第二液一起降温至0~5℃,并在此温度下进行第二次稀释。

(三)降温平衡

采用一次稀释法,降温是从30℃经1~2 h缓慢降至1℃,以防冷打击。平衡是降温后,把稀释后的精液放置在1℃的环境中停留2~4 h,平衡的目的是使精子有一段适应低温的过程,同时使甘油充分渗入精子内部,达到抗冻保护作用。

(四)细管精液的分装

把平衡后的精液分装到塑料细管中,细管的一端塞有细线团或棉花,其间放置少量聚乙烯醇粉(吸水后形成活塞),另一端封口,冷冻后保存。细管的长度约13 cm,容量有0.25、0.5和1.0 mL。细管冷冻精液不易污染、便于标记、容量小、易贮存、冻结效果好,适合于机械化生产等特点,是最理想的使用剂型。

(五)细管冻精冷冻

采用液氮浸泡法。把分装好的精液细管平铺于特制的细管架上,放入盛装液氮的液氮柜中浸泡,盖好,5 min后取出保存。这种方法启动温度低,冷冻效果好。

(六)冻精解冻

冷冻精液的解冻温度、解冻方法都直接影响精子解冻后的活力,也是输精前必需的准备工作。方法有低温冰水解冻(0～5℃)、温水解冻(30～40℃)和高温解冻(50～70℃)等。经实践证明,温水解冻,特别是38～40℃解冻效果最好。解冻后进行镜检并观察精子活力,活力在0.3以上方能用于输精。

(七)冷冻精液的保存与运输

1.液氮及其特性

液氮是空气中的氮气经分离、压缩形成的一种无色、无味、无毒的液体,沸点温度为－195.8℃,在常温下液氮沸腾,吸收空气中的水汽形成白色烟雾。液氮具有很强的挥发性,当温度升至18℃时,其体积膨胀680倍。此外,液氮又是一种不活泼的液体,渗透性差,无杀菌能力。根据液氮有上述特性,使用时要注意防止冻伤、喷溅、窒息等,用氮量大时要保证室内空气通畅。

2.液氮容器

包括液氮贮运容器和冻精贮存容器。液氮贮存容器是贮存和运输液氮用,冻精贮存容器是专门保存冻精用。当前专门保存冻精用的液氮罐型号较多,但其结构是相同的(图3-1-9,图3-1-10)。

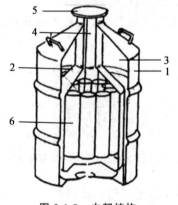

图 3-1-9　内部结构

1.外壳　2.内槽　3.夹层　4.颈管　5.盖塞　6.提筒

图 3-1-10　液氮罐外观

(1)罐壁　分为内、外两层,一般由坚硬的合金制成。为了增加罐的保温性,夹层被抽成真空,真空度为$133.3×10^{-6}$ Pa。在夹层中装有活性炭,硅胶及镀铝涤纶薄膜等,以吸收漏入夹层的空气,从而增加了罐的绝热性。

(2)罐颈　由高热阻材料制成,是连接罐体和罐壁的部分,较为坚固。

(3)罐塞　由绝热性好的塑料制成,具有固定提筒手柄和防止液氮过度挥发的功能。

(4)提筒　用来存放冻精和其他生物制品。提筒的手柄由绝热性良好的塑料制成,既能防止温度向液氮内传导,又能避免取冻精时冻伤。提筒的底部有许多小孔,以便液氮渗入其中。

根据液氮罐的性能要求定期添加液氮。罐内盛装冻精的提筒不能暴露在液氮外,从液氮罐取出冷冻精液时,提筒不得提出液氮罐口外,可将提筒置于罐颈下部。将冻精向另一容器转移时,动作要迅速。液氮罐在使用中要防止撞击、倾倒,定期刷洗保养。为保证贮精效果,要定期检查液氮的消耗情况,当液氮减少至2/3时,需及时补充。

【经验之谈】

经验之谈 3-1-3

【技能实训】

技能项目　牛冷冻精液的解冻

1. 实训条件

牛细管冷冻精液、牛颗粒冷冻精液、烧杯、长柄镊子、水温计等。

2. 方法与步骤

目前在生产上主要使用细管冻精。其解冻方法具体如下

(1)在大烧杯中倒入温水,用温度计测量水温,最佳温度为 38～40℃。

(2)从液氮罐中取出一支细管冻精,要求取细管速度要快,而且不得提出液氮罐口外。见图 3-1-11、图 3-1-12。

图 3-1-11　精液解冻——夹取冻精(一)　图 3-1-12　精液解冻——夹取冻精(二)

(3)把细管投入温水中,待冻精融化一半时即可取出备用。镜检精子活力不少于 0.3 方为合格。

3. 实训练习

每 2 人组成一组练习,在教师指导下每组完成不少于 3 支细管精液的解冻,并完成下表填写。

实训练习项目	细管冷冻精液解冻
1.器材准备	
2.水温调试	
3.夹取冻精	
4.解冻	
5.剪管	
6.装枪	
练习结果评价	

说明:所列上述表格项目要进行描述性叙述。

1.填空题

(1)稀释剂主要用以扩大_____容量,要求所选用的药液必须与精液具有相同的_____。

(2)在精液保存过程中,常进行_____处理,如温度发生急剧变化,会使_____发生冷休克而失去_____。

(3)某些维生素如_____、_____、_____、_____、_____等具有改进精子活力,提高受胎率的作用。

(4)现行的精液保存方式有三种,常温(_____)℃保存、低温(_____)℃保存和冷冻(_____)℃保存。

2.判断改错题(在有错误处下画线,并写出正确的内容)

(1)冷冻精液的解冻方法有低温冰水解冻(0~5℃)、温水解冻(30~40℃)和高温解冻(50~70℃)等。经实践证明,温水解冻,特别是30~35℃解冻效果最好。(　　)

(2)向精液中添加催产素、前列腺素E等,能促进母畜子宫和输卵管的蠕动,有利于精子运行,提高受胎率。(　　)

(3)牛精液采用一次稀释法,降温是从30℃经2~4 h缓慢降至1℃,以防冷打击。(　　)

(4)稀释前将精液和稀释液同时放在50℃的水浴锅内,稀释时把精液液沿着精液容器的壁慢慢加入稀释液中,边加入边搅拌。(　　)

(5)液氮贮存容器是贮存和运输液氮用,冻精贮存容器是专门保存冻精用。(　　)

3.问答题

(1)牛精液稀释液的成分有哪些,在稀释精液后各有什么作用?

(2)牛冷冻精液如何解冻?解冻时应注意哪些问题?

【学习评价】

考核任务	考核要点	评价标准	考核方法	参考分值
1.牛冷冻精液稀释液配制 2.牛细管冷冻精液解冻操作	操作态度	精力集中,积极主动,服从安排	学习行为表现	10
	协作意识	有合作精神,积极与小组成员配合,共同完成任务		10
	查阅生产资料	能积极查阅、收集资料,认真思考,并对任务完成过程中的问题进行分析处理		10
	牛冷冻精液稀释液配制	正确选择试剂,精确称量,规范溶解	实际操作及结果评定	30
	牛细管冷冻精液解冻操作	操作流程正确规范	实际操作及结果评定	30
	实训报告	有完成全部工作任务的工作记录,字迹工整;总结报告结果正确,体会深刻,上交及时	作业检查	10
合计				100

学习情境三　牛群繁殖技术

【知识链接】

《牛冷冻精液》国家标准(GB 4143—2008)。

《液氮生物容器》国家标准(GB/T 5458—2012)。

《输精细管》中华人民共和国农业行业标准(NY 1181—2006)。

Project 2

母牛人工授精

【任务目标】

熟悉母牛生殖器官的形态、位置、功能，为发情检查奠定基础。掌握母牛发情及鉴定相关概念和术语，熟悉母牛性功能发育阶段，掌握母牛发情的基本规律和特点。掌握母牛卵泡发育规律，把握排卵时间。能用外部观察法从牛群中挑出发情个体，做进一步鉴定，能规范、顺利地对牛进行直肠检查，找到卵巢并定位，正确判断卵泡发育阶段，推断大致排卵时间。

【学习活动】

一、活动内容

母牛发情检查。

二、活动开展

（1）通过查询相关信息，结合图片、视频及现场教学等教学资源，使学生熟知母牛繁殖生理、发情规律及特点。

（2）在老师的带领下，到牛场运动场通过外部观察法从牛群中挑出发情个体。学习观察母牛发情的外部特征和行为变化。

（3）在教师示范操作指导下，学生分组利用直肠检查法对母牛空怀时期卵巢、卵泡、黄体发育特点进行辨识。

（4）分组练习对发情母牛准确确定最佳输精时间。

【相关技术理论】

一、母牛发情生理

（一）发情的概念及特征

发情是指母牛生长发育到性成熟阶段时所表现的周期性性活动现象。即在生殖激素的调节下，母牛卵巢上有卵泡发育和排卵等变化，生殖道有充血、肿胀和排出黏液等变化，外表行为有兴奋不安、食欲减退和出现求偶活动等变化。母牛所表现的这种一系列生理和行为上的变化，称为发情。

母牛发情时，其卵巢上有卵泡发育、成熟和排卵的变化，这是发情的内在本质特征；其次，母牛在性欲和外生殖器官方面的变化是发情的外部特征。具体表现在好动、排尿频繁、经常哞叫，愿意接近公牛，嗅闻公牛后表现静立不动，后肢叉开，尾巴举起，呈现接受交配的姿势。母牛的采食量、饮水量减少，泌乳量降低。外阴部红肿，阴门湿润并常常外翻，阴蒂闪动。生殖道内有黏性分泌物排出，发情初期量多、稀薄、透明，发情后期逐渐变为浓稠，分泌量逐渐减少。

(二)母牛性机能的发育阶段

母牛的一生中，性机能的发育是一个由发生、发展直至衰退停止的过程。母畜出生后，其性机能的发育过程一般分为初情期、性成熟期、配种适龄和繁殖机能停止期(表 3-2-1)。不同品种、个体及不同的饲养管理条件等因素的差异，其性机能的发育阶段均有差异。

表 3-2-1　母牛的繁殖阶段

家畜种类	初情期/月龄	性成熟期/月龄	配种适龄/岁	繁殖机能停止期/岁
黄牛	8～12	10～14	1.5～2	13～15
奶牛	6～12	12～14	1.3～1.5	13～15
水牛	12～15	18～24	2.5～3	13～15

1.初情期

初情期是指母牛初次出现发情或排卵的年龄。这时生殖器官迅速发育，开始出现性活动。此时生殖器官还未发育充分，性机能也不完全。初情期年龄越小，表明母牛的性发育越早。初情期的母牛发情表现往往不完全，有时发情的外部表现较明显，但卵泡并不一定能发育成熟至排卵；有时卵泡虽然能发育成熟，但外部表现不明显，只要有上述两种情况出现其一，就标志母牛已进入初情期。

初情期与母牛体重有很大关系，初情期母牛体重约占成畜的30%。如奶牛达到初情期时的体重是其成年体重的30%～40%，而肉牛是其成年体重的45%～50%。牛的生长速度会影响达到初情期的年龄，良好的饲养管理能促进生长，提早初情期的到来；饲养管理较差则生长缓慢，推迟初情期的到来。

初情期的母牛生殖器官发育迅速，开始有繁殖后代的机能，一旦配种有受胎的可能。初情期是脑垂体促性腺激素活动增强、性腺类固醇激素生成和配子发生能力增加的结果，但此时由于生殖器官尚未发育成熟，性机能表现不完全，故发情表现往往不规律，多为安静发情。

2.性成熟与初配适龄

初情期后，随着年龄的增长，生殖器官进一步生长发育，到生殖器官发育完全，发情排卵已趋正常，具备了正常繁殖后代的能力，此时称为性成熟。性成熟后，母牛具有正常的周期性发情和协调的生殖内分泌调节能力。但此时身体的正常发育还未完成，故一般不宜配种，否则过早配种怀孕，一方面妨碍本身的生长发育，另外也将影响到胎儿的发育，导致本身和后代生长发育不良，势必会影响母牛一生的生产力。

性成熟后再经一段时间的发育，当机体各器官、组织发育基本完成，并且具有本品种固有的外貌特征，一般体重达到成年体重的70%左右，此时可以参加繁殖配种，这时期称为初配适龄，此时妊娠不会影响母体和胎儿的生长发育。初配适龄对于生产有一定的指导意义，但具体时间还应根据个体生长发育情况时行综合判定。母牛在适配年龄后配种受胎，但身体仍未完全发育成熟，只有在繁殖2～3胎以后，经过发育，才能达到成年体重，称为体成熟。

3.繁殖机能停止期

母牛经多年的繁殖活动，终由器官老化，丧失繁殖能力。在母牛繁殖机能停止之前，只要生产上效益明显下降时即行淘汰。如奶牛繁殖机能停止的年龄可达 15 岁以上,但在 11 岁左右其泌乳量明显下降,应及时淘汰。

(三)发情周期与发情持续期

1. 发情周期

母牛到了初情期以后,卵巢上出现周期性的卵泡发育和排卵变化,生殖器官及整个机体也发生一系列周期性生理变化,这种变化周而复始(非发情季节及怀孕期除外)一直到性机能停止活动的年龄为止,母牛这种周期性的性活动称为发情周期。

发情周期的计算,一般是指从一次发情(排卵)开始至下一次发情(排卵)开始所间隔的时间,并把发情当天计作发情周期的第 1 天。母牛的发情周期平均为 21(16～25)天。

在母牛发情周期中,根据母牛机体发生的一系列生理变化,可将发情周期分为若干阶段,一般采用四期分法和二期分法来划分发情周期的阶段。

(1)四期分法　根据发情周期中母牛生殖器官的变化和性欲等表现,可将发情周期划分为四个阶段,即发情前期、发情期、发情后期和间情期。

①发情前期　是母牛发情的准备阶段,相当于 21 天发情周期的第 16 天至第 18 天。此期的特征是:卵巢中上一个发情周期所形成的黄体进一步萎缩退化,新的卵泡开始生长发育;生殖道上皮细胞开始增高,阴道和阴门黏膜轻度充血肿胀,生殖道内有少量稀薄黏液分泌;在阴道黏液涂片上分布有大而轮廓不清的扁平上皮细胞和散在的白细胞;母牛外表发情行为不明显,尚无明显的性欲表现。牛的发情前期约为 3 天。

②发情期　是母牛集中表现发情现象的阶段,相当于 21 天发情周期的第 1 天至第 2 天。此期的特征是:卵巢中卵泡迅速发育,卵巢体积明显增大,大多数牛在发情后期排卵;生殖道黏膜充血肿胀明显,子宫黏膜显著增生,子宫的弹性增强而变硬实,子宫颈口松弛开张,子宫、阴道收缩性增强,腺体分泌活动加强,有大量透明稀薄黏液排出;阴唇呈充血、水肿、松软状态;阴道黏液涂片上分布有无核的上皮细胞和白细胞;母牛外表精神状态和行为表现明显,性欲明显。

③发情后期　是母牛发情后的恢复阶段,相当于 21 天发情周期的第 3 天至第 4 天。此期的特征是:卵巢上的成熟卵泡排卵后开始形成黄体并分泌孕酮;子宫颈管逐渐收缩关闭,子宫内膜增厚,表层上皮较高,子宫收缩性减弱,腺体分泌减少,黏液量少而黏稠,阴道黏膜增生的上皮细胞脱落;阴道黏液涂片上分布着有核和无核的扁平上皮细胞和白细胞;母牛精神状态逐渐恢复正常,性欲逐渐消失。

④间情期　又称休情期,是发情后期结束到下一次发情前期的阶段,相当于 21 天发情周期的第 5 天至第 15 天。此期的特征是:在间情期的早期,卵巢的上黄体逐渐发育成熟并分泌孕酮,使子宫内膜增厚,表层上皮呈高柱状,子宫腺体高度发育增生,能分泌含有糖原的子宫乳,阴道黏液涂片上分布着有核和无核的扁平上皮细胞和大量的白细胞。如果卵子没有受精,在间情期后期,则黄体产生退行性变化,子宫内膜也逐渐回缩,呈矮柱状,腺体缩小,分泌活动停止,恢复正常。间情期的母牛外部表现处于正常状态。

(2)二期分法　根据发情周期中母牛卵巢上卵泡的发育过程和黄体的形成、退化过程,可将发情周期划分为卵泡期和黄体期。母牛发情周期的实质是卵泡期与黄体期的交替出现。黄体期占发情周期的大部分,而卵泡期只占小部分。

①卵泡期　是卵巢中上一个发情周期的黄体基本退化,有卵泡发育、成熟,直到排卵的

阶段。卵泡期包括发情前期和发情期,牛一般为 5~7 天,相当于 21 天发情周期的第 16 天至第 3 天,约占 21 天发情周期的 1/3。

②黄体期　是从成熟卵泡排卵后形成黄体,直到黄体萎缩退化为止的阶段。黄体期包括发情后期和间情期,相当于 21 天发情周期的第 4 天至第 15 天,约占 21 天发情周期的 2/3。

2.发情持续期

发情持续期是指母牛从发情开始到发情结束所持续的时间,相当于发情周期中的发情期。各种家畜的发情持续期为:牛一般为 1~1.5 天。由于季节、饲养管理状况、年龄及个体条件的不同,母牛发情持续期的长短也有所不同。

(四)乏情、产后发情与异常发情

1.乏情

乏情是指母牛到达初情期后不发情,或卵巢无周期性机能活动,处于相对静止状态。产生乏情的因素比较多,有生理性乏情,如泌乳性乏情、妊娠性乏情、衰老性乏情;有季节性乏情;还有病理性乏情,如营养不良、应激、生殖疾病等引起的乏情。

(1)泌乳性乏情　有些奶牛在产后泌乳期间,由于卵巢周期性活动机能受到抑制而引起的不发情。泌乳性乏情的发生和持续时间长短,因品种不同而有很大差异。母牛在产后 2 周左右就可出现发情和排卵,但因哺乳和挤乳方法不同而有所差异,如泌乳牛在产后 35~50 天就表现发情,而哺乳的黄牛和肉牛在产后往往需要 90~100 天或更长时间才能发情。母牛的分娩季节、产后子宫复原的程度,对乏情的发生和持续时间也有影响,如春季分娩的母牛,乏情较短,高产乳牛乏情期一般要长。

(2)妊娠期乏情　母牛在妊娠期间由于卵巢上存在妊娠黄体,可以分泌孕激素,抑制发情。妊娠期乏情是保证胎儿正常发育的生理现象。

(3)衰老性乏情　母牛因衰老使下丘脑-垂体-性腺轴的功能减退,导致垂体促性腺激素的分泌减少,或卵巢对激素的反应性降低,不能激发卵巢机能活动而表现不发情。

(4)营养性乏情　日粮水平对卵巢活动有显著的影响,因为营养不良会抑制发情,青年母牛比成年母牛更为严重。矿物质和维生素缺乏会引起乏情。放牧的牛因缺磷会引起卵巢机能失调,发情征状不明显,最后停止发情。母牛由于饲喂缺锰饲料会造成卵巢机能障碍,发情不明显,甚至不发情。缺乏维生素 A 和维生素 E 可引起发情周期无规律或不发情。

(5)应激性乏情　不同环境引起的应激,如气候恶劣、畜群密度过大、使役过度、栏舍卫生不良、长途运输等都能抑制发情、排卵及黄体功能,这些应激因素可使下丘脑-垂体-性腺轴调节系统的机能活动转变为抑制状态。

(6)生殖疾病乏情　由于生殖疾病而引起乏情的因素较多,如先天的生殖器官发育不全、异性孪生不育母犊和两性畸形等,更多的是卵巢机能疾病,如黄体囊肿、持久黄体等。

2.产后发情

产后发情是指母牛分娩后的第一次发情。在良好的饲养管理、气候适宜、哺乳时间短以及无产后疾病的条件下,产后出现第一次发情时间就相对早一些,反之就会推迟。

母牛一般可在产后的 1 个月左右出现发情,多数表现为安静发情。牛产后发情时由于子宫尚未复旧,个别牛的恶露还没有流净,此时即使发情表现明显也不能配种。为保证奶牛一个标准的泌乳期,在产后第 2 次或第 3 次发情即产后 60~90 天配种较适宜。

3. 异常发情

(1)短促发情　是指发情持续时间短,如不注意观察,往往会错过配种机会。短促发情多见于青年动物,奶牛发生率较高。造成短促发情的原因可能是神经内分泌系统的功能失调,卵泡很快成熟排卵,也可能由于卵泡发育受阻而引起。

(2)持续发情　又称长期发情,其特点是发情持续时间长,卵泡迟迟不排卵。这种情况母牛发生较少,发情可持续很长时间而不排卵。

(3)断续发情　发情时断时续,多见于早春,是由于卵泡交替发育所致,往往是先发育的卵泡中途停止发育、萎缩退化,新的卵泡又开始发育,因而出现断续发情的现象。

(4)安静发情　能正常排卵,但无明显外表征状的发情。母牛常有发生,特别是高产奶牛或营养不良的母牛更容易发生安静发情。在繁殖季节的第一个发情周期,安静发情的发生率一般都很高,由于孕酮的分泌量不足,降低了中枢神经系统对雌激素的敏感性,使母牛缺少发情的外部表现。发情季节出现的安静发情也可能与缺少雌激素有关,雌激素的含量不足以引起母牛发情。对于安静发情的母牛,可在预期发情前的几天肌肉注射雌激素,可使母牛发情时症状明显。

(5)慕雄狂　主要发生于牛,慕雄狂患牛表现出持续而强烈的发情行为,或频繁发情,产奶量下降,经常从阴门中流出黏液,阴门水肿,荐坐韧带松弛。一般多由卵巢囊肿引起。

(6)孕后发情　一般情况下母牛如果妊娠即停止发情及排卵,这主要是由于妊娠黄体分泌的孕酮抗衡雌激素,并可反馈性地作用于丘脑下部和垂体,而抑制其分泌某些促性腺激素。但妊娠出现发情并排卵的现象母牛也是有的,妊娠发情多发生于怀孕的前半期,母牛的妊娠发情率约为5%,多发生在妊娠的头3个月之内。生产中要注意判定正常发情与孕后发情,防止误配造成人为流产。

(五)卵泡发育与排卵

1. 卵泡发育阶段及其形态特点

母牛卵巢皮质层中的卵泡是由内部的卵母细胞和其周围的卵泡细胞组成(图3-2-1)。母牛在胎儿期中,卵巢表面的生殖上皮细胞进行分裂,形成细胞团并与生殖上皮脱离进入卵巢皮质中,这种细胞团内有一个较大的细胞称为卵原细胞,周围的小细胞称为卵泡细胞,而整个的细胞团即为原始卵泡。母牛出生后,卵巢皮质层中就已存在着大量的原始卵泡。随着母牛年龄的增长,在卵泡生长发育过程中,除了少数的卵泡能生长发育、成熟及排卵外,大量的卵泡在发育过程中的不同阶段发生闭锁、退化而消失。如初生母犊牛的每侧卵巢上约有75 000个卵泡,10～14岁时有25 000个,至20岁时只有3 000个。在母牛的每个发情周期内,可发育的卵泡多达几十个,但成熟排卵的卵泡一般只有1个。在母牛的一生中约有200个卵泡可发育成熟排卵。

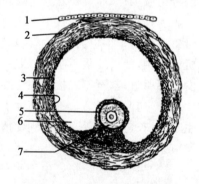

图3-2-1　卵泡发育模式图

1.生殖上皮　2.外膜　3.内膜　4.颗粒细胞
5.放射冠　6.卵泡液　7.卵母细胞

在母牛的发情周期中,根据卵泡发育的形态结构特点,卵泡的发育过程可分为以下五个阶段,其中的原始卵泡、初级卵泡、次级卵泡属于无腔卵泡,三级卵泡、成熟卵泡属于有腔卵泡。

(1)原始卵泡　排列在卵巢皮质层外周,其内部是卵母细胞,周围是单层扁平的卵泡细胞,无卵泡膜和卵泡腔。

(2)初级卵泡　排列在卵巢皮质层外围,其内部是卵母细胞,在卵母细胞的周围是一层或两层柱状的卵泡细胞,无卵泡膜和卵泡腔。

(3)次级卵泡　由初级卵泡发育而来,多位于卵巢皮质层的中央部位。即卵母细胞周围的卵泡细胞增殖为2~4层,体积略变小,称为颗粒细胞。在某些颗粒细胞之间出现了很小的卵泡腔隙,同时在卵母细胞和颗粒细胞之间,积聚了一层由卵母细胞和颗粒细胞分泌的由黏多糖透明物质组成的透明带。

(4)三级卵泡　由次级卵泡继续发育,体积增大,颗粒细胞间的许多小卵泡腔隙彼此汇合成半月形的卵泡腔,卵泡腔明显增大并充填着卵泡液。卵母细胞及其周围的颗粒细胞突入卵泡腔内形成了卵丘,其余的颗粒细胞则分布于卵泡腔的周围形成了颗粒层。在颗粒层外围形成了卵泡内膜和外膜。内膜为类上皮细胞,有血管分布,具有分泌类固醇激素的作用,外膜由纤维状的基质细胞构成。

(5)成熟卵泡　由三级卵泡继续发育而来。此阶段的卵泡,卵泡腔增大到最大体积,卵泡扩展到整个卵巢皮质部的厚度,并突出于卵巢表面,卵泡壁变薄,即将破裂排卵。牛成熟卵泡的直径一般为12~19 mm。

2.排卵

成熟卵泡破裂、释放卵子的过程,称为排卵。

(1)牛的自发型排卵　在排卵前,卵泡体积不断增大,液体增多,增大的卵泡开始向卵巢表面突出,这时,卵泡表面的血管增多,而卵泡中心的血管逐渐减少。生长发育到一定阶段,卵泡成熟破裂排卵。随着卵泡液流出,卵子与卵丘脱离而被排出卵巢外,被输卵管伞所接纳。排卵后,破裂的卵泡腔立即充满淋巴液和血液以及破裂的卵泡细胞,形成血红体。血红体形成后2~3 h,原卵泡处,颗粒细胞向内增生而形成黄体。黄体中含有丰富的血管,黄体细胞增殖所需营养最后由血液供应,其分泌机能对于维持妊娠和卵泡发育的调控起着重要作用。黄体形成后,如果没有配种,或者配种后没有妊娠,经过一段时间,黄体会萎缩退化而被溶解,动物将进入下一个发情周期,此黄体被称为周期性黄体;如配种后妊娠,黄体则存在于整个妊娠期,这时的黄体被称为妊娠黄体。

卵泡发育与排卵的变化是母畜发情周期中卵巢上最本质的变化,是鉴定母畜发情周期阶段的主要依据。

(2)排卵时间及排卵数

①排卵时间　家畜的排卵时间与其种类、品种及个体有关。就某一个体而言,其排卵时间根据营养状况、环境等亦有所变化。通常情况下,夜间排卵较白天多,右侧排卵较左侧多。牛的排卵时间大致为发情停止后8~12 h。

②排卵数　牛的排卵数一般为1~2枚。

发情鉴定是对母牛发情的阶段及排卵时间做出判断的过程。发情鉴定技术是牛繁殖改良工作中的重要技术环节。通过发情鉴定，可以发现母牛的发情是否正常，以便及时解决；通过发情鉴定，可以判断母牛是否发情，发情周期所处的阶段及排卵时间，从而能够确定对母牛适宜的配种或输精时间，提高母牛的受胎率。

母牛发情时，既有外部表现，也有内部变化。外部表现是发情的表面现象，内部变化即生殖道的变化、卵泡的发育是发情的实质。不同畜种的发情特征，既有共性，又有特性，同时，影响发情特征的因素很多，因此，在给母牛发情鉴定时，既要观察外部表现，又要检查生殖道及卵泡的发育变化，同时还要联系影响发情的其他因素，根据母牛发情的特点，采取重点与一般相结合，进行综合分析、判断的原则。

母牛发情时外部表现比较明显且有规律性，发情持续期较短，故主要用外部观察法和直肠检查法，做发情鉴定。

(一)外部观察法

将母牛放入运动场或在畜舍内察看，早晚各一次。主要观察母牛的爬跨情况，并结合外阴部的肿胀程度及黏液的状态进行判定。

1. 发情初期

发情母牛表现为食欲下降，兴奋不安，四处走动，个别牛会停止反刍。如与牛群隔离，常常大声哞叫，放牧或在大群饲养的运动场，可见追逐并爬跨其他牛的现象，不接受其他牛的爬跨。外阴部稍肿胀，阴道黏膜潮红肿胀，子宫颈口微开，有少量透明的稀薄黏液流出，几小时后进入发情盛期。

2. 发情盛期

食欲明显下降甚至拒食，精神更加兴奋不安，大声哞叫，四处走动，常举起尾根，后肢开张，作排尿状，此时接受其他牛爬跨而站立不动。外阴部肿胀明显，阴道黏膜更加潮红，子宫颈开口较大，流出的黏液呈牵缕状或玻璃棒状。

3. 发情末期

母牛逐渐安静下来，尾根紧贴阴门，不再接受其他牛爬跨，外阴、阴道和子宫颈的潮红减退，黏液由透明变为乳白色。此后，母牛外部症状消失，逐渐恢复正常，进入间情期。

(二)直肠检查法

1. 牛卵泡发育各期特点

母牛在间情期，一侧卵巢较大，能触到一个枕状的黄体突出于卵巢的一端，当母牛进入发情期以后，则能触到有一黄豆大的卵泡存在，这个卵泡由小到大，由硬到软，由无波动到有波动。由于卵泡发育，卵巢体积变大，直肠检查时容易摸到。牛的卵泡发育可分为四期，各期特点分别是：

第一期(卵泡出现期)：卵巢稍增大，卵泡直径为 0.5～0.75 cm，触诊时感觉卵巢上有一隆起的软化点，但波动不明显。此期约为 10 h，大多数母牛以开始表现发情。

第二期(卵泡发育期)：卵泡直径增大到 1～1.5 cm，呈小球状，波动明显，突出于卵巢表面。此期持续时间约为 10～12 h,后半段,母牛的发情表现已经不大明显。

第三期(卵泡成熟期):卵泡不再增大,但泡壁变薄,紧张性增强,触诊时有一触即破的感觉,似熟葡萄。此期一般为 6～8 h。

第四期(排卵期):卵泡破裂,卵泡液流失,卵巢上留下一个小的凹陷。排卵多发生在性欲消失后 10～15 h。夜间排卵较白天多,右边卵巢排卵较左边多。排卵后 6～8 h 可摸到肉样感觉的黄体,其直径为 0.5～0.8 cm。

2.直肠检查的操作方法

直肠是在骨盆腔的一段肠,肠壁较薄且游离性强,可隔肠壁触摸子宫及卵巢。将待检母牛牵入保定栏内保定,尾巴拉向一侧。检查人员将手指甲剪短磨光,挽起衣袖,用温水清洗手臂并涂抹润滑剂(肥皂或香皂)。检查人员应站在母牛正后方,五指并拢呈锥形,旋转缓慢伸入直肠内,排出宿粪。手进入骨盆腔中部后,将手掌展平,掌心向下,慢慢下压并左右抚摸钩取,找到软骨棒状的子宫颈,沿着子宫颈前移可摸到略膨大的子宫体和角间沟,向前即为子宫角,顺着子宫角大弯向外侧一个或半个掌位,可找到卵巢。用拇指、食指和中指固定卵巢并体会卵巢的形状、大小及卵巢上卵泡的发育情况,按同样的方法可触摸另一侧卵巢。

在直肠检查过程中,检查人员应小心谨慎,避免粗暴。如遇到母牛努责时,应暂时停止检查,等待直肠收缩缓解时再行操作。直肠内的宿粪可一次排出。将手臂伸入直肠内向上抬起,使空气进入直肠,然后手掌稍侧立向前慢慢推动,使粪便蓄积,刺激直肠收缩,当母牛出现排便反射时,应尽力阻挡,待排便反射强烈时,将手臂向身体侧靠拢,使粪便从直肠与手臂的缝隙排出,如粪便较干燥,慢慢将手臂退出。

【经验之谈】

经验之谈 3-2-1

【技能实训】

▶ 技能项目一　母牛外部观察法发情检查

1.实训条件

母牛、校内实训基地或家畜改良站、畜牧场等。

2.方法与步骤

用外部观察法进行发情鉴定。

(1)通过对母牛发情鉴定的理论讲授,要求学生熟记牛发情时的外表征状。

(2)组织学生到牛场观察母牛发情时的外表征状,并做记录,从而使学生熟悉如何区别发情母牛与非发情母牛。

（3）选择发情母牛作实验动物,让学生进行实际观察判断。也可对非发情母牛利用激素催情或诱导发情,然后观察其发情表现。

①性行为表现:是否有主动接受爬跨表现,拒绝还是跑开。有无鸣叫、排尿等现象。

②外阴部变化:有无充血肿胀,程度如何,颜色有什么变化等。

③外阴黏液分泌:有无黏液分泌,分泌的量有多少,颜色是怎样的等。

④发情状况判定:是否发情,发情处于什么时期。

3.实训练习

每5人一组,观察奶牛发情外部变化和行为表现,做好记录。

母牛发情检查外部观察记录

牛号	性行为表现	外阴部变化	外阴黏液分泌	发情状况判定

▶ 技能项目二　母牛直肠检查法发情检查

1.实训条件

保定栏或保定架,保定绳,水盆,毛巾,75％酒精棉球,1％～2％来苏儿溶液,0.1％新洁尔灭溶液,液状石蜡油棉球,肥皂,诱导发情药剂等。

2.方法与步骤

将母牛牵入保定栏内保定,将母畜的尾巴拉向一侧。检查者将指甲剪短磨光,衣袖挽起,戴上长臂手套,并涂以少量润滑剂。检查者站在母牛的正后方,将母牛的肛门周围清洗并涂以润滑剂。检查者将左手并拢呈锥形,缓慢旋转伸入肛门,如直肠内有蓄粪时,用手指扩张肛门,使空气进入直肠,使蓄粪排出。也可在母牛排粪时,将手掌在直肠内向前轻推,当粪便蓄积到一定量时,逐渐将手臂撤出,使蓄粪排尽。

检查时,左手伸入直肠内首先寻找子宫颈。具体方法是手指向下轻压肠壁,在骨盆腔的中部找到软骨棒状的子宫颈,沿着子宫颈向前找到子宫角,再沿着子宫角的大弯向外侧下行,在子宫角尖端处寻找卵巢,然后触摸其形状、质地。发情时卵巢上有卵泡发育,仔细体会卵泡的发育情况。

（1）卵巢:"位置"指检查的是左侧还是右侧卵巢,一般多检查右侧卵巢,把另一侧的检查结果简要写在备注里即可;"活性"指卵巢有无活性,有"＋",活性非常好"＋＋"表示;"直径"指椭圆形卵巢的直径,单位为cm。

（2）滤泡:"位置"指滤泡在卵巢上的位置,即卵根(卵中、卵前)部;"直径"指滤泡直径,单位为cm。

(3)黄体:"位置"指黄体在卵巢上的位置,即卵根(卵中、卵前)部;"直径"指黄体直径,单位为 cm。

3. 实训练习

每 5 人一组练习,在教师指导下每组完成 5 头以上母牛发情直肠检查任务,并做好检查记录。

牛号	卵巢			滤泡		黄体		备注
	位置	活性	直径	位置	直径	位置	直径	

【自测练习】

1. 填空题

(1)在生殖激素的调节下,母牛卵巢上有_____发育和_____等变化,生殖道有_____、_____、排出_____等变化,外表行为有_____、食欲_____和出现_____活动等变化。母牛所表现的这种一系列生理和行为上的变化,称为发情。

(2)初情期后,母牛随着年龄的增长,_____进一步生长发育,到生殖器官发育完全,发情_____已趋正常,具备了正常_____后代的能力,此时称为性成熟。

(3)发情后期是母牛发情后的恢复阶段,相当于 21 天发情周期的第_____天至第_____天。

(4)母牛发情直肠检查法是将已涂润滑剂的手臂伸进保定好的母牛_____内,隔着直肠壁触摸_____膜内_____发育情况,以确定_____时期的方法。

2. 判断改错题(在有错误处下画线,并写出正确的内容)

(1)母牛发情周期的计算,一般是指是从一次发情(排卵)开始至下一次发情(排卵)开始所间隔的时间,并把发情当天计作发情周期的第 1 天。( )

(2)母牛卵巢皮质层中的卵泡是由内部的卵泡细胞和其周围的卵母细胞组成。( )

(3)卵泡发育与排卵的变化是母牛发情周期中卵巢上最一般的变化,是鉴定母牛发情周期阶段的主要依据。( )

(4)奶牛初乳期内的乳脂率很低,超过常乳的近 3 倍。第 2~4 周,乳脂率最高。第 3 个泌乳月开始,乳脂率又逐渐下降。( )

(5)母牛诱发性排卵即通过交配或子宫颈受到某些刺激才能排卵。( )

3. 问答题

(1)母牛发情周期四期分法是怎样的?

(2)试简述母牛直肠发情检查方法。

【学习评价】

考核任务	考核要点	评价标准	考核方法	参考分值
1.外部观察法牛发情检查 2.直肠检查法牛发情检查	操作态度	精力集中,积极主动,服从安排	学习行为表现	10
	协作意识	有合作精神,积极与小组成员配合,共同完成任务		10
	查阅生产资料	能积极查阅、收集资料,认真思考,并对任务完成过程中的问题进行分析处理		10
	外部观察法牛发情检查	根据母牛外部表现找出发情母牛	实际操作及结果评定	30
	直肠检查法牛发情检查	能够通过卵泡发育状态确定输精时间	实际操作及结果评定	30
	实训报告	有完成全部工作任务的工作记录,字迹工整;总结报告结果正确,体会深刻,上交及时	作业检查	10
合计				100

【知识链接】

《奶牛饲养管理技术规范 第 2 部分:繁殖》北京市(DB11/T 150.2—2002)。

学习任务二　母牛人工输精

【任务目标】

　　能全面有序地进行输精前准备,掌握母牛卵泡发育规律,把握排卵时间及输精时间。能对母牛进行有效保定,能规范使用直肠把握法对母牛进行输精。术后操作场处理规范,能对相关器械做认真清洗和消毒。

【学习活动】

▶ 一、活动内容

　　母牛人工输精。

▶ 二、活动开展

　　(1)通过查询相关信息,结合图片及视频等教学资源,了解母牛生殖器官构造。确立人工授精操作流程。

（2）在教师指导下学生分组在校内实训基地完成输精前所有准备工作（包括输精枪消毒、冷冻精液解冻、装枪、母牛保定等）。

（3）教师演示、直肠把握法输精，学生分组参加母牛输精训练，达到熟练掌握程度。

【相关技术理论】

输精是将一定量的合格精液，适时而准确地输入经发情鉴定母牛的生殖道内的适当部位，以达到妊娠目的的操作技术。这是牛人工授精的最后一个环节，也是保证母牛受胎率的关键环节。

在输精操作过程中，应严格遵守家畜人工授精操作技术规程，增强无菌观念，积极采取有效措施，提高受胎率。

▶ 一、输精适期的确定

母牛的发情周期平均为 21 天，发情时间持续较短，排卵一般发生在发情结束后 10～12 h。因此，发现母牛发情开始后 12～20 h 可进行第一次输精，间隔 8～10 h 进行第二次输精。

输精适期的确定要结合多种因素综合考虑，通常以发情鉴定的结果来确定。适宜的输精时间应在接近排卵之前进行。事先要充分考虑到精子、卵子在母牛生殖道内运行时间及精子的获能时间，才利于精卵的结合，提高受胎效果及胚胎的质量。

母牛输精的时间确定还与发情鉴定的方法有关。利用外部观察法进行发情鉴定，主要结合母牛发情的外部表现、流出黏液的性质来确定输精时间。但很难确定排卵时间，为增加受胎机会，往往采用一个情期两次输精。在生产实际中，一般采用早上发情的母牛，当日下午或傍晚第一次输精，次日早上第二次输精；若下午或傍晚发情，次日早晨进行输精，次日下午或傍晚再输一次，效果较好。利用直肠检查法进行发情鉴定，可根据母牛卵巢上卵泡的发育程度确定输精的时间。这种方法可准确确定排卵时间，输精一次即可。卵泡发育期的后期或卵泡成熟期输精可获得最佳的受胎效果。初配母牛发情持续期稍长，输精过早受胎率不高，通常在发情后 20 h 左右开始输精。在第二次输精前，最好检查一下卵泡，如母牛已排卵，一般不必再输精。

大量的试验证明，采用子宫颈深部、子宫体、排卵侧子宫角输精的受胎率没有显著差异。当前普遍采用子宫颈深部或子宫内输精。

输精次数的确定除考虑母牛本身的原因外，还与母牛的受胎率、精液质量和发情鉴定准确性相关。若精液质量优良，发情鉴定准确，一次输精可获得满意的受胎率。由于发情排卵的时间个体差异较大，一般掌握在 1～2 次为宜。

▶ 二、输精量的确定

输精量和输入的有效精子数与母牛的胎次、生理状态、精液的保存方法、精液品质的好坏、输精部位以及输精人员技术水平的高低等有一定关系。对体型大、经产、产后配种和子宫松弛或屡配不孕的母牛，应适当增加输精量；相反，对体型小、初次配种和当年空怀的母牛则可适当减少输精量。液态保存精液其输入有效精子数一般比冷冻精液多,而细管冷冻精液则比颗粒冻精少一些(表3-2-2)。

表3-2-2　母牛的输精技术要求

项目	输精量/mL	输入有效精子数/亿	输精次数	输精部位
液态	1～2	0.3～0.5	1～2	子宫颈深部或子宫内
冷冻	0.25～1	0.1～0.2		

▶ 三、输精前的准备

(一)母牛的准备

经发情鉴定确定需要输精的母牛,在输精时应适当实行站立保定。一般可在输精架内或拴系于牛床保定。母牛保定后,将尾巴拉向一侧,对外阴部进行清洗消毒。先用温肥皂水洗净,再用消毒液涂擦消毒,然后用生理盐水冲洗,最后用灭菌布擦干。

(二)输精器械的准备

各种输精用具在使用前均应彻底洗净并严格消毒,临用前用灭菌稀释液或灭菌生理盐水冲洗。

每头母畜应准备一支输精管,但当输精管不够使用时,可用75%酒精棉球由尖端向后擦拭消毒外壁,待酒精气味挥发后,其管腔先用灭菌生理盐水冲洗干净,后用灭菌稀释液冲洗2～3次方可使用。

细管冷冻精液的输精必须使用专用的细管输精枪。细管输精枪有全金属输精枪和外套式卡苏枪两种。

1.全金属输精枪

全金属输精枪是较早使用的输精枪,它是由枪体和枪头组成。输精时将枪头拧出,将解冻好的细管剪好,放入其中,再套上拧紧即可进行输精操作,一般每头牛一支为宜。

2.外套式卡苏枪

外套式卡苏枪是最近常用输精枪,较全金属输精枪具有使用方便、消毒简单,且不易传染疾病等优点,可连续对多头牛输精。卡苏枪由枪体和塑料套管组成,输精时,先取一根一次性的外套,将解冻好的细管剪好,装入其中,套入枪体即可进行输精操作。

(三)精液的准备

用于输精的精液,必须符合输精要求的输精量、精子活率及有效精子数等。无论是鲜精还是常温保存或低温保存的精液,精子活力不低于0.6;冷冻精液解冻后活力不低于0.3。低温保存的精液需先缓慢升温至30℃左右。

(四)人员的准备

输精人员应穿好工作服,指甲剪短磨光,手洗净擦干后用75%酒精棉球消毒,完全挥发后再持输精器材。

四、输精方法

母牛输精方法主要是直肠把握子宫颈输精法。此法是右手将阴门撑开,左手将吸有精液的输精器从阴门先倾斜向上伸入阴道内5~10 cm,避开尿道开口,再向前水平插入到子宫颈外口。随后右手伸入直肠内,寻找子宫颈,并将子宫颈半握于手中。然后,两手协同配合,把输精器尖端对准子宫颈外口,边活动边插入,每过一个子宫颈皱褶时,都有一定的感觉,发出"咔咔"的响声。当感觉穿过2~3个障碍物时(即子宫颈内半月形皱褶),应停止向前,此时深度为子宫颈内5~6 cm,可缓慢注入精液。输精完毕后,先抽出输精器,然后抽出手臂。

注意事项:

(1)输精过程中,输精器不要握得太紧,要随着母牛后躯的摆动而摆动,而且输精器插入阴道和子宫颈时,都要小心,不可盲目用力。

(2)防止折断输精器管(枪)。

(3)防止输精器对生殖道黏膜造成损伤或穿孔。

(4)直肠把握子宫颈法是国内外普遍采用的输精方法,具有用具少,操作安全,母牛无痛感,不易感染;且输精部位深和受胎率高的优点。同时借助直肠触摸母牛子宫和卵巢的变化,也可进一步判断发情或妊娠情况,防止误配或造成流产。但此法初学者较难掌握,在操作时要特别注意把握子宫颈的手掌位置,既不可靠前,也不可太靠后,否则难以将输精器插入子宫颈深部。输精正确及不正确操作见图3-2-2、图3-2-3。

图 3-2-2 直肠把握输精(一)　　图 3-2-3 直肠把握输精(二)

【经验之谈】

经验之谈 3-2-2

【技能实训】

技能项目　直肠把握子宫颈法输精

1. 实训条件

(1)母牛准备　母牛经发情鉴定后,确认已到输精时间,将其牵入保定栏内保定,外阴清洗消毒,尾巴拉向一侧,将外阴部充分展露。

（2）器械准备　输精器具在使用前必须彻底清洗、消毒。玻璃或金属输精器可用蒸汽、75％酒精或放入高温干燥箱内消毒。其他金属用具洗净后浸泡在消毒液中。或者在使用前用酒精、火焰消毒。

（3）精液准备　输精前要准备好精液,镜检观察精子活力。冷冻精液解冻后活力不低于0.3。塑料细管精液解冻后装入金属输精器。金属输精器使用方法是将输精器推杆向后退10 cm左右,装入塑料细管,有棉塞的一端插入输精器推杆上,深约0.5 cm,将另一端聚乙烯醇封口剪去。套上钢管套外层的塑料套管,其中固定细管用的游子应随同细管轻轻推至塑料套管的顶端,试推推杆由细管内渗出精液即可。

（4）术者准备　输精员应穿好工作服,指甲剪短磨光,手臂清洗消毒。伸入直肠的手臂（或戴一次性直检手套）要涂以润滑剂。

2.方法与步骤

（1）输精时间的确定　经产母牛发情持续期平均为18 h,输精应尽早进行。牛的输精可安排两次,发现发情后12～20 h进行第一次输精,隔8～12 h进行第二次输精。生产上一般采取早晨发情,当日晚输精一次,次日早第二次输精;如下午或晚上发情,次日早第一次输精,次日晚第二次输精。为节省精液,提高受胎率,在母牛发情近结束时输精一次即可。

（2）输精方法

①将经发情鉴定确认可以输精的母牛,牵入保定栏内进行保定,将尾巴拉向一侧,用温水清洗外阴后,再用75％的酒精棉球擦拭消毒。

②将解冻后检查合格的细管精液装入经消毒的输精枪中备用。细管冻精解冻及装枪见图3-2-4、图3-2-5。

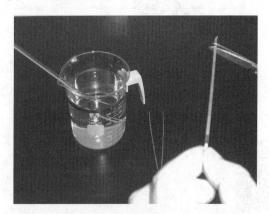
图 3-2-4　剪开解冻后的细管冻精封闭端

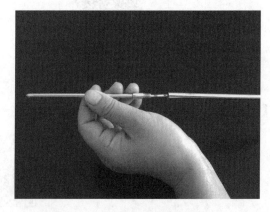
图 3-2-5　将细管冻精装入输精枪

③输精人员指甲剪短磨光,左手戴上一次性长臂手套,外涂液状石蜡等润滑剂。

④术者左手呈楔形插入母牛直肠,触摸子宫、卵巢、子宫颈的位置,一次排出宿粪,然后再次消毒外阴部。为了保护输精器在插入阴道前不被坞染,可先使左手四指留在肛门后,向下压拉肛门下缘,同时用左手拇指压在阴唇上并向上提拉,使阴门张开,右手趁势将输精器插入阴道。左手再进入直肠,摸清子宫颈后,左手心朝向右侧握住子宫颈,无名指平行握在子宫颈外口周围。这时要把子宫颈外口握在手中,假如握得太靠前会使颈口游离下垂,造成输精器不易对上颈口,右手持装有精液的输精枪,向左手心中导入,输精器即可进入子宫颈

外口。然后,多处转换方向向前探插,同时用左手将子宫颈前段稍作抬高,并向输精器上套。输精枪通过于宫颈管内的硬皱褶时会有明显的感觉。当输精枪一旦越过子宫颈皱褶,立即感到畅通无阻,这时即抵达子宫体处。当输精枪处于宫颈管内时,手指是摸不到的,输精枪一进入子宫体,即可很清楚地触摸到输精器的前段。确认输精器进入子宫体时,应向后抽退一点,勿使子宫壁堵塞住输精器尖端出口处,然后缓慢、顺利地将精液注入,再轻轻地抽出输精器。输精完毕后,先抽出输精器然后抽出手臂。牛直肠把握输精见图3-2-6、图3-2-7。

图 3-2-6 牛的直肠把握法输精(一)

图 3-2-7 牛的直肠把握法输精(二)

3. 实训练习

每5人一组练习,在教师指导下完成不少于5头母牛的人工输精任务,并做好记录。

发情母牛人工输精记录单

牛号	发情状态	输精方法	细管精液	输精部位	输精时间

说明:1."发情状态"指母牛发情时期;2."细管精液"指细管精液批号、精液灌装量;3."输精时间"指给母牛输精的具体时间(年、月、日、时)。

【自测练习】

1. 填空题

(1)母牛的发情周期平均为_____天,发情时间持续较短,排卵发生在发情结束后_____h。因此,发现母牛发情开始后_____h可进行第一次输精,间隔_____h进行第二次输精。

(2)为增加受胎机会,往往采用母牛一个情期两次输精。在生产实际中,一般采用早上发情的母牛,当日_____或_____第一次输精,次日_____第二次输精;若_____或傍晚发情,次日_____进行输精,次日_____或_____再输一次,效果较好。

(3)细管冷冻精液的输精必须使用专用的_____枪。细管输精枪有_____输精枪和_____枪两种。

(4)用于直肠把握细管输精的精液,必须符合输精要求的_____、_____,以及_____等。无论是鲜精还是常温保存或低温保存的精液,精子活力不低于_____;冷冻精液解冻后活力不低于_____。低温保存的精液需先缓慢升温至_____℃左右。

2.判断改错题(在有错误处下画线,并写出正确的内容)

(1)母牛输精适期的确定要结合多种因素综合考虑,通常以发情鉴定的结果来确定。适宜的输精时间应在远离排卵之前进行。( )

(2)母牛输精量和输入的有效精子数应与母牛的胎次、生理状态、精液的保存方法、精液品质的好坏、输精部位以及输精人员技术水平的高低等有一定关系。( )

(3)经发情鉴定确定需要输精的母牛,在输精时应适当实行站立保定。( )

(4)给母牛输精前要准备好精液,镜检观察精子活力,冷冻精液解冻后活力不低于0.6。( )

(5)给母牛输精过程中,输精器不要握得太紧,要随着母牛后躯的摆动而摆动,而且输精器插入阴道和子宫颈时,都要小心,不可盲目用力。( )

3.问答题

(1)怎样确定母牛最佳配种时间?

(2)给母牛输精要做好哪些准备工作?

【学习评价】

考核任务	考核要点	评价标准	考核方法	参考分值
1.输精前准备 2.冷冻精液解冻 3.直肠把握法输精	操作态度	精力集中,积极主动,服从安排	学习行为表现	10
	协作意识	有合作精神,积极与小组成员配合,共同完成任务		10
	查阅生产资料	能积极查阅、收集资料,认真思考,并对任务完成过程中的问题进行分析处理		10
	输精前准备	准备充分细致,规范正确	实际操作及结果评定	20
	冷冻精液解冻	操作规范无误	实际操作及结果评定	20
	直肠把握法输精	能够把握住子宫颈,顺利过颈,动作轻柔	实际操作及结果评定	20
	实训报告	有完成全部工作任务的工作记录,字迹工整;总结报告结果正确,体会深刻,上交及时	作业检查	10
合计				100

【知识链接】

《牛塑料细管冷冻精液人工授精操作规程》新疆维吾尔自治区(DB65/T 2164—2004)。

《兽用输精枪》农业行业标准(NY 531—2002)。

【任务目标】

熟悉受精前精子运行与准备过程,了解胚胎早期发育过程。知道胚胎附植的概念、附植时间及位置,掌握母牛妊娠期生理变化及特征,能推算预产期。能用外部观察法、直肠检查法等对牛做出是否妊娠的判定。

【学习活动】

一、活动内容

母牛妊娠检查。

二、活动开展

(1)通过查询相关信息,结合图片及视频等教学资源,了解胚胎早期发育过程。掌握母牛妊娠期生理变化及特征。

(2)组织学生到牛场观看牛妊娠后的外貌和行为变化。在指导教师现场讲解和操作指导下,学生分组练习,实践中学习外部观察法、直肠检查法及 B 型超声波法等对母牛做妊娠检查。

(3)对母牛妊娠诊断过程和结果进行自我评价。

【相关技术理论】

一、妊娠期母牛的变化

妊娠后,胚泡附植、胚胎发育、胎儿成长、胎盘和黄体形成及其所产生的激素都对母体产生极大的影响,因此,母体要发生相应的反应,从而引起整个机体特别是生殖器官在形态和生理方面发生一系列变化。

(一)卵巢的变化

整个妊娠期都有黄体存在,妊娠黄体没有显著区别。对产后母牛宰后检查发现,黄体突出于卵巢表面并不很显著,整个卵巢上皮为白色并无疤痕,黄体中央有一凹陷;妊娠期黄体的中央凹陷则为结缔组织填满,其体积也比周期黄体要大,色泽也较深,多为黄色。妊娠黄体的重量在个体之间差异也较大,与妊娠的时间无关。妊娠时卵巢的位置随着妊娠的进展而变化,由于子宫重量增加,卵巢和子宫韧带肥大,卵巢则下沉到腹腔。妊娠 100 天的青年牛,在骨盆前下方 8～10 cm 处可摸到卵巢,未妊娠一侧的卵巢则比较靠近骨盆腔。

(二)子宫的变化

所有动物妊娠后,子宫体积和重量都增加,妊娠前半期,子宫体积的增长主要是由于子宫肌纤维增生肥大所引起,妊娠后半期,主要是胎儿生长和胎水增多,而使子宫壁扩张变薄所致。牛的尿膜绒毛膜囊有时占据一部分孕角或不进入未孕子宫角,所以未孕角扩大不明显。由于子宫重量增加,并向前下方垂入,因此,至妊娠中 1/3 期及以后,一部分子宫颈被拉入腹腔,但至妊娠末期由于胎儿增大又会被推回至骨盆腔前缘。

妊娠 28 天,羊膜囊呈圆形,直径约 2 cm,占据孕角游离部;尿囊膜约长 18 cm,其中尿水不多,因而尚未充分扩张,但已几乎占据整个孕角。妊娠 35 天,羊膜囊为圆形,直径约 3 cm,占据孕角游离部分。孕角连接部和未孕角游离部没有明显变化。妊娠 60 天,羊膜囊呈椭圆形,变得紧张,横径为 7 cm,连接部比正常小。妊娠 90 天时,能够精确地测定出子宫扩张程度,子宫连接部紧张,孕角宽达 9 cm,未孕角约 4.5 cm。此时,大多数牛的子宫角均在骨盆腔内,少数则位于腹腔。妊娠 4 个月以后,子宫下沉到腹腔底部,妊娠末期右侧腹围增大。

(三)子宫动脉的变化

妊娠期内子宫血管变粗,分支增多,特别是子宫动脉和阴道动脉子宫支更为明显。随着脉管的变粗,动脉内膜的皱襞增加并变厚,而且和肌层的联系疏松,所以血液流动时就从原来清楚的搏动,变为间断而不明显的颤动,称为妊娠脉搏。母牛妊娠脉搏在妊娠的第 3 个月开始出现。

(四)阴道及外阴的变化

怀孕期间,阴唇收缩,阴门紧闭,随着妊娠的发展,阴唇的水肿程度增加,初产牛在 5 个月时出现,成年母牛在 7 个月时出现。妊娠后阴道黏膜的颜色变为苍白,黏膜上覆盖有从子宫颈分泌出来的浓稠黏液,因此阴道黏膜并不滑润,插入开张器时较困难。在怀孕末期,阴唇、阴道变为水肿而柔软。

(五)全身的变化

妊娠后,母牛新陈代谢旺盛,食欲增进、消化力增强,蛋白质、脂肪及水分的吸收增多,营养状况得到改善。但妊娠后期,由于消化力不足,在优先满足迅速发育中的胎儿所需养分的情况下,自身受到很大消耗,所以尽管食欲良好,往往还是比较消瘦。若是饲养管理不当,则可能变为消瘦。妊娠后期,由于胎儿需要很多矿物质,故体内矿物质含量减少。若不及时补充,母牛容易发生行动困难,牙齿也易受到损害。

心脏由于负担加重,稍显肥大。血液也发生相应的变化,血容量增加,血液凝固性增强,红细胞沉降速度加快,胆固醇、钾和醋酮增加,碱度降低。糖类消化率提高,所以肝糖增多。组织水分增加,妊娠后期因子宫压迫腹下、后肢及后肢静脉,以至这些部位特别是乳房前的下腹壁上,容易发生广而不平、无热痛、捏粉样水肿。

随着妊娠月份的增大,胃肠容积减小,排粪、排尿次数增多,但每次量减少。由于横膈膜受压,胎儿需氧增加,故呼吸数增多,并由胸腹式转变为胸式呼吸。由于胎儿长大,腹部逐渐增大,其轮廓也发生改变。

母牛一般妊娠期 285 天,折合约 9 个半月。预产期的推算方法为年份:够 12 个月进一年,当年配种月向后推,过 12 个月就进入下一年;月份:配种月减 3;日期:配种日期加 10。例如某奶牛 2014 年 10 月 3 日配种,则 10−3＝7 月,3＋10＝13 日,预产期在 2015 年 7 月 13 日。

二、妊娠诊断

(一)早期妊娠诊断的意义

母牛配种或输精后，经过一定时间，尽早进行妊娠诊断，对保胎防流、减少空怀、提高母牛繁殖率等具有重要意义。通过妊娠诊断，对确诊为妊娠的母牛，可按孕畜所需要条件，加强饲养管理，确保母牛及胎儿的健康，做好保胎工作；对确诊未妊娠的母牛，要查明原因，及时改进措施，查情补配，来提高母牛的受胎率。

(二)妊娠诊断的方法

1. 外部观察法

通过观察母牛的外部征状进行妊娠诊断的方法。此法适用于各种母牛。其缺点是不易做出早期妊娠诊断，对少数生理异常的母牛易出现误诊，因此常作为妊娠诊断的辅助方法。

母牛妊娠后，发情周期停止，食欲增强，膘情好转，被毛润泽，性情温顺，行动谨慎安稳。妊娠初期，外阴部干燥收缩、紧闭，有皱纹，至后期呈水肿状。妊娠中、后期，可见腹围增大，且向一侧突出，牛右侧，在饱食或饮水后，可见胎动，且能听到胎儿心音。乳房胀大，四肢下部或腹下出现浮肿现象，排粪、尿次数增多。在产前1～2周，从乳房中能挤出清亮乳汁。

2. 阴道检查法

用开膣器打开母牛的阴道，根据阴道黏膜和子宫颈口的状况进行妊娠诊断的方法。此法的不足点是当母牛患有持久黄体、子宫颈及阴道炎时，易造成误诊。阴道检查往往不能做出早期妊娠诊断，如果操作不慎还会导致孕畜流产，应作为一种辅助妊娠诊断法。母牛妊娠后，阴道黏膜苍白，表面干燥、无光泽、干涩，插入开膣器时阻力较大。子宫颈口关闭，有子宫栓存在。随着胎儿的发育，子宫重量的增加，子宫颈往往向一侧偏斜。目前生产上已基本不使用这种方法了。

3. 直肠检查法

直肠检查法是用手隔着直肠壁触摸卵巢、子宫、子宫动脉的状况及子宫内有无胎儿存在等来进行妊娠诊断的方法，适合于大牛。其优点是诊断的准确率高，在整个妊娠期均可应用。但在触诊胎泡或胎儿时，动作要轻缓，以免造成流产。

妊娠18～25天，子宫角变化不明显，一侧卵巢上有黄体存在，则疑似妊娠。

妊娠30天，两侧子宫角不对称，孕角比空角略粗大、松软，有波动感，收缩反应不敏感，空角较有弹性。

妊娠45～60天，子宫角和卵巢垂入腹腔，孕角比空角约大2倍，孕角有波动感。用指肚从角尖向角基滑动中，可感到有胎囊由指间掠过，胎儿如鸭蛋或鹅蛋大小，角间沟稍变平坦。

妊娠90天，孕角大如婴儿头，波动明显，空角比平时增大1倍，子叶如蚕豆大小。孕角侧子宫动脉增粗，根部出现妊娠脉搏，角间沟消失。

妊娠120天，子宫沉入腹底，只能触摸到子宫后部及子宫壁上的子叶，子叶直径2～5 cm。子宫颈沉移耻骨前缘下方，不易摸到胎儿。子宫中动脉逐渐变粗如手指，并出现明显的妊娠脉搏。

妊娠5个月，子宫全部沉入腹腔，在耻骨前缘稍下方可以摸到子宫颈，胎盘突更大，往往摸到胎儿，但摸不到两侧卵巢，孕角侧子宫动脉已较明显，空角侧尚无或有轻微怀孕脉搏。

妊娠6个月，胎儿已经很大，子宫沉入腹腔底，因为小结肠系膜短，仅在胃肠充满而使子宫后移升起时,才能触及胎儿。胎盘突有鸽蛋大小,在孕角的两侧容易摸到。孕角侧子宫中动脉粗大,孕脉亦明显。空角侧子宫动脉出现微弱的孕脉。

妊娠7个月,由于胎儿更大,故从此以后都容易摸到,牛的胎动较多,胎盘突更大。两侧子宫中动脉均有明显的孕脉,但空角侧较弱,个别牛甚至到产前也不显著,孕角侧子宫后动脉开始出现妊娠脉搏。

妊娠8个月,子宫颈回到骨盆前缘或骨盆腔内,很容易触及胎儿,胎盘突大如鸭蛋,两侧子宫动脉显著,孕角侧子宫后动脉也已清楚,个别牛即使到产前也不显著。

妊娠9个月,胎儿的前置部分进入骨盆入口,所有的子宫动脉均有显著孕脉,手一伸入肛门,只要贴在骨盆壁上即可感到孕脉颤动。

4.B型超声波检查法

用超声诊断动物的妊娠,是超声诊断技术在动物上应用最早、最广泛、效果最明显的一种方法。国外从20世纪50年代开始研究超声诊断家畜妊娠技术,在60年代中期普及到临床应用,70年代后期发展到超声波断层显像阶段。近年来,随着奶牛养殖数量增加,配种后及早进行妊娠诊断,从而减少配次数,缩短产犊间隔,提高产奶量,对提高奶牛繁殖率具有重要意义。应用B超对奶牛进行早妊娠诊断,操作方法简单,准确率高,既能直观地在屏幕上显示怀孕特征,又能缩短配种后的待检时间。

(1)检查方法 奶牛站立保定,B超检查之前应排除奶牛直肠内的积粪,必要时用温生理盐水灌肠,清除直肠内积粪,以保证检查区域环境清洁。将探头慢慢置于受检牛直肠内,隔着直肠壁紧贴子宫角缓慢移动并不断调整探查角度,观察B超实时图像,直至出现满意图像。

(2)判定标准 在子宫内检测到胚囊、胚斑和胎心搏动即判为阳性;声像图显示一个或多个圆形液性暗区,判为可疑,择机再检;暗区散在低强度等回声光点(光斑)为子宫积液;暗区呈中或高回声液体声像图为子宫积脓;声像图显示子宫壁无明显增厚变化、无回声暗区,判为阴性。阳性准确率以产犊数(含流产)为准。

(3)判定结果

空怀母牛的子宫声像图:声像图显示子宫体呈实质均质结构,轮廓清晰,内部呈均匀的等强度回声,子宫壁很薄。而妊娠奶牛的子宫壁增厚。

怀孕母牛子宫声像图:奶牛配种后33~36天,清晰的显示出胚囊和胚斑图像。33天时胚囊实物一指大小,胚斑实物1/3指大小。声像图中子宫壁结构完整,边界清晰,胚囊液性暗区大而明显,液性暗区内不同的部位多见胚斑,胚斑为中低灰度回声,边界清晰。妊娠30~40天,B超诊断的主要依据是声像图中见到胚囊或同时见到胚囊和胚斑。妊娠40天以上时,声像图表现更明显,胚囊和胚斑均明显可见,有时还可见胎心搏动。

子宫内膜炎母牛子宫声像图:子宫内膜炎时由于炎症作用使子宫壁增厚,子宫腔轮廓模糊不清,宫腔膨胀,子宫内膜大量脱落,出现大量的组织碎片和炎症渗出液,声像图表现为有许多暗区及光点和雪片状物(牛妊娠36天及子宫炎的B超图像见图3-2-8、图3-2-9)。

图3-2-8 牛妊娠36天的B超图像　　图3-2-9 牛子宫内膜炎的B超图像

母牛妊检时,不论使用 B 超还是采用直肠手检,都应尽可能的轻柔。即少按压、揉捏,多轻轻滑动。

【技能实训】

◉ 技能项目一　直肠检查法母牛妊娠检查

1. 实训条件

(1)场地准备　一般在输精室或诊疗室进行(也可在牛舍),要求操作室干净、明亮、无灰尘,地面洁净、防滑,操作场内设有六柱保定栏及相关设施。

(2)用品　外用消毒液、洗手盆、温水、毛巾、肥皂、乳胶长臂手套等。

(3)术者准备　操作人员着好全套工作服,手指甲剪短磨光,手臂用温水清洗并消毒。进入直肠的手臂要用肥皂或液状石蜡涂抹润滑。

2. 方法与步骤

(1)检查方法　检查人员将指甲剪短、磨光,戴上长臂手套,伸入直肠(初学者不戴手套感觉更为清晰),先排除直肠中的宿粪,再进行检查。在检查过程中牛的直肠常发生收缩、努责,操作人员要耐心,待直肠松弛后继续检查。当手进入直肠后,先摸到子宫颈,再将中指向前滑动,寻找子宫角间沟,然后手指向前、向下寻找,把两侧子宫角掌握在手掌中,分别触摸子宫角的形状、大小、左右对称情况及有无胎儿存在等。再进一步触摸卵巢,仔细体会有无黄体或卵泡的存在,最后综合确定是否妊娠。

(2)结果判定

①未孕特征　未孕牛子宫颈、子宫体、子宫角及卵巢均位于骨盆腔内,经产多次的牛,子宫角可垂入骨盆入口前缘的腹腔内。两角大小相等,形状亦相似,弯曲如绵羊角状,经产牛有时右角略大于左角,弛缓,肥厚。能够清楚地摸到子宫角间沟,经过触摸子宫角即收缩,变得有弹性,几乎没有硬的感觉,能将子宫握在手中,子宫收缩像一球形,前部并有角间沟将其分两半,卵巢大小及形状视有无黄体或较大的卵泡而定。

②妊娠特征

妊娠 18～25 天:子宫角变化不明显,一侧卵巢上有黄体存在,则疑似妊娠。

妊娠 30 天:两侧子宫角不对称,孕角比空角略粗大、松软,有波动感,收缩反应不敏感,空角弹性较强。

妊娠 45～60 天:子宫角和卵巢垂入腹腔,孕角比空角约大 2 倍,孕角有波动感。用指肚从角尖向角基滑动中,可感到有胎囊由指间掠过,胎儿如鸭蛋或鹅蛋大小,角间沟稍变平坦。

妊娠 90 天:孕角大如婴儿头,波动明显,空角比平时增大 1 倍,子叶如蚕豆大小。孕角侧子宫动脉增粗,根部出现妊娠脉搏,角间沟消失。

妊娠 120 天:子宫沉入腹底,只能触摸到子宫后部及子宫壁上的子叶,子叶直径 2～5 cm。子宫颈沉移耻骨前缘下方,不易摸到胎儿。子宫中动脉逐渐变粗如手指,并出现明显的妊娠脉搏。

③直肠检查妊娠注意事项 做早期怀孕检查时，要抓住典型征状。不仅检查子宫角的形状、大小、质地的变化，也要结合卵巢的变化，做出综合的判断。

母牛配种后20天且已怀孕，偶尔也有假发情的个体，直肠检查怀孕征状不明显，无卵泡发育，外阴部虽有肿胀表现，但无黏液排出，对这种牛也应慎重对待，无成熟卵泡者不应配种；怀双胎母牛的子宫角，在2个月时，两角是对称的，不能依其对称而判为未孕。正确区分怀孕子宫和子宫疾病，怀孕90～120天的子宫容易与子宫积液、积脓等相混淆。积液或积脓使一侧子宫角及子宫体膨大，重量增加，使子宫有不同程度的下沉，卵巢位置也随之下降，但子宫并无怀孕征状，牛无子叶出现。积液可由一角流至另一角。积脓的水分被子宫壁吸收一部分，会使脓汁变稠，在直肠内触之有面团状感。

3. 实训练习

每5人一组练习，在教师指导下完成不少于给5头母牛的 直肠把握早期妊娠检查任务，并做好记录。

牛号	子宫角	卵巢	黄体	检查时间	备注

说明：1."子宫角"指子宫角变化状态；2."卵巢"指孕角侧卵巢活性及大小；3."黄体"指孕角侧黄体大小。

▶ 技能项目二 母牛的妊娠检查——B型超声波法

1. 实训条件

（1）场地准备 一般在输精室或诊疗室进行（也可在牛舍），要求操作室干净、明亮，无灰尘，地面洁净、防滑，上下水通畅，操作场内设有六柱保定栏及相关设施。

（2）器械及用品 牛用B型超声波诊断仪、外用消毒液、洗手盆、温水、毛巾、肥皂、乳胶长臂手套等。

（3）术者准备 操作人员着好全套工作服，手指甲剪短磨光，手臂用温水清洗并消毒。进入直肠的手臂要用肥皂或液状石蜡涂抹润滑。

2. 方法与步骤

将B超调至使用状态。将牛站立保定，检查之前应排除奶牛直肠内的积粪，必要时可用温生理盐水灌肠，清除直肠内积粪，以保证检查区域环境清洁。将腔内探头慢慢置于受检牛直肠内，隔着直肠壁紧贴子宫角缓慢移动并不断调整探查角度，观察B超实时图像，直至出现满意图像为止。牛B超妊娠检查如图3-2-10所示。

图 3-2-10 牛 B 超妊娠检查

3.判定标准

在子宫内检测到胚囊、胚斑和胎心搏动即判为阳性;声像图显示一个或多个圆形液性暗区,判为可疑,择机再检;暗区散在低强度等回声光点(光斑)为子宫积液;暗区呈中或高回声液体声像图为子宫积脓;声像图显示子宫壁无明显增厚变化、无回声暗区,判为阴性。阳性准确率以产犊数(含流产)为准。

(1)空怀母牛的子宫声像图　声像图显示子宫体呈实质均质结构,轮廓清晰,内部呈均匀的等强度回声,子宫壁很薄。而妊娠奶牛的子宫壁增厚。

(2)怀孕母牛子宫声像图　牛配种后 33 天和 36 天的声像图,其清晰地显示出胚囊和胚斑图像。33 天时胚囊实物如一指大小,胚斑实物 1/3 指大小。声像图中子宫壁结构完整,边界清晰,胚囊液性暗区大而明显,液性暗区内不同的部位多见胚斑,胚斑为中低灰度回声,边界清晰。妊娠 30～40 天时 B 超诊断的主要依据是声像图中见到胚囊或同时见到胚囊和胚斑。妊娠 40 天以上时,声像图表现更明显,胚囊和胚斑均明显可见,有时还可见胎心搏动。未孕及妊娠 43 天的子宫图像见图 3-2-11、图 3-2-12。

图 3-2-11　未孕牛子宫图像　　　图 3-2-12　妊娠 43 天牛子宫图像

4.实训练习

每 5 人一组练习,在教师指导下完成不少于 5 头已配种 20～60 天母牛的妊娠检查,并做好记录。

配种早期母牛 B 超妊娠检查记录

牛号	B 超检查图像描述	妊娠结果判断

【自测练习】

1.填空题

(1)母牛妊娠后,_____、_____、_____、_____和黄体形成及其所产生的激素都对母体产生极大的影响。

(2)妊娠_____天的青年牛,在骨盆前下方_____cm 处可摸到卵巢,未妊娠一侧的_____则比较靠近骨盆腔。

(3)妊娠_____个月以后,子宫下沉到_____底部,妊娠末期_____侧腹围增大。

(4)怀孕母牛子宫声像图,配种 33 天和 36 天后,清晰的显示出_____和_____图像。_____天时胚囊实物一指大小,_____实物 1/3 指大小。

2.判断改错题(在有错误处下画线,并写出正确的内容)

(1)母牛妊娠脉搏出现在妊娠的第 1 个月开始。(   )

(2)母牛妊娠 45～60 天,子宫角和卵巢垂入腹腔,孕角比空角约大 3 倍,孕角没有波动感。(   )

(3)母牛 B 超孕检声像图显示子宫壁无明显增厚变化、无回声暗区,判为阳性;在子宫内检测到胚囊、胚斑和胎心搏动即判为阴性;性准确率以产犊数(含流产)为准。(   )

(4)空怀母牛的子宫 B 超声像图显示子宫体呈实质均质结构,轮廓清晰,内部呈均匀的等强度回声,子宫壁很薄。(   )

(5)母牛妊娠检查,一般要求在配种后 60 天内做出妊娠判断,以便于及时对未孕牛实施补配。(   )

3.问答题

(1)母牛妊娠全身有哪些生理变化?

(2)怎样用 B 超检查母牛的妊娠状况?

【学习评价】

考核任务	考核要点	评价标准	考核方法	参考分值
1.母牛妊娠检查准备 2.直肠检查法母牛妊娠检查 3.B 超法母牛妊娠检查	操作态度	精力集中,积极主动,服从安排	学习行为表现	10
	协作意识	有合作精神,积极与小组成员配合,共同完成任务		10
	查阅生产资料	能积极查阅、收集资料,认真思考,并对任务完成过程中的问题进行分析处理		10
	母牛妊娠检查准备	准备工作充分,场地选择适宜	实际操作及结果评定	20
	直肠法母牛妊娠检查	操作准确,能够准确判定检查结果	实际操作及结果评定	20
	B 超法母牛妊娠检查	操作规范准确,图像清晰,判定结果准确	实际操作及结果评定	20
	实训报告	有完成全部工作任务的工作记录,字迹工整,总结报告结果正确,体会深刻,上交及时	作业检查	10
合计				100

【知识链接】

《牛人工授精操作规程》安徽省(DB34/T 089—1993)。

学习任务四 母牛繁殖性能测定

【任务目标】

理解母牛繁殖力的概念,能正确统计计算母牛各项繁殖力指标。熟悉影响母牛繁殖力的因素,能够根据已掌握的专业知识,结合牛场生产现状,提出合理的提高牛繁殖力的措施。

【学习活动】

▶ 一、活动内容

母牛繁殖性能的测定。

▶ 二、活动开展

(1)学生通过查询相关信息,结合牛场数据表格及其他教学资源,掌握牛繁殖力的概念及繁殖力衡量指标。

(2)组织学生到牛场调查母牛繁殖状况,收集有关资料,统计计算生产母牛繁殖力指标。在此基础上评价该牛场生产母牛群繁殖力,给出准确评价结果,并提出繁殖技术工作改进措施。

【相关技术理论】

▶ 一、牛正常繁殖力及评价方法

(一)繁殖力的概念

繁殖力是指牛维持正常生殖机能、繁衍后代的能力。繁殖力的高低直接影响牛群数量、质量及生产力水平和牛场的经济效益。

繁殖力的高低涉及牛生殖活动的各个环节。对公牛来说,繁殖力取决于精液的数量、质量,性欲及与母牛的交配能力;对于母牛则取决于性成熟的早晚、发情表现的强弱、排卵的多少、卵子的受精能力、妊娠时间的长短、哺乳仔畜的能力等。随着科学技术的发展,外部管理因素的改善,如良好的饲养管理,准确的发情鉴定,精液的质量控制,适时配种,早期妊娠诊断等已经成为保证和提高繁殖力的有力措施。

(二)牛的正常繁殖力

在自然环境条件下,生殖机能正常的母牛采用常规的饲养管理措施所表现出的繁殖水平称为自然繁殖力或生理繁殖力。运用现代繁殖新技术所提高的牛繁殖力,称为繁殖潜能。

1.自然繁殖力

牛的自然繁殖力主要取决于每次妊娠的胎儿数、妊娠期的长短和产后第一次发情配种

的时间等。通常,妊娠期长的牛繁殖力比妊娠期短的牛低,单胎牛的繁殖力较多胎牛的低。例如,黄牛的妊娠期为280～282天,奶牛的妊娠期285天,产后第一次发情配种并受胎的间隔时间一般为45～60天,每次妊娠一般只有一个胎儿,所以牛的自然繁殖周期至少需要327天,自然繁殖率最高为112%。

2. 牛的繁殖力现状

我国牛的繁殖力水平由于各地饲养管理条件、繁殖管理水平和环境气候差异等原因,繁殖力有着很大差异。根据生产实践中大量的统计报道,一般成年母牛的情期受胎率为40%～60%,平均为50%左右,第一情期受胎率55%～70%,年总受胎率75%～95%,平均为90%左右。年繁殖率为70%～90%,平均为85%左右。产犊间隔12～14个月;流产率3%～7%;双胎率为2%～4%。

(三)牛繁殖力的评价方法

目前国内外常用受胎率、情期受胎率、繁殖率等指标来表示牛的繁殖力。通过年度或阶段统计牛的繁殖指标,与正常繁殖力对照,检验工作成果,找出不足,以便及时调整生产方案,提高牛的繁殖力。

1. 受配率

指在本年度内参加配种的母牛数占畜群内适繁母牛数的百分率。主要反映牛群内适繁母牛发情配种的情况。适繁母牛是指母牛从适配年龄开始一直到丧失繁殖能力之前,这里是不包括妊娠、哺乳及各种卵巢疾病等原因造成空怀的母牛;但是管理者在组织生产时,把认为具有繁殖能力的母牛当作适繁母牛,这里有的母牛可能有繁殖疾病。

$$受配率 = \frac{配种母牛数}{适繁母牛数} \times 100\%$$

2. 受胎率

指在一定时间内配种后妊娠母牛数占参加配种母牛数的百分率。在受胎率统计中又分为总受胎率、情期受胎率、第一情期受胎率和不返情率等。

(1)总受胎率 指在本年度内妊娠母牛数占配种母牛数的百分率。

$$总受配率 = \frac{最终受胎母牛数}{配种母牛数} \times 100\%$$

此项指标反映了母牛受胎情况,可以衡量年度内的配种计划完成情况。

(2)情期受胎率 是指受胎母牛数与配种情期数的比例。也称为总情期受胎率。

$$情期受胎率 = \frac{受胎母牛数}{配种情期数} \times 100\%$$

生产中情期受胎率可以按年度统计,也可按月份统计。它能较快地反映出母牛的繁殖问题,同时也可以反映出人工授精技术员的技术水平,或实行某项技术措施的效果等。

(3)第一情期受胎率 指第一次发情配种妊娠母牛数占第一次发情配种的母牛数的百分比。同理,也可以有第二情期受胎率、第三情期受胎率。

$$第一情期受胎率 = \frac{第一情期配种妊娠母牛数}{第一情期配种母牛数} \times 100\%$$

通常情况下,第一情期受胎率要比情期受胎率高。

(4)不返情率　指配种后一定时间内(如 30 天、60 天、90 天)未表现发情的母牛数占配种总数的百分率。30～60 天的不返情率,一般大于实际受胎率 7％左右,但随着配种后时间的延长,不返情率就逐渐接近实际受胎率。

$$X \text{ 天不返情率} = \frac{\text{配种后 } X \text{ 天未返情母牛数}}{\text{配种母牛数}} \times 100\%$$

3.配种指数

配种指数是指每次受胎所需要的配种次数。配种指数与情期受胎率密切相关,情期受胎率越高,配种指数就越低。

4.分娩率

分娩率是指本年度内分娩母牛数占妊娠母牛数的百分比。不包括流产母牛数。反映维护母牛妊娠的质量。

$$\text{分娩率} = \frac{\text{分娩母牛数}}{\text{妊娠母牛数}} \times 100\%$$

5.产犊率

产犊率指分娩母牛的产仔数占分娩母牛数的百分比。

$$\text{产犊率} = \frac{\text{产出犊牛数}}{\text{分娩母牛数}} \times 100\%$$

6.成活率

成活率一般指哺乳期的成活率,即断奶成活的犊牛数占出生时活犊牛数的百分率。主要反映母牛的泌乳能力和护仔性及饲养管理成绩。

$$\text{成活率} = \frac{\text{断奶时成活犊牛数}}{\text{出生时活犊牛数}} \times 100\%$$

7.繁殖率

繁殖率指本年度内出生犊牛数(包括出生后死亡的幼仔)占上年度末可繁母牛数的百分比,主要反映畜群繁殖效率,与发情、配种、受胎、妊娠、分娩等生殖活动的机能以及管理水平有关。

$$\text{繁殖率} = \frac{\text{本年度出生犊牛数}}{\text{上年度存栏适繁母牛数}} \times 100\%$$

8.繁殖成活率

繁殖成活率指本年度内成活犊牛数(不包括死产及出生后死亡的仔畜)占上年度末适繁母畜数的百分比,是衡量繁殖效率最实际的指标。

$$\text{繁殖成活率} = \frac{\text{本年度内成活犊牛数}}{\text{上年度末适繁母牛数}} \times 100\%$$

9.流产率

流产率是指流产母牛数占妊娠母牛数的百分比。

$$流产率 = \frac{流产母牛数}{妊娠母牛数} \times 100\%$$

10.牛繁殖效率指数(REI)

母牛繁殖效率指数是近些年国内外开始采用的一种指标,主要反映牛群管理水平。

$$REI = \frac{断奶成活犊牛数}{参配母牛数 + 从配种到断奶死亡的母牛数}$$

▶ 二、提高牛繁殖力的措施

(一)影响繁殖力的因素

1.遗传的影响

遗传因素对牛繁殖力的影响较为明显,不同牛及同种牛的不同品种,繁殖均存在差异。牛虽是单胎动物,产双胎的比例约 2%,双胎个体的后代产双胎的可能性明显大于单胎个体的后代,但母牛的双胎个体不提倡留种。

2.环境的影响

环境是牛赖以生存的物质基础,是保证牛繁殖力充分发挥的首要条件。温度对牛的繁殖力影响也较明显,牛虽一年四季均可发情,但高寒地区的母牛在气温适宜的季节发情者居多,其他季节相对减少,有淡旺季之分。高温比低温对牛繁殖力的危害更大。在热应激下,睾丸的生精能力下降,精子获能和受精过程也不能正常进行。受精卵在高温逆境下不能存活,母牛的受胎率下降。

3.营养的影响

营养是影响牛繁殖力的重要因素。营养不良会导致母牛性成熟晚,母牛的发情规律紊乱,受胎率降低,流产、死胎的比例增加。

蛋白质是牛繁殖必需的营养物质,蛋白质长期缺乏会使公畜精液品质下降,精子活力降低。蛋白质不足,使母牛生殖器官发育受阻、卵巢发育不全、安静发情等。

饲料中能量水平对牛繁殖影响也较大。能量过高,牛过于肥胖,造成公畜精液品质下降,影响其性欲和交配能力。母牛卵巢、输卵管等性器官上脂肪过度沉积,致使卵泡发育受阻,影响排卵和受精,受胎率明显下降。

矿物质和维生素缺乏对牛的繁殖力亦有影响。缺乏钙、磷会使卵巢萎缩,易出现死胎或流产。铜过低能增加胚胎的死亡,抑制发情,繁殖力下降。缺乏维生素 A,可使母牛阴道上皮角质化,胎儿发育异常。维生素 E 会使牛繁殖机能扰乱,屡配不孕。

4.年龄的影响

牛的繁殖力是一个发生、发展至衰亡的过程,随着年龄的变化而波动。青年公牛的精液品质随年龄的增长而逐渐提高,到了一定年龄以后,又开始下降。如种公牛 5~6 岁后繁殖机能呈下降趋势。母牛到了一定年龄以后,受胎率、产仔数等也明显下降。

5.管理的影响

随着畜牧业的发展,牛的繁殖力已全部在人类的控制之下进行。良好的管理是保证牛繁殖力充分发挥的重要前提。放牧、饲喂、运动、调教、使役及畜舍卫生设施等,对牛繁殖力均有影响。管理不善,不但会使牛繁殖力下降,严重时会造成牛不育。

(二)提高牛繁殖力的措施

提高牛繁殖力,从根本上说是要使种畜保持旺盛的生育能力,具有良好的繁殖体况;从管理上讲,要注意提高母牛的受胎率,防治母牛不孕和流产。

1.选择优秀的牛作种用

同一品种内个体之间繁殖力的差异较大,应选择繁殖力高的个体作种用。选择公牛时,要充分考虑其祖先的生产能力,进行较严格的家系和个体选择,经后裔测定确认为优秀个体,方可应用于繁殖改良。选择母牛时,要注意性成熟的早晚、发情排卵情况以及受胎能力。值得提出的是,在选择母牛时,不应过分强调繁殖指标,应对其所有性状进行综合考虑。

2.生产优质精液

品质优良的精液是保证母牛受胎的重要条件。生产中从种公畜的选留、饲养管理、调教到采精等环节上,都要进行严格的把关,加强技术的熟练程度。采集精液后要进行细致、严格的检查和处理,不合乎标准的精液禁止用于输精。

3.做好发情鉴定,适时输精

准确的发情鉴定是掌握适时输精的前提,是提高牛繁殖力的重要环节。各种牛发情各有特点,应根据不同牛发情的外部表现、黏液分泌情况、卵巢上卵泡发育等进行综合判定,确定最佳的输精时间。牛发情的持续时间短,约 18 h,25% 的母牛发情征候不超过 8 h,而下午到翌日清晨前发情的要比白天多,发情而爬跨的时间大部分在 18 时至翌日 6 时,特别集中在晚上 20 时到凌晨 3 时之间。约 80% 母牛排卵在发情终止后 7～14 h,20% 母牛属早排或迟排卵。据报道,漏情母牛可达 20% 左右,其主要原因是辨认发情征候不准确,怀孕母牛多有 5%～7% 会表现发情。

掌握适时输精的技术环节。把一定量的优质精液输到发情母牛子宫内的适当部位,对提高母牛受胎率是非常重要的。牛一般在发情结束后排卵,卵子的寿命为 6～10 h,故牛在发情期内最好的配种时间应在排卵前的 6～7 h。

4.积极推广繁殖新技术

(1)推广人工授精和冷冻精液 人工授精技术的应用,使牛的繁殖率大大提高。牛冷冻精液的全面推广,使奶牛的数量和质量不断提高。但现在基层的人工授精推广还不够,发展很不平衡,特别是在技术力量缺乏地区,存在的问题更多,亟待解决。

(2)发情控制技术的应用 结合现代养殖业规模化生产,积极开展发情控制技术。利用促性腺激素、前列腺素、孕激素、催产素等,对母牛进行诱导发情、同期发情、超数排卵、诱发分娩,提高母牛的繁殖力。

(3)应用胚胎移植 人工授精充分发挥了优秀种公牛的配种效能,而胚胎移植是挖掘母牛繁殖力的一种高效手段。通过胚胎移植和其他繁殖新技术的推广和应用,相信在近些年,牛的繁殖速度和质量将会有较大突破。

(4)减少胚胎死亡和流产 胚胎死亡和流产是影响牛繁殖力不可忽视的一个重要方面,

牛的情期受胎率一般为 $70\%\sim80\%$,但最终产犊者不过 50%,其原因就是胚胎死亡。适当的营养水平和良好的饲养管理可减少胚胎的死亡。母牛输精配种后,要尽早地进行妊娠诊断,加强孕畜的饲养管理,给予全价的日粮,小心使役、避免鞭打和强行驱赶。要抓好母牛的复配工作,防止误配,出现流产先兆的母牛,可肌注孕酮治疗。准确推算母牛的预产期,做好正常分娩的助产和难产救助工作。

(5)消除牛的繁殖障碍 在人工授精工作中,要严格遵守操作规程,对产后母牛做好术后处理,加强饲养管理,尽量减少不孕症的出现。确认牛患不孕症后,要及时调整或治疗,使牛尽快恢复繁殖力。对遗传性、永久性和衰老性不育的牛应尽早淘汰。

(6)注意牛的营养 牛的营养水平对繁殖的影响已有很多讨论。为了提高牛的繁殖力,应当加强牛的营养供给,特别是对于在妊娠期的高产牛。为牛提供均衡、全面、适量的各种营养成分,以满足牛维持自身和胎儿生长发育的需要。

对初情期的牛,应注重蛋白质、维生素和矿物营养的供应,以满足其性机能和机体发育的需要。但对牛的研究表明,过高的营养水平,常可导致公牛性欲及母牛发情的异常。所谓种用牛体质,是指种牛不应过度肥胖或消瘦。青饲料供应对于非放牧的青年牛很重要,应尽可能给初情期前后的公母牛供应优质的青饲料或牧草。

(7)加强牛的管理 在牛的繁殖管理上,要注意牛场环境的影响,尽可能避免炎热或严寒、特别是炎热对牛的影响。实践和研究都证明,炎热对牛繁殖的危害要远远大于寒冷。在炎热季节,管理重点是加强防暑降温措施。例如,采取遮阴、水浴、降温等办法。要注意母牛发情规律的记录,加强流产母牛的检查和治疗,对于配种后的母牛,应检查受胎情况,以便及时补配和做好保胎工作。

要做好牛的接产工作,应特别注意母牛产道的保护和产后子宫的处理。实践证明,给产后母牛灌服初乳或羊水,能促使胎衣排出,大大减少母牛产后的胎衣不下,同时对母牛产后的子宫复旧有一定效果,从而缩短产犊间隔。

为了提高牛的繁殖效率,应当保持合理的牛群结构。不同生产类型中,基础母牛占牛群的比例有所区别,乳用牛一般为 $50\%\sim70\%$,肉牛与乳肉兼用牛一般为 $40\%\sim60\%$ 比较合理。过高的生产母牛比例,往往使牛场后备牛减少,影响牛场的长远发展;但过低的生产母牛比例,也可影响牛场当时的生产水平,影响生产效益。

对于种用牛,要注意运动,以保持牛旺盛的活力和健康的体质,也有利于预防牛蹄病。一般情况下,牛以自由运动为主。对偏肥的种牛,一方面可从营养上进行必要的限制,另一方面,也可通过强迫运动,锻炼其体质。

【技能实训】

◉ 技能项目 牛场母牛全年受胎率计算

1.实训条件
初配适龄母牛若干头、记录本、计算机、B超妊娠诊断仪器等。

2.方法与步骤

(1)统计适繁母牛数　通过牛场实际检查,确定出适繁母牛数。一般育成牛发育到 13～14 月龄,体重达到成年牛的 65％以上,中国荷斯坦牛达到 340 kg 时,即可认为是进入适繁期。

(2)统计配种母牛数　查阅本年度各阶段适繁母牛数、参加配种母牛数和受胎母牛数记录,并一一统计出来。

(3)受配率、总受胎率计算

$$受配率 = \frac{配种母牛数}{适繁母牛数} \times 100\%, \quad 总受配率 = \frac{最终受胎母牛数}{配种母牛数} \times 100\%$$

3.实训练习

组织学生深入牛场实践或查阅牛场生产记录和繁殖记录,统计出当年适繁母牛数、已配种母牛数和受胎母牛数,然后计算出该场本年度受配率和总受胎率。

【自测练习】

1.填空题

(1)黄牛的妊娠期为_____天,奶牛的妊娠期_____天,产后第一次发情配种并受胎的间隔时间一般为_____天,

(2)一般成年母牛的情期受胎率为_____％～_____％,平均为_____％左右,第一情期受胎率_____％～_____％,年总受胎率_____％～_____％,平均为_____％左右。

(3)生产中情期受胎率可以按_____统计,也可按_____统计。它能较快地反映出母牛的_____问题,同时也可以反映出人工授精技术员的_____,或实行某项技术措施的效果等。

(4)繁殖率指本年度内出生_____数(包括出生后死亡的幼仔)占上年度末_____数的百分比,主要反映牛群繁殖效率,与_____、_____、_____、_____、_____等生殖活动的机能以及_____有关。

2.判断改错题(在有错误处下画线,并写出正确的内容)

(1)在自然环境条件下,生殖机能正常的母牛采用常规的饲养管理措施所表现出的繁殖水平称为自然繁殖力或生理繁殖力。(　　)

(2)目前国内外常用受配率、总受胎率、繁殖率等指标来表示牛的繁殖力。(　　)

(3)环境是牛赖以生存的物质基础,是保证牛繁殖力充分发挥的次要条件。(　　)

(4)青年公牛的精液品质随年龄的增长而逐渐提高,到了一定年龄以后,又开始下降。如种公牛 10～12 岁后繁殖机能呈下降趋势。母牛到了一定年龄以后,总受胎率、繁殖率等也明显下降。(　　)

(5)为了提高牛的繁殖效率,应当保持合理的牛群结构。乳用牛一般为 50％～70％,肉牛与乳肉兼用牛一般为 40％～60％比较合理。(　　)

3.问答题

(1)影响母牛繁殖力的因素有哪些?

(2)如何提高母牛的繁殖性能?

考核任务	考核要点	评价标准	考核方法	参考分值
母牛繁殖力评定	操作态度	精力集中,积极主动,服从安排	学习行为表现	10
	协作意识	有合作精神,积极与小组成员配合,共同完成任务		10
	查阅生产资料	能积极查阅、收集资料,认真思考,并对任务完成过程中的问题进行分析处理		10
	母牛繁殖力评定	熟知母牛繁殖力评价指标,能够正确统计繁殖力指标	实际操作及结果评定	50
	实训报告	有完成全部工作任务的工作记录,字迹工整;总结报告结果正确,体会深刻,上交及时	作业检查	20
合计				100

学习情境四　牛场建设与环境控制

牛场布局与建筑设计

【任务目标】

　　1.熟悉认识牛场的场址选择、规划布局卫生学要求；

　　2.学会对牛场规划布局做出卫生学评价。

【学习活动】

▶ 一、活动内容

　　牛场场址选择与规划布局。

▶ 二、活动开展

　　(1)首先选择一处牛场或一牛场总平面布局图。

　　(2)根据牛场场址选择要求对该牛场做出卫生学评价。可通过对场地周围环境观察、咨询，主风向测定、水质与土质的感官鉴定、距离估测等进行。

　　(3)根据牛场各功能区的设置情况做出卫生学评价。可通过观察、距离估测等按照场区规划原则进行。

　　(4)主要结合对生产区的实地参观要求，对各建筑群的配置、排列、朝向、距离及场内公共卫生设施等进行详细观察、询问，并按布局要求做出卫生学评价。规模化牛场要注意废弃物的处理是否得当。

【相关技术理论】

　　牛场建设是影响牛生长发育和生产性能最主要最直接的因素之一。一个建设合理的牛场，更易获得最大的生产潜能和经济效益。因此，在牛场建设之前，必须周密考察场址、建筑和建造规模。牛场一经建成，再想挪动和改造就十分困难。

　　一般情况下，牛场具有4个特点：第一，牛进出多，流动性大；第二，运输车辆来往频繁；第三，场内堆放大量的饲草，易发生火灾；第四，牛属于大家畜，体积大，每天向空气排放大量的二氧化碳、甲烷等气体，并向外界排泄大量粪尿，造成一定的环境污染。基于这4个特点，牛场的建设不仅关系到牛场环境是否适宜，而且关系到饲养管理操作是否方便。因此建造牛场时，应该本着科学合理、经济实用的原则，根据自身财力、牛的数量、发展规模、机械化程度和设备条件进行合理布局规划，并要符合卫生防疫要求，做到资源合理配置和优化，充分发挥牛场最大的作用。

牛场场址选择正确与否,关系到生产牛奶的品质和平均的经济效益,是牛场能否长期生存下去的关键问题之一。牛场场址的选择,在全面了解当地的自然资源、社会经济条件以及周边环境和自身实力的前提下,做出比较合理的长远规划,以适应现代化养牛业发展的需要,并且所选场址要有发展的余地。

场址选择必须遵循以下原则:第一,使周边环境不被破坏;第二,使生态环境得到合理保护;第三,有利于牛体的健康成长;第四,能充分发挥牛的生产潜能。

(一)地势高燥

牛场宜建在地势高燥、背风向阳、地下水位较低(地下水位过低也不好,地下水位最低在2 m),具有缓坡的北高南低、总体平坦的地方(地面坡度 1%～3% 较为理想,最大坡度不得超过 25%),切不可建在低洼涝池和高山顶、风头高的地点,以免排水不畅、汛期积水及冬季防寒困难,造成场地潮湿、寒冷而诱发牛的肢蹄病、风湿病、皮肤病等。

(二)土质良好

土质以沙壤土为佳,沙壤土土质松软,透水性强,雨水、尿液不易积聚,雨后没有硬结,有利于牛舍及运动场的清洁卫生与干燥,防止蹄病等疾病的发生。

(三)水源充足、卫生

选择的牛场所在地应有安全、可靠的水源,保证生产用水与人畜生活用水。水质要良好,不含毒物,不经处理即能符合饮用标准的水最为理想;便于防护,保证水源经常处于良好状态,不受周围条件污染;便于取用,通常以井水、泉水为好。要特别注意水中微量元素成分与含量,防止水源污染,确保人畜安全和健康。实在没有地下用水的地方,在引用河流、湖泊、雨雪水时,必须调查清楚水源上游是否有生物、化学污染源(屠宰场、医院、制药厂、农药厂、造纸厂、印染厂、垃圾场等),如有这些污染源造成水质污染,选址时应该避开。

(四)饲草资源丰富

饲养牛所需的饲料多,尤其是饲草需求量很大,因此必须解决好牛的饲草料来源问题。只有贮备好充足的饲草料,饲养才能得到物质保障。所以牛场应选择在距牧草饲料资源较近、饲草料资源充足的地方,以减少运费,降低成本。

(五)交通、电力便利

牛场的选择必须考虑交通、电力、能源的便利。奶牛和大批饲草饲料的购入,育肥牛和粪肥的销售处理,运输量很大,来往频繁,有些运输要求风雨无阻。因此,牛场应建在交通方便的地方。同时,牛场需购置一些大型的饲料、加工设备及照明、用水设施,因此电力、能源要便利,不能对生产造成很大影响。

如果距离交通要道、车站、机场等过近,这些场所产生的噪声,会对牛产生惊吓而干扰牛的采食、休息。交通要道人流、物流的频繁活动,也是疫病扩散的来源。因此,场址应尽可能远离交通要道,避开噪声、有害气体对牛产生的不良影响。

(六)卫生防疫符合要求

场址应符合兽医防疫要求与公共环境卫生的要求,距交通要道 200 m 以上,离村庄、工厂 500 m 以上,并避开对空气、水源和土壤造成严重污染的屠宰、加工和工矿企业,特别是化工类企业和家畜传染病源区,以便于防疫。

(七)节约土地

充分利用荒废不能耕作的旱地、河滩、沙滩地以及不平整、不宜耕作的土地。

(八)处理好牛场场址与居民点的关系

奶牛采食量很大,排泄物比较多。据测定每头中等体重的牛每天排出的粪尿约 20 kg,一个存栏 500 头的牛场,一天的排泄物就达 10 t 之多。再加上饲草废弃残渣的酸败分解以及牛排出的暖气,都对环境造成污染。为了居民生活安全,避免人畜共患病的交叉感染和疫病的蔓延传播,要求牛场距离人口密集区 500 m 以上,海拔低于居民点。为避免牛场与居民区的相互干扰,可建立绿化带或用围墙等其他形式隔开。

(九)处理好牛舍朝向与主风向之间的关系

一般来说,在冬季西北风为主风向,夏季东南风为主风向的地区,牛场选择点应在村庄或城镇的西南方向,即牛场应选择在居民点的下风向或侧风向处(按主要风向为准)。如果附近有河流或渠道,应选择在水流的下流建场,并与河流、渠道保持一定距离,避免水被污染对居民健康造成危害。

二、牛场规划与布局

牛场位置选择好以后,本着因地制宜和科学管理的原则,对牛场还需进行统一规划和合理布局,以使牛场整齐美观、土地利用率提高和投入节省、经济实用、利于生产流程和便于防疫、安全等。

(一)决定牛场规模大小的因素

1.自然资源

自然资源包括饲草饲料资源、土地资源、水电资源以及气候和地理条件。特别是饲草饲料资源,是影响饲养规模的主要制约因素。

2.资金情况

奶牛生产所需资金较多,资金周转期长,报酬率低。资金力量比较雄厚,规模可相应扩大。总之,要量力而行,留有一定数量的流动资金进行周转,以维持牛场的正常运行。切莫贪大求多,粗放经营。

3.经营管理水平

社会经济条件的好坏,社会化服务程度的高低,价格体系的健全与否,以及价格政策的稳定性、政府支持力度等,都对奶牛饲养规模有一定的制约作用,在确定饲养规模时,应予以考虑。

4.场地面积

奶牛生产、牛场管理、职工生活及其他附属建筑等均需要一定场地、空间。牛场的规模大小可根据每头牛所需面积、结合长远规划估算出来。牛舍及其他房舍的面积一般占场地总面积的 15%～20%。由于牛体大小、生产目的、饲养方式等不同,每头牛占用的牛舍面积也不一样。每头奶牛所需面积约为 2 m²,如果包括运动场地在内,每头牛所需面积 10.0～15.0 m²。

5.经营方式

家庭饲养散户经营方式,在庄前屋后盖几间牛棚即可进行饲养。如果采用先进技术、机械化程度较高的集约化经营方式,饲养规模可以达到百头乃至千头。

(二)牛场的分区规划

按畜牧业养殖设施与环境标准化的要求,进行科学规划与布局,使设施与环境达到工厂化生产,以提高集约化程度和生产效率,保证养殖环境的净化和生产安全健康畜产品。

场区的平面布局应根据牛场规模、地形地势及彼此间的功能联系合理规划布局,确保实现两个三分开:即人(住宅)、牛(活动)、奶(存放)三分开;奶牛的饲喂区、休息区、挤奶区三分开,尽量减少污与净的道路交叉污染。为便于防疫和安全生产,应根据当地全年主风向和场址地势,一般分为三个区:管理区(可包括生活区)、生产区、隔离区(图4-1-1)。管理区包括与经营管理有关的建筑物及与职工文化生活有关的建筑物与设施等;生产区包括各龄牛舍及饲料贮存与加工调制、设备维修等建筑物;隔离区包括病畜隔离舍、兽医室和畜粪尿处理区。

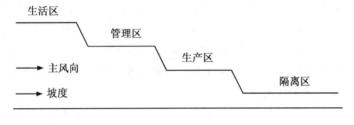

图4-1-1 牛场功能区

(三)牛场各区布局安排

1.管理区

管理区为全场生产指挥,对外联系等管理部门。包括办公室、财务室、接待室、档案资料室、试验室等。管理区应建在牛场入场口的上风处,严格与生产区隔离,保证50 m以上距离,这是建筑布局的基本原则。另外以主风向分析,办公和生活区要错开,不要在同一条线上,生活区还应在水流或排污的上游方向,并与生产区保持100 m以上的距离,以保证生活区良好的卫生环境。

2.生产区

生产区是牛场的核心区,主要由一栋栋牛舍和饲料库组成,位于整个牛场的中心地段。生产区应设在场区的较下风向位置,场外人员和车辆不能直接进入,要保证最安全、最安静。生产区大门口设立门卫传达室、消毒室、更衣室和车辆消毒池,严禁非生产人员出入场内,出入人员和车辆必须经过消毒室或消毒池进行消毒后方可入内。

生产区是牛场的核心区,应根据其规模和经营管理方式合理布局,应按分阶段分群饲养原则,按泌乳牛舍、干奶牛舍、产房、犊牛舍、育成前期牛舍、育成后期牛舍顺序排列,各牛舍之间要保持适当距离,布局整齐,以便于防疫和防火。但也要适当集中,节约水电线路管道,缩短饲草饲料及粪便运输距离。粗饲料库设在生产区下风口地势较高处,与其他建筑物保持60 m防火距离,要兼顾由场外运入再运到牛舍两个环节。

饲料库、干草棚、饲料加工车间和青贮池,离牛舍要近一些,位置适中一些,便于车辆运送草料,降低劳动强度,但必须防止牛舍和运动场的污水渗入而污染草料。

3.污物处理区

其中病牛隔离治疗区应设在下风向,地势较低处,应与生产区距离 100 m 以上,病牛区应便于隔离,单独通道,便于消毒,便于污物处理。而牛的粪尿、尸体处理区主要为粪尿处理场所,并配套有污水池、粪尿池、堆粪场,所以应位居下风向地势较低处的牛场偏僻地带,防止粪尿恶臭味四处扩散,蚊蝇滋生蔓延,影响整个牛场环境卫生。同时,污水的下渗还会污染水源及饲料饲草,必须予以防止。

4.生产区内规划布局的注意事项

(1)充分利用地形地势以有利排水,保持牛舍内干燥,便于施工减少土方量,方便建设后的饲养管理为宜。牛舍长轴应与地势等高线平行,两端高差不超过 1.0%～1.5%。在寒冷地区,为了防止寒风侵袭,除应充分利用有利地形挡风及避开风雪外,还应使牛舍的迎风面尽量减少,在主风向可设防风林带、挡风墙。在炎热地区,可利用主风向对场区和牛舍通风降温。

(2)合理利用光照,确定牛舍朝向由于我国地处北纬 20°～50°,太阳高度角冬季小,夏季大,为使牛舍达到"冬暖夏凉",应采取南向即牛舍长轴与纬度平行,这样冬季有利于阳光照入牛舍内以提高舍温,而夏季可防止强烈的太阳光照射。因此,在全国各地均以南向配置为宜,并根据纬度的不同有所偏向东或偏向西。修建牛舍多栋时,应采取长轴平行配置,当牛舍超过 4 栋时,可以 2 行并列配置,前后对齐,相距 10 m 以上。

(3)根据生产工艺进行布局,养牛生产工艺包括牛群的组成和周转方式,挤奶、运送草料、饲喂、饮水、清粪等,也包括测量、称重、采精输精、防疫治疗、生产护理等技术措施。修建牛舍必须与本场生产工艺相结合,否则,必将给生产造成不便,甚至使生产无法进行。

(4)放牧饲养生产区的配置要考虑与放牧地、打草场和青饲料地的联系。即生产区应与放牧地、草地保持较近的距离,交通方便(含牧道与运输道)。放牧季节也可在牧地设野营舍。为减少运输负荷,青饲料地宜设在生产区四周。放牧驱赶距离奶牛一般 1～1.5 km,1 岁以上青年牛 2.5 km,孕牛 0.5～1.0 km。

【技能实训】

◆ 技能项目　牛场环境卫生调查与评价

通过对学校或学校附近其他单位牛场的现场实习,对牛场场址选择、牛场建筑物布局、牛场环境卫生设施及畜舍卫生状况等方面进行现场观察、测量和访问,进行分析,作出综合卫生评价报告。

1.实训条件

生产牛场、收集到的相关信息资料、测量用皮卷尺、记录用纸笔等。

2.方法与步骤

(1)牧场位置　了解牧场周围的交通运输情况,居民点及其他工业、农业企业等的距离与位置。

(2)全场地形、地势与土质　观察牧场地形及面积大小,地势高低,坡度和坡向,土质、植被等。

（3）水源　水源种类及卫生防护条件,给水方式、水质与水量是否满足需要。

（4）全场平面布局情况

①全场不同功能区的划分及其在场内位置的相互关系。

②畜舍的方位及间距、排列形式。

③饲料库、饲料加工调制间、产品加工间、兽医室、贮粪池以及其他附属建筑的位置和与畜舍的距离。

④运动场的位置、面积、土质及排水情况。

（5）畜舍卫生状况　畜舍类型、式样、材料结构,通风换气方式与设备,采光情况,排水系统及防潮措施,畜舍防寒、防热的设施及其效果,畜舍温度、湿度观测结果等。

（6）牛场环境污染与环境保护情况　粪尿处理情况,场内排水设施及牧场污水排放、处理情况,绿化状况,场界与场内各区域的卫生防护设施,蚊蝇滋生情况及其他卫生状况等。

（7）其他　家畜传染病、地方病、慢性疾病等发病情况。

3. 实训练习

学生分成若干组,按上述内容进行观察、测量和访问,根据调查与评价内容采用调查报告形式进行撰写,最后综合分析,作出卫生评价结论。结论的内容应从牛场场址选择、建筑物布局、畜舍建筑、牧场环境卫生四个方面,分别指出其优、缺点,并提出今后改进意见。结论文字力求简明扼要。

【自测练习】

1. 填空题

（1）牛场宜建在地势高燥、背风向阳的地方,地下水位最低在_____ m。

（2）牛场所在地应有安全、可靠的水源,通常以_____为好。

（3）一头奶牛包括运动场地在内,所需场地面积约为_____ m²。

（4）牛场平面布局应根据牛场规模、地形地势及彼此间的功能联系合理规划布局,确保实现两个三分开;即_____、_____、_____三分开;_____、_____、_____三分开。

（5）_____是牛场的核心区,位于整个牛场的中心地段。

2. 判断改错题（在有错误处下画线,并写出正确的内容）

（1）牛场宜建在地势高燥、背风向阳、地下水位较低,一般要低于地下 2 m。（　　）

（2）场址应符合兽医防疫要求与公共环境卫生的要求,距交通要道 200 m 以上,离村庄、工厂 500 m 以上。（　　）

（3）据测定每头中等体重的牛每天排出的粪尿约 10 kg,一个存栏 500 头的牛场,一天的排泄物就达 5 t 之多。（　　）

（4）生活区还应在水流或排污的下游方向,并与生产区保持 10 m 以内的距离,以保证生活区良好的卫生环境。（　　）

（5）修建牛舍多栋时,应采取长轴平行配置,当牛舍超过 4 栋时,可以 2 行并列配置,前后对齐,相距 100 m 以上。（　　）

3. 问答题

（1）牛场场址选择的原则是什么? 结合实际,谈谈牛场场址选择的注意事项。

（2）牛场生产区应主要包括哪些建筑设施,如何进行合理布局?

【学习评价】

考核任务	考核要点	评价标准	考核方法	参考分值
1.牛场场址选择 2.规划与设计 3.奶牛场的卫生学评价	操作态度	精力集中,积极主动,服从安排	学习行为表现	10
	协作意识	有合作精神,积极与小组成员配合,共同完成任务		10
	查阅生产资料	能积极查阅、收集资料,认真思考,并对任务完成过程中的问题进行分析处理		10
	场址选择依据	结合所学知识,正确做出判断选择	识别描述	20
	牛场生产区规划与布局	根据技术参数,合理规划场区各区域	绘制平面布局图	20
	综合判断	准确	结果评定	20
	工作记录和总结报告	有完成全部工作任务的工作记录,字迹工整;总结报告结果正确,体会深刻,上交及时	作业检查	10
合计				100

【知识链接】

农业部《奶牛标准化规模养殖生产技术示范(试行)》农牧办(2008)。

学习任务二　牛舍及附属设施建造设计

【任务目标】

1.熟悉牛舍的设计标准与要求

2.能正确识别牛舍建筑设计图,并能进行初步设计

【学习活动】

▶ 一、活动内容

牛舍及附属设施建造。

▶ 二、活动开展

制订学习计划,根据活动内容收集牛舍及附属设施建造资料信息,深入牛场进行现场调研,向有经验的技术员工请教学习,获取第一手资料;在教师指导下学生分组学习讨论,从而

掌握牛舍类型结构、设施设备和附属建筑的建造等技术理论与技能。

【相关技术理论】

▶ 一、奶牛舍建筑与设计

奶牛饲养分为舍饲、放牧以及舍饲兼放牧三种方式。我国牧区由于有大量的放牧地,多采用放牧方式。而大、中城市郊区的规模化奶牛场,多采用全年舍饲集约化经营的方式。奶牛场所采取的管理方式基本上是两种类型:拴系式(也称颈枷式)和散栏式(也称散放式)。拴系式管理与散栏式管理在奶牛场建设上具有不同的要求。

(一)拴系式牛舍

拴系式牛舍,亦称常规牛舍,母牛的饲喂、挤奶、休息均在牛舍内,是一种传统的管理方式。每头牛单独拴系,使其具有自己的牛床和食槽,2头牛有1个饮水器或通槽饮水。优点是挤奶或饲养员可全天对乳牛进行看护,做到个别饲养,分别对待;母牛如有发情或不正常现象能及时发现;能充分发挥每头乳牛的生产潜力,夺取高产。但这种方式使用劳力多,占用的时间多,劳动强度大,牛舍造价较高;母牛的角和乳房易损伤。

1.建筑形式

常见的有钟楼式、半钟楼式和双坡式3种(图4-1-2)。

1. 钟楼式屋顶　　　2. 半钟楼式屋顶　　　3. 双坡式屋顶

图 4-1-2　屋顶形式

钟楼式:通风良好,但构造比较复杂,耗建筑材料多,造价高,不便于管理。

半钟楼式:通风较好,但夏天牛舍北侧较热,其构造也较复杂。

双坡式:这种形式的屋顶可适用于较大跨度的牛舍,为增强通风换气可加大牛舍窗户面积。冬季关闭门窗有利保温,牛舍建筑易施工,造价低。这种形式较为普遍。

2.排列方式

牛舍内部的排列方式,视牛头数的多少而定,分为单列式和双列式。一般饲养头数较多的牛场多采用双列式,对于饲养头数较少牛场,则多采用单列式。

双列式牛舍又可分为对尾式(图4-1-3)和对头式(图4-1-4)2种,以对尾式应用较为广泛。对尾式牛舍跨度为11.5~12.5 m,牛头向窗,有利日光和空气的调节,传染病的机会较少,挤奶及清理工作也较便利;同时还可避免墙被排泄物所腐蚀。但分发饲料稍感不便。对头式的优缺点与对尾式相反。

3.牛舍布局

牛舍内布局应合理,且便于人工操作和机械操作。

(1)牛床　牛床是乳牛采食、挤奶和休息的场所。牛床的长度、宽度取决于牛体大小,并应利于挤奶。牛床设计的最重要原则是保证奶牛舒服。好的牛床可以减少蹄病、乳房炎、乳

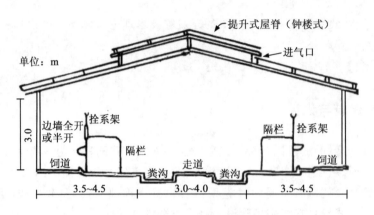

图 4-1-3　拴系式对尾双列式牛舍

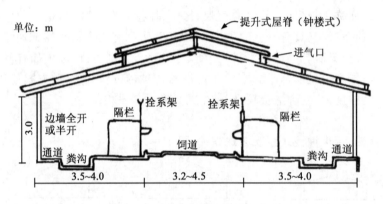

图 4-1-4　拴系式对头双列式牛舍

头损伤,建立良好的采食习惯,保证健康长寿和优质高产。牛床的空间大小取决于奶牛体格大小,要保证奶牛有足够的空间站立、躺卧和休息。应留有足够的空间和足够长的拴系链条来保证奶牛能舒服地站起。当奶牛卧倒时,要有足够的空间,避免被护栏损伤。牛床太窄,会导致牛起卧时相互踢伤,南方夏季也不利于牛体散热,增加热应激;牛床太宽,则使奶牛乱卧,北方冬季寒冷时也不利于奶牛保温。牛床不宜过短或过长,过短时乳牛起卧受限容易引起乳房损伤、发生乳房炎或腰肢受损等;牛床过长则粪便容易污染牛床和牛体。牛床的坡度一般为 1‰～3‰,以利于向粪尿沟排水。坡度不宜过大,否则容易发生子宫脱垂或胯脱,孕牛易造成流产。

牛床应具有坚实耐用,不硬不滑,具有弹性,防潮,保温隔热,排水方便等特点,牛床一般采用三合土、木板、石板、橡胶垫、塑料等。为增强牛床的保温性能和弹性,可在石板上铺垫草。牛床一般采用如下尺寸:

泌乳牛(170～190) cm×120 cm;初孕和育成牛(165～175) cm×110 cm;犊牛 120 cm×80 cm。

(2)拴牛架与隔栏(牛栏)　拴牛架由两竖一横、直径为 70 mm 和 50 mm 的钢管组成,竖钢管间隔同牛床的宽度,下端固定在混凝土地面里,高度 1.8～2 m,中端与横向钢管焊接在一起,每个埋钢管的下方均有 1 个上下移动的铁环,用于拴系奶牛。横向钢管距离地面的高度为 1.18～1.23 m。为了防止牛只互相侵占床位和便于挤奶,在牛床上设有隔栏,通常用变曲的钢管制成。隔栏前端与拴牛架连在一起,后端固定在牛床的 2/3 处,栏杆高 80 cm,由前向后倾斜。拴系方式分为两种,即链条拴系(软式)和颈枷拴系(硬式)。硬式多采用钢管制成,在拴系和释放奶牛的时候都比较方便,牛床可相应短一些。因此,造价和维护成本低,但被固定的奶牛在站立和卧倒时不舒适。软式多用铁链,铁链拴牛通常采用固定式、直链式和横链式。一般采用直链式,因直链式简单实用,坚固造价低。采用这种拴系方法,可使牛颈上下左右转动,采食、休息都很方便。

(3)饲槽 饲槽位于牛床前,通常为通长饲槽,饲槽底平面高于牛床地面 5～10 cm。饲槽过高,则不利于奶牛唾液的分泌,也不利于瘤胃发酵功能的稳定;饲槽过低,奶牛采食饲料时,头颈部需要尽量降低,前肢向外分开,导致奶牛前肢内侧负重较大,容易引起蹄病的发生。饲槽与牛床水平或低于牛床,奶牛所能采食到饲料的范围减小,饲养人员不得不多次将饲料推送到奶牛可以采食的范围内。

饲槽须坚固、光滑、不透水,便于洗涮。饲槽一般采用如下尺寸(表 4-1-1)。

表 4-1-1 牛饲槽设计参数   cm

牛	槽上部内宽	槽底部内宽	前沿高	后沿高
泌乳牛	55～60	35～40	35～40	60～65
育成牛	45～50	30～35	30～35	50～55
犊牛	30～35	25～30	15～20	30～35

饲槽前沿设有牛栏杆,饲槽端部装置给水导管及水阀,饲槽两端设有窗栅的排水器,以防草、渣类堵塞窨井。有些奶牛场采用地面饲槽,地面饲槽低于饲喂通道。

在采用 TMR 饲喂技术时,为方便 TMR 饲喂设备投料,一般不设专门用于饲喂的饲槽。

(4)饲喂通道 饲喂通道位于饲槽前,是饲喂饲料的通道。通道宽度应便于 2 人操作(包括机械),其宽度为 1.2～1.5 m,坡度为 1%。牛舍间饲料道的宽度根据饲料分发设备而设计,对于采用或可能采用 TMR 日粮饲喂方式的牛场,应该适当加宽,宽度为 360～400 cm,以适合 TMR 日粮车的进出;对于管道式挤奶的牛舍,还要为挤奶工作留出足够的空间。

(5)粪尿沟 牛床后面设置粪尿沟,粪尿沟通常为明沟,沟宽为 30～32 cm,沟深为 5～10 cm,沟底应有 1%～2% 的纵向坡度,利于排水。若为明沟,沟沿宜做成圆钝角,防止损伤牛蹄,粪尿沟末端设置窨井,暂时存储粪尿及冲洗后的污水等。冬季寒冷地区可设暗沟,在粪尿沟上覆盖结实稳定的漏缝板,并使之与牛床相平,粪尿沟可相应加深 10～15 cm,加宽 15～20 cm,这样可防止牛尾巴浸泡在粪尿污水中,这对于用水冲洗的牛床或较短牛床非常有利。但是,此类粪尿沟中牛粪容易发酵产生有毒有害气体,不能及时排走的水分蒸发后也增加了畜舍湿度,导致冬天寒冷地区的牛舍难以防潮。在粪尿沟底部加装自动清粪刮板可以很好地解决防潮问题。为了加强除湿、除臭效果,可以在加装漏粪地板的粪尿沟两端加装风机向牛舍外抽风。

(6)清粪通道 清粪通道与粪尿沟相连,在对尾双列式牛舍中,即为中央通道,它是乳牛出入和进行挤奶作业的通道。为便于操作,清粪通道宽度为 1.6～2.0 m,路面最好有大于 1% 的坡度,标高一般低于牛床,地面应抹制粗糙或设防滑棱形槽线。对尾式牛舍中间通道表面有约 1% 的横向坡度(坡向粪尿沟),有利于冲洗清洁,通道表面要做防滑处理。

（7）门窗　牛舍两端及两侧都要设门，使牛出入和采光通风。门为双扇向外开，宽1.5 m，高1.8 m，不设门槛和台阶，寒冷地区可在大门之外设立门斗。

牛舍窗口大小一般为占地面积的8％，窗口有效采光面积与牛舍占地面积相比，泌乳牛1：12，青年牛则为1：（10～14），窗户规格一般为100 cm×120 cm，南窗数量宜多，北窗数量宜少；炎热地方宜多设，北方地区宜少设。

（8）电驯化设备　为了保证牛床清洁，使牛养成良好的排粪、排尿习惯，常使用电驯化设备。此设备安装于牛前背部正上方，高度可调，牛排粪尿时要弓背。如果过度靠前，将触及电驯化设备，受到一定电压的电刺激，迫使其后退，保证奶牛将粪尿排到牛床外。安装此设备后，牛床清洁度提高，牛床的长度可适当延长，增加奶牛起卧舒适度。

4. 建筑牛舍要求

根据奶牛的特点，建设牛舍时首先要考虑到防暑降温和减少潮湿，为此，牛舍建筑要求：

（1）提高牛舍屋顶，增加墙体厚度　屋檐距地面高度应为320～360 cm，墙体厚度要在37 cm以上，或在墙体中心增设一绝热层（如玻璃纤维层、聚苯板等），可有效地防止和削弱高温和太阳辐射对牛舍的气温影响，起到隔热和保暖作用，除在墙体上开窗口外，还要在屋顶设天窗，以加强通风，起到降温作用。

（2）注意通风设施的设计和安装。

（3）牛舍内应设排水设施以及污水排放设施。

5. 附属设施

附属设施主要包括运动场、围栏、凉棚、消毒池及粪尿池等。

（1）运动场　运动场是乳牛自由运动和休息的地方，成年母牛以每头20～25 m² 为宜。一般多设在牛舍南侧，要求场地干燥、平坦，并有一定坡度，场外设有排水沟。牛舍及运动场的周围要植树、种草绿化，以削弱太阳辐射对牛舍的气温影响。围栏，设在运动场周围，围栏包括横栏与栏柱，围栏必须坚固横栏高1～1.2 m，栏柱间距1.5 m。围栏门多采用钢管横鞘，即小管套大管，作横向推拉开关。亦有的奶牛场是设置电围栏。可用钢管或水泥柱为栏柱，用废旧钢管将其串联起来即可。运动场内还应设饲槽、饮水池。饲槽、饮水池周围应铺设2～3 m宽的水泥地面，并且向外要有一定坡度。运动场还应设凉棚，凉棚为南向，棚盖应有较好的隔热能力。

（2）消毒池　乳牛饲养区进口处应设消毒池，消毒池结构应坚固，以使其能承载通行车辆的重量。消毒池必须不透水、耐酸碱。池子的尺寸应依车轮间距确定，长度依车轮的周长而定。常用消毒池的尺寸一般是长3.8 m，宽3 m，深0.1 m。消毒池如仅供人和自行车通行，可采用药液湿润的方式，将踏脚垫放入池内进行消毒，其尺寸为长2.8 m，宽1.4 m，深5 cm。池底要有一定坡度，池内设排水孔。

（3）粪尿池　牛舍和粪尿池之间要保持有200～300 m的距离。粪尿池的容积应由饲养乳牛的头数和贮粪周期确定。

（二）散放式牛舍

散放式牛舍是将传统的集中乳牛采食、休息和挤奶于牛舍内同一床位的饲养方式改变为分别建立采食区、休息区和挤奶区，以适应乳牛生活、生态和生产所需的不同环境条件。

散栏式牛舍生产区内各类牛舍要求统一布局，按泌乳牛舍—干乳牛舍—产房—犊牛舍—育成牛舍顺序排列，使干乳牛、犊牛与产房靠近，泌乳牛与挤奶厅靠近。在工艺上要能让

养牛与牛病防治

奶牛充分地进行自由采食和休息,即奶牛除挤奶外,其他时间不拴系,任其自由活动,可减少牛体受损伤的概率;由于奶牛集中挤奶,与其他设施隔离,受饲料、粪便、灰尘等污染的机会少,可提高牛奶质量。

　　散放式牛舍排列形式根据布局不同,有单列式(图 4-1-5)、双列式(图 4-1-6),双列式又分双列对尾和双列对头两种。因气候条件不同,散栏式牛舍可分为封闭式、开放式。我国南方地区散栏式牛舍一般为双列式开放牛舍,寒冷地区采用与挤奶厅配套的双列式封闭牛舍。牛舍内设自由采食的颈枷,每个颈枷宽为 75～80 cm,高 120 cm。采用自动限位颈枷的目的是为了固定牛,保证和控制采食。颈枷前下方是饲槽,饲槽为通槽,宽度为 50 cm,饲槽前方为饲料通道;为适应 TMR 饲喂技术应用,通常颈枷前下方不设饲槽,只设一条宽度 360～400 cm 的饲料通道,以便于 TMR 设备投料。散栏式牛舍主要设施包括饲喂牛栏和自由卧栏。

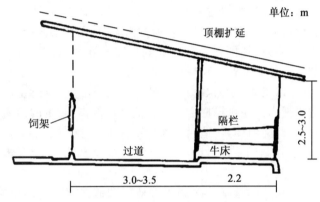

图 4-1-5　散放单列式牛舍(莫放,2003)

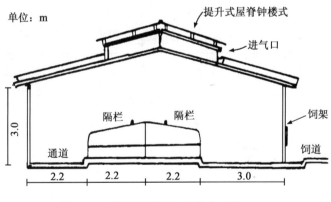

图 4-1-6　散放双列对头式牛舍(莫放,2003)

1. 饲喂牛栏

　　散栏式饲养饲喂牛栏较拴系式饲养简单,牛床为全开放的通道,一般不设隔栏及粪尿沟等,也不使用垫料。牛槽和饮水器等与拴系式牛床相同。主要不同在于颈枷的应用。拴系式颈枷的目的是固定奶牛并保证能舒适的起卧休息,但散栏式主要是在保证奶牛自由轻松地获得采食的同时,避免奶牛相互之间争食。挤奶后上栏固定,还可以使奶牛乳头有足够时间晾干,减少乳房炎发生。所以,散栏式牛舍通常采用直杆式颈枷。一般有统一联动式和自锁式,前者整栏颈枷可以同时锁定打开,减少劳动量;后者针对个体可以人为或自动锁定,控制灵活。饲槽长度为每头牛平均 70~75 cm,每个颈枷相应设计 70~75 cm 宽。

2. 自由卧栏

使用自由卧栏(图 4-1-7),可以提高牛舍利用效率,降低单个奶牛的牛舍使用面积;改善牛体清洁度,降低挤奶前乳房清洁的工作量;提高牛场粪便清洁效率;减少奶牛垫料的使用量;奶牛在舒适清洁的自由卧栏平均卧着休息 10~14 h,牛体卫生状况明显改善,防暑、防寒效果良好。然而,自由卧栏也有许多缺点需要注意,例如,卧栏数限制了牛舍所能容纳的奶牛数量;因为自由卧栏是奶牛的主要休息场所,必须加大卧栏下的防暑降温设备投资;卧栏尺寸的固定要求青年牛和泌乳牛等体重差别较大的奶牛必须分开饲养等。

图 4-1-7　自由卧栏

(1)隔栏　自由卧栏的隔栏结构主要有两种,悬臂式和带支腿式。悬臂式隔栏不需要在牛床浇铸支腿,隔栏直接固定在前立柱上。若前方为墙壁,则直接固定在墙壁上,施工方便,清理牛床外粪便的机械不易损坏隔栏。悬臂式隔栏需要被固定,而且使用中维修频率高于带支腿的隔栏。目前金属材质悬臂式隔栏被广泛使用。两牛床之间(隔栏正下方)可设置较厚的隔板或稍低的矮墙,以使奶牛每次都卧到相对固定的位置,避免在隔栏下左右移动,导致奶牛站起困难或造成损伤。注意隔栏上下横杆之间的距离,较宽的距离(75~85 cm)可以保证奶牛起卧时,牛头从侧面前伸,较适用于面向墙壁等牛床前端空间有限的卧栏。较窄的距离(30~40 cm)则可以强制奶牛起卧时头部向正前方伸出,防止相互影响,但牛床前端要留足奶牛起卧前伸的空间。

(2)卧栏尺寸　卧栏尺寸的选择是对奶牛舒适度和清洁度折中的结果。卧栏必须为奶牛提供比较宽敞的起卧空间(表 4-1-2)。牛床足够的长度可以保证奶牛在站立时头部前伸有充足空间。如果采用对头式卧栏,中间仅以栏杆隔开,奶牛有一定的头部前伸空间,牛床可以适当缩短 20~30 cm。

表 4-1-2　建议卧栏的尺寸　　　　　　　　　　　　　　　　　　　m

项　目	奶牛体重/kg		
	550	650	750
牛床总长度(L_s)	OF:2~2.2	OF:2.15~2.3	OF:2.3~2.5
后挡板到颈杆度(L_n)	CF:2.35~2.55	CF:2.40~2.6	CF:2.6~2.75
后挡板到胸挡板度(L_b)	1.55~1.60	1.65~1.70	1.75~1.80
隔栏长度(l_p)	1.55~1.60	1.65~1.70	1.75~1.80
	(L_s-0.35)~L_s	(L_s-0.35)~L_s	(L_s-0.35)~L_s
牛床面到颈杆度(H_n)	1.0~1.15	1.05~1.20	1.10~1.25
牛隔栏高度(H_p)	1.05~1.15	1.10~1.20	1.15~1.25
胸部挡板高度(H_b)	0.10~0.15	0.10~0.15	0.10~0.15
后挡板高度(H_c)	0.15~0.25	0.15~0.25	0.15~0.25
牛床垫厚度(H_e)	0.15~0.30	0.15~0.30	0.15~0.30

　　OF:自由卧栏前方为开放,常见于对头式卧栏,前部仅有横的铁栏杆间隔,奶牛头部前伸空间较大,牛床可适当缩短。

　　CF:自由卧栏前方为封闭式的前挡板,此时牛床应该适当加长,保证奶牛头部有合适的前伸空间。

（3）卧栏床基　一般可用黏土砖或混凝土，夯实的三合土也可以。牛床基面高度距离后挡板顶部5～10 cm，床基上面可以铺设垫料。卧栏床基前后须有1％～3％的自前向后的倾斜，因为奶牛卧倒时稍有前高后低的坡度更为舒服。牛床垫料以素土夯实床基上铺以沙土较为经济。沙土价格便宜，透气性好，维护方便，是自由卧栏的理想垫料。但沙子会被抛洒到粪尿中，对清粪设备的磨损较严重，对粪尿的冲洗和后期处理也带来一些麻烦，设计和使用中要多加考虑。

（4）前挡板、胸部挡板和后挡板　前挡板主要指牛床正前方设置的挡板。主要目的是抵御冬季的寒风，利于保温。除东北和西北地区寒冷的地域外，我国大部分地区不需设置前挡板，以利于夏季良好的通风。胸部挡板设置在牛床前1/4处或距离前挡板50～60 cm处。可以用木板、橡胶等材质制作或直接用混凝土浇铸，朝头部倾斜一斜坡，并高出牛床10～15 cm。胸部挡板之前的牛床不易损坏，维护方便，可以直接用混凝土浇铸，无须垫料，这样能节省资金维护其余牛床。后挡板用混凝土浇铸，主要是为了保持牛床垫料不被牛挤压或踢出床外，同时也保持牛床外粪尿不污染牛床，潮湿水气不进入牛床。后挡板高度一般为15～25 cm。前后挡板的边角必须做成圆钝角，避免损伤奶牛牛蹄及乳房。

（5）颈杆　和拴系式牛栏一样，自由卧栏也设置有颈杆，颈杆的设置还可以增加隔栏的稳固度。颈杆位置可调，一般距离前挡板45～50 cm。卧栏的高度基本决定了颈杆的高度，颈杆过高起不到训练奶牛的目的，过低则可能损伤奶牛肩背部，使奶牛不喜欢到卧栏上休息。为了使奶牛更好地适应自由卧栏，起初可以不设颈杆或颈杆靠近前挡板，待奶牛适应卧栏后逐渐调整到合适位置，保证奶牛粪尿排在床外的同时能够舒适的起卧。

（6）卧栏数量　由于奶牛平均每天有10～14 h在卧栏上休息，每头牛拥有一个自由卧栏是最理想的。但这显然不太实际，因为不会所有的牛同时去自由卧栏休息。一般情况下，自由卧栏数量占牛总数的85％～90％即可。

（三）挤奶厅设计

挤奶厅是散栏牛舍的主要设施，分固定式和转动式。前者又有直线形和菱形两种类型，后者根据母牛站立的方式则有串联式、鱼骨式和放射形几种类型。

1.固定式挤奶台

（1）直线形挤奶台　将牛赶进挤奶厅内的挤奶台上，成两旁排列，挤奶员站在厅内两列挤奶台中间的地槽内，不必弯腰工作，先完成一边的挤奶工作后，接着去进行另一边的挤奶工作。随后，放出已挤完奶的牛，放进一批待挤奶的母牛。此类挤奶设备经济实用（图4-1-8），平均每个工时可挤30～50头奶牛。

（2）菱形挤奶台　除挤奶台为菱形外（图4-1-9），其他结构均与直线形挤奶台相同。挤奶员在一边挤奶台操作的同时能观察其他三边母牛的挤奶情况，工作效率较直线形挤奶台高，一般在中等规模或较大规模的奶牛场使用。

2.转动式挤奶台

（1）串联式转盘挤奶台　串联式转盘挤奶台是专为一人操作而设计的小型转盘。转盘上有8个床位，牛的头尾相继串联，牛通过分离栏板进入挤奶台。根据运转的需要，转盘可通过脚踏开关开动或停止（图4-1-10），每个工时可挤70～80头奶牛。

（2）鱼骨式转盘挤奶台　这一类型与串联式转盘挤奶台基本相似，所不同的是牛呈斜形排列，似鱼骨形，头向外，挤奶员在转盘中央操作，这样可以充分利用挤奶台的面积。一人操作的转盘有13～15个床位，两人操作则有20～24头牛，配有自动饲喂装置和自动保定装置（图4-1-11）。其优点是机械化程度高，劳动效率高，省劳力，操作方便，但设备造价高。

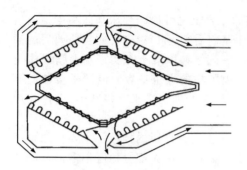

图 4-1-8　菱形挤奶台

（邱怀,现代乳牛学,2002）

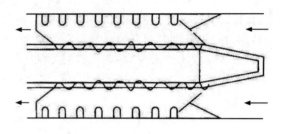

图 4-1-9　直线形挤奶台

（邱怀,现代乳牛学,2002）

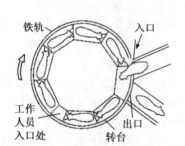

图 4-1-10　串联式转盘挤奶台

（邱怀,现代乳牛学,2002）

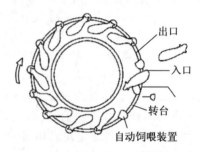

图 4-1-11　鱼骨式转盘挤奶台

（邱怀,现代乳牛学,2002）

▶ 二、肉牛场的设计与建造

（一）肉牛舍应具备的条件

肉牛舍的设计与建造应做到有利通风、采光、冬季保暖和夏季降温;利于防疫,防止或减少疫病发生与传播;保持肉牛适当活动空间,便于添加草料和保持清洁卫生;经济合理,规范适用。

(1)牛舍内应干燥,冬季能保温。要求墙壁、天棚等结构的导热性小,耐热,防潮。

(2)牛舍内要有一定数量和适当大小的窗户,以保证太阳光线直接射入和散射光线射入。

(3)牛舍地面应保温,不透水,不滑。

(4)要求供水充足,污水、粪尿能排净,舍内清洁卫生,空气新鲜。

（二）肉牛舍类型

肉牛舍较简单,可根据各地全年的气温变化和牛的品种、育肥时期、年龄而确定。国内常见的肉牛养殖方式有拴系式和散放式两类,牛舍建筑有牛栏舍、牛棚舍、塑料大棚等。北方的肉牛舍,要求能保暖、防寒;南方要求通风,防暑。

1.拴系式牛舍

拴系式牛舍亦称常规牛舍,每头牛都用链绳或牛颈枷固定拴系于食槽或栏杆上,限制活动;每头牛都有固定的槽位和牛床。

拴系式牛舍从环境控制的角度,可分为封闭式牛舍、半开放式牛舍、开放式牛舍和棚舍几种。封闭式牛舍四面都有墙,门窗可以启闭;开放式牛舍三面有墙,另一面为半截墙;棚舍为四面均无墙,仅有一些柱子支撑梁架。

封闭式牛舍有利于冬季保温,适宜北方寒冷地区采用,其他三种牛舍有利于夏季防暑,造价较低,适合南方温暖地区采用。

半开放式牛舍在冬季寒冷时,可以将敞开部分用塑料薄膜遮拦成封闭状态,气温转暖时即可把塑料薄膜收起,从而达到夏季利于通风、冬季能够保暖的目的,使牛舍的小气候得到改善。

2.围栏育肥牛舍

围栏育肥牛是育肥牛在牛舍内不拴系,高密度散放饲养,牛自由采食、自由饮水的一种育肥方式。围栏牛舍多为开放式或棚舍,并与围栏相结合使用。

(1)开放式围栏育肥牛舍 牛舍三面有墙,向阳面敞开,与围栏相接。水槽、食槽设在舍内,刮风、下雨天气,使牛得到保护,也避免饲草、饲料淋雨变质。舍内及围栏内均铺水泥地面。牛舍面积以每头牛 2 m² 为宜。双坡式牛舍跨度较小,休息场所与活动场所合为一体,牛可自由进出。每头牛占地面积,包括舍内和舍外场地为 4.1~4.7 m²。

(2)棚舍式围栏育肥牛舍 此类牛舍多为双坡式,棚舍四周无围墙,仅有水泥柱子做支撑结构,屋顶结构与常规牛舍相近,只是用料更简单、轻便,采用双列对头式槽位,中间为饲料通道。

牛栏舍:牛舍宽 12.2 m,长可视养牛数量和地势而定。北方寒冷,可采用封闭式牛舍。牛舍可盖一层,也可盖两层,上层作贮干草或垫草用。饲槽可沿中间通道装置,草架则沿墙壁装置,这种牛舍饲喂架子牛(肥育牛)最适合,若喂母牛、犊牛则要求设置隔牛栏,此种牛舍造价稍高,但保暖、防寒性好,适于北方地区采用。南方气温高,两侧棚舍可敞开,不要侧墙,不同类型牛舍见图 4-1-12。

图 4-1-12 肉牛舍类型

肉牛棚:此种牛棚结构简单,造价低,适用于冬季不太寒冷的南方各省。棚舍宽度为 11 m,最少也不能低于 8 m。棚舍长度则以牛的数量而定。

塑料棚室:在北方气候寒冷的冬春季,可利用塑料薄膜暖棚养牛,不仅保温好,而且造价低,投资少,是一项适用成熟的技术。

(三)肉牛舍建筑结构要求

1.地基

土地坚实,干燥,可利用天然的地基。若是疏松的黏土,需用石块或砖砌好墙壁基并高出地面,地基深 80~100 cm。地基与墙壁之间最好要有油毡绝缘防潮层。

2.墙壁

砖墙厚 50~75 cm。从地面算起,应抹 100 cm 高的墙裙。在农村也可用土坯墙、土打墙等,但从地面算起应砌 100 cm 高的石块。土墙造价低,投资少,但不耐久。

3.顶棚

北方寒冷地区,顶棚应用导热性低的保温材料。顶棚距地面为 350~380 cm。南方则要求防暑、防雨并通风良好。

4.屋檐

屋檐距地面为 280~320 cm。屋檐和顶棚太高,不利于保温;过低则影响舍内光照和通风。可视各地最高温度和最低温度等而定。

5.门与窗

牛舍的大门应坚实牢固,宽 200~250 cm,不设门槛,最好设置推拉门。一般南窗应较多、较大(100 cm×120 cm),北窗则较少、较小(80 cm×100 cm)。牛舍内的阳光照射量受牛舍的方向、窗户的形式、大小、位置、反射面积的影响,所以要求不同。光照系数为1:(12~14)。窗台距地面高度为120~140 cm。

6.牛床

一般肉乳兼用牛床长170~190 cm,每个床位宽110~120 cm,肉用牛的牛床可适当小些,床长170~180 cm,宽116 cm。肉牛肥育期因是群饲,所以牛床面积可适当小些,或用通槽。牛床坡度为1.5%,前高后低。

7.通气孔

通气孔一般设在屋顶,大小因牛舍类型不同而异。单列式牛舍的通气孔为70 cm×70 cm,双列式为90 cm×90 cm。北方牛舍通气孔总面积为牛舍面积的0.15%左右。通气孔上面设有活门,可以自由启闭,通气孔应高于屋脊0.5 m或在房的顶部。

8.粪尿沟和污水池

为了保持舍内的清洁和清扫方便,粪尿沟应不透水,表面应光滑。粪尿沟宽28~30 cm,深5~10 cm,倾斜度1:(100~200)。粪尿沟应通到舍外污水池。污水池应距牛舍6~8 m,其容积以牛舍大小和牛的数量多少而定,一般可按每头成年牛0.3 m³、每头犊牛0.1 m³ 计算,以能贮满1个月的粪尿为准,每月清除一次。为了保持清洁,舍内的粪便必须每天清除,运到距牛舍50 m远的粪堆上。要保持尿沟的畅通,并定时用水冲洗。

9.通道

牛舍通道分饲料通道和中央通道。对头式饲养的双列式牛舍,中间饲料通道宽150~200 cm,两侧饲料通道宽80~90 cm。为适应TMR饲喂技术应用,对头式饲养中间饲料通道宽可以达到360~400 cm。

10.饲槽

饲槽设在牛床的前面,有固定式和活动式两种,以固定式的水泥饲槽最适用,其上宽60~80 cm,底宽35 cm,底呈弧形。槽内缘高35 cm(靠牛床一侧),外缘高60~80 cm。适应TMR饲喂技术应用可以不设槽,采取无饲槽饲喂,可以节约场地,也便于TMR饲喂设备投料。

配套设施:一般包括上下牛台、贮粪场、运动场、贮料区和饲喂区、供水系统等。

【技能实训】

▶ **技能项目一　牛场设计图的认识**

初步了解建筑图的基本知识,掌握对畜牧场建筑施工图审查的内容和方法,并能设计拟建牧场及畜舍的图纸。

1.实训条件

各种畜舍的总平面图、平面图、立面图、剖面图。

2.方法与步骤

(1)认知图纸

①由大到小:如先看地形图,其次为总平面图、平面图、立面图、剖面图及详图等。

②由表及里:审查建筑物时,先看建筑物的周围环境,再审查建筑物的内部。

(2)认知图纸的方法

①确认图纸的名称:图纸的名称通常载于右下角的图标框中,根据注释可知该图属于哪

种类型和整套图中属于哪一部分。

②查看图的比例尺、方位、方向及风向频率。

③按下列顺序和方法看图：

辨认图纸上所有的符号和标记；

查认地形图上的山丘、河流、森林、铁路、公路及工业区和住宅区所在地,并测量其相互间的距离；

确认剖面图所剖视的部位；

确定建筑物各部的尺寸:长宽和高度,可分别在平面图、立面图或剖面图上查知或测得。

3.实训练习

按照上述方法和步骤,对所审查的图纸,由粗而细,再由细而粗,反复研究,加以综合分析,详细记录牛场设计图纸各建筑物形状及相关数据,撰写实习报告,并作卫生评价。

◈ 技能项目二　牛场平面布局草图绘制

1.实训条件

牛场平面布局图纸设计样本、待绘制牛场草图经测量的基本数据、绘制草图用纸、笔、绘图尺等。

2.方法与步骤

(1)确定牛场建筑物数量　确定绘制平面图的要求,应对各栋房舍统筹考虑,防止重复和遗漏。

(2)确定方位　根据设计思路或现场观察,正确确定牛场平面建筑布局方位和绘制的平面草图方位,并在草图右上方以带箭头的短线表示出来。

(3)确定牛场边界　场外道路、场区大门、场区内道路、建筑物平面形状和大小、建筑物间布局关联性等,形成整体布局轮廓。

(4)绘制草图　根据工艺设计要求和实际条件,把酝酿成熟的设计思路徒手绘成草图。绘制草图虽不按比例,不使用绘图工具,但图样内容和尺寸应力求详尽,细到可画至局部。根据草图再绘制正式图纸。

(5)适当比例　各种图样的常用比例见书内容,并考虑图样的复杂程度及其作用,以能清晰表达其主要内容为原则来确定所用比例。

(6)说明书　主要是说明建筑物的性质、施工方法、建筑材料的使用等,以补充图中文字说明的不足;分为一般说明书及特殊说明书两种。但有些建筑设计图纸,以图纸上的扼要文字说明,代替了文字说明书。

(7)比例尺的使用及保护　为避免视觉误差,在测量图纸上的尺寸时,常使用比例尺,测量时比例尺与眼睛视线应保持水平位置。为减少推算麻烦,取比例尺上的比例与图纸上的比例一致。测量两点或两线之间距离时,应沿水平线测量,两点之间距离应取其最短的直线为宜。

3.实训练习

按照草图绘制方法,在考察实际牛场平面布局,获取第一手资料基础上设计牛场平面布局草图。

【自测练习】

1. 填空题

(1) 牛舍屋顶的基本形式有_____、_____、_____三种。

(2) _____是牛场的核心区。

(3) 确定牛场内建筑物朝向时,主要考虑_____和_____两个因素。

(4) 牛场建筑物的排列形式有_____、_____和_____。

(5) 奶牛运动场的面积是每头奶牛所占舍内平均面积的_____倍。

(6) 入射角愈_____,愈有利于采光。

(7) 机械通风可分为_____、_____和_____。

2. 判断改错题(在有错误处下画线,并写出正确的内容)

(1) 奶牛场所采取的管理方式基本上是两种类型:拴系式(也称颈枷式)和散栏式(也称散放式)。拴系式管理与散栏式管理在奶牛场建设上具有相同的要求。(   )

(2) 拴系式双列排列牛舍又可分为对尾式和对头式两种,以对尾式应用较为广泛。(   )

(3) 围栏育肥牛是育肥牛在牛舍内不拴系,高密度散放饲养,牛自由采食、自由饮水的一种育肥方式。围栏牛舍多为开放式或棚舍,并与围栏相结合使用。(   )

(4) 北方牛舍通气孔总面积为牛舍面积的 0.15% 左右。通气孔上面设有活门,可以自由启闭,通气孔应高于屋脊 0.5 m 或在房的顶部。(   )

(5) 为适应 TMR 饲喂技术应用,对头式饲养中间饲料通道宽可以达到 360～400 cm。(   )

3. 问答题

(1) 简述散放式奶牛舍在建筑上有哪些技术要求。

(2) 牛场附属设施有哪些?在建设上有什么规定?

【学习评价】

考核任务	考核要点	评价标准	考核方法	参考分值
奶牛舍建筑与设计	操作态度	精力集中,积极主动,服从安排	学习行为表现	10
	协作意识	有合作精神,积极与小组成员配合,共同完成任务		10
	查阅生产资料	能积极查阅、收集资料,认真思考,并对任务完成过程中的问题进行分析处理		10
	牛舍的类型与建筑要求	根据图片、实物等,结合所学知识,正确描述	识别描述	20
	牛舍设计图的识别	正确识别平面图、立面图和剖面图	评价判断	20
	鉴定结果综合判断	准确	结果评定	20
	工作记录和总结报告	有完成全部工作任务的工作记录,字迹工整;总结报告结果正确,体会深刻,上交及时	作业检查	10
合计				100

【实训附录】

奶牛场建设规范——DB21/T 1301—2004

实训附录 4-1-1

Project 2

牛场环境控制

学习任务一　影响牛场环境因素分析

【任务目标】

了解牛场和牛舍的环境要求,熟悉牛舍环境指标,能够正确分析影响牛场的各种因素,如气温、大气湿度、气流等;掌握影响牛场环境因素的测定方法。

【学习活动】

一、活动内容

影响牛场的环境因素及其测定方法。

二、活动开展

咨询牛场环境影响因素的影响作用,收集测定技术资料,学习掌握测定仪器操作方法。选择本地区某一牛场进行实地考察,深入了解各种影响因素实际对牛舍环境的影响作用,在教师指导下,掌握气温、湿度、气压等因素的测定方法,小组讨论并就牛场环境因子实际测定进行卫生评价。提出合理化的牛场环境卫生整改意见。

【相关技术理论】

一、牛舍的环境要求

由于南北方差别及气候因素,不同地区对牛舍的温度、湿度、气流、光照等环境条件都有一定的要求,只有满足牛对环境条件的要求,才能获得好的饲养效果。

(一)牛舍温度

气温对牛体的影响很大,影响牛体健康及其生产力的发挥。研究表明牛的适宜环境温度为 $5\sim21℃$,牛舍温度高于或低于此范围,均会对牛的生产性能产生不良影响。不同牛因个体差异对环境温度要求不同,针对不同情况,适时做出调整。各阶段牛要求的温度见表4-2-1。

表 4-2-1　牛对温度要求　　　　　　　　　　　℃

类别	牛舍			饮水温度	
	最适温度	最低温度	最高温度	夏季	冬季
哺乳犊牛	12～15	6	27	20	20～25
一般牛	10～20	4	27	15～20	20
产期母牛	15	10	25	20	25

(二)牛舍湿度

由于牛舍四周墙壁的阻挡,空气流通不畅,牛体排出的水汽,堆积在牛舍内的潮湿物体表面的蒸发和阴雨天气的影响,使得牛舍内空气湿度大于舍外。奶牛和肉牛对牛舍的环境湿度要求为55%～75%。湿度对牛体机能的影响,是通过水分蒸发影响牛体散热,干涉牛体热调节。高温多湿会导致牛的体表水分蒸发受阻,体热散发受阻,体温上升加快,机体机能失调,呼吸困难,最后致死,是最不利于牛生产的环境。低温高湿会增加牛体热散失,使体温下降,生长发育受阻,饲料报酬降低,增加生产成本。此外,空气湿度过高,也会促进有害微生物的滋生,为各种寄生虫的繁殖发育提供良好条件,引起一些疾病产生,特别是一些皮肤病和肢蹄病的发病率增高,对牛健康不利。

(三)牛舍气流

空气流动可使牛舍内的冷热空气对流,带走牛体所产生的热量,调节牛体温度。适当空气流动速度可以保持牛舍空气清新,维持牛体正常的体温。牛舍气流的控制及调节,除受牛舍朝向与主风向自然调节以外,还可人为进行控制。例如夏季通过安装风机等设备改变气流速度,冬季寒风袭击时,可适当关闭门窗,牛舍四周用篷布遮挡,使牛舍空气温度保持相对稳定,减少牛只呼吸道、消化道疾病。一般舍内气流速度以 0.2～0.3 m/s 为宜,气温超过30℃的酷热天气,气流速度可提高到 0.9～1 m/s,以加快降温速度。

(四)光照

增加光照时间对牛体生长发育和健康保持有十分重要的意义。阳光中的紫外线具有强大的生物效应,照射紫外线可使皮肤中的 7-脱氢胆固醇转变为维生素 D,有利于日粮中钙、磷的吸收和骨骼的正常生长和代谢;紫外线具有强烈的杀灭细菌等有害微生物的作用,牛舍进行阳光照射,可起到消毒之目的。冬季,光照可增加牛舍温度,有利于牛的防寒取暖。阳光照射的强度与每天照射的时间变化,还可引起牛脑神经中枢相应的兴奋,对奶牛繁殖性能和生产性能有一定的作用。采用 16 小时光照 8 小时黑暗,可使奶牛采食量增加,日增重得到明显改善。一般情况下,牛舍的采光系数为 1：16,犊牛舍为 1：(10～14)。简略地说,为了保持采光效果,窗户面积应接近于墙壁面积的 1/4,以大些为佳。

(五)尘埃

新鲜的空气是促进奶牛新陈代谢的必需条件,并可减少疾病的传播。空气中浮游的灰尘是病原微生物附着和生存的好地方。为防止疾病的传播,牛舍一定要避免灰尘飞扬,保持圈舍通风换气良好,尽量减少空气中的灰尘。

(六)噪声

强烈的噪声可使牛产生惊吓,烦躁不安,出现应激等不良现象。从而导致牛休息不好,食欲下降,降低生长速度,因此牛舍应远离噪声源,牛场内保持安静。一般要求牛舍内的噪声水平白天不能超过 90 dB,夜间不超过 50 dB。

(七)有害气体

如果牛舍设计不当(墙壁没有设透气孔、过于封闭)和管理不善,空气流动不畅,牛体排出的粪尿、牛呼出的气体以及牛排泄物和饲槽内剩余残渣的腐败分解,造成牛舍内有害气体增多,诱发牛的呼吸道疾病,影响牛的健康。所以,必须重视牛舍通风换气,保持空气清新卫生。一般要求牛舍中二氧化碳的含量不超过 0.25%,硫化氢气体浓度不超过 0.001%,氨气浓度不超过 0.002 6 mL/L。

二、牛场的公共卫生设施

(一)粪尿及污水处理系统

粪尿污水等常造成微生物滋生,分解产生有害、有毒、恶臭气体污染环境,所以必须对之进行无害化处理。牛粪和剩草,可设平整的堆粪场,把每天收集的鲜粪与剩草,按高温堆肥法堆垛,堆垛后用土覆盖保温发酵腐熟、灭菌,用作有机肥料,及时施入农田中。也可按产生污水量、建设化粪池或沼气池等进行处理。沼气作燃料,残渣作肥料。

(二)道路和绿化

主要道路应该硬化。场内主道路可采取宽 6~8 m,路旁设排水系统,以免下雨道路被淹。支道宽 3~4 m,道路旁、厩舍旁植树绿化。

(三)消毒池及消毒室

外来车辆必须经过消毒池,以防把病原微生物带入场内。消毒池宽度应大于一般卡车的宽度,常取 2.5 m 以上,长度 4~5 m,深 0.15 m,上下池为 15°斜坡,并设排水口。

消毒室是为必须进入生产区的外来人员体外消毒用。消毒室按可能进入的外来人员数设置。一般为"列车式"串联两个小间,各为 5~8 m²,其中一个为消毒室,内设小型消毒池和紫外线灯。紫外线灯悬高 2.5 m,悬挂 2 盏,使每立方米平均功率不少于 1 W。另一个为更衣室,备有罩衣,长筒胶靴和存衣柜等,外来人员更衣换靴后方可进入。所有被用过的靴、衣等物经洗净消毒后才可再用。

(四)水井和水塔

没有商品自来水且地表水不宜使用的地方需挖水井。水井位置应在全场污染可能性最少的地方,即径流上游处。

水塔应建在牛场中心,这样设置水塔的高度可低一些(降低成本),供水效能也均匀一些。牛场用水直径 100 m 时,水塔高度不低于 5 m;用水直径 200 m 时,高度不低于 8 m。水塔的容积不少于全场 12 个小时的用水量。

(五)风挡

母牛养殖场建在冬天风猛烈的地方时,应在牛运动场的迎风处建挡风墙,墙高 4~5 m。也可利用牛舍建筑共同构成,使局部气流(风速)低于对牛有害的水平,以保证牛的健康。

【技能实训】

◉ 技能项目 牛场环境卫生指标的测定

通过实训,要求学生熟练掌握牛场空气温度、湿度、气流、气压、采光的测定方法,熟悉常用仪器的构造、工作原理和使用技巧,为牛场的温热环境评价工作打下基础。

1. 实训条件

普通温度计 、最高温度计、最低温度计、干湿球温湿度表、热球式电风速仪、空盒气压表、照度计、卷尺。

2. 方法与步骤

(1)温度的测定　在室外测定气温时,一般是将温度计置于空旷地点,离地面 2 m 高的白色百叶箱内,这样可防止其他干扰因素对温度计的影响。在舍内测定气温时,放置位置在畜舍中央距地面 1~1.5 m 高处,固定于各列牛床的上方。

由于畜舍各部位的温度有差异,因此,除在畜舍中心测定外,还应在四角距两墙交界 0.25 m 处进行测定,同时沿垂直直线在上述各点距地面 0.1 m,畜舍高 1/2 处,天棚下 0.5 m 处进行测定。

观察温度表的示数应在温度表放置 10 min 后进行。为了减小误差,在观察温度表示数时,应暂停呼吸,尽快先读小数,后读整数,视线应与示数在同一水平线上。舍内气温一般应每天测 3 次,即早晨 6—7 时,下午 2—3 时,晚 10—11 时。

(2)相对湿度的测定　在普通温湿度计上,先将水槽注入 1/3~1/2 的清洁水,再将纱布浸于水中,挂在空气缓慢流动处,10 min 后,先读湿球温度,再读干球温度,计算出干湿球温度之差。

转动干湿球温度计上的圆筒,在其上端找出干、湿球温度的差数。

在实测干球温度的水平位置做水平线与圆筒竖行干湿差相交点读数,即为相对湿度。

(3)气流的测定

气流方向的测定:室外风向常用风向仪直接测定。畜舍内气流较小,可用氯化铵烟雾来测定气流的方向,即应用两个中径不等的玻璃皿,其中一个加入氨液,另一个加入浓盐酸,将小玻皿放入大玻皿中,可以立即呈现指示舍内气流方向的烟雾。

气流速度的测定:舍内气流较弱,应用热球式电风速仪测定。测定时,按以下步骤操作:

①使用前,轻轻调整电表上的机械调零螺丝,使电表指针指于零点;

②将"校正开关"置于"断"的位置,插上测杆插头,测杆垂直向上放置;

③将测杆塞压紧使探头密封,将"校正开关"置于"满度"位置,慢慢调整"满度"调节旋钮,使电表指针达到满刻度位置;

④将"校正开关"置于零位,调整"粗调"和"细调"两旋钮,使电表指在零点位置;

⑤轻轻拉动测杆塞,使测杆探头露出,测杆拉出的长短,可根据需要选择,将探头上的红点面对准风向,从电表上即可读出风速的值;

⑥每测量 5~10 min 后,需重复②~④步骤进行校正。

(4)气压的测定

①仪器校准:空盒气压计每隔 3~6 个月校准一次,校准可用标准水银气压表进行比较,求出空盒气压计的补充订正值。

②现场测量:打开气压表盒盖后,先读附属温度计,准确到 0.1℃,轻敲盒面(克服空盒气压机械摩擦),待指针摆动静止后读数。读数时视线需垂直刻度面,读数指针尖端所示的数值应准确到 0.1 kPa。

(5)采光的测定

采光系数的测定:有效采光面积的测定方法为先计算畜舍窗户玻璃数,然后测量每块玻璃的面积。牛舍的地面面积包括除粪道及饲喂道的面积。

例:容纳 20 头奶牛舍面积为 15×8＝120 m²,该牛舍设有 10 个窗户,每个窗户有 6 块玻璃,每块玻璃的面积为 $0.4 \times 0.5 = 0.2$ m²。窗户总的有效面积为 $0.2 \times 6 \times 10 = 12$ m²。

该畜舍采光系数为 $12 : 120 = 1 : 10$。

照度的测定步骤如下:

①使用前检查量程开关,使其处于"关"的位置。

②将光电探头的插头插入仪器的插孔中。

③调零:依次按下电源键、照度键、量程键。若显示窗不是 0,应进行调整;调零后,应把量程键关闭。

④ 测量:取下光电头上的保护罩,将光电头置于测点的平面上。将量程开关由"关"的位置依次由高档拨至低档处进行测定。

⑤测量时,为避免引起光电疲劳和损坏仪表,应根据光源强弱,按下量程开关,选择相应的档次进行观测。

⑥测量完毕,将量程开关恢复到"关"的位置,并将保护罩盖在光电头上,拔下插头,整理装盒。

⑦测定舍内照度时,可在同一高度上选择 3～5 个测点进行,测点不能靠近墙壁,距墙 0.1 m 以上。

3. 实训练习

牛舍环境卫生指标测定与评估

测定圈舍		测定时间		操作人员	
测定项目	温度/℃	湿度/%	气流/(m/s)	气压/kPa	光照/lx
具体数值					
环境评估					

说明:牛舍环境卫生评估,是指就具体测定的指标结果对照标准进行评价,哪些符合标准,哪些指标不符合标准,危害多少,再结合现场观察提出改进意见。

【自测练习】

1. 填空题

(1)牛的适宜环境温度为_____℃。

(2)牛舍的环境湿度要求为_____%。湿度对牛体机能的影响,是通过_____影响牛体散热,干涉牛体热调节。

(3)一般舍内气流速度以_____ m/s 为宜,气温超过_____℃的酷热天气,气流速度可提高到_____ m/s,以加快降温速度。

(4)一般情况下,牛舍的采光系数为_____,犊牛舍为_____。

(5)一般要求牛舍内的噪声水平白天不能超过_____ dB,夜间不超过_____ dB。

(6)要求牛舍中二氧化碳的含量不超过_____%,硫化氢气体浓度不超过_____%,氨气浓度不超过_____ mL/L。

2. 判断改错题(在有错误处下画线,并写出正确的内容)

(1)牛怕热不怕冷。( )

(2)适当空气流动速度可以保持牛舍空气清新,维持牛体正常的体温。( )

（3）强烈的噪音可使牛产生惊吓，烦躁不安，出现应激等不良现象。（　　　　）

（4）牛场道路分为污道和净道，二者不能交叉。（　　　　）

（5）牛舍进行强光照射，可起到消毒之目的。（　　　　）

（6）牛舍气流的控制及调节，只能进行自然调节。（　　　　）

3.问答题

（1）怎样正确控制牛舍内的温度、湿度和气流？

（2）粪尿及污水处理系统的设置应该注意哪些事项？

【学习评价】

考核任务	考核要点	评价标准	考核方法	参考分值
1.影响牛舍的环境因子分析 2.牛舍各种环境因子的测量	操作态度	精力集中，积极主动，服从安排	学习行为表现	10
	协作意识	有合作精神，积极与小组成员配合，共同完成任务		10
	查阅生产资料	能积极查阅、收集资料，认真思考，并对任务完成过程中的问题进行分析处理		10
	仪器使用准确测量	利用各种仪器对牛舍的温度、湿度、气流、气压、噪声、有害气体等进行测定	测定准确	40
	综合判断	各种环境因子对牛舍的影响作用判定准确	结果评定	20
	工作记录和总结报告	有完成全部工作任务的工作记录，字迹工整；总结报告结果正确，体会深刻，上交及时	作业检查	10
合计				100

【实训附录】

附录1　标准化牛舍环境质量

附录2　标准化牛舍空气质量

附录1　标准化牛舍饲养密度

实训附录4-2-1

学习任务二　牛场环境因素控制和环境保护

【任务目标】

了解并掌握影响牛场环境因素的调控措施，能根据牛场的生产要求，将各种环境因素控制到最佳水平，从而发挥牛的最大生产潜力。

【学习活动】

▶ 一、活动内容

牛场环境因素控制和环境保护技术。

▶ 二、活动开展

收集牛场环境影响因素的控制方法和粪污处理技术资料,就本地区选择某一牛场进行实地调研,重点在摸清楚牛场环境控制技术应用取得的效果和尚存在的问题,牛场绿化和粪污处理方法取得的成功经验和问题。在教师指导下,小组讨论提出合理化的改进意见,并以此为基础设计牛场粪污处理方案,供当地参考。

【相关技术理论】

▶ 一、牛场环境因素控制

(一)朝向控制

选择牛舍朝向时,在考虑日照的同时,还应注意本地区的主风向。因为主风向影响牛舍冬季热损耗程度以及牛舍夏季自然通风状况。

我国幅员辽阔,地处北纬 $20°\sim50°$ 之间,地理位置跨度较大,太阳高度角冬季小、夏季大,并且由于地处亚洲东南季风区夏季盛行东南风,冬季多东北风或西北风。因此,从保证舍内足够的日照及避开冬季主风向、避免夏季太阳西晒和有利于自然通风等方面考虑,牛舍南向或稍偏一些比较适宜。至于偏向何方,偏多少度,则要根据当地的主风向而定,一般偏转 $20°\sim30°$,不宜过多。

(二)采光的控制

为使牛舍内得到适当的光照,牛舍必须进行采光控制。牛舍采光分自然采光与人工照明两种。前者是利用自然光源,后者是利用人工光源。牛舍采光主要靠自然采光,必要时辅以人工照明。

(三)温度控制

1. 牛舍防暑降温措施

(1)实行遮阳与绿化

①挡板遮阳　即阻挡正射到窗口的阳光,适于西向、东向和接近这个朝向的窗口。

②水平遮阳　即阻挡由窗口上方射来的阳光,适于南向及接近南向的窗口。

③综合式遮阳　即用水平挡板阻挡由窗口上方射来的阳光和用垂直挡板阻挡由窗口两侧射来的阳光,适于南向、东南向、西南向及接近此朝向的窗口。其次加宽牛舍挑檐、挂竹帘、搭凉棚以及种草种树和搭架种植攀缘植物等绿化措施都是简便易行、经济实用的遮阳方法。

(2)绿化　绿化不仅起遮阳作用,还具有降低夏季牛舍外气温,减少空气中尘埃和微生物,削弱噪声的作用,在牛舍小气候控制中有其重要的意义。此外,适当降低家畜饲养密度也可缓解夏季舍内过热,具有防暑降温作用。

（3）采取降温措施

①喷雾降温　在往牛舍送风之前,用高压喷嘴将低温的水喷成雾状,以降低空气温度。采取喷雾降温时,水温越低,降温效果越好;空气越干燥,降温效果也越好。但喷雾能使空气湿度提高,故在湿热天气不宜使用。目前我国已有牛舍专用喷雾机,既可用于喷雾降温,也可用于喷雾消毒。

②喷淋降温　在牛舍粪沟或牛床上方,设喷头或钻孔水管,定时或不定时为牛体淋浴。水温低时,喷水可直接从畜体及舍内空气中吸收热量,同时,水分蒸发可加强牛体蒸发散热,并吸收空气中的热量,从而达到降温的目的。

2. 牛舍防寒保暖措施

（1）加强防寒管理　适当加大舍内饲养密度,采取措施防止舍内潮湿,铺垫草以及加强牛舍入冬前的维修等都是有效的防寒措施。

（2）牛舍的采暖　采暖方式有集中采暖和局部采暖两种,无论采取何种方式,应根据动物要求,采暖设备投资、能源消耗等,考虑经济效益来确定。

（四）通风换气的控制

适当的通风换气,在任何季节都是必要的。牛舍通风基本为自然通风,也可采用以通风机械为动力的机械通风。无论何种通风方式,通风设计的任务都是要保证牛舍的通风量,并合理组织气流,使之分布均匀。

（五）湿度的控制

牛舍内经常有大量排泄物及管理过程中的废水,这与牛舍小气候有着极其密切的关系。因此,保证这些污物废水的及时排除,是牛舍湿度控制的重要措施。

（1）妥善选择场址,把牛舍修建在高燥的地方。牛舍墙基和地面应设防潮层。

（2）对已建成的牛舍应待其充分干燥后才开始修建。

（3）在饲养管理过程中减少舍内用水,并力求及时清除粪便,以减少水分蒸发。

（4）加强牛舍保温,勿使舍温降至露点以下。

（5）保持舍内通风良好,及时将舍内过多的水汽排出。

（6）铺垫草可以吸收大量水分。

（六）牛舍空气中的微粒控制

微粒是指以固体或液体微小颗粒形式存在于空气中的分散物。在大气和牛舍空气中都含有微粒,其所含数量的多少和组成的不同,随当地的地面条件、土壤特性、植被状况、季节与气象因素等的不同,居民、工厂以及农事活动情况不同而有所不同。在牛舍内及其附近,由于分发饲料、清扫地面、使用垫料、通风、除粪、刷拭、饲料加工及家畜本身的活动、咳嗽、鸣叫等,都会使舍内空气微粒含量增多。

1. 危害

微粒直接危害牛的皮肤、眼睛和呼吸作用。微粒落到皮肤上,就与皮脂腺、汗腺的分泌物,细毛、皮屑及微生物混合在一起对皮肤产生刺激作用,引起瘙痒、发炎,同时使皮脂腺、汗腺管道堵塞,皮脂、汗液分泌受阻,致使皮肤干燥、龟裂,热调节机能受到破坏,从而降低动物对传染病的抵抗力及热应激能力。大量微粒落在眼睛结膜上,还会引起结膜炎。

微粒对呼吸道的作用以及通过呼吸道对机体全身的作用是具有很大危险的。降尘可对鼻黏膜发生刺激作用,但经咳嗽、喷嚏等保护性反射可排出体外。飘尘可进入支气管和肺泡,其中一部分沉积下来,另一部分随淋巴循环到淋巴结或进入血液循环系统,然后到其他器官,从而引起家畜鼻咽、支气管和肺部炎症;大量微粒还能阻塞淋巴管,或随淋巴液到淋巴结、血液循环系统,引起尘埃沉积病,表现为淋巴结尘埃沉着、结缔组织纤维性增生、肺泡组织坏死,导致肺功能衰退等。有些有害物质微粒能吸附氨、硫化氢以及细菌、病毒等,其危害更为严重。

此外,某些植物的花粉散落在空气中,能引起人和家畜过敏性反应;牛舍空气中的微粒还会影响牛乳的质量。

2. 控制

(1)种草、种树,全面绿化,改善牛舍和牛场地面条件。

(2)饲料加工场所设防尘设施并远离牛舍。

(3)容易引起尘埃的饲养管理操作(如分发草料、清粪、翻动垫料等),应趁家畜不在舍内时进行。

(4)保证通风设备系统的良好工作状态。

(5)尽可能采用避免产生尘埃的先进工艺、材料和设备。

(6)禁止在舍内刷拭畜体、干扫地面等。

(七)牛舍空气中的微生物控制

空气虽然是微生物生长的不利环境,但是,当空气被污染后,空气中浮游着大量微粒,微生物就可附着生存、传播疾病。

1. 危害

牛舍空气中含有的病原微生物,可附着在飞沫和尘埃两种不同的微粒上,传播疾病。

(1)飞沫传播　当病畜喷发大量的飞沫液滴时,喷射距离可达 5 m 以上,滴径小的可形成雾扩散到牛舍各部位,滴径为 10 μm 左右的,由于重量大而很快沉降,在空中停留时间很短。而滴径小于 1 μm 的飞沫,可长期飘浮在空气中。大多数飞沫在空气中迅速蒸发并形成飞沫核,其核径一般为 1～2 μm,属于飘尘,可以长期飘浮在空气中。飞沫核由唾液的黏液素、蛋白质和盐类组成,附着在其上的微生物因得到保护而不易受干燥及其他因素的影响。且飞沫中的有机物有利于微生物的存在,因而可侵入家畜支气管深处和肺泡而发生传染。通过飞沫传播的主要是呼吸道传染病,如肺结核、流行性感冒等。

(2)尘埃传染　来源于人类和家畜的尘埃,往往带有多种病原微生物。病畜排泄的粪尿、飞沫、皮屑等干燥后形成微粒,或病原微生物附着在其他微粒上,极易飞扬于空气中,当易感动物吸入后,就可能发生传染。通过病原传播的病原体,一般对外界环境条件的抵抗力较强,如结核菌、链球菌、霉菌孢子、芽孢杆菌等。

2. 控制

为了预防空气传染,除了严格执行对微粒的防制措施外,还必须注意以下几个方面:

(1)建立严格的检疫、消毒和病畜隔离制度。

(2)对同一牛舍的牛群采取"全进全出"的饲养制度。

(3)保持良好的通风换气,必要时进行空气的过滤和消毒。

(八)有害气体控制

牛舍空气中的有害气体对家畜的影响是长期的,即使有害气体的浓度低,也会使家畜的体质变弱,生产力降低。因此,控制牛舍中有害气体的含量,防止舍内空气恶化,对保持家畜健康和生产力有重要意义。

(1)在牛场场址选择和建场过程中,要进行全面规划和合理布局。要考虑自然环境和社会条件,避免工厂排放物对牛场环境的污染;要合理设计牛场和牛舍的排水系统、粪尿和污水处理设施及绿化等环境保护设施。

(2)要及时清除牛舍内的粪尿。粪尿分解是氨和硫化氢的主要来源。家畜的粪尿必须立即清除,防止在舍内积存腐败分解。不论采用何种清粪方式,都应满足排除迅速、彻底,防止滞留,便于清扫,避免污染的要求。

(3)要保持舍内干燥。潮湿的舍内、墙壁和其他物体表面可以吸附大量的氨和硫化氢,当温度上升或潮湿物体表面逐渐干燥时,氨和硫化氢会挥发出来。因此,在冬季应加强牛舍保温和防潮管理,避免舍温下降,导致水汽在墙壁、天棚上凝结。

(4)要合理通风换气。将有害气体及时排出舍外,是预防牛舍空气污染的重要措施。

(5)使用垫料或吸收剂,可吸收一定量的有害气体。各种垫料吸收有害气体的能力不同,麦秸、稻草、树叶较好一些。

(九)牛场绿化

牛场的绿化,不仅可以改善牛场自然环境,还可以减少污染,因此绿化是牛场重要的环境卫生措施。

1.绿化的卫生意义

(1)改善场区小气候 绿化可以明显改善牛场的温度、湿度和气流等状况。在高温时期,由于树叶的蒸发,吸收空气中的热,会使气温有所下降,同时也增加了空气中的湿度。由于树叶阻挡阳光,造成树木附近与周围空气的温差,会产生轻微的对流作用;同时也能显著降低树荫下的辐射强度。

(2)净化空气和水质 绿化可以调节空气成分。植物中的叶绿素,在阳光作用下进行光合作用,从空气吸收二氧化碳,放出氧气。绿化植物还可以吸收并转化大气中的有毒有害气体,从而起到净化大气的作用。经过绿化带的有害气体至少25%被阻留净化;而煤烟中的二氧化碳可被阻留6%。

树林还可吸收水中的溶解物质,使水净化。流经林带的水、沉淀物质明显减少,原来不透明、颜色深和有臭味的水,经过林带后水质透明、色度降低、无臭味。某些树木的花、叶还能分泌一种杀菌物质。

(3)有利于防疫卫生 在牛场各分区之间,栽植隔离树林可改善各区环境卫生,防止疾病传播。牛场四周栽植绿篱,可以防止人和其他动物随便进入,减少场外的传染源。

2.绿化的配置

(1)防护林带 防护林带的设置,应根据当地的主风向而定。一般可在全场的最上风向迎主风设立防护林带,林带的宽度一般为5~8 m,植树3~5行,株行距各为1.5 m,呈"品"字形排列,乔、灌木应搭配栽植。

防护林的树种选择方面,乔木可选用笔杨、加拿大杨、北京杨、洋槐等;灌木可选用紫穗槐或侧柏。为了增强冬季防风效果,可栽植一行常绿叶树,如柏树、油松等。

（2）隔离林带　在牛场的各分区之间应设置隔离林带，其宽度可为 3～5 m，植树 2～3 行，行株距 1.5 m。树种选择与防护林带相同。如各区之间有交通道路，可结合行道树的种植设置隔离林带，场四周应设置起围墙作用的绿篱，这可结合防护林带设置，将灌木密植作为绿篱。

（3）运动场遮阴林　运动场四周植树，夏可遮阴，冬可挡风，可靠近运动场栽植 1～2 排树干高大，树冠广阔的乔木，如杨柳、白蜡等。栽植的株距应兼顾遮阴和通风的要求，密植时遮阴效果虽好，但影响通风，所以应选用不同的树种，以能达到树冠相接为宜。在运动场受寒风袭击的一面，应密植，株距为 1.5 m。

（4）行道树　牛场的道路两旁应栽植行道树，这不仅可以夏遮阴，冬防积雪，而且可以保护道路免遭雨水冲坏。行道树的栽植，可在通往场外的主干道两旁栽 1～3 排高大乔木或乔灌木搭配。场内道路可植树 1～2 排，即植一排乔木或一排灌木，乔木可选用杨、柳，灌木可选用紫穗或侧柏等。

（5）防火林　在牛场饲草及干粗饲料堆放处的周围，应设置以防火为目的的防火林。林带的宽度为 1～3 m，种植乔木或高灌木 1～2 排，行距为 1～1.5 m。由于饲料和干草的大量堆放是在冬春季节，所以防火林应尽量栽植适合于当地条件的常绿耐火树种，如银杏、松柏、冬青等，亦可选用杨、柳等落叶阔叶树，但不可选用含有大量油脂的针叶树种，如油松、马尾松等。

二、养牛场环境保护

养牛生产中产生的粪尿、污水等，都会对空气、水、土壤、饲料等造成污染，危害环境。养牛场的环境保护既要防止养牛场本身对周围环境的污染，又要避免周围环境对养牛场的危害。具体包括以下几方面：

1. 妥善处理粪尿和污水

例如粪尿可用作肥料，产生沼气，采用农牧结合互相促进的办法。

2. 防止昆虫滋生

养牛场易滋生蚊蝇，骚扰人畜。要定时清除粪便和污水，保持环境的清洁、干燥，填平沟渠洼地，使用化学杀虫剂杀灭蚊蝇。

3. 注意水源防护

避免水源被污染，一定要重视排水的控制，并加强水源的管理与卫生监测，严禁从事可能污染水源的任何活动，取水点上游 1 000 m 至下游 100 m 的水域内，不得排入工业废水和生活污水，取水点附近两岸约 20 m 以内，不得有厕所、粪坑、污水坑、垃圾堆等污染源。

三、规模化养牛场粪尿污水处理及利用

养牛生产过程的废弃物有粪便、污水，尤其是奶牛场，每天产生大量富含有机质的污水。2001 年国家环保总局已发布《畜禽养殖业污染物排放标准》(GB 18596—2001)。因此养牛场的粪污处理要引起足够的重视，目前对养牛场粪污处理的基本原则是：养牛生产所有的废弃物不能随意弃置，不能弃之于土壤、河道而污染周围环境，酿成公害，应加以适当的处理，合理利用，化害为利，并尽可能在场内或就近处理。

牛粪和污水通过土壤、水和大气的理化及生物作用时,其中的微生物可被杀死,并且各种有机物能被逐渐分解,变成植物可以吸收利用的状态。农牧结合,互相促进的处理办法,既处理了牛粪,又保护了环境,对维持农业生态系统平衡起着重要作用。

1. 牛粪的处理方法

(1)堆肥发酵处理 牛粪的发酵处理是利用各种微生物的活动来分解粪中的有机成分,可以有效地提高这些有机物的利用率。在发酵过程中形成的特殊理化环境也可基本杀灭粪中的病原体。主要方法有:充氧动态发酵、堆肥处理、堆肥药物处理,其中堆肥处理方法简单,无须专用设备,处理费用低。

(2)生产沼气 利用厌氧细菌(主要是甲烷菌)对牛粪等有机物进行厌氧发酵产生沼气,沼气生产过程中,厌氧发酵可杀死病原微生物和寄生虫卵,发酵的残渣又可作肥料,因而生产沼气既能合理利用牛粪,又能防治环境污染。

(3)蚯蚓养殖综合利用 利用牛粪养殖蚯蚓近年来发展很快,日本、美国、加拿大、法国等许多国家先后建立不同规模的蚯蚓养殖场。我国目前已广泛进行人工养殖试验和生产。

2. 污水的处理与利用

随着养牛业的高速发展和生产效率的提高,养牛场产生的污水量大大增加,尤其是奶牛养殖场。养牛场污水中含有许多腐败有机物,也常带有病原体,若不妥善处理,就会污染水源、土壤等环境,并传播疾病。

养牛场污水处理的基本方法有物理处理法、化学处理法和生物处理法。这三种处理方法单独使用时均无法把养牛场高浓度的污水处理好,需要采用综合方法进行系统处理。

(1)物理处理法 物理处理法是利用物理作用,将污水中的有机污染物质、悬浮物、油类及其他固体物分离出来,常用的方法有固液分离法、沉淀法、过滤法等。

①固液分离法:首先将牛舍内粪便清扫后堆好,再用水冲洗,这样既可减少用水量,又能减少污水中的化学耗氧量,给后段污水处理减少许多麻烦。

②沉淀法:利用污水中部分悬浮固体密度大于1的原理使其在重力作用下自然下沉,与污水分离,此法称沉淀法。固形物的沉淀是在沉淀池中进行的,沉淀池有平流式沉淀池和竖流式沉淀池两种。

③过滤法:主要是使污水通过带有孔隙的过滤器使水变得澄清的过程。养牛场污水过滤时一般先通过格栅,用以清除漂浮物,如草末、大的粪团等,之后,污水进入滤池。

(2)化学处理法 是根据污水中所含主要污染物的化学性质,用化学药品除去污水中的溶解物质或胶体物质。混凝沉淀,用三氯化铁、硫酸铝、硫酸亚铁等混凝剂,使污水中的悬浮物和胶体物质沉淀而达到净化目的。化学消毒,各种消毒方法中,以次氯酸消毒法最经济、有效。

(3)生物处理法 生物处理法是利用微生物的代谢作用,分解污水中的有机物的方法。净化污水的微生物大多是细菌,此外,还有真菌、藻类、原生动物等。主要方法有氧化塘、活性污泥法、人工湿地处理。

①氧化塘:亦称生物塘,是构造简单、易于维护的一种污水处理构筑物,可用于各种规模的养殖场。塘内的有机物由好氧细菌进行氧化分解,所需氧由塘内藻类的光合作用及塘的再曝气提供。氧化塘可分为好氧、兼性、厌氧和曝气氧化塘。

氧化塘处理污水时,一般以厌氧——兼氧——好氧氧化塘连串成多级的氧化塘,具有很高的脱氮除磷功能,可起到三级处理作用。

氧化塘优点是土建投资少,可利用天然湖泊、池塘,机械设备的能耗少,有利于废水综合作用。缺点是受土地条件的限制,也受气温、光照等的直接影响,管理不当可滋生蚊蝇,散发臭味而污染环境。

②活性污泥法:由无数细菌、真菌、原生动物和其他微生物与吸附的有机物、无机物组成的絮凝体称活性污泥,其表面有一层多糖类的黏质层,对污水中悬浮态和胶态有机颗粒有强烈的吸附和絮凝能力。在有氧时,其中的微生物可对有机物发生强烈的氧化和分解。

传统的活性污泥需建初级沉淀池、曝气池和二级沉淀池。即污水→初级沉淀池→曝气池→一级沉淀池→出水,沉淀下来的污泥一部分回流入曝气池,剩余的进行脱水干化(图4-2-1)。

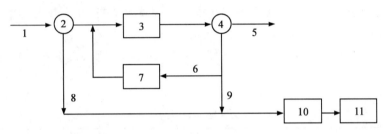

图 4-2-1　活性污泥法流程示意

1.原污水　2.初次沉淀池　3.曝气池　4.二次沉淀池　5.处理后污水　6.回流污泥
7.再生池　8.生污泥　9.剩余污泥　10.污泥浓缩池　11.脱水设备或污泥消化池

③人工湿地处理:采用湿地净化污物的研究起始于20世纪50年代。当时,德国科学家凯瑟·塞德尔(Kathe Seidel,1978)和基库斯(Reinhold Kickuth,1970)首次调查了用湿地去除污水中养分和悬浮固体的可行性。指出宽叶香蒲能去除污水中的大量有机和无机物质,同时宽叶香蒲还能通过从其根部分泌抗生素,大大降低废水中的细菌浓度。目前北至加拿大,南到澳大利亚和新西兰,有数以百计的天然湿地和人造湿地用于处理污水。

几乎任何一种水生植物都适合于湿地系统,最常见的有芦苇、香蒲属和草属。某些植物如芦苇和香蒲的空心茎还能将空气输送到根部,为需氧微生物活动提供氧气。

(4)综合生态工程处理　通过分离器或沉淀池将牛粪牛尿污水进行固体与液体分离,其中,固体作为有机肥还田或作为食用菌(如蘑菇等)培养基,液体进入活性厌氧发酵池。通过微生物—植物—动物—菌藻的多层生态净化系统,使污水污物得以净化。净化的水达到国家排放标准,可排放到江河,回归自然或直接回收用于冲刷牛舍等。

【技能实训】

◈ **技能项目　牛场粪污处理方案设计**

1.实训条件
牛场粪污处理技术资料等。

2.方法步骤

收集牛场粪污处理技术资料,包括处理方法、原理与工艺、技术处理程序、注意问题等,在此基础上就某一牛场现有条件进行调研,分析现状和可能使用的方法,再根据提供的资金条件,进行具体的方案设计。

(1)场址地理条件　场址位置、地形高低走势、土质、地下水位。

(2)场址风向　季风风向。

(3)场区平面结构布局　生活管理区、生产区、病畜及粪污处理区面积划分、规模确定和布局特点说明。

(4)饲养牛只数量　饲养牛的品种、牛群结构及数量。

(5)每日粪污生产量　依据每头个体排泄量推算出的每日全场总的粪污生产量。

(6)粪污处理方法　依据收集到的牛场粪污处理技术资料,在专业人员指导下,小组讨论确定的粪污处理方法,包括技术原理、工艺流程等。

(7)主要设施设备　主要设施的结构设计及建筑预算;主要清除粪污设备的规格、数量、性能参数等。

3.实训练习

××××××牛场粪污处理方案

场址地理条件		
场址风向		
场区平面结构布局		
饲养牛只数量	每日粪污生产量	
粪污处理方法		
主要设施设备		

【自测练习】

1.填空题

(1)为使牛舍内得到适当的光照,牛舍必须进行_____。

(2)绿化在牛舍小气候控制中有重要的意义,不仅起_____作用,还具有降低_____,减少_____,削弱_____的作用。

(3)当牛舍空气中含有病原微生物时,就可附着在_____和_____两种不同的微粒上,传播疾病。

(4)养牛场污水处理的基本方法有_____、_____、_____等三种处理方法。

2.判断改错题(在有错误处下画线,并写出正确的内容)

(1)选择牛舍朝向时,在考虑日照的同时,还应注意本地区的主风向。(　　　)

(2)无论何种通风方式,通风设计的任务都是要保证牛舍的通风量,并合理组织气流,使之分布均匀。(　　　)

养牛与牛病防治

(3)铺垫草可以带来大量水分,无法除湿。(　　)

(4)将有害气体及时排出舍外,是预防牛舍空气污染的重要措施。(　　)

(5)养牛场的环境保护既要防止养牛场本身对周围环境的污染,又要避免周围环境对养牛场的危害。(　　)

3.问答题

(1)如何控制牛场环境因素达到最佳状态?

(2)牛场环境保护原则是什么?

(3)牛场粪污常见的处理方法有哪些?

【学习评价】

考核任务	考核要点	评价标准	考核方法	参考分值
1.牛场环境控制 2.牛场环境保护	操作态度	精力集中,积极主动,服从安排	学习行为表现	10
	协作意识	有合作精神,积极与小组成员配合,共同完成任务		10
	查阅生产资料	能积极查阅、收集资料,认真思考,并对任务完成过程中的问题进行分析处理		10
	牛场环境控制	根据所处地理位置,结合所学知识,提出牛场环境控制合理化建议	口述描述	30
	牛场环境保护	根据所处地理位置,结合所学知识,提出牛场绿化和粪污处理合理化建议	设计方案	30
	工作记录和总结报告	有完成全部工作任务的工作记录,字迹工整;总结报告结果正确,体会深刻,上交及时	作业检查	10
合计				100

【实训附录】

牛场环境质量控制标准(参考)

实训附录4-2-2

【知识链接】

农业部《奶牛场卫生规范(GB 16568—2006)》。

粪便无害化卫生要求(GB 7959—2012)。

畜禽场环境质量标准(NY/T 388—1999)。

污水综合排放标准(GB 8978—1996)。

学习情境五　牛场生产管理

项目一　牛场生产组织管理与计划
项目二　牛场生产成本核算与管理

牛场生产组织管理与计划

【任务目标】

了解牛场主要岗位设立,岗位之间的关系,牛场生产规模确定的方法;熟悉牛场管理组织内部职责、牛场管理内容及要求;掌握牛场制度建设、核心生产责任制建立的要求,尤其是"五定一奖"办法、分级核算分级管理办法实施的内涵等。

【学习活动】

一、活动内容

牛场管理与制度建设。

二、活动开展

深入牛场管理岗位一线进行调研和跟踪体验,结合查询相关信息,收集牛场管理制度、生产管理各种报表等进行研读学习,参加牛场有关会议活动,熟悉牛场各方面管理工作的开展方式,直接或间接式获得一定的管理经验。在专兼职教师指导下就所调研牛场的管理及制度建设方面存在的不足问题进行会诊分析,提出合理化的改进建议,促进提高该牛场的科学化管理水平。

【相关技术理论】

牛场经营管理是养牛生产的重要组成部分,经营是养牛生产企业根据国家政策,面对市场的需要以及内、外部环境条件,确定生产方向和经营总目标,合理确定企业的产、供、销活动,以最少的投入获取最多的物质产出和最大的经济效益。管理是根据养牛生产的经营总目标,对企业生产总过程的经济活动进行计划、组织、指挥、控制、协调等工作。经营和管理两者有机地结合,才能获得最大的经济效益。因此养牛生产者不仅把精力放在生产技术方面,还要抓好企业的经营管理。

一、牛场生产规模确定

养牛场的发展规模,首先要考虑市场的需求,以国际、国内市场信息为耳目,调查和预测国内外牛乳、肉、皮及其加工产品的市场发展情况及价格,及时进行调整。另外又要根据场地、设备、人员素质、技术力量、机械化程度及流动资金等情况来综合考虑。适度经营规模的优化方法如下:

(一)适存法

根据适者生存这一原理,观察一定时期内养牛生产各种规模水平的变化与集中趋势,从而判断哪种规模为最佳规模。

(二)综合评分法

此法是比较在不同经营规模条件下的劳动生产率、牛群生产率、资金生产率、饲料转化率等项指标,评定不同规模间经济效益和综合效益,以确定最优规模。

(三)投入产出分析法

此法是根据动物生产中普遍存在的报酬递减规律及边际平衡原理来确定最佳规模的重要方法。

(四)成本函数法

通过建立单位产品成本与养牛生产经营规模变化的函数关系来确定最佳规模,单位产品成本达到最低的经营规模即为最佳规模。

二、牛场组织机构管理模式

(一)牛场组织机构

牛场生产企业的组织机构主要实行场长(或经理)负责制。包括场长 1 人、副场长 2 人(分管行政与业务)、主任或科长若干人、班组长若干人和质检员若干人等。职能机构包括场部、财务科室、生产部门、技术室、加工车间、销售科、车队及后勤服务部门等。生产部门的生产主要包括乳牛生产、肉牛生产、饲料生产及牛产品加工等。后勤服务部门主要负责生产、生活方面的物质供应、管理、维修等,销售科主要负责主、副产品的销售与市场信息的反馈;技术室主要包括所有技术人员如畜牧兽医师、饲料分析与检测人员、乳肉品检测人员等若干人。技术室属于场部直接领导。

对规模较小的养牛场或养牛专业户,在管理机构设置上不可能配备各种专职人员,但各项工作必须有人(兼)分工和管理,以保证养牛生产的正常进行。

按"A 管理模式"要求,采用"扁平式机构"模式进行设置(图 5-1-1)。

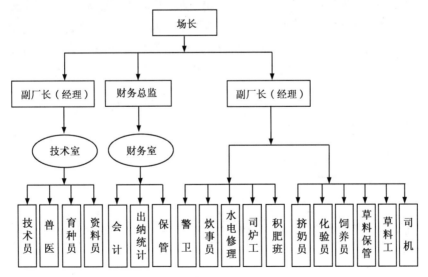

图 5-1-1　牛场组织机构

(二)管理岗位之间的组织关系

(1)直接上级为总经理,生产部经理暂由副总经理兼,技术部经理暂由副总经理兼。

(2)牛场总经理负责财务部的垂直管理和两个副总经理的管理,两个副总经理分别负责技术室和生产部门、后勤保障部门工作;副总经理依据岗位描述和总经理授权履行管理职责;牛场书记负责牛场的党支部、综合治理和精神文明建设。

(3)牛场总经理、书记和两名副总经理以及财务部经理、后勤部主任组成牛场管理团队,参加牛场行政管理例会,共同进行牛场生产经营管理的重大决策。

(4)在牛场组织机构的设置和运营过程中,每人只能有一位直接上级,并听命于直接上级的管理。正常情况下,上级不能越级指挥,可以越级了解情况;下级不能越级汇报,可以越级投诉。

(5)牛场中每人的工作业绩由直接上级进行考核评定,下级必须服从上级。

(6)部门中各岗位的人数依据实际工作量逐步到位。

三、牛场生产管理

(一)牛群结构管理

以乳牛场为例。一般说来,母牛可供繁殖使用十年左右,成年母牛的正常淘汰率为10%左右,另外,还可能有5%左右的低产牛需要淘汰。因此后备母牛一般应占母牛群的15%左右,在扩大畜群规模或者选优去劣的情况下,这一比例还应扩大。乳用或乳用为主的牛群,其结构一般保持以下参考比例:成年母牛占50%～60%,后备母牛(已成熟)占8%～12%,1岁以下母牛占12%～18%,2岁以下的青年母牛占10%～15%,种公牛占配种头数的2%左右。在采用人工授精或冷冻精液配种的情况下,尚可少养甚至不养公牛。

成年母牛群的内部结构,参考比例一般为:一、二产母牛占35%,三、四产母牛占45%;五产以上母牛占20%。常年均衡供应鲜乳的乳牛场,成年母牛群中产乳牛和干乳牛也有一定的比例关系,通常全年保持80%左右处于产乳,20%左右处于干乳。

假设某乳牛场计划年初有乳牛100头,占整个牛群的比例为55%,若该场采用人工辅助交配方式,和全年比较均衡的陆续分娩,幼母牛的成熟期为20个月,决定每年扩大乳牛10%,另有出售1岁以下商品牛的任务。整个牛群中各组牛的头数和比例见表5-1-1。

表5-1-1　牛场牛群的结构(参考比例)

组别	年初头数/头	年末头数/头	年初及年末牛群结构/%
乳牛	100	110	55.0
种公牛	2	2	1.1
后备母牛(已成熟)	17	19	9.3
1～2岁青年母牛	16	18	8.0
1岁以下幼母牛	17	19	9.3
1岁以下幼公牛	1	1	0.5
1岁以下商品牛	29	32	16.0
总计	182	201	100.0

乳牛群的结构是以保证成年乳牛的应用头数为中心安排的。成牛乳牛头数的减少主要是由年老淘汰引起的,能否及时补充和扩大又与后备母牛的成熟期和头数有关系。因此,乳牛头数的维持与增加与母牛的使用年限和后备母牛的保留头数成熟期有直接关系。

肉牛场牛群结构要根据生产用途来确定,单一的育肥牛场仅有育肥牛群;发展种用肉牛生产的繁育场则基础繁殖母牛比例 50%～55%,后备母牛 15%～20%,种用犊牛 18%～22%,种公牛 1%～2%。

无论乳用还是肉用场,非本品种选育牛场,且采取人工授精,可以将种公牛省略,其比例加到基础母牛上。

(二)饲料消耗与成本定额管理

1.饲料消耗定额的制定方法

牛维持和生产产品需要从饲料中摄取营养物质。由于牛种类和品种、性别和年龄、生长发育阶段、体重和生产产品不同,其饲料的种类和需要量也不同,即不同的牛有不同的饲养标准。因此,制定不同类型牛饲料的消耗定额所遵循的方法是:首先,应查找其饲养标准中对各种营养成分的需要量,参照不同饲料的营养价值确定日粮的配给量;再以日粮的配给量为基础,计算不同饲料在日粮中的占有量;最后再根据占有量和牛的年饲养日即可计算出年饲料的消耗定额。由于各种饲料在实际饲喂时都有一定的损耗,尚需要加上一定损耗量。饲料消耗定额以饲养乳牛为例来说明饲料消耗定额,一般情况下,可参考乳牛每天平均需7 kg 优质干草,24.5 kg 玉米青贮;育成牛每天均需干草 4.5 kg,玉米青贮 14 kg。成母牛的精饲料除按每产 4 kg 乳给 1 kg 精饲料外,还需加基础料 2 kg/(头·天);青年母牛需精饲料量平均 3.5 kg/(头·天);犊牛需精饲料量 1.5 kg/(头·天)。

2.成本定额

成本定额是牧场财务定额的组成部分,牛场成本分产品总成本和产品单位成本。成本定额通常指的是成本控制指标,是生产某种产品或某种作业所消耗的生产资料和所付的劳动报酬的总和。乳业业成本主要是各龄母牛群的饲养日成本和牛乳单位成本,肉牛生产成本主要有饲养日成本、增重成本、活重成本和主产品成本。

牛群饲养日成本等于牛群饲养费用除以牛群饲养头日数。牛群饲养费定额,即构成饲养日成本各项费用定额之和。牛群和产品的成本项目包括:工资和福利费、饲料费、燃料费和动力费、牛医药费、固定资产折旧费、固定资产修理费、低值易耗品费、其他直接费用、共同生产费及企业管理费等。这些费用定额的制定,可参照历年的费用实际消耗、当年的生产条件和计划来确定。

$$主产品单位成本 = (牛群饲养费 - 副产品价值)/牛产品总量$$

(三)牛场的工作日程管理

正确的工作日程能保证乳牛和犊牛、肉用种牛、育肥牛按科学的饲养管理制度喂养,使乳牛发挥最高的产乳潜力,肉牛增重达到育肥目标,犊牛和育成牛得到正常的生长发育,并能保证工作人员的正常工作、学习和生活。牛场工作日程的制定,应根据乳牛及肉牛饲养方式、乳牛挤乳次数、肉乳牛饲喂次数等要求规定各项作业在一天中的起止时间,并确定各项工作先后顺序和操作规程。工作日程可随着季节和饲养方式的变化而变动。以乳牛为例,目前国内牛场和专业户采用的饲养日程和挤乳次数,大致有以下几种:2 次上槽,2 次挤乳,

2 次上槽,3 次挤乳;2 次上槽,4 次挤乳,3 次挤乳;3 次上槽,4 次挤乳等。前两种适合于低产牛群,牛对营养需求量较少,有利于牛只的休息;3 次上槽,3 次挤乳制有利于高产牛的营养需求,且能提高产乳量。3 次挤乳,根据挤乳间隔时间,有均衡和不均衡两种。应根据乳牛的泌乳生理灵活掌握。肉牛场种牛饲养日饲喂 2～3 次,育肥牛日饲喂 2～3 次。

(四)劳动力管理

(1)奶牛管理的定额(参考):非精粗饲料混合(TMR)饲喂,单设挤奶厅定时挤奶,饲养员每人管 30～50 头乳牛,若人工挤奶,饲养员兼挤奶员则每人管 12～15 头;种公牛每人管 10～20 头;育成牛每人管 30～50 头;犊牛每人管 50～60 头。根据机械化程度和饲料条件,在具体的牛场中可以适当增减。

(2)肉用种牛饲养定额基本上可以参考奶牛,育肥牛定额可以达到每人饲养 50～60 头。采用 TMR 饲喂技术,无论肉乳用则劳动定额均可以提高 3～5 倍。

牛场的劳动组织,分一班制和两班制两种。前者是牛的饲喂、挤乳、刷拭及清除粪便工作,全由一名饲养人员包干。管理的牛头数根据生产条件和机械化程度确定,一般每人管 8～12 头。工作时间长,责任明确,适宜每天挤 2～3 次乳的小场或乳牛专业户小规模生产;后者是将牛舍内一昼夜工作由 2 名饲管人员共同管理,分为白天及晚上轮流作业,适于多次挤乳(4～5 次)的机械化程度高的大中型牛场,工作时间短,劳动强度大,但责任不明确。对产量有一定影响。

(五)物料管理

物料管理是按照科学管理的原则对物料进行整体计划、协调和控制的业务活动,从而为企业节约成本,获取最大的销售利润。

范围:对于生产性质的企业来说,狭义的物料仓储管理主要包括对原材料、配件、半成品、成品、工具等各方面内容的管理。广义的物料管理的对象不但包括原材料、半成品、成品等,还包括生产设备、人员等。

目的:进行物料管理的目的就是让企业以最低费用、最理想且迅速的流程,能适时、适量、适价、适质地满足使用部门的需要,减少损耗,发挥物料的最大效率。物料管理所要实现的目标包括:

1. 正确计划用料

一般来说,生产部门会根据生产进度的要求,不断对物料产生需求。物料管理部门应该根据生产部门的需要,在不增加额外库存、占用资金尽量少的前提下,为生产部门提供生产所需的物料。这样,就能做到既不浪费物料,也不会因为缺少物料而导致生产停顿。

2. 适当的库存量管理

适当的库存量管理是物料仓储管理所要实现的目标之一。由于物料的长期搁置,占用了大量的流动资金,实际上造成了自身价值的损失。因此,正常情况下企业应该维持多少库存量也是物料仓储管理重点关心的问题。一般来说,在确保生产所需物料量的前提下,库存量越少越合理。

3. 强化采购管理

如果物料管理部门能够最大限度地降低产品的采购价格,产品的生产成本就能相应降低,产品竞争力随之增强,企业经济效益也就能够得到大幅度提高。因此,强化采购管理也成为物料管理的重要目标之一。

4.发挥盘点的功效

物料的采购一般都是按照定期的方式进行的,企业的物料部门必须准确掌握现有库存量和采购数量。很多企业往往忽视了物料管理工作,对仓库中究竟有多少物料缺乏了解,物料管理极为混乱,以致影响了正常的生产。因此,物料仓储管理应该充分发挥盘点的功效,从而使物料管理的绩效不断提高。

5.确保物料的品质

任何物品的使用都是有时限的,物料仓储管理的责任就是要保持好物料的原有使用价值,使物质的品质和数量两方面都不受损失。为此,要加强对物料的科学管理,研究和掌握影响物料变化的各种因素,采取科学的保管方法,同时做好物料从入库到出库各环节的质量管理。

6.发挥储运功能

物料在供应链中总体是处于流通中的,各种各样的货物通过公路、水路、铁路、航空、海运等各种方式运到各地的客户手中,物料管理的目标之一就是充分发挥储运功能,确保这些物流能够顺利进行。一般说来,物流的流通速度越快,流通费用也越低,越能表明物料管理的显著成效。

7.合理处理滞料

由于物料在产品的生产成本中占很大的比重,如果库存量过高,滞料现象很严重,就会占用大量的企业流动资金,无形中提高了企业的经营成本和生产成本,因此,降低库存量是降低产品成本的一个突破口。通过不断降低库存量,加上有效的物料仓储管理,就能消除仓库中的滞料,充分利用物料的最高价值。

(六)计划管理

为了确保牛场生产全年有序进行,实行计划管理十分重要。将经营管理和生产中的主要运行项目编制成计划,在计划指导下开展生产,一切工作围绕各项计划的贯彻执行组织进行。常见的牛场计划主要有母牛繁殖计划、牛群周转计划、饲草料供给计划、产品生产计划、资金使用计划、成本控制计划等。

➤ 四、牛场管理制度建设

(一)养牛生产责任制

建立健全养牛生产责任制是加强牛场(群)经营管理,提高生产管理水平,调动职工生产积极性的有效措施,是办好牛场的重要环节。建立生产责任制就是对牛场的各个工种按性质不同,确定需要配备的人数和每个饲养管理人员的生产任务,做到分工明确,责任分明,奖惩兑现。达到充分合理地利用劳力、物力,不断提高劳动生产率的目的。

每个饲养管理人员担负的工作必须与其技术水平、体力状况相适应,并保持相对稳定,以便逐步走向专业化。

工作定额要合理,做到责、权、利相结合,贯彻按劳分配原则,完成任务好坏与个人经济利益直接挂钩。每工种、饲管人员的职责要分明,同时也要注意各工种彼此间的密切联系和相互配合。

牛场生产责任制的形式可因地制宜,可以承包到人、到户、到组,实行大包干;也可以实行定额管理,超产奖励。如"五定一奖"责任制,一定饲养量,根据牛的种类、产量等,固定每人饲管牛的头数,做到定牛、定栏;二定产量,确定每组牛的产乳、产犊、犊牛成活率、后备牛增重指标;三定饲料,确定每组牛的饲料供应定额;四定肥料,确定每组牛垫草和积肥数量;五定报酬,根据饲养量、劳动强度和完成包产指标,确定合理的劳动报酬,超产奖励和减产赔偿。一奖,超产重奖。实践证明,在牛场特别是种畜场,推行超额奖励制优于承包责任制。

(二)建立牛场规章制度

养牛场常见的规章制度一般有以下几种:一是岗位责任制度,每个工作人员都明确其职责范围,有利于生产任务的完成;二是建立分级管理分级核算的经济体制,充分发挥各级组织特别是基层班组的主动性,有利于增产节约,降低生产成本;三是制定简明的养牛生产技术操作规程,保证各项工作有章可循,有利于互相监督,检查评比;四是建立奖励制度,赏罚分明。这里应强调的养牛生产技术操作规程是核心。

1. 主要技术岗位职责

明确牛场各主要岗位职责,是保证牛场管理工作稳步有效开展的关键,是牛场管理工作的基础。职责的制定主要依据所设岗位的工作分工和工作任务要求标准来确定的。

(1)牛场场长(经理)主要职责

①制定牛场的基本管理制度,参与并协助债权人决定牛场的经营计划、市场定位及长远发展计划,审查生产基本建设和投资计划,制定牛场的年度预算方案、决算方案、利润分配方案以及弥补亏损方案。

②按照本场的自然资源、生产条件以及市场需求情况,组织畜牧技术人员制定全场各项规章制度、技术操作规程、年度生产计划,掌握生产进度,提出增产措施和育种方案。

③负责全场员工的任免、调动、升级、奖惩,决定牛场的工资制度和奖励分配形式。

④负责召集员工会议,向员工和上级主管汇报工作,并自觉接受员工和上级主管的监督和检查。

⑤订立合同,对外签订经济合同,负责向债权人提供牛场经营情况和财务状况报告。

⑥遵守国家法律、法规和政策,依法纳税,服从国家有关机关的监督管理。

⑦负责检查全场各项规章制度、技术操作规程、生产计划的执行情况,对于违反规章、规程和不符合技术要求的事项有权制止和纠正。

⑧负责制定本场消毒防疫检疫制度和制定免疫程序,并行使总监督,对于生产中重大事故,要负责做出结论,并承担应负的责任。在发生传染病时,负责根据有关规定封锁或扑杀病牛。

⑨负责组织技术经验交流、技术培训和科学实验工作。

(2)畜牧技术人员主要的职责

①根据牛场生产任务和饲料条件,拟订生产计划。

②制定各类牛只的更新淘汰、产犊和出售以及牛群周转计划。

③按照各项畜牧技术规程,拟订牛的饲料配方和饲喂定额。

④制定育种和选种选配方案,组织力量进行牛只(奶牛)体况评分和体型线性评定。

⑤负责牛场的日常畜牧技术操作和牛群生产管理,对生产中出现的畜牧技术事故,要及时报告,并组织相关技术人员及时处理。

⑥配合场长(经理)制定、督促、检查各种生产操作规程和岗位责任制贯彻执行情况。

⑦总结本场的畜牧技术经验,传授科技知识,填写牛群档案和各项技术记录,并进行统计整理。

(3)兽医的职责

①负责牛群卫生保健,疾病监控和治疗,贯彻防疫制度,制订药械购置计划。

②认真细致地进行疾病诊治,充分利用化验室提供的科学数据,并认真填写病历和有关报表。遇疑难病例及时汇报。

③认真贯彻"预防为主"的方针,坚持每天巡视牛群,发现病牛,及时治疗。

④组织力量检修牛蹄,监测乳房炎,检查蹄部情况。

⑤普及奶牛卫生保健知识,提高员工素质,开展科研工作,推广应用先进技术。

⑥兽医应配合畜牧技术人员,共同搞好牛群饲养管理,减少发病率。

⑦严格执行药品存放的管理制度,易燃药品和剧毒药品要严格保管,并严格执行发放规定。

⑧要经常检查库存药品的存放情况,注意药品的有效期,严禁药品过期变质。

(4)育种员的职责

①每年末制订翌年的逐月配种繁殖计划,每月末制订下月的逐日配种计划,同时参与制定选配计划。

②负责牛只发情鉴定、人工授精(胚胎移植)、妊娠诊断、生殖道疾病和不孕症的防治,以及奶牛进出产房的管理等。

③及时填写发情记录、配种记录、妊娠检查记录、流产记录、产犊记录、生殖道疾病治疗记录、繁殖卡片等。按时整理、分析各种繁殖技术资料并及时、如实上报。

④经常注意液氮存量,做好奶牛精液(胚胎)的保管和采购工作。

⑤普及奶牛繁殖知识,掌握科技信息,推广先进技术和经验。

(5)饲养员的职责

①按照各类牛饲料定额,定时、定量按顺序饲喂,少喂勤添,严格遵守上、下槽时间,让牛吃饱吃好。

②熟悉牛只情况,做到高产牛、头胎牛、体况瘦的牛多喂;低产牛、肥胖牛少喂;围产期牛及病牛细心饲喂,不同情况区别对待。

③细心观察牛只食欲、精神和粪便情况,发现病情及时报告给兽医,并协助配种员做好牛只发情鉴定。

④节约饲料,减少浪费,并根据实际情况,对饲料的配方、定额及饲料质量有权向技术人员提出意见和建议。

⑤每次饲喂前应做好饲槽的清洗卫生,以保证饲料新鲜,提高牛只采食量。

⑥负责牛体、牛舍内清洁卫生,经常刷拭牛体,做好后备牛调教工作。

⑦保管、使用喂料车和工具,节约水电,并做好交接班工作。

(6)挤奶员的职责

①挤奶员应熟悉所管的牛只,遵守操作规程,定时按顺序进行挤奶。不得擅自提前或滞后挤奶或提早结束挤奶。

②挤奶前应检查挤奶器、挤奶桶、纱布等有关用具是否清洁、齐全,真空泵压力和脉动频率是否符合要求,脉动器声音是否正常等。

③做好挤奶卫生工作,并按挤奶操作要求,热敷按摩乳房,检查乳房并在挤奶前将头两把奶挤掉。

④发现牛奶异常或乳房异常要及时报告兽医。

⑤含有抗生素的奶以及乳房炎的奶应单独存放,另作处理,不得混入正常奶中。

⑥挤奶机器清洗及维护。

⑦对奶牛态度要温和,不允许打骂奶牛。

(7)清洁工的职责

①负责牛体、牛舍内外清洁工作,做到"三勤",即勤走、勤看、勤扫。

②牛粪以及被污染的垫草要及时清除,以保持牛体和牛床清洁。

③牛床以及粪尿沟内不准堆积牛粪和污水。

④及时清除运动场粪尿,以保持清洁、干燥。

⑤注意观察牛只的排泄及分泌物,发现异常及时汇报。

2.分级管理分级核算制度

在牛场内部划小核算单位,实行分级分权管理是搞活牛场、促进牛场现代化管理的主要措施之一。是在生产计划指导下,以提高经济效益为目的,实行分级分层次"责、权、利"相结合的生产经营管理制度。是加强牛场经营管理,提高生产管理水平,调动职工生产积极性的有效措施,也是办好牛场的重要环节。其实质是要进一步明确牛场各管理部门同养牛车间及各养牛车间之间的管理及经济权限。应具备的条件:一是牛场下属的车间(分厂)等单位在生产经营上有一定的独立性,业务往来可以分开,在经济上能够独立核算。二是其生产过程组织、技术改进和劳务使用有较大的独立性,具有独立开展生产的条件。三是养牛车间管理健全,有较完善的岗位责任制度和指标体系,生产任务定额、生产技术规程科学制定、产品质检、资金管理等基础工作比较扎实。

划小核算单位,实行分级分权管理的形式,由于各牛场情况不同,因此形式可以不尽一致。一般可以采取单独立账,由场部统计盈亏,通过分解产量、成本、利润等指标,对养牛各车间部门进行综合考核,奖优罚劣。这种体制运行过程中"责、权、利"明确,在满足基本保障前提下实行各养牛车间利益实体单位自负盈亏。在实行分级管理分级核算体制的牛场中,要保证各车间的经济利益,个人劳动报酬也必须贯彻"按劳分配"的原则,使劳动报酬与工作人员完成任务的质量紧密结合起来,使劳动者的物质利益与劳动成果紧密结合起来。对于完成肉、乳牛产量、母牛受胎率、犊牛成活、育成牛增重、饲料供应和牛病防治等有功人员,还应给予精神和物质鼓励。决不能"吃大锅饭"。对公务、技术人员也应有相应的奖罚制度。

保证实行分级管理分级核算还必须建立起严格规范的财务制度。牛场财务制度的建立是牛场经营管理工作中成本控制、资金安全使用的关键,具体制度内涵要求是:

①严格遵守国家规定的财经制度,树立核算观念,建立核算制度,各生产单位、基层班组都要实行经济核算。

②建立物资、产品进出、验收、保管、领发等制度。

③年初年终向职代会公布全场财务预、决算,每季度汇报生产财务执行情况。

④做好各项统计工作。

3.养牛生产技术操作规程

养牛技术操作规程是为饲养管理好不同生长发育阶段和不同生产用途的牛,科学编制的饲养技术、管理技术规定,以及养牛设施设备安全使用与维护操作要求等。它可以是牛场的一项饲养管理技术标准,或一项技术标准的一部分、一项标准中的独立部分。

在我国,对养牛技术工艺、操作规则、设备安全使用等具体技术要求和实施程序所做的统一规定称规程。这些规程也是养牛企业管理制度标准文件的一种形式。例如:

(1)种公牛的饲养管理操作规程　包括种公牛饲养、管理特点,公牛的调教、运动,采精时间、次数,精液的检查、稀释、冷冻保存、运输以及输精时间、方法及注意事项等。

(2)乳牛饲养管理操作规程　包括日粮配方、饲喂方法和次数,挤乳及乳房按摩,乳具的消毒处理,干乳方法和干乳牛的饲养管理及乳牛产前产后护理等。

(3)肉牛育肥饲养管理操作规程　包括育肥模式、育肥方案的确定,育肥牛的选择,预饲期准备、育肥牛营养与饲料配方,饲养管理日程安排等。

(4)犊牛及育成牛的饲养管理操作规程　包括初生犊牛的处理,初乳哺饮的时间和方法,哺乳量与哺乳期,青、粗饲料的给量,称重与运动,分群管理,不同阶段育成牛的饲养管理特点及初配年龄、留种档案建立等。

(5)牛乳处理室的操作规程　包括牛乳的消毒、冷却、保存与用具的刷洗和消毒等。

(6)饲料室的操作规程　包括各种饲料粉碎加工的要求,饲料中异物的清除,饲料质量的检测,配合、分发饲料方法,饲料供应及保管等。

(7)防疫卫生的操作规程　包括预防、检疫报告制度、定期消毒和清洁卫生等工作。

4.牛场奖罚制度

奖惩制度是牛场规范员工行为和激励员工工作热情的重要手段。因而设计一套合理有效的奖惩制度需要遵循以下原则:

针对什么样的行为进行奖励和惩罚,以及奖励和惩罚的方式和程度必须事先进行约定,以让被管理者明白,什么事是该做的,什么事是不该做的;什么行为是可以容忍的,什么行为是不能容忍的,为被管理者提供一个意志行为选择的依据。对于奖惩的方式、方法必须有事先的约定,无论是奖励还是惩罚都必须对应于不同的行为和行为程度,有明确的奖惩的方式、方法限定。奖惩的程度必须是事先共同进行的约定,以通过这种约定为被管理者提供一个意志行为选择的依据。所制定的奖惩依据必须全面公开,让管理者和被管理者都能准确、全面地把握其具体内涵和要求,以避免发生为了奖励而奖励,为了惩罚而惩罚的无效活动。奖惩依据的制定必须公开透明,避免把奖惩的设定针对具体专门的对象,真正使奖惩成为诱导人们行为选择的有效激励措施,和企业激励机制建设的主体内容。奖惩的依据必须保证相对的稳定,即使要修改也必须有让人认同的理由,以避免把这种奖惩依据变成没有约束力的文字游戏。必须严格明确奖惩的依据,只能对这种依据制定和公布之后,让每个人明确了,才具有约束力,不能把新制定的奖惩依据用于其正式颁布之前的行为上。奖惩的依据必须具体明确,不能仅仅只是一个原则性的说明。过于原则性的奖惩依据会给奖惩的实施带来不确定性,从而会降低这种奖惩的激励作用。必须确定奖惩依据兑现的具体责任人,使应该获得奖励的人能够根据自己的行为主动申报奖励,同时也使该受到惩罚的行为让人有地方去举报,给予惩罚。例如某奶牛场确定的奖罚制度举例如下:

● 畜牧技术员年度目标及奖惩办法

——牛群淘汰率(适合全场技术人员:兽医、育种员、技术员等)

(1)成年母牛淘汰率暂定 8%,淘汰每减少 1 头奖励 200 元,淘汰每增加 1 头扣罚 100 元。

（2）育成牛、青年牛淘汰率暂定 1‰,淘汰每减少 1 头奖励 150 元,淘汰每增加 1 头扣罚 100 元。

（3）犊母牛的淘汰率暂定 2‰,淘汰每减少 1 头奖励 100 元,淘汰每增加 1 头扣罚 50 元（公牛犊数量不计算在内）。

淘汰标准暂不订,经兽医联合诊断,写出淘汰报告（一式两份）,兽医签字,技术主管签字,牛场负责人签字认可方可淘汰。

——牛奶单产（适用技术员、饲养员、全体挤奶员）

（1）牛场牛群成母牛年单产平均达到 5 500 kg,牛群平均年单产增加 100 kg 奖励技术员 100 元,反之降低 100 kg 扣罚 60 元。

（2）第一胎成母牛年单产为 5 000 kg,牛群平均年单产增加 50 kg 奖励技术员 50 元,反之减少 50 kg 扣罚 30 元。

成母牛年单产在 6 500～7 000 kg,每培育一头奖励 100 元。

成母牛年单产在 7 001～7 500 kg,每培育一头奖励 150 元。

成母牛年单产在 7 501～8 000 kg,每培育一头奖励 300 元。

成母牛年单产在 8 001 kg 以上,每培育一头奖励 500 元。

说明:泌乳牛年单产和日单产,不作为奖罚单位,主要原因:泌乳牛年单产不能全面衡量牛群的经济效益（牛场废牛和干奶期长的牛不在统计范围内）;泌乳牛日单产受季节、气候、日粮、饲养方式等变化而影响较大,考核的准确性差。

——奶牛饲养（适用技术员、饲养员）

（1）犊母牛（0～90 天）平均哺乳时间为 75 天,牛奶喂量控制在 390～400 kg,犊牛平均日增重达到 600 g,平均每头牛每增加 50 g 奖励 50 元,反之日增重每减少 50 g 扣罚 30 元。

（2）91～180 天断奶犊牛,平均日增重 700 g,平均每头牛每增加 50 g 奖励 50 元,反之日增重每减少 50 g 扣罚 30 元。

（3）育成牛（7～17 月龄）,平均日增重 800 g,平均每头牛日增重增加 50 g 奖励 30 元,反之日增重每减少 50 g 扣罚 20 元,牛群平均体况评分 3～3.5 分。

（4）16～17 月龄的青年牛体重必须≥350 kg,每出现一头体重小于 300 kg,对技术员扣罚 50 元（说明:育成牛、青年牛有淘汰率,发育不良提前淘汰）。

（5）严格按照挤奶厅挤奶头数、牛舍存栏数和泌乳期时间合理分群饲喂挤奶。

——奶牛体况（适用技术员、饲养员）

（1）育成牛、青年牛体况分保持在 3～3.5,体况分不能低于 2 分以下,出现一头扣罚技术员 20 元。

（2）青年怀孕牛体况分保持在 3.5～4.0。

（3）成母牛:①干奶牛体况分保持在 3.6～4.0;②泌乳前期（15～100 天）的牛的体况分保持在 2～2.5;③泌乳中期（101～200 天）的牛的体况分保持在 2.5～3.0;④泌乳后期（201 天至干奶）的牛的体况分保持在 3.0～3.5。

——奶牛日粮编制要求

（1）每次日粮调整需说明调整原因,主管领导批准后方可实施,奶牛日粮调整记录备案。

（2）每次日粮调整,不能对奶产量产生 5‰ 下降。

（3）每次日粮调整,在饲喂上严格执行,检查督导。

● 兽医年度目标及奖惩办法

——牛群淘汰率(适合全场技术人员:兽医、育种员、技术员等)。

见畜牧技术员年度目标及奖惩办法。

——牛群死亡率

(1)成年母牛死亡率暂定4%,死亡每减少1头奖励500元,死亡每增加1头扣罚300元。

(2)育成牛、青年牛死亡率暂定1%,死亡每减少1头奖励500元,死亡每增加1头扣罚300元。

(3)犊母牛的死亡率暂定5%(不包括公犊,母犊出生5天后开始计算),死亡每减少1头奖励200元,死亡每增加1头扣罚100元。

死亡标准暂不订,意外死亡(和疾病无关的死亡如:电死、淹死、吊死、窝死等)不计入死亡率内。死亡的牛只经兽医联合诊断,写出死亡报告(一式两份),兽医签字,技术主管签字,牛场负责人签字确。

——牛群发病头数(适合兽医、饲养员等)

(1)成年母牛每年每头牛发病次数累计不超过0.5头次,牛的发病每减少1头,奖励20元,牛的发病增加1头,对责任人扣罚10元。

(2)育成牛、青年牛每年每头牛发病次数累计不超过0.1头次,牛的发病每减少1头,奖励20元,牛的发病增加1头,对责任人扣罚10元。

(3)犊母牛(公牛犊除外)每年每头牛发病次数累计不超过1头次,牛的发病每减少1头,奖励10元,牛的发病增加1头,对责任人扣罚5元。

——乳房炎发病率(适用责任区的兽医、饲养员、挤奶厅挤奶员)

成母牛乳房炎的发病率全年≤15%,成母牛乳房炎的发病每减少1头次奖励30元,成母牛乳房炎的发病每增加1头次扣罚20元。

说明:某1头牛乳房炎,不论1个乳区或2~3个乳区发炎,均算1头发病;但发病次数进行月或年的累计,如1头牛1年发病了3次,算发病3头次计算。

——乳区报废(适用责任区的兽医、饲养员、挤奶厅挤奶员、产房挤奶员)

(1)青年牛乳区天然瞎奶头,100头牛只允许天然瞎4个乳区(开产后乳区无奶),青年牛天然瞎奶头每减少1个奖励300元,青年牛天然瞎奶头每增加1个扣罚200元。

(2)成年母牛乳区报废数不能超过总数的2%,责任区的乳区报废数每减少1个奖励300元,乳区报废数每增加1个扣罚200元。

——药品核算

(1)犊牛的临床治疗费全年为50元/(头·年)(严格按饲养头日数计算),药品节省部分50%奖给责任区的兽医,药品超出部分30%扣罚责任区兽医。

(2)育成牛、青年牛临床治疗费全年为40元/(头·年)(按饲养头日数计算),药品节省部分的50%奖给责任区的兽医,药品超出部分30%扣罚责任区兽医。

(3)成年母牛临床治疗费全年为80元/(头·年),药品节省部分50%奖给责任区的兽医,药品超出部分30%扣罚责任区兽医。

说明:兽医临床药品费用不包括繁殖治疗、人工授精、两病检疫、消毒液等费用。

【经验之谈】

经验之谈 5-1-1

【技能实训】

▶ **技能项目　牛场管理分析**

1.实训条件

牛场管理制度文本、一线生产技术规程及执行记录等。

2.方法与步骤

走访牛场,了解生产一线情况,掌握生产组织与计划制订、一线执行资料统计记录,依据已掌握的知识和实践经验对此进行优劣评估,提出改进意见。

3.实训练习

(1)牛场已有技术资料整理成册,记录如下

制度项类型	制度内涵简述(内容提要)

(2)制度评析

制度类型	执行优势	存在问题	改进意见

【自测练习】

1.填空题

(1)养牛场建设,既要靠_____,又要靠_____。

(2)牛场的人员由工人、_____、_____、后勤及_____等组成。

(3)牛场具体工种有:_____、_____、_____、_____、_____ 和 _____、_____、

_____、_____、_____。

(4)牛场职能机构包括_____、_____、_____、_____、_____和_____、_____、_____等。

(5)乳用或乳用为主的牛群,其结构一般保持以下比例关系:_____,_____,_____,_____。

2.判断改错题(在有错误处下画线,并写出正确的内容)

(1)兽医技术人员主要的职责是根据牛场生产任务和饲料条件,拟订生产计划。( )

(2)配种和产犊是奶牛生产的重要环节,奶牛没有产奶也就没有产犊。( )

(3)牛群档案是在个体记录基础上建立的个体资料。( )

(4)育成公牛在周岁后穿鼻。( )

(5)牛群档案是在个体记录基础上建立的个体资料。( )

3.单项选择题

(1)管理是根据养牛生产的经营总目标,对企业生产总过程的经济活动进行( )工作。

A.计划、组织、管理、控制、协调等　　　B.计划、组织、指挥、控制、协调等

C.计划、组织、指挥、控制、督查等　　　D.计划、组织、指挥、合作、协调等

(2)成年母牛群的内部结构,参考比例一般为:( )。

A.一、二产母牛占40%,三、四产母牛占40%,五产及以上母牛占20%

B.一、二产母牛占(35%),三、四产母牛占45%,五产及以上母牛占20%

C.一、二产母牛占60%,三、四产母牛占30%,五产及以上母牛占10%

D.一、二产母牛占50%,三、四产母牛占30%,五产及以上母牛占20%

(3)成本定额是牧场财务定额的组成部分,牛场成本分产品总成本和( )。

A.税务成本　　　B.劳务成本　　　C.产品单位成本　　　D.饲草料成本

(4)工作定额要合理,做到责、权、利相结合,贯彻( )原则,完成任务好坏与个人经济利益直接挂钩。

A.按工分配　　　B.按酬分配　　　C.按需分配　　　D.按劳分配

(5)对主要生产实行定额管理不包括( )。

A.人员　　　B.主要劳动定额　　　C.饲料消耗定额　　　D.成本

4.问答题

(1)降低养牛成本的主要途径有哪些?

(2)提高奶牛场经济效益的主要措施有哪些?

(3)经过在本地区调研后,总结本地区牛场管理组织与制度建设有哪些优缺点,并提出改进意见。

考核任务	考核要点	评价标准	考核方法	参考分值
1.牛场管理组织 2.牛场生产管理 3.牛场制度建设	操作态度	精力集中,积极主动,服从安排	学习行为表现	10
	协作意识	有合作精神,积极与小组成员配合,共同完成任务		10
	查阅生产资料	能积极查阅、收集资料,认真思考,并对牛场制度建设和执行过程中的问题进行分析处理		10
	牛场管理制度梳理	深入牛场实践,结合所学知识,正确梳理牛场管理各项制度	识别描述	20
	牛场生产管理问题分析	能够依据所学知识对牛场管理制度存在的漏洞,执行过程中存在的问题进行分析,并提出改进意见	分析评述	40
	工作记录和总结报告	有完成全部工作任务的工作记录,字迹工整;总结报告结果正确,体会深刻,上交及时	作业检查	10
合计				100

学习任务二　牛场生产计划编制

【任务目标】

了解牛场计划管理工作的重要性,熟悉计划管理工作的内容及开展方式,掌握主要生产计划的编制方法,包括牛群周转计划、配种产犊计划、饲养计划、产乳计划及产肉计划的编制,掌握各项计划在生产管理中正确应用的有关要求。

【学习活动】

一、活动内容

牛场生产计划的编制。

二、活动开展

深入牛场生产管理一线,查阅牛场历年技术管理档案资料,收集相关的生产计划编制信息,通过查询、讨论、分析研究等实践学习环节,在专兼职教师指导下学习生产计划的编制,在实践中掌握牛场各项主要生产计划的编制方法要领、编制过程中需注意的事项等。

【相关技术理论】

▶ 一、牛场的计划管理

制订生产计划,首先要考虑完成生产任务,力争超额完成生产指标和提高产品质量。奶牛场生产计划主要包括:配种产犊计划、牛群周转计划、饲料计划和产肉、产奶计划等。

(一)配种产犊计划

配种产犊计划是奶牛场各生产计划的基础,是制订牛群周转计划的重要依据。制订本计划可以明确计划年度各月份参加配种的成年母牛,头胎牛和育成牛的头数及各月分布,以便做到计划配种和生产。

(二)牛群周转计划

牛群周转计划是奶牛场生产的主要计划之一,是指导全年生产,编制饲料计划产品计划的重要依据。制订牛群周转计划时,首先应规定发展头数,然后安排各类牛的比例。

(三)饲料计划

为了使奶业生产建立在可靠的物质基础上,每个牛场每年都要制订饲料计划。编制饲料计划,先要有牛群周转计划(标定每个时期,各类牛的饲养头数),各类牛群饲料定额等资料。全年饲料的需要量,可以根据饲养的奶牛头数予以估计。各种饲料的年需要量得出以后,根据本场饲料自给程度和来源,按当地单位土地面积的饲草产量即可安排饲料种植计划和收购、供应计划。

(四)产奶、产肉计划

产奶、产肉计划是促进牛场生产,改善经营管理的一项重要措施,是牛场制订牛奶、牛肉供应计划、饲料计划、组织班组劳动竞赛,搞好财务管理的重要依据。牛场每年都要根据市场需求和本场情况,制订每头牛和全群牛的产奶或产肉计划。

▶ 二、牛场生产计划编制

(一)配种产犊计划

牛繁殖计划是按预期要求,使母牛适时配种、分娩的一项措施,又是编制牛群周转计划的重要依据。编制配种分娩计划不能单从自然再生产规律出发,配种多少就分娩多少;而应在全面研究牛群生产规律和经济要求的基础上,搞好选种选配,根据开始繁殖年龄、妊娠期、产犊间隔、生产方向、生产任务、饲料供应、畜舍设备以及饲养管理水平等条件,确定牛只的大批配种分娩时间和头数,才能编制配种分娩计划。母牛的繁殖特点为全年散发性交配和分娩,季节性特点不明显。所谓的按计划控制产犊,就是把母牛分娩的时间放到最适宜产乳季节,有利于提高生产性能。例如,上海牛奶公司各乳牛场控制 6、7、8 月份母牛产犊分娩率不超过 5%,即控制 9、10、11 月份的配种头数,其目的就是使母牛产犊避开炎热季节。

牛场的配种分娩计划可按表 5-1-2 和表 5-1-3 编制。

表 5-1-2　配种计划表

牛号	最近产犊日期	胎次	产后日期	已配次数	预定配准日期	预产期

注:一般要求母牛产后 60～90 天受孕;育成牛到 16～18 月龄(体重 350 kg 以上)开始配种。

表 5-1-3　全群各月份繁殖计划

月　别	1	2	3	4	5	6	7	8	9	10	11	12	合计
配种头数													
分娩头数													

(二)牛群周转计划

在牛群中由于生、长、死、杀、购、销等原因,会导致牛群结构变化,在一定时间内,牛群结构的这种变化,称为牛群周转。牛群周转计划是牛场生产的最主要计划,它直接反映年终牛群结构状况,表明生产任务完成情况;它是产品计划的基础;也是制订饲料计划、建筑计划、劳动力计划的依据。通过牛群周转计划的实施,能使牛群结构更加合理,从而增加投入的产出比,提高经济效益(表 5-1-4)。

制订牛群周转计划时,首先应规定发展头数,然后安排各类牛的比例,并确定更新补充各类牛的头数与淘汰出售头数。一般以繁殖为主的乳用牛群,牛群组成比例为种公牛 2%～3%,繁殖母牛 60%～65%,育成后备母牛 20%～30%,犊母牛 8%左右。采用冻精配种的牛场,可不考虑种公牛的问题,但要计划培育和创造优良后备种公牛。

1.编制牛群周转计划需掌握的材料

计划年初各类牛的存栏数,计划年末各类牛按计划任务要求达到的头数和生产水平,上年 7～12 月各月出生的犊母牛头数及本年度配种产犊计划,计划年淘汰、出售和肥育牛的头数。

2.编制方法及步骤

(1)将年初各类牛的头数分别填入表 的"期初"栏中。计算各类牛年末应达到的比例头数,分别填入 12 月份"期末"栏内。

(2)按本年配种产犊计划,把各月将要繁殖的犊母牛头数(计划产犊头数× 50%×成活率)相应填入犊母牛栏的"繁殖"项目中。

(3)年满 6 月龄的犊母牛应转入育成母牛群中,查出上年 7～12 月各月所生犊母牛头数,分别填入犊母牛"转出"栏的 1～6 月项目中(一般这 6 个月犊母牛头数之和,等于期初犊母牛的头数)。而本年 1～6 月份所生犊母牛,分别填入"转出"栏 7～12 月项目中。

(4)将各月转出的犊母牛头数对应地填入育成母牛"转入"栏中。

(5)根据本年配种产犊计划,查出各月份分娩的育成母牛头数,对应地填入育成母牛"转出"及成年母牛"转入"栏中。

(6)合计犊母牛"繁殖"与"转出"总数。要想使年末达 X 头,期初头数与"增加"头数之和应等于"减少"头数与期末头数之和。则通过计划进行调整,表明本年度犊母牛可出售或淘汰多少头。为此,可根据犊母牛生长发育情况及该场饲养管理条件等,适当安排出售和淘汰时间。最后汇总各月份期初与期末头数,"犊母牛"一栏的周转计划即编制完成。

(7)合计育成母牛和成年母牛"转入"与"转出"栏总头数,方法同上。根据年末要求达到的头数,确定全年应出售和淘汰的头数。在确定出售、淘汰月份分布时,应根据市场对鲜乳和种牛的需要及本场饲养管理条件等情况确定。汇总各月期初及期末头数,即完成该场本年度牛群周转计划。

表 5-1-4　牛群周转计划

月份	犊母牛							育成母牛							成年母牛							全群合计
	期初	增加		减少			期末	期初	增加		减少			期末	期初	增加		减少			期末	
		繁殖	购入	转出	出售	淘汰	死亡			转入	购入	转出	出售	淘汰	死亡			转入	购入	出售	淘汰	死亡	
1																						
2																						
3																						
4																						
5																						
6																						
7																						
8																						
9																						
10																						
11																						
12																						
年末合计																						

(三)饲料供给计划

饲料是养牛生产可靠的物质基础,养牛场必须每年制订饲料生产和供应计划。编制饲料计划,应有牛群周转计划(明确每个时期各类牛的饲养头数)、各类牛群饲料定额等资料。按全年各类牛群的年饲养头日数(即全年平均饲养头数×全年饲养日数)分别乘以各种饲料的日消耗定额,即为各类牛群的饲料需要量。然后把各类牛群需要该种饲料总数相加,再增加 5％～10％的损耗量

根据企业的需要和饲料的供应情况,编制饲料的供应计划见表 5-1-5。

表 5-1-5　饲料供应计划表

来源	青饲料				粗饲料				精饲料				矿物质饲料			
	青贮	青草	块茎类	小计	豆秆	秸秆	副产品	小计	禾谷类	豆类	副产品	小计	钙	磷	钠	小计
自产																
外购																
合计																

　　饲料供需平衡,是指饲料需要量与供应量的对比关系,使之处于平衡状态。牛场进行饲料供需平衡的目的,在于检查饲料在全年中余缺的情况,以便得到及时调整,达到积极平衡的要求。

　　平衡是暂时的相对的,而不平衡是绝对的。饲料供应往往因生产季节性和外购条件的变化而发生不平衡现象,经常出现缺少饲料的现象。所以,必须进行饲料供需平衡工作。

　　饲料供需平衡,主要是通过制订饲料供需平衡表反映出来的。饲料供需平衡表的内容,包括全年各种饲料总量的供需平衡和按月份季度的供需平衡。见表 5-1-6、表 5-1-7。

表 5-1-6　_____全年饲料供需平衡表

项目	青贮饲料	粗饲料	精饲料	矿物质料
需要量				
供应量				
余缺				
满足需要/%				

表 5-1-7　_____全年(某种类)饲料供需平衡表　　　　kg

项目	一季度			二季度			三季度			四季度			总计全年	备注
	1	2	3	4	5	6	7	8	9	10	11	12		
需要量														
供应量														
余缺														

(四)产乳、产肉计划

1. 牛场产乳计划

　　牛乳是乳牛场生产的主要产品,牛的产乳量多少是衡量生产水平的基本指标,因此,做好产乳计划十分重要。

　　(1)乳牛场牛乳产量的计算是比较复杂的。因为牛乳产量不仅决定于产乳母牛的头数,而且决定于母牛个体的品质、年龄和饲养管理的条件,同时和母牛的产犊时间、泌乳月份也有关系,受多种因素的影响。

养牛与牛病防治

（2）一般母牛的使用年限为 10 年左右，即母牛一生中可产犊 10 次左右，因此，泌乳期也为 10 个月左右。母牛每个泌乳期的泌乳量是有变化的，大体上是随着母牛乳腺发育而增长，一般到第 5 个泌乳期达到高峰；此后母牛逐渐衰老而下降。当然有些牛因品种和饲养管理条件不同，也有出现推迟或提高的情况（荷斯坦牛第 1～6 胎各胎产乳量的比例依次为：0.77、0.87、0.94、0.98、1.0、1.0）。

（3）母牛在一个泌乳期内的各个月份泌乳量也是不均匀的。一般从母牛产犊后泌乳量逐渐增加，到第 2 个月达到高峰，以后又逐渐下降，直到停乳。这种变化若绘制成坐标图（纵坐标表示泌乳量，横坐标表示泌乳月份）就是一个泌乳期的泌乳曲线，母牛的品质和饲养管理条件不同，其泌乳曲线也不同，泌乳曲线可以看出母牛泌乳期泌乳的规律，作为以后制定产乳量计划的依据，因此，绘制泌乳曲线很有必要。

（4）编制产乳计划时必须掌握以下资料：计划年初泌乳母牛的头数和上年母牛产犊的时间、计划年母牛和后备母牛分娩的头数和时间、各个母牛泌乳期各月的泌乳曲线。

（5）由于乳牛的乳产量受多种因素影响，显然用平均计算法是不够精确的，较精确的方法是按各头母牛分别计算，然后汇总全场的产乳量。采用个别计算法时，必须确定每 1 头产乳母牛在计划年内 1 个泌乳期的产乳量，和泌乳期各月的产乳量。在确定某头产乳母牛 1 个泌乳期的产乳量时，是根据该头母牛在上一个泌乳期或以前几个泌乳期的产乳量，和计划年度由于饲养管理条件的改善所可能提高的产乳量等因素综合考虑的。在确定泌乳期各月的产乳量时，是根据该乳牛以前的泌乳曲线，计算出泌乳期各月产乳量的百分比，乘以泌乳期的产乳量所得到的。至于第 1 次产犊的母牛产乳量，可以根据它们母系的产乳量记录及其父系的特征等进行估算。若本奶牛场无统计数字或泌乳牛曲线资料，在拟定个体牛各月产奶计划时，可参考表 5-1-8 和母牛的健康、产奶性能、产奶季节、计划年度饲料供应等情况拟定计划日产奶量，据此拟定各月、全年、全群产奶计划。

表 5-1-8　中国荷斯坦牛各泌乳月平均日产奶量分布表（参考）　　　　　　　　kg

305 天产奶量	泌乳月									
	1	2	3	4	5	6	7	8	9	10
4 500	18	20	19	17	16	15	14	12	10	9
4 800	19	21	20	19	17	16	14	3	11	9
5 100	20	23	21	20	18	17	15	14	12	10
5 400	21	24	22	21	19	18	16	15	13	11
5 700	22	25	24	22	20	19	17	15	14	12
6 000	24	27	25	23	21	20	18	16	14	12
6 600	27	29	27	25	23	22	20	18	16	14
6 900	28	30	28	26	24	23	21	19	17	16
7 200	29	31	29	27	25	24	22	20	18	16
7 500	30	32	30	28	26	25	23	21	19	17
7 800	31	33	31	29	27	26	24	22	20	18
8 100	32	34	32	30	28	27	25	23	21	19
8 400	33	35	33	31	29	28	26	24	22	20
8 700	34	36	34	32	30	29	27	25	23	21
9 000	35	37	35	33	31	30	28	26	24	

例如:某一头荷斯坦产乳母牛第 5 个泌乳期的产乳量,根据各种因素考虑,确定为 4 000 kg;由过去泌乳曲线计算的泌乳期各月产乳量的百分比是:第 1 个月 14％,第 2 个月 14.8％,依次各月为 14.2％,12.8％,11.2％,10％,8.4％,6.0％,5.3％,3.3％。则泌乳期各月的产乳量是:第 1 个月 560 kg,第 2 个月 592 kg,依次各为 568 kg,512 kg,448 kg,400 kg,336 kg,240 kg,212 kg,132 kg。若这一母牛在计划年度(第 6 个泌乳期)的 3 月份以前产犊,即以一个泌乳期的产乳量也约为 4 000 kg 计算(第 5、第 6 泌乳期产乳量相似)。如果这一母牛在去年 12 月初产犊,那么在今年只能泌乳 9 个月,则从第 2 个泌乳月算起,9 个月相加就是这一母牛在今年的计划产乳量。

但是母牛并不是恰好在月初和月末产犊,而是在某一月的上旬,中旬、下旬中某一天产犊,这时就必须计算每日的产乳量。仍采用上例,若该乳牛在计划年度 1 月 15 日产犊,该乳牛第 1 个泌乳月的日产量为 560 kg/30 天=18.7 kg/天。该乳牛在今年 1 月份的产乳量则是 18.7×15=280.5 kg。其他时间产犊的牛乳产量照此计算。

根据每头牛分别计算的产乳量汇总起来就是计划年度产乳量计划,填入计划表即可(表 5-1-9)。

表 5-1-9 _____年____场产乳量计划表

乳牛编号		1	2	3	......	合计
活重/kg						
泌乳期别						
上次泌乳期	305 天内产奶量					
产乳量	一昼夜最高产奶量					
年产乳计划	泌乳期所在月份					
营养状况						
最近产犊日期						
最近交配日期						
预计分娩日期						
预计干乳日期						
预计下胎产乳量						
1 月份产奶量						
2 月份产奶量						
3 月份产奶量						
4 月份产奶量						
5 月份产奶量						
6 月份产奶量						
7 月份产奶量						
8 月份产奶量						
9 月份产奶量						
10 月份产奶量						
11 月份产奶量						
12 月份产奶量						
全年产乳量						

2.牛场产肉计划

肉牛饲养场,一般出售育肥活牛,不计算牛肉产量。如果牛场设有屠宰车间,也应根据牛的屠宰率、净肉率预计产肉量。肉牛产肉计划是根据牛群周转计划的幼牛育肥头数、成年牛淘汰头数、异地育肥时购入的牛数,并预计平均日增重和育肥期限(表 5-1-10)。总产肉量可根据此表中的有关数据,并结合屠宰率和净肉率进一步求出。

表 5-1-10 _____牛场_____年产肉计划

组别	计划年内各月育肥头数												全年总计头数/头	育肥期/天	平均日增量/kg	平均每活重/kg	活重总计/kg
	1	2	3	4	5	6	7	8	9	10	11	12					
犊牛育肥																	
育成牛育肥																	
成年牛育肥																	
合计																	

【技能实训】

▶ 技能项目一 牛场配种繁殖计划编制

1.所需材料

(1)牛场上年母牛的分娩和配种记录。

(2)牛场前年和上年所生的育成母牛出生日期等记录。

(3)计划年度内预计淘汰的成年母牛和育成母牛的头数及时间。

(4)牛场配种产犊类型,饲养管理条件及牛场的繁殖性能、体况等条件。

(5)计划年初各类牛的实际头数。

(6)计划年末各类牛按计划任务要求达到的头数。

2.编制方法

以某牛场为例,2011 年 1～12 月受胎的成母牛和育成牛数分别为 25、5 头,29、3 头,24、2 头,30、0 头,26、3 头,29、1 头,23、5 头,22、6 头,23、0 头,25、2 头,24、3 头,29、2 头;2011 年 11、12 月份分娩的成母牛数为 29、24 头,同年 10、11、12 月份分娩的头胎母牛数为 5、3、2 头;

2010 年 6 月至 2011 年 5 月各月所生育成牛的头数分别为 4、7、9、8、10、13、6、5、3、2、0、1 头；2011 年底配种未孕母牛 20 头。该牛场定为常年配种产犊，经产母牛分娩 2 个月后配种，头胎母牛分娩 3 个月后配种，育成母牛满 18 月配种；2011 年各月份估计情期受胎率分别为 53％、52％、50％、49％、55％、62％、62％、60％、59％、57％、52％、45％，为此牛场编制 2012 年度全群配种产犊计划(表 5-1-11)。则具体编制方法如下：

(1)将 2011 年各月受胎的成年母牛和育成母牛头数分别填入"上年受胎母牛头数"栏相应月份中。

(2)根据受胎月份减 3 为分娩月份，则 2011 年 4～12 月份受胎的成年和育成母牛应分别在本年 1～9 月份产犊，分别填入"本年产犊母牛头数"栏相应项目中。

(3)2011 年 11、12 月份分娩的成年母牛及 10、11、12 月份分娩的头胎母牛，应分别在本年 1、2 月份及 1、2、3 月份配种，应分别填入"本年配种母牛头数"栏相应项目中。

(4)2010 年 6 月至 2011 年 5 月所生的育成母牛，到 2012 年 1～12 月年龄陆续达到 18 月龄而参加配种，分别填入"本年配种母牛头数"栏相应项目中。

(5)2011 年底配种未孕的 20 头母牛，安排在本年 1 月份配种，填入"本年配种母牛头数"栏复配母牛中。

(6)将本年各月预计情期受胎率分别填入"本年度配种母牛头数"相应项目中。

(7)累加本年 1 月配种母牛总头数，填入该月"合计"中，则 1 月份的估计情期受胎率乘以该月成母牛、头胎母牛、复配母牛之和，得 29，即该月这三类牛配种受胎头数。同法，计算出该月育成母牛的配种受胎头数为 2，分别填入"本年产犊母牛头数"10 月份项目中；

(8)本年 1～10 月产犊的成年母牛和本年 1～9 月产犊育成母牛，应分别在本年 3～12 月、4～12 月配种，应分别填入"本年配种母牛头数"栏相应项目中；

(9)本年 1 月份配种总头数减去该月受胎总头数得 27，填入 2 月份"复配母牛"栏内；

(10)按上述步骤，计算出本年 2～12 月复配母牛头数，分别填入相应栏内，即完成 2012 年全群配种产犊计划编制。

表 5-1-11　某牛场 2012 年度全群配种产犊计划　　　　　　　　　　头

	月份	1	2	3	4	5	6	7	8	9	10	11	12
上年受胎母牛头数	成年母牛 育成母牛	25 5	29 3	24 2	30 0	26 3	29 1	23 5	22 6	23 0	25 2	24 3	29 2
	合计	30	32	26	30	29	30	28	28	23	27	27	31
本年产犊母牛头数	成年母牛 育成母牛	30 0	26 3	29 1	23 5	22 6	23 0	25 2	24 3	29 2	29 2	28 4	31 5
	合计	30	29	30	28	28	23	27	27	31	31	32	36

	月份	1	2	3	4	5	6	7	8	9	10	11	12
本年配种母牛头数	成年母牛	29	24	30	26	29	23	22	23	25	24	29	29
	头胎母牛	5	3	2	0	3	1	5	6	0	2	3	2
	育成母牛	4	7	9	8	10	13	6	5	3	2	0	1
	复配母牛	20	27	29	34	35	34	27	23	23	22	22	26
	合计	58	61	70	68	77	71	60	57	51	50	54	58
估计情期受胎率/%		53	52	50	49	55	62	62	60	59	57	52	45

3. 实训练习

某奶牛场现规定为常年配种产犊。经产母牛产犊 2 个月后配种,育成母牛产犊 3 个月后配种,育成母牛年满 18 月龄初配,育成母牛初配及经产后第一次配种发情率为 100%,而复配母牛发情率为 60%,情期受胎率经产母牛为 60%,育成母牛为 80%,已知该场 2014 年 4～12 月份怀胎的成年母牛和育成母牛的头数分别为 18、2 头,21、4 头,17、4 头,14、2 头,9、2 头,8、2 头,15、3 头,16、2 头,15、0 头;2014 年 11、12 月份产犊成年母牛分别为 17 头和 3 头;同年 10、11、12 月份产犊的育成母牛分别为 3、2 头和 2 头;2013 年 7 月至 2014 年 6 月份各月所生的育成母牛的头数依次为 1、2、4、4、3、3、4、4、2、3、2 头;2014 年末复配未孕的经产母牛有 7 头,计划在 2015 年年初淘汰 3 头;未孕的育成母牛 2 头。试为该奶牛场编制 2015 年度配种产犊计划(假定受胎母牛实际产犊头率为 100%)。

技能项目二　牛群周转计划编制

1. 实训材料

(1)计划年初各类牛的存栏数

(2)计划年末各类牛按计划任务要求达到的头数和生产水平

(3)上年 7～12 月各月出生的犊母牛头数及本年度配种产犊计划

(4)计划年淘汰、出售和肥育牛的头数

2. 编制方法

例如,某牛场计划存栏牛 200 头,其牛群比例为:成年母牛占 63%,育成母牛 30%,犊母牛 7%。已知计划年度年初有犊母牛 18 头,育成母牛 70 头,成年母牛 100 头,另知上年 7～12 月份各月所生犊母牛头数 4、4、3、3、2、2 头及本年度配种产犊母牛头数各月计划为 4、4、4、4、3、3、4、4、4、4、3、3 头,本年度各月分娩的育成母牛头数为 3、3、2、2、4、2、2、3、3、3、3 头。另外经场委会研究决定,犊母牛在 1～4 月份分别出售 2、1、2、1 头,1 月份淘汰 1 头,1 月份再预留死亡 1 头的指标;育成母牛在 1～4 月份分别出售 3、3、4、4 头,1 月份淘汰 1 头,1 月份预留死亡 1 头的指标;成年母牛在 1～3 月份分别出售 2、2、1 头,1 月份淘汰 2 头,1 月份也预留死亡 1 头的指标。试根据上述给定条件编制本年度牛群周转计划(表 5-1-12)。则具体编制方法、步骤如下:

（1）将年初犊母牛 18 头，育成母牛 70 头，成年母牛 100 头分别填入表中"期初"栏，计算各类牛年内出售、淘汰、预留、死亡头数，分别填入 12 月份"期末"栏内；

（2）按本年配种产犊计划，把各月将要繁殖的犊母牛头数 4、4、4、4、3、3、4、4、4、4、3、3 头相应填入犊母牛栏的"繁殖"项目中；

（3）年满 6 月龄的犊母牛应转入育成母牛群中，则查出上年 7～12 各月所生犊母牛头数 4、4、3、3、2、2 头，分别填入犊母牛"转出"栏的 1～6 月项目中（一般这 6 个月犊母牛头数之和，等于期初犊母牛的头数）。而本年 1～6 月份所生犊母牛数 4、4、4、4、3、3 头，分别填入"转出"栏 7～12 月项目中。将各月转出的犊母牛头数对应填入育成母牛"转入"栏中

（4）根据本年配种产犊计划，查出各月分娩的育成牛头数 3、3、2、2、4、4、2、2、3、3、3、3 头，对应地填入育成母牛"转出"及成年母牛"转入"栏中；

（5）分别合计犊母牛、育成母牛、成年母牛各计划月份"增加"与"减少"头数，用"期初头数＋本月份增加头数"减去"本月份减少头数"即为本月份末期犊母牛、育成母牛、成年母牛存栏头数，也为下一个计划月份期初头数；依此类推出计划年内各月犊母牛、育成母牛、成年母牛"期初"和"末期"存栏头数；最后汇总各月份期初与期末头数，则牛群的周转计划即编制完成。

说明：在确定出售、淘汰月份分布时，应根据市场对鲜奶和种牛的需要及本场饲养管理条件等情况确定。

表 5-1-12　某牛场牛群周转计划

头

| 月份 | 犊母牛 | | | | | | | 育成母牛 | | | | | | | | 成年母牛 | | | | | | | 全群合计 |
| | 期初 | 增加 | | 减少 | | | 期末 | 期初 | 增加 | | 减少 | | | | 期末 | 期初 | 增加 | | 减少 | | | 期末 | |
		繁殖	购入	转出	出售	淘汰	死亡			转入	购入	转出	出售	淘汰	死亡			转入	购入	出售	淘汰	死亡		
1	18	4		4	2	1	1	14	70	4		3	3	1	1	66	100	3		2	2	1	98	178
2	14	4		4	1			13	66	4		3	3			64	98	3		2			99	176
3	13	4		3	2			12	64	3		2	4			61	99	2		1			100	173
4	12	4		3	1			12	61	3		2	4			58	100	2					102	172
5	12	3		2				13	58	2		4				56	102	4					106	175
6	13	3		2				14	56	2		4				54	106	4					110	178
7	14	4		4				14	54	4		2				56	110	2					112	182
8	14	4		4				14	56	4		2				58	112	2					114	186
9	14	4		4				14	58	4		4				58	114	4					118	190
10	14	4		4				14	58	4		4				58	118	4					122	194
11	14	3		3				14	58	3		4				57	122	4					126	197
12	14	3		3				14	57	3		4				56	126	4					130	200
合计年末	—	44	0	40	6	1	1	14	—	40	0	38	14	1	1	56	—	38	0	5	2	1	130	200

3. 实训练习

某乳牛场计划存栏牛总计 300 头，其比例为：成年母牛 62％，育成母牛 30％，犊母牛

8％。已知 2013 年年初有犊母牛 20 头，育成母牛 85 头，成年母牛 180 头，本年度各月计划繁殖的犊母牛头数分别为 7、6、5、5、4、3、3、4、6、5、5、7 头；上年 7~12 月份繁殖的犊母牛头数分别为 2、3、4、3、4、4 头；本年各月份分娩的育成母牛头数分别为 0、2、2、3、1、0、1、2、3、2、2、2 头。假定母牛产犊率 100％，牛群各阶段的牛成活率为 100％，经场委会研究决定，犊母牛各月份出售均为 2 头，2 月份淘汰 1 头；育成母牛 6~9 月份分别出售 2、1、2、2 头，12 月份淘汰 1 头；成年母牛 3~5 月份分别出售 5、4、3 头，4 月份淘汰 2 头。试为该场编制本年度牛群周转计划。

技能项目三　牛群饲料供给计划编制

1.实训条件

(1)当年牛群周转计划

(2)牛群饲养模式、不同生长阶段及生产阶段日粮配方、牛只平均日或年饲料定额

2.方法与步骤

饲料供给计划应在牛群周转计划(明确每个时期各类牛的饲养头数)和各类牛群饲料定额等资料基础上进行编制。按全年各类牛群的年饲养头日数(全年平均饲养头数×全年饲养日数)分别乘以各种饲料的日消耗定额，即为各类牛群的饲料需要量。然后把各类牛群需要该种饲料的总数相加，再增加 5％~10％ 的损耗量。

奶牛主要饲料的全年需要量为各月饲料消耗的总和，月(年)饲料消耗量可按下式进行估算(参考)。

①混合精饲料

犊牛需要量＝年平均饲养头数×1.5 kg×当月(年)天数

育成牛需要量＝年平均饲养头数×2.5 kg×当月(年)天数

成年母牛基础料量＝年平均饲养头数×(4 kg＋0.35X)×当月(年)天数

注：X 为产奶量，单位 kg。

②玉米青贮

犊牛需要量＝年平均饲养头数×3.5 kg×当月(年)天数

育成牛需要量＝年平均饲养头数×10 kg×当月(年)天数

成年母牛基础料量＝年平均饲养头数×25 kg×当月(年)天数

③干草

犊牛需要量＝年平均饲养头数×2 kg×当月(年)天数

育成牛需要量＝年平均饲养头数×2.5 kg×当月(年)天数

成年母牛基础料量＝年平均饲养头数×4.5 kg×当月(年)天数

④矿物质饲料　一般按混合精料量的 3％~5％ 供应。

例如：编制某牛场饲草料供给计划。

(1)牛场牛群结构，经查实计划年牛群各类牛只存栏数如表 5-1-13 所示。

表 5-1-13 _____ 年计划牛群存栏数

阶段	月份											
	1	2	3	4	5	6	7	8	9	10	11	12
月底犊牛存栏数	130	130	135	138	143	145	141	134	129	128	128	128
月底育成牛存栏数	315	318	308	293	276	271	278	285	287	281	261	242
月底成母牛存栏数	510	525	535	535	545	565	575	585	600	615	625	630
合计	955	973	978	966	964	981	994	1 004	1 016	1 024	1 014	1 000

(2)依据牛场饲养模式和日粮配方,确定不同生长和生产用途牛只饲草料定额。经查实该场见表 5-1-14。

表 5-1-14 各阶段个体奶牛饲草料消耗数量　　　　　　kg/(头·天)

阶段	青贮	干草	精饲料	淀粉渣	牛奶
犊牛	3.5	2	1.5		5
育成牛	10	2.5	2.5		
成母牛	25	4.5	$4+0.35X$	7	

注:X 为产奶量。

(3)牛群按照犊牛、育成牛、成年母牛等分成小群,根据各自日粮配方及饲草料定额计算小群月(年)饲草料需求量。以犊牛群为例计算见表 5-1-15。

表 5-1-15 犊牛饲草料各月消耗、投入一览表　　　　　　kg

项目	月份												合计
	1	2	3	4	5	6	7	8	9	10	11	12	
牛奶	20 150	19 500	20 925	20 700	22 165	21 750	21 855	20 770	19 350	19 840	19 200	19 840	246 045
青贮	14 105	13 650	14 647.5	14 490	15 515.5	15 225	15 298.5	14 539	13 545	13 888	13 440	13 888	172 232
干草	8 060	7 800	8 370	8 280	8 866	8 700	8 742	8 308	7 740	7 936	7 680	7 936	98 418
精饲料	6 045	5 850	6 277.5	6 210	6 649.5	6 525	6 556.5	6 231	5 805	5 952	5 760	5 952	73 813.5
合计	48 360	46 800	50 220	49 680	53 196	52 200	52 452	49 848	46 440	47 616	46 080	47 616	590 508

(4)可以直接计算各小群牛只各月及年度饲料需求量,分别列表;也可以合并成一张大表,标明牛小群类别,然后将同类饲料进行累加,不同类饲料单列开来,最后计算各月及全年各类饲料需求总量即可。

3. 实训练习

调查当地牛场,了解该场牛群周转计划、本年度牛群结构、牛场饲养模式、各阶段牛群日粮配方、牛只饲草料定额等,依据上述材料编制该场牛群饲草料供给计划(表 5-1-16)。

表 5-1-16 _____ 牛场饲草料供给计划 kg

类别	饲料类型	各月各类饲料需求量												合计
		1	2	3	4	5	6	7	8	9	10	11	12	
犊牛														
育成牛														
成年母牛														
合计														

【自测练习】

1.填空题

(1)制定牛场的各项规章制度及场长(经理)、_____、_____、技术部主任、_____、会计、_____、_____ 岗位职责与制度。

(2)主要牛场生产计划的编制包括 _____、_____、_____、及 _____等。

(3)配种_____是奶牛场各_____的基础,是制定牛群_____的重要依据。

(4)为了使奶业生产建立在可靠的物质基础上,每个牛场每年都要制订_____。

2.判断改错题(在有错误处下画线,并写出正确的内容)

(1)兽医技术人员主要的职责根据牛场生产任务和饲料条件,拟订生产计划。( )

(2)配种和产犊是奶牛生产的重要环节,奶牛没有产奶也就没有产犊。( )

(3)牛群周转计划是奶牛场生产的主要计划之一,是指导全年生产,编制产奶计划的重要依据。( )

(4)牛繁殖计划是按预期要求,使母牛适时配种、分娩的一项措施,又是编制饲料供给计划的重要依据。( )

(5)牛的产乳量多少是衡量生产水平的基本指标,也是乳牛场生产的主要产品,因此,做好产乳计划十分重要。( )

3.单项选择题

(1)奶牛场生产计划主要包括:( )等。

A.育种计划、牛群周转计划、饲料计划和产肉、产奶计划

B.配种产犊计划、牛群周转计划、饲料计划和产肉、产奶计划

C. 配种产犊计划、牛群周转计划、饲料计划和管理计划

D. 配种产犊计划、牛群周转计划、饲料计划和产肉、产奶计划

(2)在牛群中由于生、长、死、杀、购、销等原因,在一定时间内,(　　)的这种增减变化,称为牛群周转。

　　A. 牛群结构　　　　B. 牛群数量　　　　C. 牛群质量　　　　D. 产奶量

(3)饲料是养牛生产可靠的物质基础,养牛场必须每年制定(　　)和供应计划。

　　A. 繁殖计划　　　　B. 牛的周转计划　　　　C. 饲料生产　　　　D. 产肉计划

(4)所谓的按计划控制产犊,就是把母牛分娩的时间放到最适宜(　　),有利于提高生产性能。

　　A. 生产季节　　　　B. 配种季节　　　　C. 产犊季节　　　　D. 产乳季节

(5)制定牛群周转计划时,首先应规定(　　),然后安排各类牛的比例,并确定更新补充各类牛的头数与淘汰出售头数。

　　A. 发展效果　　　　B. 发展头数　　　　C. 发展质量　　　　D. 发展比例

4. 问答题

试讨论:计划管理对牛场生产组织有什么重要意义? 怎样开展好牛场的计划管理工作?

【学习评价】

考核任务	考核要点	评价标准	考核方法	参考分值
1. 牛场计划管理 2. 牛场生产计划编制	操作态度	精力集中,积极主动,服从安排	学习行为表现	10
	协作意识	有合作精神,积极与小组成员配合,共同完成任务		10
	查阅生产资料	能积极查阅、收集资料,认真思考,并对牛场制度建设和执行过程中的问题进行分析处理		10
	牛场生产报表填写	深入牛场实践,结合所学知识,正确牛场生产各类报表	实际编制	10
	牛场生产计划编制	能够依据所学知识正确编制牛场配种产犊计划、牛群周转计划、牛场饲草料供给计划	实际编制	45
	工作记录和总结报告	有完成全部工作任务的工作记录,字迹工整;总结报告结果正确,体会深刻,上交及时	作业检查	15
合计				100

养牛与牛病防治

牛场生产成本核算与管理

学习任务一 奶牛场生产成本核算

【任务目标】

了解奶牛场生产成本核算的基本流程,熟悉核算对象、核算项目设置、成本开支范围,核算环节的基本要求等,掌握奶牛场成本核算指标内涵及具体核算方法,能够熟练地在奶牛场实际生产管理中正确应用。

【学习活动】

一、活动内容

奶牛场生产成本核算。

二、活动开展

深入牛场各岗位进行调研和跟踪体验,通过查询收集有关奶牛场生产成本核算涉及内容进行学习,参加奶牛场有关成本核算表格及报表填写,熟悉奶牛场生产成本核算的基本流程及核算环节的基本要求。在专兼职教师指导下,学生可以多选择几个中、小牛场开展以小组为单位的生产成本核算,并根据所调研奶牛场生产成本核算结果对牛奶生产提出合理建议。

【相关技术理论】

成本核算是企业经济核算的重点和中心,产品成本是企业生产产品所消耗的物化劳动和活劳动的总和,是衡量企业经济效益高低的重要指标。养牛企业实行成本核算就是为了考核生产过程中的各项消耗,分析各项消耗和成本增减变化的原因,以便寻找降低成本和提高经济效益的途径,是企业提高自身竞争力的重要手段和策略。

一、奶牛场成本类型

奶牛场成本根据核算对象的不同可以分为总体成本和分类成本。常用总体成本有牛奶生产总成本、牛奶单位成本、牛群饲养日成本等;分类成本有犊牛饲养成本、育成母牛饲养成本、青年母牛饲养成本、产乳牛饲养成本、饲料成本、兽药成本、配种成本、水电费等。奶牛场的主产品为牛奶,牛奶单位成本是衡量奶牛场生产效益的核心指标。

二、奶牛场成本核算原则

牛奶成本核算作为奶牛养殖企业生产经营的重要方面,在遵循一般企业财务核算的相

关规定外,要注意几个原则:

一是权责发生制原则　奶牛养殖场交易或者事项的发生时间与相关货币收支时间有时并不完全一致。按照权责发生制原则,凡是本期已经实现收入和已经发生或应当负担的费用,不论其款项是否已经收付,都应作为当期的收入和费用处理;凡是不属于当期的收入和费用,即使款项已经在当期收付,都不应作为当期的收入和费用。

二是周期原则　奶牛养殖企业生产周期长,它的劳动时间与生产时间不一致。一年过程中牛奶的获得不是均衡的,核算劳动及生产费用支出时不能和生产产品的时间相一致,按日、月或季度进行成本核算的意义不大,因此按年度进行成本核算可能与牛奶的生产周期结合更为紧密。

三是主体核算原则　主体核算原则即根据不同主体确定进行成本确认、计量、报告的空间范围。基于整个牧场的牛奶成本核算方法,站在整个牧场的角度进行牛奶成本的核算。这种核算方式将单纯牛奶的成本核算与整个牧场的经营情况联系起来,相对简单,也更加全面反映奶牛场生产经营状况。基于生产的牛奶成本核算方法,单纯记录牛奶生产过程中各种生产要素实际耗费情况,准确反映在牛奶生产过程中各种生产要素使用效率和物质使用效率。

▶ 三、奶牛场成本核算流程

奶牛场成本核算工作是一项复杂的工程,虽然运用的方法和所涉及的内容很多,但各项成本核算必须遵守一定的程序,主要包括以下几个步骤。

(一)确定成本项目

成本项目是指按照经济用途对计入产品成本的费用的分类。牛奶产出过程中所发生的所有成本费用均应该按成本项目进行归集和分配,通过各个成本项目,可以反映出牛奶生产过程中资金的不同消耗情况;通过成本项目整体,又可以反映出牛奶成本的经济构成。我国于 2004 年开始实施新的农产品成本核算体系,对种植业和饲养业成本核算主要指标做了基本要求,但对某一具体的农副产品(如牛奶)却没有统一的规定,根据基本要求和奶牛场生产实际,奶牛场成本项目指标如下:

1. 产品产值

奶牛场产品产值包括主产品和副产品。

奶牛场主产品即牛奶,主产品产值是指生产者通过出售牛奶实际得到的收入和库存的牛奶可能得到的收入之和。

奶牛场副产品为粪肥、牛犊和淘汰牛,副产品产值是指通过出售粪肥、小母牛、小公牛和淘汰牛得到的收入之和。

2. 物质和服务费用

包括在生产过程中所消耗的各种生产要素费用、购买的各种服务支出以及与生产相关的其他物质性支出。分为直接费用、间接费用两部分。直接费用包括直接用于牛奶生产的饲料费、水电燃料费、兽医费、配种费、技术服务费、工具材料费、维修费和其他直接费用;间接费用包括死亡损失费、固定资产折旧、保险费等相关费用。

（1）饲料费：指用于牛群饲养过程中的自产和外购的各种动植物饲料、矿物质饲料、维生素、微量元素和氨基酸等费用。

（2）饲料加工费：指由他人加工饲料的费用。

（3）水电燃料费：指水费、电费、燃料动力费、煤费等用于全场生产的费用。

（4）兽医费：指用于牛群疫病防治的外购疫苗、药品、消毒剂及治疗费、检疫费等费用。

（5）配种费：指用于牛群繁殖的外购冻精、试剂和配种费用等。

（6）技术服务费：指生产者实际支付的与奶牛饲养过程直接相关的技术咨询、辅导、技术培训等各项技术性服务及其配套技术资料的费用。

（7）工具材料费用：指生产过程中所使用的各种工具、原材料、机器配件以及低值易耗品等材料的支出，金额较大且使用一年以上的，可以按使用年限分摊。

（8）维修费：指牛舍及相关设备的修理维护费用。

（9）其他直接费用：除上述以外能直接判明成本对象为牛奶的各种费用。

（10）死亡损失费：指按照当地正常饲养条件下死亡牛只市场平均价格的损失费。

（11）固定资产折旧：奶牛养殖场的固定资产主要包括建筑物、机器设备、奶牛以及其他与生产相关的设备、工具等；奶牛固定资产按照奶牛犊转为产奶牛时的市场价格计算；固定资产按分类的折旧率计提折旧，租入上述固定资产的租赁费分摊计算。

（12）保险费：指生产者购买农业保险所实际支付的保险费，按照保险类别分别或分摊计入有关产品。

3. 人工费用

指生产过程中直接使用的劳动力的成本。规模奶牛企业包括企业直接从事生产经营人员的工资、奖金、津贴、补贴等；家庭牧场包括雇工费用和家庭用工作价两部分。

4. 土地成本

指生产者为获得饲养场地，包括土地及其附着物支出成本的费用。每年支付的按当年实际支付金额计算，承包期一年以上而一次性支付租金或承包费的按年限分摊后计入。

5. 非生产成本

（1）属于递延资产的各项支出，包括在筹建期间发生的筹办人员的工资和福利费、办公费、差旅费、培训费、注册费利息支出等开办费用和属于应分期摊销计入管理费用的技术转让费、新产品开发费等待摊费用。

（2）购建固定资产、无形资产等资本性支出及未消耗的存货购置成本。

（3）应由提取职工福利费开支的职工医疗费、生活困难补助及医疗卫生费用、职工福利事业设施的经费支出。

（4）应属营业外支出范围的被没收财物、各项罚款（不含个人负担的罚款）、赞助、捐助、防汛抢险支出、中小学经费、非常损失、非季节性和非修理期间停工损失。

（5）应属管理费用、营业费用、财务费用等期间费用开支的各项开支；管理销售费指用牛奶生产和销售费中发生的装卸费、运输费、包装费、广告费和差旅费等；财务费指与生产经营有关的借款利息和相关的手续费等。

（6）购买债券、股票及联营企业投资等投资支出，以及向投资者分派红利（股利）支出。

（7）依法缴纳各类税金。

（8）国家规定不得计入生产成本的其他开支。

(二)成本计算

1.基于整个牧场的牛奶成本核算方法

总成本＝物质和服务费用＋人工费用＋土地成本＋非生产成本－副产品产值

单位牛奶成本＝总成本/牛奶产量

2.基于生产的牛奶成本核算方法

总成本＝直接费用＋人工费用－副产品产值

单位牛奶成本＝总成本/牛奶产量

犊牛饲养成本＝汇集犊牛群所发生的一切直接生产费用

育成母牛饲养成本＝汇集育成牛群所发生的一切直接生产费用

青年母牛饲养成本＝汇集青年牛群所发生的一切直接生产费用

产乳牛饲养成本＝汇集成乳牛牛群所发生的一切直接生产费用

3.奶牛场成本核算在生产实践中的应用

新疆××奶牛场饲养荷斯坦奶牛,2014年初存栏总数856头,其中泌乳牛445头,圈舍等固定资产总额444万;2014年末存栏总数1007头,其中成母牛508头(泌乳牛397头,干奶牛111头),青年牛211头,育成后备牛190头,犊牛98头。全年淘汰成母牛80头,年内死亡成母牛18头,年内繁殖并出售公犊189头,年内繁殖母犊163头。全年牛奶产量2700 t,奶牛场全年收入1014万元。全年生产成本档案资料主要数据整理如下:

项目		金额/万元
产品产值	主产品(牛奶收入)	950
	副产品(淘汰牛收入)	15
	副产品(公牛犊收入)	21
	副产品(粪肥)	1
其他收入	出租、牛场耕地等	27
物质和服务费用	饲料费	531
	饲料加工费	计入人工费用
	水电燃料费	11
	兽医费	12
	配种费	8
	技术服务费	计入人工费用
	工具材料费用	5
	维修费	5
	其他直接费用	2
	死亡损失费	18
	固定资产折旧 (牛舍等折旧按10年计算;成乳牛折旧期限5年)	146(44.4＋101.6)
	保险费	4
人工费用		200
土地成本		1.5
非生产成本		5.8

（1）基于整个牧场的牛奶成本核算

总成本＝物质和服务费用＋人工费用＋土地成本＋非生产成本－副产品产值（含其他）＝ 531＋11＋12＋8＋5＋5＋2＋18＋146＋4＋200＋1.5＋5.8－15－21－1－27＝885.3（万元）

$$单位牛奶成本＝\frac{总成本}{牛奶产量}＝\frac{8\ 853\ 000}{2\ 700\ 000}＝3.28（元/kg）$$

（2）仅基于牧场生产环节的牛奶成本核算

总成本＝直接费用＋人工费用－副产品产值＝531＋11＋12＋8＋5＋5＋2＋200－15－21－1＝737（万元）

$$单位牛奶成本＝\frac{总成本}{牛奶产量}＝\frac{7\ 370\ 000}{2\ 700\ 000}＝2.73（元/kg）$$

【经验之谈】

经验之谈 5-2-1

【技能实训】

🔹 技能项目　奶牛场生产成本核算

1. 实训条件

合作奶牛养殖企业或奶牛养殖户；该奶牛场生产成本核算档案资料。

2. 方法与步骤

在专兼职教师指导下，学生分组集中调研 1～2 家奶牛场或学生分组分散走访调研奶牛养殖企业或养殖户。查阅奶牛场或养殖户生产档案资料，了解牛场生产运行情况，同时收集有关生产资料记录数据，对奶牛场生产成本进行核算，最后根据核算结果，结合市场行情，依据已掌握的知识进行牛场生产评估，并提出改进意见。

3. 实训练习

（1）牛场生产成本核算档案资料整理记录。

成本核算涉及项目		数据记载情况	数据
产品产值	主产品		
	副产品		
物质和服务费用	饲料费		
	饲料加工费		

成本核算涉及项目		数据记载情况	数据
	水电燃料费		
	兽医费		
	配种费		
	技术服务费		
	工具材料费用		
	维修费		
	其他直接费用		
	死亡损失费		
	固定资产折旧		
	保险费		
人工费用			
土地成本			
非生产成本			
基于整个牧场的牛奶成本核算		总成本	
		总收益	
		单位牛奶成本	
基于生产的牛奶成本核算		总成本	
		总收益	
		单位牛奶成本	

（2）生产分析

项目	存在问题及改进意见
成本数据统计分析	
成本分析	
生产建议	

【自测练习】

1. 填空题

（1）产品成本是企业生产产品所消耗的_____和_____的总和，是衡量企业经济效益高低的重要指标。

（2）奶牛场成本根据核算对象的不同可以分为_____和_____。

（3）奶牛场产品产值包括_____产品和_____产品。

（4）直接费用包括直接用于牛奶生产的_____费、水电燃料费、_____费、配种费、技术服务费、_____材料费用、维修费和其他直接费用。

2.判断改错题(在有错误处下画线,并写出正确的内容)

(1)奶牛场副产品为粪肥、牛犊和房屋折旧,副产品产值是指通过出售粪肥、小母牛、小公牛和房屋折旧得到的收入之和。(   )

(2)间接费用包括死亡损失费、固定资产折旧、保险费等相关费用。(   )

(3)奶牛场管理费用、营业费用、财务费用等期间费用开支的各项开支属于非生产性成本。(   )

(4)成乳牛作为固定资产管理、核算,使用期限一般为四年,考虑到农牧业的特点及财务谨慎原则,规定成乳牛折旧期限为6~7年。(   )

(5)一般情况,奶牛场饲料成本占饲养成本的60%(55%~65%),精饲料成本占饲料成本的60%(55%~65%)。(   )

3.问答题

(1)奶牛成本核算原则是什么?

(2)奶牛成本核算中,哪些属于生产性直接费用?哪些属于非生产性间接费用?

【学习评价】

考核任务	考核要点	评价标准	考核方法	参考分值
1.奶牛生产费用和非生产费用项目内容 2.奶牛成本核算方法	操作态度	精力集中,积极主动,服从安排	学习行为表现	10
	协作意识	有合作精神,积极与小组成员配合,共同完成任务		10
	查阅奶牛场成本核算资料	能积极查阅、收集资料,认真思考,并对任务完成过程中的问题进行分析处理		10
	奶牛的生产费用和非生产费用列项入账	依据要求正确确定奶牛生产费用和非生产费用,编入账册	编写操作	15
	奶牛生产成本核算	能够根据成本核算方法,正确计算奶牛场生产成本	计算操作	25
	奶牛生产运营情况评估	进行牛场生产运营情况经济评估	分析操作	10
	核算结果综合判断	正确、准确	结果评定	10
	工作记录和总结报告	有完成全部工作任务的工作记录,字迹工整;总结报告结果正确,体会深刻,上交及时	作业检查	10
合计				100

【任务目标】

结合肉牛育肥特点,了解肉牛场生产成本类型,生产与非生产经营统计的内容;熟悉成本核算方法,掌握肉牛育肥生产成本核算法在牛场生产实践中的应用。

【学习活动】

一、活动内容

肉牛场育肥生产成本核算。

二、活动开展

收集肉牛场育肥生产成本核算技术资料,学习具体的核算方法;通过集中或分散调研1~2家肉牛场,在专兼职教师指导下就肉牛场育肥生产档案资料进行查阅学习,在此基础上进一步应用成本核算的方法对牛场育肥成本进行核算,并对结果开展分析,为牛场生产运营提出合理化的意见。

【相关技术理论】

由于我国奶牛养殖业历史早于肉牛养殖业,肉牛育肥场会计核算借鉴奶牛场具体核算办法。但是,肉牛育肥与奶牛养殖毕竟有很大区别,如奶牛场产品是牛奶,奶牛作为制造产品的"机器"周转速度慢,作为固定资产核算还存在计提折旧的问题;肉牛育肥从采购架子牛到育肥出栏,育肥时间一般不超过 24 个月,流动性较强,作为流动资产核算较为科学。但肉牛育肥生产与一般商品流通企业的经营有所不同,一般商品流通企业从购到销,中间没有生产过程,只赚取购销差价,而肉牛育肥在购销之间有育肥、转群等生产过程,要消耗人力、物力、财力,形成生产成本,最终将生产成本转入牛肉。

一、肉牛育肥场成本类型

肉牛育肥场成本根据核算对象的不同也可以分为总体成本和分类成本。常用的总体成本有牛肉生产总成本、牛肉单位成本等;分类成本有饲养日成本、增重单位成本、饲料成本、兽药成本、配种成本、水电费等。肉牛育肥场的主产品为牛肉,牛肉单位成本是衡量肉牛育肥场生产效益的核心指标。

二、肉牛育肥场费用归集

要求划分好生产经营费用同非生产费用、生产费用与经营费用、各个月份生产费用及育肥牛群费用的界限后,对应该计入成本的生产费用进行分项归集。

(一)产品产值

肉牛场产品产值包括主产品和副产品。主产品即牛肉,指生产者通过出售牛肉实际得到的收入和库存牛肉可能得到的收入之和。肉牛场副产品为粪肥,对于自繁自育场还有牛犊和淘汰牛。

(二)生产经营费用

(1)肉牛场生产直接费用基本与奶牛场一致,包括人工费用、饲料及饲料加工费、水电燃料费、兽医费、技术服务费、工具材料费、维修费和其他直接费用。此外,对于自繁自育场还存在配种费,育肥场存在架子牛购置费。

配种费:自繁自育肉牛场中用于牛群繁殖的外购冻精、试剂和配种费用等。

架子牛购置费:用于外购育肥架子牛的费用。

(2)肉牛场间接费用即经营费用,与奶牛场一致。包括土地成本、死亡损失费、固定资产折旧、保险费等。

固定资产折旧:肉牛养殖场的固定资产主要包括建筑物、机器设备以及其他与生产相关的设备、工具等;固定资产按分类的折旧率计提折旧,租入上述固定资产的租赁费分摊计算;对于自繁自育肉牛场还存在种公、母牛折旧费,种公牛从参加配种开始计算,种母牛从产犊开始计算。

(三)非生产费用

肉牛场非生产经营费用与奶牛场一致。

三、核算方法

肉牛养殖成本核算方法可以采用混群核算和分群核算两种,至于采用哪一种方法,一定程度上取决于经营规模和经营管理的要求。采用分群核算时,应分别计算各群别的产品生产成本,要求有较高的核算水平,有助于为经营管理提供丰富的财会信息;而对条件不具备或规模较小的养殖场则可采用混群核算。

(一)混群核算

混群核算是直接以各种肉牛育肥作为成本计算对象计算总成本和单位成本的方法。

1. 基于整个牧场的牛肉成本核算方法

总成本＝生产经营费用＋非生产费用－副产品产值

$$单位牛肉成本＝\frac{总成本}{牛肉产量}$$

2. 基于生产的牛肉成本核算方法

总成本＝生产直接费用－副产品产值

$$单位牛肉成本＝\frac{总成本}{牛肉产量}$$

$$饲养日成本 = \frac{总成本}{本期饲养头日数}$$

$$增重单位成本 = \frac{总成本}{期末存栏重 + \substack{本期离群活重\\(包括出售和死淘重量)} - \substack{期初和期内\\购入活重}}$$

例如：××肉牛场 2014 年年初饲养各种类型的育肥牛 109 头，初始重总和 20 900 kg，年初摊入成本 23.98 万元；育肥开始前又购进 500 头，其中 7～9 月龄的架子牛 320 头，8～9 岁的成年牛 180 头，购牛费用 225 万元；育肥期架子牛转出 11 头，2 750 kg；夏秋季节采用放牧加补饲的育肥方式，4～6 个月育肥期结束出栏各种育肥牛累计 598 头，累计活重 200 000 kg，屠宰率平均 65%；年度生产经营费用 400 万元，其中生产直接费用 320 万元；年内出售牛粪收入 13 万元。

基于整个牧场的年度牛肉成本核算：

$$单位牛肉成本 = \frac{总成本}{牛肉产量} = \frac{4\,000\,000 - 130\,000}{200\,000 \times 65\%} = 29.77(元/kg)$$

基于生产的年度牛肉成本核算：

$$单位牛肉成本 = \frac{总成本(直接费用 - 副产品产值)}{牛肉产量} = \frac{3\,200\,000 - 130\,000}{200\,000 \times 65\%} = 23.65(元/kg)$$

(二)分群核算

肉牛混群核算简化了财务核算手续，但不能考核各群别的饲养费用水平和成本水平。分群核算是将各种育肥牛群按照畜龄不同划分为若干群别，分别将不同群别作为成本核算对象，计算各群别产品的生产成本及单位成本。肉牛采用分群核算时，应将犊牛、架子牛、成年育肥牛作为成本对象分别计算生产成本。核算主要经济指标为增重单位成本和活重单位成本。

增重单位成本是指本牛群本期增加单位重量的体重所耗费的生产费用。活重单位成本是指单位重量的活牛从种牛配种、怀孕开始到成长到某一阶段所耗费的全部生产费用之和。增重单位成本一般用于分析各月成本变化情况、原因等，而活重单位成本则主要考核肉牛的全部生产成本，用于活牛的转群及出售。

$$增重单位成本 = \frac{该牛群本期增重成本}{该牛群本期增重量(包括死亡牛重量)}$$

该牛群本期增重成本 = 本期生产直接费用(包括死亡牛费用) - 副产品收入

该牛群本期增重量 = 期末存栏重 + 本期离群活重(包括死畜重量) - 期初结转和期内购入和转入的活重

活重单位成本 = 该牛群活重总成本/该牛群活重量(不包括死亡牛)

该牛群活重总成本 = 期初活重总成本 + 本期增重总成本 + 购转入总成本

该牛群的活重量 = 期末存栏牛活重量 + 本期离群活重量(不包括死畜活重)

1.犊牛成本

$$犊牛增重单位成本 = \frac{犊牛群本期增重成本}{犊牛群本期增重量(包括死亡牛重量)} =$$

$$\frac{本期生产直接费用(包括死亡牛费用) - 副产品收入}{期末存栏重 + 本期离群活重(包括死畜重量) - 期初结转、期内购入和转入犊牛活重}$$

$$犊牛活重单位成本 = \frac{期初结存犊牛成本 + 本期增重成本 + 购转入总成本}{离群犊牛重量 + 期末存栏犊牛重量}$$

例如:××肉牛场2012年年初产肉牛犊505头,初生重总和20 900 kg,初生犊牛成本50.5万元;犊牛饲喂期死亡5头,共350 kg;犊牛转群前总重48 734 kg,犊牛期生产直接费用103.75万元;犊牛期出售牛粪收入1.2万元。则

$$犊牛增重单位成本 = \frac{1\ 037\ 500 - 12\ 000}{48\ 734 + 350 - 20\ 900} = 36.39(元/kg)$$

$$犊牛活重单位成本 = \frac{505\ 000 + (1\ 037\ 500 - 12\ 000)}{48\ 734 + 350} = 31.18(元/kg)$$

2.架子牛成本

$$架子牛增重单位成本 = \frac{架子牛群本期增重成本}{架子牛群本期增重量(包括死亡牛重量)} =$$

$$\frac{本期生产直接费用(包括死亡牛费用) - 副产品收入}{期末存栏重 + 本期离群活重(包括死畜重量) - 期初结转、期内购入和转入活重}$$

$$架子牛活重单位成本 = \frac{架子牛期初存栏成本 + 本期购转入成本 + 本期增重成本}{架子牛期末存栏活重 + 本期离群牛活重}$$

其中,架子牛期初存栏成本=犊牛活重单位成本×期初转入犊牛活重

例如:××肉牛场2013年年初存栏7～9月龄的架子牛100头,活重称重合计21 000 kg,摊入成本25万元;育肥前又购入7～9月龄的架子牛50头,初始活体重合计9 000 kg,花费15万元;育肥期间分两批提前销售架子牛分别为12头、活重3 000 kg、销售收入7万元,10头、活重3 200 kg、销售收入6.7万元;架子牛育肥期结束时活重总重48 640 kg,育肥期生产直接费用48.32万元;年度架子牛育肥相关生产经营费用140万元,年内出售架子牛育肥的牛粪收入1.2万元。则

$$架子牛增重单位成本 = \frac{483\ 200 - 12\ 000}{(48\ 640 + 3\ 000 + 3\ 200) - (21\ 000 + 9\ 000)} = 21.56(元/kg)$$

$$架子牛活重单位成本 = \frac{250\ 000 + 150\ 000 + (483\ 200 - 12\ 000)}{48\ 640 + 3\ 000 + 3\ 200} = 15.89(元/kg)$$

3.成年育肥牛成本

成年牛一般指体成熟以后的牛,与犊牛及6月龄以后仍处于生长发育期的架子牛在生长规律及生理上有着明显的不同。成年育肥牛主要指在成年期用于其他用途的牛淘汰后集中进行育肥再出售,以获取更多的经济效益。

$$成年育肥牛增重单位成本 = \frac{育肥牛群本期增重成本}{育肥牛群本期增重量(包括死亡牛重量)} =$$

$$\frac{本期生产直接费用(包括死亡牛费用) - 副产品收入}{期末存栏重 + 本期离群活重(包括死畜重量) - 期初结转、期内购入和转入架子牛活重}$$

$$\begin{array}{l}成年育肥牛活\\重单位成本\end{array} = \frac{本场育肥牛期初存栏成本 + 本期购转入成本 + 本期增重成本}{育肥牛期末存栏活重重量 + 本期离群牛活重}$$

其中,本场成年育肥牛期初存栏成本 = 本场成年牛育肥前估算摊入成本

例如:××肉牛场 2014 年年初存栏成年牛 500 头,其中 80 头因疾病和年龄问题要淘汰育肥,育肥前活重估测 44 000 kg,成本摊入 48 万元;育肥前从市场又购入 50 头成年淘汰牛用于育肥,活重估测 20 000 kg,花费 22.5 万元;育肥期结束时活重总重 83 500 kg,育肥期的生产直接费用 47.9 万元;年内出售架子牛育肥的牛粪收入 0.9 万元。则

$$成年育肥牛增重单位成本 = \frac{479\,000 - 9\,000}{83\,500 - 44\,000 - 20\,000} = 24.1(元/kg)$$

$$成年育肥牛活重单位成本 = \frac{480\,000 + 22\,5000 - 9\,000}{83\,500} = 8.34(元/kg)$$

【经验之谈】

经验之谈 5-2-2

【技能实训】

◉ 技能项目　肉牛场生产成本核算

1. 实训条件

合作肉牛养殖企业;该肉牛场生产成本核算档案资料。

2. 方法与步骤

在课程教师带领下集中调研 1~2 家肉牛场或学生分散走访调研肉牛养殖企业。走访牛场,了解生产一线情况,掌握生产组织与计划制订、一线执行资料统计记录,依据已掌握的知识和实践经验进行肉牛场育肥成本核算。混群育肥的牛场要基于牧场计算总成本、单位牛肉成本;分群育肥的牛场要根据分群是犊牛、架子牛,还是成年育肥牛,选择成本对象分别计算育肥增重单位成本和活重单位成本。最后结合当地市场行情对牛场育肥生产进行优劣评估,提出改进意见。

3. 实训练习

通过调查,收集肉牛场育肥生产资料,认真查阅,整理并记录所需核算内容数据,对混群或分群肉牛场育肥进行成本核算。

(1)牛场生产成本核算档案资料整理记录

育肥品种		育肥时间		核算方法	

育肥成本核算

成本核算内容列项	原始统计记录	核算数据	备注
成本核算项目		核算结果值	

(2)生产分析

项目	存在问题及改进意见
成本数据统计分析	
成本分析	

【自测练习】

1.填空题

(1)肉牛场分类成本有_____、增重单位成本、_____成本、_____成本、配种成本、水电费等。

(2)肉牛场主产品产值即牛肉产值,指生产者通过出售_____实际得到的收入和库存牛肉可能得到的_____之和。

(3)肉牛场混群核算是直接以各种肉牛育肥作为成本计算对象计算_____和_____的方法。

(4)肉牛场分群核算是将各种_____按照畜龄不同划分为若干群别,分别将不同群别作为_____对象,计算各群别产品的_____成本及_____成本。

2.判断改错题(在有错误处下画线,并写出正确的内容)

(1)架子牛购置费指用于外购育肥架子牛的费用。(　　　)

(2)肉牛养殖成本核算方法可以采用混群核算一种。(　　　)

(3)活重单位成本是指单位重量的活牛从种牛怀孕开始到成长到某一阶段所耗费的全部生产费用之和。(　　　)

(4)增重单位成本一般用于分析各月成本变化情况,原因等,而活重单位成本则主要考核肉牛的生产成本,用于活牛的出售。(　　　)

(5)定期考核饲料转化率或计算饲料报酬,是加强对饲料管理的有效措施。(　　　)

3.问答题

(1)肉牛场成本类型有哪些?

(2)怎样正确确定肉牛场生产经营费用?

【学习评价】

考核任务	考核要点	评价标准	考核方法	参考分值
1.肉牛生产经营费用项目内容 2.肉牛场生产成本核算方法	操作态度	精力集中,积极主动,服从安排	学习行为表现	10
	协作意识	有合作精神,积极与小组成员配合,共同完成任务		10
	查阅肉牛场成本核算资料	能积极查阅、收集资料,认真思考,并对任务完成过程中的问题进行分析处理		10
	肉牛育肥生产费用内容列项入账	依据要求正确确定肉牛生产费用及非生产费用,编入账册	编写操作	15
	肉牛场生产成本核算	根据成本核算方法,能够正确计算肉牛场育肥生产成本	计算操作	25
	肉牛场生产运营情况评估	进行肉牛场生产运营情况经济评估	分析操作	10
	核算结果综合判断	正确、准确	结果评定	10
	工作记录和总结报告	有完成全部工作任务的工作记录,字迹工整;总结报告结果正确,体会深刻,上交及时	作业检查	10
合计				100

学习情境六 牛群保健与常见疾病防治

牛常见普通病防治

学习任务一　后备牛常见普通病防治

【任务目标】

了解后备牛常见普通病的病因、症状,掌握其治疗方法及预防措施,从而达到在生产一线可以做到迅速诊断,正确治疗,并能科学合理地制定防制措施,预防后备牛常见普通病的发生。

【学习活动】

▶ 一、活动内容

后备牛常见普通病的诊断、鉴别、治疗及预防。

▶ 二、活动开展

(1)通过网络、书籍等,查询相关信息,了解后备牛常发的普通病;

(2)通过实地走访牛场,调研本地区后备牛常发的普通病;

(3)收集后备牛常见普通病的临床诊疗处方;

(4)收集当地后备牛常见普通病的预防措施。

【相关技术理论】

后备牛是指从奶牛出生一直到它产下第一胎小牛这个阶段。后备牛又可分为两个阶段,一是犊牛,包括哺乳期犊牛(0～2月龄)、断奶后犊牛(3～6月龄);二是育成牛,就是从断奶后(或7月龄)到初次产犊前的牛,此阶段还可分为配种前育成牛(7～15月龄)、配种到初产阶段的妊娠青年牛(16～25月龄)。

后备牛光吃料不产奶,在相当多的牛场里很不受待见,舍不得下功夫、花本钱,造成了后备牛严重的问题。

对犊牛来说,新生犊牛生理机能尚未发育完全,体温调节能力差,消化功能弱。在这段时间,如果饲养管理不当,环境调节失控,很容易造成新生犊牛疾病多发,严重者导致死亡。临床上以犊牛饮食性腹泻、犊牛肺炎、犊牛脐带疾病最为常见。

对育成牛来说,育成期的培育是犊牛培育的继续,育成阶段饲养管理虽然相对犊牛阶段来讲粗放些,奶牛疾病较少,但决不意味着这一阶段可以马马虎虎。在生产实际过程中,由于青年牛饲养相对简单,往往容易造成饲养管理不当,或是为了节约成本,饲喂一些粗劣的粗饲料,造成育成牛的营养代谢性疾病,或由于管理不当,造成一些外伤性疾病。

一、犊牛常见普通病介绍

犊牛饮食性腹泻

所谓饮食性腹泻,主要是指由于饮食(乳及代乳品)不当或品质不良而造成的腹泻。其特征是消化不良和拉稀。

因饮食而引起的腹泻,奶牛场常称为犊牛下痢,为犊牛胃肠消化障碍和器质性变化的综合性疾病。

【病因】饮食性腹泻为犊牛常发疾病。由于腹泻,致使犊牛营养不良,生长缓慢,发育受阻;发病以1月龄内最多,2月龄后减少;全年都有发病,雨季和冬春季发病最多。10日龄以内的犊牛,此种症状多与大肠杆菌感染有关。

【症状】粪呈暗红色,血汤样,多见于1月龄的犊牛;粪呈白色,干硬,与过食牛奶与乳制品有关;粪呈暗绿色、黑褐色,稀粪汤内含有较干的粪块,多见于1月龄以上的犊牛。犊牛饮食性腹泻一般全身症状较轻,加强饲养管理,改变饮食,合理治疗,经1~2天可痊愈;但当饲养管理不当时,腹泻仍可再次发生。下痢有食欲者,病程短,恢复快;下痢无食欲者,病程长,恢复慢;下痢持续或反复下痢者,犊牛营养不良,消瘦,衰竭,预后不良;当继发感染,犊牛体温升高,伴发肺炎者,病程长而预后不良。

【治疗】治疗的前提是加强饲养,精心护理。治疗原则是健胃整肠,消炎,防止继发感染和脱水。

减少喂奶量或绝食。通常可减少正常乳量的1/3~1/2,减少乳量用温开水替代;绝食24小时,可喂给补液盐,当腹泻减轻时,再逐渐喂给正常乳。

药物治疗应根据临床症状选用:

(1)对腹泻而有食欲者,用四黄散150 g一次喂服,每日三次,连服三天。

(2)对腹泻带血者,首先应清理胃肠道,用液态石蜡油150~200 mL,一次灌服。次日,可用止痢博士150 g一次喂服,每天服三次,连服2~3天。

(3)对腹泻伴有胃肠臌胀者,应消除臌胀,可用磺胺脒5 g、碳酸氢钠5 g、氧化镁2 g,一次喂服。

(4)对腹泻而脱水者,应尽快补充等渗电解质溶液,增加血容量。常用5%葡萄糖生理盐水或林格液1 500~2 500 mL、20%葡萄糖溶液250~500 mL、5%碳酸氢钠溶液250~300 mL,一次静脉注射,日补2~3次。

(5)对腹泻而伴有体温升高者,除内服健胃、消炎药外,可用青霉素80万~160万U,链霉素100万U,一次肌内注射,每日2~3次,连续注射2~3天。

【预防】加强饲养管理,严格执行犊牛饲养管理规程,是预防犊牛饮食性腹泻的关键。

犊 牛 肺 炎

肺炎是犊牛常见病之一,多见于春、秋气候多变季节。犊牛肺炎是肉牛和奶牛养殖场的主要问题之一。肺炎是附带有严重呼吸障碍的肺部炎症性疾患,初生至2月龄的犊牛较多发生。

【病因】主要原因是管理不当，导致病菌感染，危害较大。其特征是患牛不吃食，喜卧，鼻镜干，体温高，精神郁闷，咳嗽，鼻孔有分泌物流出，体温升高，呼吸困难和肺部听诊有异常呼吸音。

【症状】根据临床症状可分为支气管肺炎和异物性肺炎。病初先有弥漫性支气管炎或细支气管炎的症状。如精神沉郁，食欲减退或废绝，体温升高达 40～41℃，脉搏 80～100 次/min，呼吸浅而快，咳嗽，站立不动，头颈伸直，有痛苦感。听诊，可听到肺泡音粗哑，症状加重后气管内渗出物增加则出现啰音，并排出脓样鼻汁。症状进一步加重后，患病肺叶的一部分变硬，以致空气不能进出，肺泡音就会消失。让病牛运动则呈腹式呼吸，眼结膜发绀而呈严重的呼吸困难状态。

因误咽而将异物吸入气管和肺部后，不久就出现精神沉郁、呼吸急速、咳嗽等症状。听诊肺部可听到泡沫性的啰音。当大量误咽时，在很短时间内就发生呼吸困难，流出泡沫样鼻汁，因窒息而死亡。如吸入腐蚀性药物或饲料中腐败化脓细菌侵入肺部，可继发化脓性肺炎，病牛出现高烧、呼吸困难、咳嗽，排出多量的脓样鼻汁。听诊可听到湿性啰音，在呼吸时可嗅到强烈的恶臭气味。

【防治】合理饲养怀孕母牛，使母牛得到必需的营养，以便产出身体健壮的犊牛。病牛要置于通风换气良好、安静的环境下进行治疗。在发生感冒等呼吸器官疾病时，应尽快隔离病牛；最重要的是，在没达到肺炎程度以前，要进行适当的治疗，且必须达到完全治愈才能终止；对因病而衰弱的牛灌服药物时，不要强行灌服，最好经鼻或口，用胃导管准确地投药。

犊牛脐带疾病

正常情况下，脐带在一周内干燥脱落，脐口由结缔组织封闭。犊牛脐带疾病大多数是由于断脐消毒不严或操作失误造成的，又分以下几种类型。

1. 脐带感染

是一种多见疾病。由于脐带断端有细菌繁殖的良好条件，在断脐时因卫生条件差、助产人员的手和器械消毒不严，断脐后犊舍拥挤，褥草脏污未及时更换，犊牛彼此吸吮脐带等，都可导致脐带感染，引起脐炎、脐静脉炎、脐动脉炎、脐尿管炎和脐尿管瘘。引起感染的病原，主要为大肠杆菌、变形杆菌、葡萄球菌、化脓棒状杆菌和破伤风梭菌等，且多呈混合感染。脐带感染进一步发展，可出现菌血症以及全身各器官的感染，常见四肢、关节及其他器官慢性化脓性感染，破伤风梭菌感染引起犊牛破伤风。

（1）脐炎

【病因及症状】是体外脐带的炎症，多发生在 2～5 日龄。犊牛精神不振，不愿吃奶，体温有时升高。脐部检查，可见脐带断端潮湿，有时溃烂化脓，脐周组织肿胀，触压疼痛，质地坚硬，挤压时从小瘘管排出少量脓汁，恶臭，有时因封闭排不出脓汁，感染的脐带和周围组织界限清楚，有时肿胀很大，并有毒血症。

【治疗】首先要排脓，将脓肿切开，再用消毒药液清洗，除去坏死组织（尽量排净，见新鲜创面为止），用 5% 碘酊擦涂内创面，不要用膏剂和粉剂药物。脐部肿胀发硬时，将 100 万 U 青霉素溶于 30 mL 注射用水，做脐周围封闭；有体温升高者要做抗感染全身治疗。

（2）脐静脉炎

【病因及症状】可能发生在靠近脐部、也可能引起脐静脉发炎，肝脓肿。患犊多为 1～3

月龄,表现为不爱活动、厌食、生长发育迟缓,中度发热,脐部通常肿胀,并有浓汁分泌。将病犊卧倒,触诊腹部,可发现由脐到肝脏有一条明显索状肿物。有时用探针,能帮助诊断。

【治疗】对脐静脉炎的治疗,局部用抗生素药物治疗无效时,要用腹腔手术切除发炎的脉管或脓肿。患有肝病的一旦确诊,最好淘汰。

(3)脐动脉炎

【病因及症状】脐动脉炎临床少见,但脐动脉炎能从脐部蔓延到髂内动脉,继发慢性毒血症,生长迟缓。将犊牛仰卧保定进行局部和腹部触诊,可触到手指粗细的索状物。

【治疗】根本的方法是手术切除发炎的脐动脉,用抗生素治疗效果不佳。

(4)脐尿管炎和脐尿管瘘

【病因及症状】是脐部到膀胱的脐尿管的炎症。患部肿胀,向外排出脓汁。有的病犊脐部正常,但进行腹部深部触诊时,可触到脐部向腹后延伸的索状物,感染到膀胱,引起膀胱炎,排脓尿。治疗用腹腔手术切除发炎的脐尿管。

脐尿管瘘是脐带脱落后脐尿管封闭不全引起的。常见尿液从脐孔滴出,引起脐孔发炎,组织增生,脐孔周皮肤发炎、湿疹等。严重的病犊,精神不振、食欲差,如果发生感染,将形成脐尿管炎。

【治疗】用消毒药液清洗脐孔及周围,然后行脐尿管结扎,术后涂碘酊。如有全身感染,应用头孢类药物抗感染。

2.脐出血

【病因及症状】脐带断端或脐孔出血,往往由于人工助产时过于用力拉出犊牛,脐带因猛力断裂,影响脐带脉管封闭,也可能因为犊牛虚弱,发生窒息等原因造成脐出血。脐出血时,血液滴状出血为脐带静脉出血,成股流出为脐动脉出血,也可能出现动、静脉一起出血。

【治疗】可用消毒的细绳结扎脐带断端;如果断端过短或已缩回脐孔内,可用消毒纱布撒上止血消炎药物填塞脐孔,外用纱布包扎或用线缝合脐孔,压迫止血。失血过多的犊牛,最好输母牛的血。

🔴 二、育成牛常见普通病介绍

骨 软 症

牛骨软症是成年牛由于饲料中矿物质钙或/和磷不足或钙与磷的比例不当,以及维生素D缺乏等而导致钙、磷代谢障碍,造成软骨内骨化完成后重新进行性脱钙(骨吸收),由过剩的未钙化的骨样组织(骨基质)所取代,临床上出现以消化机能紊乱、异嗜、跛行、骨质疏松和骨骼变形等为特征的全身性矿物质代谢性疾病。

【病因】

(1)饲料、饲草或饮水中的钙磷含量不足。

(2)钙磷比例不当。正常的钙磷比例为 2.5:1,如果比例失调,磷多钙少,则磷与钙结合形成磷酸钙随粪便排出体外;反之,钙多磷少,则易造成缺磷,骨盘也不能沉积。

(3)饲料中植酸盐、蛋白质及脂肪过多。

(4)怀孕及泌乳期母畜对钙磷的需求量急剧增加。

(5)饲养管理不善造成家畜胃肠机能紊乱,影响消化道对钙磷的吸收,加之冬季光照不足、缺乏运动,造成维生素 D 不足,严重影响钙磷的吸收和沉积。

(6)甲状旁腺机能亢进也是引起本病的原因。

【症状】异嗜癖是牛最早出现的症状,常舔食泥土、沙石,吃其他污秽的垫草等异物,甚至喝其他牛的尿,消化紊乱;有时食欲下降,产奶量下降,发情配种延迟;易发生前胃弛缓、食滞、消化不良等;病牛消瘦,被毛粗无光泽,步行不灵活,严重时后躯摇摆、跛行、关节疼痛,提肢时发颤、拱背,易患腐蹄病;蹄生长不良,磨灭不整,蹄变形,呈翻卷形;严重者,两后肢跗关节以下、向外倾斜,呈 X 形;站立时关节角度发生改变,尾椎骨排列移位、变形,最后的尾椎骨被吸收消失(重型者最后的肋骨也有部分被吸收)。骨盆变形,易发生难产和胎衣不下、流产和不孕、乳产量降低、早衰。

本病血钙测定一般都在正常范围,但血磷常偏低,因此,血钙、磷乘积值降低。当血钙下降时,甲状旁腺素调节引起骨骼钙、磷被动员进入血液,以维持血液钙、磷的平衡。但甲状旁腺素又能抑制肾小管对磷的吸收,促进了排磷,使血磷减少,甚至低于常值,造成低磷血症。

生化检验结果,骨碱性磷酸酶同工酶显著升高,骨质疏松症(佝偻病)同工酶也升高,但血钙、磷的乘积常无显著变化。

【治疗】首先应从调整日粮着手,饲喂富含蛋白的饲料、豆科牧草等,以使钙、磷含量及其比例达到正常需求。对于缺钙性骨软症病牛,奶牛可根据泌乳量在日粮中适量添加碳酸钙、磷酸钙或柠檬酸钙粉,成年干奶期奶牛钙、磷饲喂量分别不少于 55 g/天和 20 g/天;泌乳牛则分别为 2.5 g/kg 和 1.8 g/kg 泌乳量。

同时,静脉注射 20%葡萄糖酸钙注射液 50~100 mL,连续几天可获一定疗效。对缺磷性骨软症病牛,在日粮中除添加磷酸钠(30~100 g)、磷酸钙(25~75 g)或骨粉(钙:磷为5:3,30~100 g)外,还可用 8%磷酸钠注射液 300 mL 或 20%磷酸二氢钠注射液 500 mL,静脉注射,每天 1 次,3~5 天为一疗程,可使病情减轻直至痊愈。为防止出现低钙血症,可静脉注射 10%氯化钙注射液或 20%葡萄糖酸钙注射液适量。为增进肠管对钙、磷的吸收利用,可应用维生素 D 制剂。对有关节疾病和疼痛症状的牛,可反复多次使用水杨酸制剂。对有神经症状的牛,可静脉注射安溴合剂。

【防治】

(1)根据牛的生长、妊娠、泌乳和维持基础代谢的需要,合理地配制含量足够的钙、磷和维持维生素 D 的饲料,调整日粮平衡,钙磷比例为 1.5:1,补充维生素 A 粉、维生素 D 粉或鱼肝油。

(2)对高产奶牛和妊娠母牛,哺乳期间应注意补充钙质饲料,对老龄牛要定期补喂钙质饲料或静脉注射钙制剂和亚硒酸钠、维生素 E 剂。

(3)适当增加运动,多晒太阳,增强体质,促进钙、磷吸收。

结 膜 炎

结膜炎是指眼结膜受外界刺激和感染而引起的炎症,是最常见的一种眼病。有卡他性、化脓性、滤泡性、伪膜性及水疱性结膜炎等型。

【病因】结膜对各种刺激敏感,常由于外来的或内在的轻微刺激而引起炎症,可分为下列原因。

（1）机械性因素　结膜外伤、各种异物落入结膜囊内或粘在结膜面上；牛泪管吸吮线虫多出现于结膜囊或第三眼睑内；眼睑位置改变（如内翻、外翻、睫毛倒生等）以及笼头不合适。

（2）化学性因素　如各种化学药品或农药误入眼内。

（3）温热性因素　如热伤。

（4）光学性因素　眼睛未加保护，遭受夏季日光的长期直射、紫外线或 X 射线照射等。

（5）传染性因素　多种微生物经常潜伏在结膜囊内，牛传染性鼻气管炎病毒可引起犊牛群发生结膜炎。给放线菌病牛用碘化钾治疗时，由于碘中毒，常出现结膜炎。

（6）免疫介导性因素　如过敏、嗜酸细胞性结膜等。

（7）继发性因素　本病常继发于邻近组织的疾病（如上颌窦炎、泪囊炎、角膜炎等）、严重的消化器官疾病及多种传染病经过中（如流行性感冒、腺疫、牛恶性卡他热、牛瘟、牛炭疽等）常并发所谓症候性结膜炎。眼感觉神经（三叉神经）麻痹也可引起结膜炎。

【症状】结膜炎的共同症状是羞明、流泪、结膜充血、结膜浮肿、眼睑痉挛、渗出物及白细胞浸润。

（1）卡他性结膜炎　临床上最常见的病型，结膜潮红、肿胀、充血、流浆液、黏液或黏液脓性分泌物。卡他性结膜炎可分为急性和慢性两型。

①急性型　轻时结膜及穹窿部稍肿胀，呈鲜红色，分泌物较少，初似水，继则变为黏液性。重度时，眼睑肿胀、带热痛、羞明、充血明显，甚至见出血斑。炎症可波及球结膜，有时角膜面也见轻微的浑浊。若炎症侵及结膜下时，则结膜高度肿胀，疼痛剧烈。

②慢性型　常由急性转来，症状往往不明显，羞明很轻或见不到。充血轻微，结膜呈暗赤色、黄红色或黄色。经久病例，结膜变厚呈丝绒状，有少量分泌物。

（2）化脓性结膜炎　因感染化脓菌或在某种传染病经过中发生，也可以是卡他性结膜炎的并发症。一般症状都较重，常由眼内流出多量纯脓性分泌物，上、下眼睑常被粘在一起。化脓性结膜炎常波及角膜而形成溃疡，且常带有传染性。

【治疗】

（1）除去原因　应设法将原因除去。若是症候性结膜炎，则应以治疗原发病为主。

（2）遮断光线　应将患畜放在暗厩内或装眼绷带。当分泌物量多时，以不装眼绷带为宜。

（3）清洗患眼　用 3％硼酸溶液。

（4）对症疗法

急性卡他性结膜炎：充血显著时，初期冷敷；分泌物变为黏液时，则改为温敷，再用 0.5％～1％硝酸银溶液点眼（每日 1～2 次）。用药后经 30 min，就可将结膜表层的细菌杀灭，同时还能在结膜表面上形成一层很薄的膜，从而对结膜面呈现保护作用。但用过本品后 10 min，要用生理盐水冲洗，避免过剩的硝酸银的分解刺激，且可预防银沉着。若分泌物已见减少或趋于吸收过程时，可用收敛药，其中以 0.5％～2％硫酸锌溶液（每日 2～3 次）较好。此外，还可用 2％～5％蛋白银溶液、0.5％～1％明矾溶液或 2％黄降汞眼膏，也可用 10％～30％板蓝根溶液点眼。

眼球结膜下注射青霉素和氢化可的松（并发角膜溃疡时，不可用皮质固醇类药物）：用 0.5％盐酸普鲁卡因液 2～3 mL 溶解青霉素 5 万～10 万 IU，再加入氢化可的松 2 mL（10 mg），作球结膜下注射，一日或隔日一次。或以 0.5％盐酸普鲁卡因液 2～4 mL 溶解氨苄青霉素10万IU再加入地塞米松磷酸钠注射液1 mL(5 mg)作眼睑皮下注射,上下眼睑皮下各注射0.5~1 mL。用上述药物加入自身血液2 mL眼睑皮下注射,效果更好。

慢性结膜炎的治疗以温敷为主。局部可用较浓的硫酸锌或硝酸银溶液,或用硫酸铜棒轻擦上、下眼睑,擦后立即用硼酸水冲洗,然后再进行温敷。也可用2%黄降汞眼膏涂于结膜囊内。中药川连1.5 g,枯矾6 g,防风9 g,煎后过滤,洗眼效果良好。

对于牛的结膜炎可用麻醉剂点眼,因患牛的眼睑痉挛症状显著,易引起眼睑内翻,造成睫毛刺激角膜。奶牛血镁低时,经常见到短暂的,但却是明显的眼睑痉挛症状。

病毒性结膜炎时,可用5%乙酰磺胺钠眼膏涂布眼内。

某些病例可能与机体的全身营养或维生素缺乏有关,因此,应改善病畜的营养并给予维生素。

【防治】

(1)保持厩舍和运动场的清洁卫生。注意通风换气与光线,防止风尘的侵袭。严禁在厩舍里调制饲料和刷拭畜体。笼头不合适应加以调整。

(2)在麦收季节,可用0.9%生理盐水经常冲洗眼。

(3)治疗眼病时,要特别注意药品的浓度和有无变质情形。

角膜炎

角膜炎是最常发生的眼病。可分为外伤性、表层性、深层性(实质性)及化脓性角膜炎数种。

【病因】角膜炎多由于外伤(如鞭梢的打击、笼头的压迫、尖锐物体的刺激)或异物误入眼内(如碎玻璃、碎铁片等)而引起。角膜暴露、细菌感染、营养障碍、邻近组织病变的蔓延等均可诱发本病。此外,在发生某些传染病(如牛恶性卡他热、牛肺疫)和浑睛虫病时,能并发角膜炎。

【症状】角膜炎的共同症状是羞明、流泪、疼痛、眼睑闭合、角膜浑浊、角膜缺损或溃疡。轻的角膜炎常不容易直接发现,只有在阳光斜照下可见到角膜表面粗糙不平。

外伤性角膜炎常可找到伤痕,透明的表面变为淡蓝色或蓝褐色。由于致伤物体的种类和力量不同,外伤性角膜炎可出现角膜浅创、深创或贯通创。角膜内如有铁片存留时,于其周围可见带铁锈色的晕环。

由于化学物质所引起的热伤,轻的仅见角膜上皮被破坏,形成银灰色浑浊。深层受伤时则出现溃疡;严重时发生坏疽,呈明显的灰白色。

角膜面上形成不透明的白色瘢痕时叫作角膜浑浊或角膜翳。角膜浑浊是角膜水肿和细胞浸润的结果(如多形核白细胞、单核细胞和浆细胞等),致使角膜表层或深层变暗而浑浊。浑浊可能为局限性或弥漫性,也有呈点状或线状的。角膜浑浊一般呈乳白色或橙黄色。

新的角膜浑浊有炎症症状,边界不明显,表面粗糙稍隆起。陈旧的角膜浑浊没有炎症症状,边界明显。深层浑浊时,由侧面视诊,可见到在浑浊的表面被有薄的透明层;浅层浑浊则见不到薄的透明层,多呈淡蓝色云雾状。

角膜炎均出现角膜周围充血,然后再新生血管。表层性角膜炎的血管来自结膜,呈树枝状分布于角膜面上,可看到其来源。深层性角膜炎的血管来自角膜缘的毛细血管网,呈刷状,自角膜缘伸入角膜内,看不到其来源。

因角膜外伤或角膜上皮抵抗力降低,致使细菌侵入(包括内源性)时,角膜的一处或数处呈暗灰色或灰黄色浸润,后即形成脓肿,脓肿破溃后便形成溃疡。用荧光素点眼可确定溃疡的存在及其范围,但当溃疡深达后弹力膜时不着色,应注意辨别。

角膜损伤严重的可发生穿孔,眼房液流出,由于眼前房内压力降低,虹膜前移,常常与角膜,或后移与晶状体粘连,从而丧失视力。

【治疗】急性期的冲洗和用药与结膜炎的治疗大致相同。

为了促进角膜浑浊的吸收,可向患眼吹入等份的甘汞和乳糖(白糖也可以);40%葡萄糖溶液或自身血点眼;也可用自身血眼睑皮下注射;1%～2%黄降汞眼膏涂于患眼内。大动物每日静脉内注射5%碘化钾溶液20～40 mL,连用1周;或每日内服碘化钾5～10 g,连服5～7天。疼痛剧烈时,可用10%颠茄软膏或5%狄奥宁软膏涂于患眼内。

角膜穿孔时,应严密消毒防止感染。对于直径小于2 mm的角膜破裂,可用眼科无损伤缝针和可吸收缝线进行缝合。对新发的虹膜脱出病例,可将虹膜还纳展平;脱出久的病例,可用灭菌的虹膜剪剪去脱出部,再用第三眼睑覆盖固定予以保护;溃疡较深或后弹力膜膨出时,可用附近的球结膜做成结膜瓣,覆盖固定在溃疡处,这时移植物既可起生物绷带的作用,又有完整的血液供应。经验证,虹膜一旦脱出,即使治愈,也严重影响视力。若不能控制感染,就应行眼球摘除术。

1%三七液煮沸灭菌,冷却后点眼,对角膜创伤的愈合有促进作用,且能使角膜浑浊减退。

用5%氯化钠溶液每日3～5次点眼,有利于角膜和结膜水肿的消退。

可用青霉素、普鲁卡因、氢化可的松或地塞米松作结膜下或作患眼上、下眼睑皮下注射,对小动物外伤性角膜炎引起的角膜翳效果良好。

中药成药如拨云散、决明散、明目散等对慢性角膜炎有一定疗效。

症候性、传染病性角膜炎,应注意治疗原发病。

创　伤

创伤是因锐性外力或强烈的钝性外力作用于机体,使得皮肤或黏膜的完整性遭到破坏,从而出现深层组织与外界相通的机械性损伤,一般由创围、创缘、创口、创壁、创底、创腔构成。

【症状】出血、创口裂开、疼痛及机能障碍

【诊断】

(1)仔细地询问病史。

(2)全面细致地检查:①一般检查:体格检查;②伤部外部检查;③创伤的内部检查:遵守无菌原则;④必要的辅助检查:X线检查、B超、尿常规、血常规等。

【治疗原则】

(1)保全生命:创伤后的处理及时与否,与预后直接相关。严重创伤时,早期最具威胁的是出血和休克,晚期则为全身和局部的严重感染。对这些病畜,务必尽快消除休克原因或对症治疗,并且临时性止血。

(2)防治感染。

(3)纠正水电解质失衡。

（4）消除影响创伤愈合的因素。

（5）加强饲养管理和病畜护理。

【局部治疗】

（1）清洁创的处理：在彻底清创后直接完成一期缝合。但要密切注意创口的发展。

（2）污染创的处理：

● 在细菌污染但未发生感染时，清创后仍可进行直接缝合，术中术后加强抗感染，仍可达到一期愈合。

● 已经感染的伤口，清创后要放置引流，经肉芽组织形成后，达到二期愈合。

● 清创术：目的：清除积血、异物、坏死组织，消灭死腔，使得已经污染的创口变成较为新鲜的清洁创口；解除炎症造成的局部压力，减小伤口张力；术前准备：保定和麻醉；创口清洁、消毒（如 1% ～3% 双氧水），去除异物；扩创手术。

● 各种组织的处理原则：①肌肉：切除的标准为：夹之不收缩；切开不流血；触之软泥样；色泽暗红；②肌腱：断离的肌腱不作广泛的切除，只需修剪整齐，清创后用附近的软组织覆盖；③血管：尽量作血管吻合术，不具条件时，进行结扎；④骨骼：尽量保留与软组织相连的骨片；不强求解剖复位；不作内固定；关节腔应尽量缝合关闭；⑤ 神经：尽量修复。

● 创口缝合：按照致伤原因、伤后时间、创口部位、污染程度和处理的条件等，综合考虑是否要进行创口缝合。①伤后 12 h 之内进行彻底清创者，进行一期缝合；②伤后 12～24 h，用过抗生素者，视污染情况行一期或延期缝合；③伤后超过 24 h 者，一般不作初期缝合，待3～5 天，如创口无感染，再作延期缝合；④全身治疗：抗感染；水、电解质和酸碱平衡的调整（创伤后的脱水一般为等渗性，可补充等渗盐水；对血浆丢失性脱水，还需要补充胶体；血钾一般早期高，晚期低；血钙常偏低；多有代谢性酸中毒，也有少量碱中毒）；营养补充。

【急救措施】伤口止血；镇静镇痛（必要时）；创部制动；维持循环功能（止血、扩充血容量）；维持呼吸；心肺复苏。

三、其他普通病

后备牛其他普通病见表 6-1-1。

表 6-1-1　后备牛其他普通病

	疾病名称	牛感冒
1	病因	①寒冷的突然袭击所致；②出汗后被雨淋风吹
	症状	精神沉郁，食欲减退，体温升高，结膜充血，甚至羞明流泪，眼睑轻度浮肿，耳尖、鼻端发凉，皮温不整。鼻黏膜充血，鼻塞不通，初流水样鼻液，随后转为黏液或脓性黏液。咳嗽、呼吸加快。并发支气管炎时，则出现干、湿性啰音。心跳加快，口腔黏膜干燥，舌苔薄白，治疗不及时，特别是幼畜则易继发支气管肺炎
	治疗	本病治疗应以解热镇痛为主，可肌肉注射复方氨基比林液，20～40 mL。30%安乃近液，20～40 mL，1～2 次/天。为预防继发感染，在使用解热镇痛剂后，体温仍不下降或症状没有减轻时，可适当使用磺胺类药物或抗生素
	预防	除加强饲养管理，增强机体耐寒性锻炼外，主要应防止家畜突然受寒

	疾病名称	牛佝偻病
2	病因	①动物体钙、磷不足或比例失调； ②维生素 D 缺乏； ③畜舍光照不足,运动减少,日照短
	症状	①消化障碍:精神沉郁,食欲减退,异嗜,生长停滞,日渐消瘦 ②运动障碍:动物喜卧,不愿行走。犊牛站立时拱背、后肢附关节内收,呈"八"字形叉开 ③骨变形:长骨变形,呈"X"形腿或"Y"形腿。关节粗大,以腕关节、踝关节较明显。出牙期延长,齿形不规则,齿面易磨损,不平整。额部突出,下颌骨增厚
	治疗	①补充维生素 D:维生素 D 1 500～3 000 IU/kg 体重,肌肉注射 ②补钙:口服碳酸钙 30～120 g
	预防	改善日粮组成,切忌单一饲喂,供给充足的钙、磷,比例要适当。维生素 D 在骨化过程中起着非常重要的作用,应特别注意补充
3	疾病名称	反刍兽低血镁搐搦
	病因	①牧草含镁量不足:大量使用过钾肥和氮肥的土壤,植物含镁量低,禾本科牧草含镁量低,长期单一饲喂这类牧草,可导致本病 ②镁吸收减少:饲料中含钾、氮、锰、钠、磷等元素过高,可影响镁的吸收 ③天气因素:阴雨连绵、寒冷、大风等恶劣天气,可诱发本病
	症状	①急性型:病畜惊恐不安,离群独处,停止采食,盲目疾走或狂奔乱跑。行走时前肢高提,四肢僵硬,步态蹒跚,常跌倒。倒地后口吐白沫,牙关紧闭,眼球震颤,瞳孔散大,瞬膜外露,全身肌肉强直。心悸,体温高达 40.5℃,呼吸加快 ②亚急性型:基本症状同急性型。病畜频频排粪、排尿,头颈回缩,有攻击行为 ③慢性型:病初症状不明显,食欲减退,泌乳减少。数周后出现步态强拘,后躯跟跄,上唇、腹部、四肢肌肉震颤,感觉过敏,微弱刺激可引起强烈反应。后期感觉丧失,陷于瘫痪状态
	治疗	10％氯化钙,犊牛 10～20 mL;25％硫酸镁,犊牛 5～10 mL;10％葡萄糖 500～1 000 mL,静脉注射。应先注射氯化钙后注射硫酸镁。为防复发,可在饲料中添加氧化镁每天每头 10～50 g,连喂 7 天
	预防	也可用 2％硫酸镁喷洒牧草,以增加牧草中镁的含量,有效预防本病发生

【技能实训】

▶ 技能项目　后备牛普通病的一般检查

1. 实训条件

牛、体温计,听诊器、叩诊锤、常用保定设备、笔、纸。

2. 方法与步骤

(1)病畜登记　主要登记以下内容:动物种类、品种、性别、年龄、个体特征,以及畜主姓名、住址、单位等。

（2）病史调查　主要通过问诊的方式，了解现病史及既往病史，必要时尚需进行流行病学调查。

（3）现症检查

①全身状态的观察，主要观察以下状况：

精神状态：看精神是兴奋还是沉郁；

营养状况：是营养良好还是营养不良；

看姿势与步态：看站立姿势是正常还是异常。

②被皮与皮肤检查，主要看以下内容：

鼻镜：看牛的鼻镜是湿润还是干燥；

被毛：看被毛是平顺而有光泽还是蓬松而粗乱，是否有被毛脱落的现象，看牛肛门周围的是否被粪便污染；

皮肤：看牛的皮肤温度、湿度、弹性是否正常；有无疹疱、破损等；

皮下组织：看牛有无皮下水肿、气肿、脓肿、血肿、疝等病理表现。

③眼结膜的检查，主要看牛的眼结膜有无潮红、苍白、黄染、发绀、出血等症状。

④浅表淋巴结的检查，主要看牛的颌下淋巴结、肩前淋巴结、膝襞淋巴结、腹股沟淋巴结等有无肿胀、疼痛等表现。

⑤体温、脉搏、呼吸次数的测定：

用体温计测定犊牛直肠温度，看牛体温是否正常；

用听诊器，听取牛的心率及呼吸次数，看犊牛的心率与呼吸次数是否正常。

⑥记录各项检查结果。

⑦分组讨论，提出治疗措施。

⑧各小组代表进行全班交流，讨论，选出最优治疗方案。

⑨实施治疗。

动物医院执业兽医师诊断书

畜主姓名		家庭住址		联系电话		畜种	
年龄		耳标号		外貌特征		体重	
主诉病史							
一般检查	体温：		脉搏：		呼吸：		
初步诊断							
预后判断							
兽医师签名						年　　月　　日	

动物医院执业兽医师处方笺

项目	畜主姓名		家庭住址		联系电话		
畜别		耳标号		外貌特征		体重	
诊断							
处方	R:						
	药剂师签名： 　　　　年　　月　　日						
兽医师签名						年　　月　　日	

【自测练习】

1. 填空题

(1)犊牛饮食性腹泻的特征是_____和_____。

(2)犊牛饮食性腹泻治疗原则是_____，_____，防止_____和_____。

(3)犊牛肺炎的特征是患牛不吃食，喜卧，_____干，精神郁闷，咳嗽，鼻孔有分泌物流出，体温____，呼吸困难和肺部听诊有异常_____。

(4)犊牛肺炎根据临床症状可分为_____和_____。

(5)犊牛脐带疾病可以分为_____和_____两种类型。

2. 判断改错题(在有错误处下画线，并写出正确的内容)

(1)加强饲养管理，严格执行犊牛饲养管理规程，是预防犊牛饮食性腹泻的关键。(　　　)

(2)犊牛肺炎是附带有严重呼吸障碍的肺部炎症性疾患，犊牛生长期间都易发生。(　　　)

(3)犊牛脐带疾病大多数是由于断脐消毒不严或操作失误造成的。(　　　)

(4)犊牛红尿一般不需要治疗，只要控制好饮水即可恢复。(　　　)

(5)脐出血时应立即做好止血、消炎工作，必要时可以给予输血。(　　　)

3. 选择题

(1)犊牛饮食性腹泻典型特征是(　　　)。

A. 消化不良和拉稀　　B. 咳嗽与流鼻涕　　C. 精神兴奋　　D. 呼吸急促

(2)犊牛红尿引发的主要病因是(　　　)。

A. 肾炎　　　B. 饮水过多　　　C. 尿路感染　　　D. 膀胱炎

(3)治疗慢性结膜炎时，首先用于点眼的药物是(　　　)。

A. 0.5%～1%硝酸银溶液　　B. 青霉素　　C. 四环素　　D. 可的松

(4)角膜炎发生后，疼痛较重者用于点眼的药物配伍最好是硫酸锌、硼酸、0.1%肾上腺素、蒸馏水10 mL，还有(　　　)。

A.青霉素　　　　B.盐酸普鲁卡因　　　　C.氢化可的松　　　D.75%酒精

(5)治疗解膜炎时,可以采取自家血液疗法,其自家血的用量是(　　　),眼睑皮下注射。

A.每次2～3 mL　　　　B.20～30 mL　　　　C.5～10 mL　　　　D.50～100 mL

4.问答题

(1)犊牛饮食性腹泻有哪些临床症状?请结合实际制定一个治疗方案。

(2)我们在生产过程中,如何预防犊牛饮食性腹泻的发生?

(3)犊牛肺炎有哪些临床症状?如果发病该如何治疗?请给出一个合理的处方。

(4)犊牛脐带疾病有哪些类型?其临床症状是什么?

【学习评价】

考核任务	考核要点	评价标准	考核方法	参考分值
1.后备牛常见普通病的诊断 2.后备牛常见普通病的治疗	操作态度	精力集中,积极主动,服从安排	学习行为表现	10
	协作意识	有合作精神,积极与小组成员配合,共同完成任务		10
	查阅资料	能积极查阅、收集资料,认真思考,并对任务完成过程中的问题进行分析处理		10
	常见普通病的诊断	临床症状收集齐全、有效,诊断书填写规范、正确	诊断书填写	20
	处方开写	根据所学知识,开写处方正确、合理	处方开写	20
	常见普通病的治疗	实施治疗,处理得当	临床操作	20
	工作记录和总结报告	有完成全部工作任务的工作记录,字迹工整;总结报告结果正确,体会深刻,上交及时	作业检查	10
合计				100

学习任务二　成年牛常见普通病防治

【任务目标】

　　了解成年牛常见普通病的病因、症状,掌握其治疗方法及预防措施,从而达到在生产一线可以做到迅速诊断,正确治疗,并能科学合理地制订防制措施,预防成年牛常见普通病的发生。

养牛与牛病防治

【学习活动】

▶ 一、活动内容

成年牛常见普通病的诊断、鉴别、治疗及预防。

▶ 二、活动开展

(1)通过网络、书籍等,查询相关信息,了解成年牛常见普通病;
(2)通过实地走访牛场,调研本地区成年牛常见普通病;
(3)收集成年牛常见普通病的临床诊疗处方;
(4)收集当地成牛常见普通病的预防措施。

【相关技术理论】

随着奶牛集约化管理程度的提高,对饲养管理条件要求也越来越高。外部条件和饲养管理水平直接关系到奶牛的健康。在饲养方面由于各方面条件的制约,使饲养管理提高的速度赶不上奶牛生产能力增长速度,因而给整个群体带来了比较大的影响。存在着高产奶牛因干物质进食不足,导致产奶量降低,特别是产后一段时期发生代谢病和前胃疾病增多;同时,由于管理不当,奶牛繁殖性能不能充分得到发挥,主要表现在:产科疾病发病率增高,配种时间延迟,配种头数减少,情期受胎率下降,产犊间隔时间延长,繁殖率下降,生产性能降低,胎次减少,生产寿命缩短,终身产量和效益不能得到提高,经济效益降低。因此高产奶牛产科疾病已经严重地影响了奶牛业的发展。

▶ 一、成年牛常见普通病

瘤胃酸中毒

瘤胃酸中毒是由采食过量的精料或长期饲喂酸度过高的青贮饲料,在瘤胃内产生大量乳酸等有机酸而引起的一种代谢性酸中毒。病后以呈现消化紊乱、中枢神经兴奋性增高;脱水、卧地不起、休克、毒血症和高死亡率为特征。

【病因】突然食入过多的精料,如黄豆、稻谷、玉米、豆饼以及面粉,精粗比例不当或青贮饲料酸度过大是本病最常见的病因,经过加工的谷物,更易引起发病。

【发病机理】过食精料后,2~6 h瘤胃的微生物群体出现明显变化,瘤胃中的牛链球菌、乳酸菌等迅速繁殖,它们利用碳水化合物而产生大量乳酸、挥发性脂肪酸和氨等,使瘤胃的pH降至5以下,此时溶解纤维素的细菌和原虫被抑制。瘤胃内正常微生物区系遭到严重破坏,乳酸增多,能提高瘤胃的渗透压,并使水从全身循环进入瘤胃,引起血液浓缩、脱水,瘤胃积液。同时,瘤胃的缓冲剂可缓冲一些乳酸,但是相当大量的乳酸通过胃壁吸收,表现酸中毒。

【症状】本病通常呈急性经过,与饲料种类、性质、采食量有关,一般采食粉碎的谷物比不粉碎的发病快,特别是含淀粉丰富的谷物和黄豆,采食量越多,危险性越大。初期,食欲、反刍减少或废绝,瘤胃蠕动衰弱,瘤胃胀满,听诊时常可听到气体通过瘤胃内积聚的大量液体上升时发出的咕噜声,但瘤胃的原发性收缩完全消失。腹泻,粪酸臭,脱水,急性病例常见无尿。随后可见盲目直行或转圈,严重者呈现狂躁不安,难以控制,严重的病例步态蹒跚,行如酒醉,视力障碍。

体温偏低,一般 36.5～38.5℃;心率加快,每分钟 100 次以上;呼吸浅而快,每分钟达 60～90 次。多数病例呈现蹄叶炎,跛行,站立困难,最后卧地昏迷死亡。

【治疗】治疗原则是矫正瘤胃和全身性酸中毒,防止乳酸的进一步产生;恢复损失的液体和电解质,并维持循环血量;恢复前胃和肠管运动。

在治疗过程中,先禁食 1～2 天,而后饲喂优质干草。要限制饮水,因瘤胃酸中毒病畜,瘤胃积液,渴欲增加,如饮水过量,易促进死亡。

(1)缓解酸中毒,静注 5%碳酸氢钠 1 000～1 500 mL,每日 1～2 次,并内服苏打粉 100～200 g;也可静注硫代硫酸钠 5～20 g,或 28.75%谷氨酸钠 40～80 mL。为促进乳酸代谢,可肌注维生素 B_1 0.2～0.4 g,并内服酵母片。

(2)补充水及电解,促进血液循环和毒素的排出。常用生理盐水、糖盐水、复合生理盐水、低分子右旋糖酐各 500～1 000 mL,混合静注。

(3)为了兴奋瘤胃可用瘤胃兴奋剂,如新斯的明或毛果芸香碱皮下注射。

(4)出现神经症状时,可肌内注射氯丙嗪 300～500 mg。

(5)及时进行病胃切开手术,取出瘤胃内容物,并加以冲洗,冲洗后接种适量的健康牛瘤胃液,对治疗本病有较好的效果。

牛醋酮血病

牛醋酮血病是由饲料中含糖不足引起的,以酮血、酮尿为特征的一种代谢病。多见于营养良好和产奶量较高的乳牛。常于产后 6 周内发病。

【病因】饲料中含蛋白质、脂肪过高而含碳水化合物不足。另外,运动不足、前胃弛缓、肝脏疾病、维生素缺乏、消化紊乱及大量泌乳是本病的诱因。

【症状】

(1)神经症状 病初兴奋不安,盲目徘徊或冲撞障碍物,对外界刺激反应过敏。后期精神沉郁,反应迟钝,后肢轻瘫,往往不能站立,头颈向侧后弯曲,呈昏睡状态。

(2)消化障碍 消化不良,食欲减退,不愿吃精料而喜食粗料,很快消瘦,排粪迟滞。

(3)特征症状 皮肤、呼出气、尿液、乳汁有烂苹果味(酮味)。

【治疗】

(1)补糖 25%葡萄糖注射液 500～1 000 mL,静脉注射,2 次/天。胰岛素 100～200 IU,肌肉注射。也可用白糖 250～500 g 内服,2 次/天。

(2)补充生糖物质 丙酸钠 100～200 g,内服,2 次/天,连用 5～7 天。也可用乳酸钠内服。

(3)促进糖原生成 肾上腺素 200～600 IU,肌肉注射。

(4)护理 减少精料,增喂碳水化合物及含维生素多的饲料,如甜菜、胡萝卜等。适当运动,增强胃肠机能。

【预防】合理配合日粮,保证糖、蛋白质、脂肪、矿物质、维生素等各种营养物质的平衡,满足奶牛的生理需求。适当运动,1~2 h/天,给予充足的阳光照射。产奶高峰期可适当补充乳酸钠(100 g/天,连用 6 周)。

产 后 瘫 痪

产后瘫痪又称生产瘫痪,也称乳热病。是成年母牛分娩后突然发生的急性低血钙为主要特征的一种营养代谢障碍病。此病多发生于高产奶牛。

【病因】低血钙是导致产后瘫痪的主要原因。据报道,母牛随生产次数的增加,生产能力不断增强,但产后瘫痪的发病率也随之提高,泌乳量大的牛患病率更高。经测定患产后瘫痪的牛可使生产年限缩短三四年,其他代谢性疾病的发病率也明显增高。据试验,在产前第 2 个干乳月,每日每头牛进食钙 20 g、钙磷比例控制在 2:1 时,可有效预防产后瘫痪。

【症状】产后瘫痪多数发生在分娩后的 48 h 以内。根据临床症状可分为爬卧期及昏睡期。

爬卧期病牛呈爬卧姿势,头颈向一侧弯扭,意识抑制、闭目昏睡、瞳孔散大、对光反应迟钝。四肢肌肉强直消失以后,反而呈现无力状态不能起立。这时耳根部及四肢皮肤发凉,体温下降(36~38.5℃),出现循环障碍,脉搏每分钟增至 90 次左右,脉弱无力、反复停止、食欲废绝。如上所述,此期以意识障碍、体温降低、食欲废绝为特征。

昏睡期病牛四肢平伸躺下不能坐卧,头颈弯曲抵于胸腹壁,昏迷、瞳孔散大。体温进一步降低和循环障碍加剧,脉搏急速(每分钟达 120 次左右),用手几乎感觉不到脉搏。因横卧引起瘤胃臌气,瞳孔对光的反射完全消失,如不及时诊治很快就会停止呼吸而死亡。

【治疗】治疗产后瘫痪主要有钙剂疗法和乳房送风法。

钙剂疗法:约有 80% 的病牛经用 8~10 g 钙 1 次静脉注射后即刻恢复。10% 的葡萄糖酸钙 800~1 400 mL 静脉注射效果甚佳,多数病例在 4 h 内可站起,在注射 6 h 后不见好转者,可能伴有严重的低磷酸盐血症,可静脉注射 15% 磷酸二氢钠 250~300 mL,实践证明有较好效果,但必须缓慢注射。

乳房送风法:送风时,先用酒精棉球消毒乳头和乳头管口,为了防止感染,先注入青霉素注射液 80 万 IU,然后用乳房送风器往乳房内充气,充气的顺序是先充下部乳区,后充上部乳区,而后用绷带轻轻扎住乳头,经 2 h 后取下绷带,12~24 h 后气体消失。此种方法如果和静脉注射钙剂同时进行效果更佳。

【预防】

(1)分娩后不急于挤奶,乳房正常的牛,初次挤奶,一般挤 1/2 的奶量,以后逐渐增加,到第 4 天可挤净。

(2)加强饲养管理,产前少喂高钙饲料;增加阴离子饲料喂量,产前 21 天,每天可补饲 50~100 g 的氯化铵和硫酸铵,产前 5~7 天每天肌肉注射维生素 D_3 2 000~3 000 IU;静脉注射 25% 葡萄糖和 20% 葡萄糖酸钙各 500 mL,每天一次,连用 2~3 次。每日要多运动,多晒太阳。减少精饲料和多汁饲料的喂量。产后要喂给大量的盐水,以促使其迅速恢复正常的血压。

前 胃 弛 缓

前胃弛缓,是由各种原因导致的前胃兴奋性降低、收缩力减弱,瘤胃内容物不能正常消化和后移,在前胃内产生大量腐败和酵解的有毒物质,引起消化障碍,食欲、反刍减退以及全身机能紊乱现象的一种疾病。

【病因】前胃弛缓的病因比较复杂,原发性前胃弛缓都与饲养管理有关。

(1)饲料过于单纯　长期饲喂粗纤维多,营养成分少的稻草、麦秸、豆秸、甘薯蔓、花生蔓等,使消化机能陷于单调和贫乏,一旦变换饲料,即引起消化不良。

(2)草料质量低劣　多因饲草饲料缺乏,利用野生杂草、作物秸秆以及棉秸、小杂树枝饲喂牛、羊,由于纤维粗硬,刺激性强,难于消化,常导致前胃弛缓。受过热的青饲料,冻结的块根,变质的青贮,霉败的酒糟,或豆渣、粉渣,以及豆饼、花生饼、棉籽饼等糟粕,亦易导致消化障碍而发生本病。

(3)矿物质和维生素缺乏　饲料日粮配合不当,矿物质和维生素缺乏,特别是缺钙,引起低血钙症,影响到神经体液调节机能,导致本病发生。

(4)饲养失宜　不按时饲喂;或因精料过多,饲草不足,奶牛或因突然变换新收的大麦、小麦等谷物或优良青贮,任其采食,都易扰乱其消化程序,而成为本病的发病原因。

(5)管理不当　耕牛劳役过度;或因冬季休闲、运动不足;缺乏日光照射,神经反应性降低,消化道陷于弛缓,也易导致本病的发生。

(6)应激反应　在家畜中,特别是奶牛、奶山羊,由于受到饲养管理方法与严寒、酷暑、饥饿、疲劳、断乳、离群、恐惧、剧烈疼痛、感染与中毒等诸多因素的刺激,引起应激系统复杂反应,发生前胃弛缓现象。

继发性前胃弛缓,通常是一种临床综合征,病因比较复杂。多见于某些寄生虫病,如肝片吸虫病;某些传染病,如口蹄疫等;某些代谢病,如牛骨软症、生产瘫痪、酮血症;以及前胃的其他疾病均可继发本病。

此外,治疗用药不当,长期大量应用磺胺类和抗生素制剂,瘤胃内菌群共生关系受到破坏,因而发生消化不良,呈现前胃弛缓。

【症状】前胃弛缓按其病性发展过程,可分为急性和慢性两种类型。

(1)急性型　病畜精神委顿,食欲减退或消失,反刍减少或停止,体温、呼吸、脉搏及全身机能状态无明显异常。瘤胃收缩力减弱,蠕动次数减少或正常,瓣胃蠕动音低沉,奶牛泌乳量下降,时而嗳气,有酸臭味,便秘,粪便干硬、呈深褐色。触诊瘤胃表现松软,张力下降,内容物黏硬或呈粥状;如因变质饲料引起的,瘤胃收缩力消失,轻度或中等度臌胀,下痢;由应激因素引起的,瘤胃内容物黏硬,无臌胀现象。如果伴发前胃炎或酸中毒,病情加剧恶化,呻吟,食欲、反刍废绝,排出大量棕褐色糊状粪便,具有恶臭,精神高度沉郁,体温下降;鼻镜干燥,眼球下陷,黏膜发绀,发生脱水现象。

(2)慢性型　通常多为继发性因素所引起,或由急性转变而来,多数病例食欲不定,发生异嗜,反刍不规则,便秘,粪便干硬、呈暗褐色、附着黏液;下痢,或下痢与便秘互相交替。眼球下陷,结膜发绀,全身衰竭。

【治疗】治疗原则是改善饲养管理,排除病因,增强神经体液调节机能,恢复前胃运动功能,改善和恢复瘤胃内环境,防止脱水和自体中毒。

(1)去除病因,加强护理　原发性前胃弛缓,病初禁食1~2天后,饲喂适量富有营养、容易消化的优质干草或放牧。迅速改善饲养管理。

(2)增强神经调节机能,恢复前房运动功能　可用氨甲酰胆碱,牛1~2 mg;或新斯的明

10～20 mg;或毛果芸香碱 30～50 mg,皮下注射。但对病情危急、心脏衰弱、妊娠母牛,则须禁止应用,以防虚脱和流产。但在病的初期,宜用硫酸钠或硫酸镁 300～500 g、鱼石脂 10～20 g、温水 600～1 000 mL,一次内服;或用液状石蜡 1 000 mL、苦味酊 20～30 mL,一次内服,以促进瘤胃内容物运转与排除。也可用小剂量吐酒石,每次 2～4 g,常水 100～200 mL,内服,每天 1 次,连用 3 次。但吐酒石易沉积于瘤胃内,能引起瘤胃炎和中毒反应,故应慎重。

应用促反刍液,通常应用 10%氯化钠溶液 100 mL、5%氯化钙溶液 200 mL、20%安钠咖溶液 10 mL,静脉注射,可促进前胃蠕动。

应用缓冲剂,调节瘤胃内容物 pH。当瘤胃内容物 pH 降低时,宜用氧化镁 200～400 g,配成水乳剂,并用碳酸氢钠 50 g,一次内服。反之,pH 增高时,可用稀醋酸 20～40 mL,或食醋适量,内服,具有较好的疗效。另外采取瘤胃内容物疗法,效果显著。

(3)防腐止酵 牛可用稀盐酸 15～30 mL、酒精 100 mL、煤酚皂溶液 10～20 mL、常水 500 mL,或用鱼石脂 15～20 g、酒精 50 mL、常水 1 000 mL,一次内服,每天 1 次。伴发瓣胃阻塞时,消化障碍,病情严重,可先用液状石蜡 1 000 mL,内服,同时应用新斯的明或氨甲酰胆碱,促进前胃蠕动及其排除作用,连用数天。若不见效,即作瘤胃切开,取出其中内容物,冲洗瓣胃。

(4)防止脱水和自体中毒 伴发脱水和自体中毒时,可用 25%葡萄糖溶液 500～1 000 mL,静脉注射;或用 5%葡萄糖生理盐水 1 000～2 000 mL、40%乌洛托品溶液 20～40 mL、20%安钠咖注射液 10～20 mL,静脉注射。并配合胰岛素 100～200 IU,皮下注射。

(5)中药治疗 依辨证施治原则,以健脾和胃,补中益气为主,牛宜用四君子汤加味(党参 100 g、白术 75 g、茯苓 75 g、炙甘草 25 g、陈皮 40 g、黄芪 50 g、当归 50 g、大枣 200 g,煎水去渣内服,每天 1 剂,连用 2～3 剂)。

此外,也可以用红糖 250 g、生姜 200 g(捣碎),开水冲服,具有和脾暖胃、温中散寒的功效。

【预防】应注意饲养管理,禁止突然变更饲料,或任意加料。注意劳逸结合和适当运动,减少应激反应。

瘤胃积食

瘤胃积食也叫瘤胃滞症,中兽医称为宿草不转,是因前胃收缩力减弱,采食大量难于消化的饲草或容易臌胀的饲料蓄积于瘤胃中,临床表现急性瘤胃扩张、瘤胃容积增大,内容物停滞和阻塞;瘤胃运动和消化机能障碍,形成脱水和毒血症。

【病因】瘤胃积食的病因,主要见于贪食大量的青草、苜蓿、红花草（紫云英）或甘薯、胡萝卜、马铃薯等饲料;或因饥饿采食了大量谷草、稻草、豆秸、花生秧、甘薯蔓等,而饮水不足,难于消化而致。

一些不合理的饲养管理因素影响如饲养方式或饲料的突变、饥饱无常、饱食后立即使役及过劳等易导致本病的发生。在前胃弛缓、创伤性网胃腹膜炎、瓣胃秘结以及皱胃阻塞等病程中,也常常继发本病。

【症状】本病情发展迅速,通常在采食后数小时内发病,临床症状明显。

(1)病牛神情不安,目光凝视,回顾腹部,间或后肢踢腹,有腹痛表现。拱背,不断起卧,并伴有呻吟。

(2)嗳气、流涎，食欲、反刍消失，腹部听诊瘤胃蠕动音减弱或消失；肠音微弱或便秘，粪便干硬呈饼状，间或发生下痢。触诊瘤胃，病畜不安，内容物黏硬，用拳按压，遗留压痕。有的病畜瘤胃内容物坚硬如石。腹部臌胀，左侧瘤胃上部饱满，中下部向外突出。

(3)直肠检查发现瘤胃扩张，容积增大，充满黏硬内容物；有的病例，其中内容物呈粥状，瘤胃显著扩张。

晚期病例，奶牛泌乳量减少或停止泌乳。瘤胃积液，呼吸促迫而困难。心悸，脉搏疾速，皮温不整，四肢、角根和耳冰凉，全身战栗，眼球下陷，黏膜发绀，全身衰弱，卧地不起，陷于昏迷状态。

【治疗】治疗原则是恢复前胃运动机能，促进瘤胃内容物运转，消食化积，防止脱水与自体中毒。

(1)消食化积　首先禁食，并进行瘤胃按摩，每次 5～10 min，每隔 30 min 一次。或先灌服大量温水，随即按摩，效果更好。也可用酵母粉 500～1 000 g，一天分两次内服，具有化食作用。清肠消导，可用硫酸镁或硫酸钠 300～500 g、液状石蜡或植物油 500～1 000 mL、鱼石脂 15～20 g、75％酒精 50～100 mL、常水 6 000～10 000 mL，一次内服。

(2)促进前胃蠕动　可用毛果芸香碱 0.05～0.2 g，或新斯的明 0.01～0.02 g，皮下注射，但心脏功能不全牛与孕牛忌用。亦可用 10％氯化钠溶液 100～200 mL，静脉注射。或先用 1％温食盐水洗涤瘤胃，再用促反刍液。

(3)防止脱水，解除自体中毒　宜用 5％葡萄生理盐水 2 000～3 000 mL，20％安钠咖注射液 10 mL，维生素 C 0.5～1 g，静脉注射，每天 2 次。强心补液，保护肝功能，促进新陈代谢，防止脱水。

当血液碱贮下降、酸碱平衡失调时，宜用 5％碳酸氢钠溶液 300～500 mL，或 11.2％乳酸钠溶液 200～400 mL，静脉注射，解除酸中毒。在病程中，继发瘤胃臌胀时，应及时穿刺放气，以缓和病情。药物治疗无效时，尽快进行瘤胃切开术。

【防治】本病的预防，在于加强经常性饲养管理，防止突然变换饲料或过食。应按日粮标准饲养；避免外界各种不良因素的刺激和影响，保持其健康状态。

妊 娠 浮 肿

妊娠浮肿是怀孕末期母畜腹下、四肢和会阴等处发生的非炎性水肿。如果浮肿面积小、症状轻，一般可视为正常现象；本病多发生于分娩前 1 月内，分娩前 10 多天最为明显，分娩后 2 周左右自行消散，常见于奶牛和马。

【病因】

(1)怀孕末期腹内压增高，乳房胀大，孕畜运动量减少，因而使腹下、乳房、后肢的静脉血流滞缓，引起淤血及毛细血管壁的渗透压增高而发病。

(2)饲料中的蛋白质供应不足，孕畜血浆蛋白浓度降低而发病。

【症状】浮肿常从腹下及乳房开始，有时可蔓延到前胸、后肢及阴门。肿胀呈扁平，左右对称，触诊无痛，皮温低，指压留痕。被毛稀少的部位皮肤紧张而有光泽。

【治疗】以改善饲养管理为主，给予蛋白质丰富的饲料，限制饮水，减少多汁饲料及食盐，轻者不必治疗。严重者可应用强心、利尿剂，水肿灵（15％葡萄糖溶液 100 mL，20％安钠咖注射液 10 mL,5％氯化钙注射液 200 mL,10％水杨酸钠注射液 100 mL)一次静脉注射,每日 1 次,连用 2～3 次。重症者可用 50％葡萄糖 500 mL、10％葡萄糖 1 500 mL、10％葡萄糖酸钙 500 mL、水解蛋白 500 mL、10％安钠咖注射液 10 mL,一次静脉注射。每日 1 次,连用数次。

胎衣不下

家畜在分娩以后,胎衣在正常时间内未能排出,称为胎衣不下。

【病因】引起胎衣不下的原因很多,但直接的原因不外乎以下两种。

产后子宫收缩无力:怀孕后期劳役过度,或运动不足;饲料中缺乏矿物质、维生素;年老体弱、过于肥胖或过于瘦弱;从而导致子宫收缩无力,引起胎衣不下。

胎盘的炎症:由于子宫内膜或胎膜发生炎症,使母体胎盘与胎儿胎盘之间发炎,而导致粘连。

此外,患布氏杆菌病,结核等疾病的过程中,往往引起胎衣不下。

【症状】牛胎衣全部不下时,可见由阴门脱出部分胎衣,或全部停滞于子宫内。病畜拱背,频频努责。滞留的胎衣经 24～48 h 发生腐败,腐败的胎衣碎片随恶露排出,腐败分解产物经子宫吸收后可发生全身中毒症状,即食欲及反刍减退或停止,体温升高,奶量剧减,瘤胃弛缓。部分胎衣不下的病例,可并发子宫内膜炎或败血症。

【治疗】

1.药物疗法

其目的在于促进子宫收缩,使胎儿的胎盘与母体胎盘分离,促进胎衣排出。可肌肉或皮下注射垂体后叶素,50～80 IU,2 h 后重复注射一次;或麦角新碱,2～5mg,也可用己烯雌酚。静脉注射 10％氯化钠溶液 200～300 mL。

牛灌服羊水 300 mL,也可促进子宫收缩。灌服后经 4～6h 胎衣即可排出,否则重复灌服一次。

为了促使胎儿胎盘与母体胎盘分离,可向子宫黏膜与胎膜之间注入 10％氯化钠溶液 3 000 mL。

为预防胎盘腐败及感染,及早用消毒药液如 0.1％高锰酸钾冲洗子宫,并向子宫黏膜与胎膜之间放入抗生素类药物,每日冲洗 1～2 次直至胎盘碎片完全排出。

2.手术剥离

(1)术前准备 病畜取前高后低站立保定,尾巴缠尾绷带拉向一侧,用 0.1％新洁尔灭溶液洗涤外阴部及露在外面的胎膜。向子宫内注入 5％～10％的氯化钠溶液 2 000～3 000 mL,如果母畜努责剧烈可行腰荐间隙硬膜外腔麻醉。

术者按常规准备,戴长臂手套并涂灭菌润滑剂。

(2)手术方法

牛的剥离方法:先用左手握住外露的胎衣并轻轻向外拉紧,右手沿胎膜表面伸入子宫内,探查胎衣与子宫壁结合的状态,而后由近及远逐渐螺旋前进,分离母子胎盘。剥离时用中指和食指夹住子叶基部,用拇指推压子叶顶部,将胎儿胎盘与母体胎盘分离开来。剥离子宫角尖端的胎盘比较困难,这时可轻拉胎衣,再将手伸向前方迅速抓住尚未脱离的胎盘,即可较顺利的剥离。在剥离时,切勿用力牵拉子叶,否则会将子叶拉断,造成子宫壁损伤,引起出血,而危及母畜生命安全。

胎衣剥完之后,如胎衣发生腐败,可用 0.1%高锰酸钾溶液冲洗子宫,待完全排出后,再向子宫内注入抗生素类药物,以防子宫内感染。

【预防】加强饲养管理,增加怀孕后期母牛的运动和光照,给予富含蛋白质、矿物质、维生素的饲料,增强家畜体质。

子宫内膜炎

子宫内膜炎是子宫黏膜的黏液性或化脓性炎症。有急性、慢性之分。

【病因】

(1)产后子宫内膜受损伤感染而发病。

(2)继发于难产、胎衣不下、子宫脱等产科疾病。

(3)继发于结核、布病等传染病。

【症状】

1.急性子宫内膜炎

病畜食欲减退,体温升高,拱背,尿频,不时努责,从阴门中排出灰白色的,含有絮状物的分泌物或脓性分泌物,卧下时排出量较多。

阴道检查,子宫颈外口肿胀、充血,有时可以看到渗出物从子宫颈流出。

直肠检查,子宫角增大,子宫呈面团样感觉,如果渗出物多时则有波动感。

2.慢性子宫内膜炎

(1)慢性黏液性子宫内膜炎　其特征是性周期不正常,有时虽有发情,但多次配种而不受孕。阴道检查,可见黏膜充血,并不断排出透明而带絮状物的黏液。

(2)慢性化脓性子宫内膜炎　病畜往往表现全身症状,患畜逐渐消瘦,阴唇脓肿,从阴门流出黄白色或黄色的黏液性或脓性分泌物。

阴道检查,可见子宫颈外口充血,并黏附有脓性絮状黏液,子宫颈张开,有时由于子宫颈黏膜肿胀,组织增生而变狭窄,脓性分泌物积聚于子宫内,称为子宫积脓。

直肠检查,子宫壁松弛,厚薄不均,收缩迟缓。当子宫积脓时,子宫体及子宫角明显增大,子宫壁紧张而有波动。

【治疗】消除炎症,防止扩散,促进子宫机能恢复。

1.冲洗子宫及子宫内用药

冲洗时要在子宫颈张开的情况下进行,而且要根据不同情况采取不同措施。

(1)急性、慢性黏液性子宫内膜炎　可用温热的 0.9%氯化钠溶液 1 000～5 000 mL,用子宫洗涤器反复冲洗,直到排出液透明为止。然后经直肠按摩子宫,排除冲洗液,放入抗生素或其他消炎药物,每日洗 1 次,连续 2～4 次。

(2)化脓性子宫内膜炎　可采用 0.1%高锰酸钾溶液、0.1%新洁尔灭溶液冲洗子宫,而后注入青霉素 80 万～120 万 IU。

2.全身治疗及对症治疗

可应用抗生素及磺胺类药物疗法,强心、利尿、解毒等。

【预防】对怀孕母畜应给予营养丰富的饲料,给以适当的运动,增强体质及抗病能力。助产时应按规范化进行。胎衣不下时要及时处理,在实施人工授精、分娩、助产及产道检查时,要严格消毒,分娩后厩舍要保持清洁、干燥,预防子宫内膜炎的发生。

乳 房 炎

乳房炎是乳房受到机械的、物理的、化学的和生物学的因素作用而引起的炎症。按其症状和乳汁的变化,可分为临床型与非临床型两种。

【病因】

病原微生物的感染:如链球菌、葡萄球菌、大肠杆菌、化脓性棒状杆菌、结核杆菌等,通过乳头管侵入乳房,而发生感染。

饲养管理不当:如挤乳技术不够熟练,造成乳头管黏膜损伤,垫草不及时更换,挤乳前未清洗乳房或挤乳员手不干净以及其他污物污染乳头等。

机械损伤:乳房遭受打击、冲撞、挤压、蹴踢等机械的作用,或幼畜咬伤乳头等,也是引起本病的诱因。

继发于某些疾病:子宫内膜炎及生殖器官的炎症等可继发本病。

【症状】

1.临床型乳房炎

有明显的临床症状,乳房患病区域红肿、热痛,泌乳减少或停止,乳汁变性,体温升高,食欲不振,反刍减少或停止。根据炎症性质的不同,乳汁的变化亦有所差异。

(1)浆液性乳房炎　常呈急性经过,由于大量浆液性渗出物及白细胞游出进入乳小叶间结缔组织内,所以乳汁稀薄并含有絮片。

(2)卡他性乳房炎　乳腺泡上皮及其他上皮细胞变性脱落。其乳汁呈水样,并含有絮状物和乳凝块。

(3)纤维素性乳房炎　由于乳房内发生纤维素性渗出,挤不出乳汁或只能挤出少量乳清或挤出带有纤维素脓性渗出物。如为重剧炎症时,有明显的全身症状。

(4)化脓性乳房炎　乳房中有脓性渗出物流入乳池和输乳管腔中,乳汁呈黏液脓样,混有脓液和絮状物。

(5)出血性乳房炎　输乳管或腺泡组织发生出血,乳汁呈水样淡红或红色,并混有絮状物及凝血块,全身症状明显。

(6)症候性乳房炎　常见于乳房结核、口蹄疫及乳房放线菌病等。

2.非临床型(隐性型)乳房炎

此种乳房炎无临床症状,乳汁中亦无肉眼可见异常。但是可以通过实验室检验乳汁中的病原菌及白细胞被发现。患乳房炎后乳汁中的白细胞和病原菌数增加,乳汁化验呈阳性反应。

【治疗】对乳房炎的治疗,应根据炎症类型、性质及病情等,分别采取相应的治疗措施。

1.改善饲养管理

为了减少对发病乳房的刺激,提高机体的抵抗力,厩舍要保持清洁、干燥,注意乳房卫生。为了减轻乳房的内压,限制泌乳过程,应增加挤乳次数,及时排出乳房内容物。减少多汁饲料及精料的饲喂量,限制饮水量。每次挤乳时按摩乳房 15～20 min,根据炎症的不同,分别采用不同的按摩手法,浆液性乳房炎,自下而上按摩;卡他性与化脓性乳房炎则采取自上而下按摩。纤维素性乳房炎、乳房脓肿、乳房蜂窝组织炎以及出血性乳房炎等,应禁用按摩方法。

2.乳房内注入药物疗法

常采用向乳房内注入抗生素溶液的方法。其步骤是先挤净患病乳房内的乳汁及分泌物,用消毒药液清洗乳头,将乳头导管插入乳房,然后慢慢将药液注入。注射完毕用双手从乳头基部向上顺次按摩,使药液扩散于整个乳腺内,每日 1～3 次。常用青霉素 40 万～80 万 IU,稀释于 100 mL 蒸馏水中作乳房注射。

3.乳房封闭疗法

(1)静脉封闭　静脉注射生理盐水配制的 0.25％～0.5％的普鲁卡因溶液 700～300 mL。

(2)会阴神经封闭　部位是在阴唇下联合,即坐骨弓上方正中的凹陷处。局部消毒后,左手拇指按压在凹陷处,右手持封闭针头向患侧刺入 1.5～2 cm,注入 0.25％盐酸普鲁卡因溶液 10～20 mL(内含青霉素 80 万 IU)。如两侧乳房患病,应依法向两侧注射。本法不但对临床型乳房炎有效,对隐性乳房炎也有良好效果,此为会阴神经封闭。

(3)乳房基部封闭　即在乳房前叶或后叶基部之上,紧贴腹壁刺入 8～10 cm,每个乳叶注入 0.25％～0.5％盐酸普鲁卡因溶液 100～200 mL,加入 40 万～80 万 IU 青霉素则可提高疗效。

4.冷敷、热敷疗法

炎症初期进行冷敷,制止渗出。2～3 天后可行热敷,促进吸收,消散炎症。

5.全身应用抗生素疗法

如青霉素、链霉素混合肌注,磺胺类药物及其他抗生素类药物静脉注射等。

【预防】

(1)保持畜舍、用具及牛体卫生,定期消毒。

(2)按正确方法挤乳,避免损伤乳头。

(3)挤乳前用温水清洗按摩乳房,挤净乳汁。

(4)干乳期乳房内注入抗生素 1～2 次,可降低发病率。

(5)保护乳房避免受挤压、冲撞等机械性损伤。

▶ 二、其他常见普通病

其他常见普通病见表 6-1-2。

表 6-1-2　成年牛其他常见普通病

疾病名称		流产
1	病因	1.饲养管理不当:由于饲料品质不良,缺乏某些营养物质,以及饲养管理失误,贪食过多,过劳等而引起 2.损伤:机械性损伤,引起子宫收缩。如冲撞、拥挤、蹦踢、剧烈的运动,闪伤,以及粗暴的直肠检查、阴道检查等 3.习惯性流产:主要由于子宫内膜的病变及子宫发育不全等引起 4.用药不当:母畜在怀孕时大量服用泻剂,利尿剂、驱虫剂和误服子宫收缩药物,催情药和妊娠禁忌的其他药物 5.继发于某些疾病:继发于子宫阴道疾病、胃肠炎、疝痛病、热性病及胎儿发育异常等

	疾病名称	流产
1	症状	1.隐性流产:胚胎在子宫内被吸收称为隐性流产。无临床症状。只是配种后,经检查已怀孕,但过一段时间后又再次发情,从阴门中流出较多的分泌物。 2.早产:一般在流产发生前2~3天,乳房肿胀,阴唇肿胀,乳房可挤出清亮的液体。腹痛、努责、从阴门流出分泌物或血液。 3.小产:排出死亡的胎儿,是最常见的一种流产。 4.延期流产:也称死胎停滞。胎儿死亡后长久不排出。死胎在子宫内变成干尸或软组织被分解液化。早期不易被发现,但母畜怀孕现象不见进展,而逐渐消退,不发情,有时从子宫内排出污秽不洁的恶臭液体,并含有胎儿组织碎片及骨片。
	治疗	1.保胎、安胎:可肌肉注射黄体酮。 2.促使胎儿排出:可用己烯雌酚和催产素配合应用。 3.对延期流产:开张子宫颈口,排出胎儿及骨骼碎片,冲洗子宫并投入抗菌消炎药,必要时进行全身疗法。
	预防	加强饲养管理,防止意外伤害及合理使役。怀孕后饲喂品质良好及富含维生素的饲料。发现有流产预兆时,应及时采取保胎措施。
	疾病名称	子宫脱出
2	病因	1.常由于怀孕母畜运动不足,劳役过度,营养不良等,使骨盆韧带及会阴部结缔组织弛缓无力。 2.由于胎儿过大,胎水过多,造成韧带持续伸张而发生子宫脱出。 3.怀孕末期或产后处于前高后低的厩床,努责过强,使腹压增大亦可引起。 4.在难产、助产失误以及胎衣不下剥离时强力牵拉,或在露出的胎衣上系上过重之物等。
	症状	子宫完全脱出后,子宫内膜翻转在外,黏膜呈粉红色、深红色到紫红色不等。可见到脱出子宫上有许多子叶。子宫脱出后血液循环受阻,子宫黏膜发生水肿和瘀血,黏膜变脆,极易损伤,有时发生高度水肿,子宫黏膜常被粪土草渣污染。病畜表现不安,拱腰,努责,排尿淋漓或排尿困难,一般不表现全身症状。脱出时间久之,黏膜发生干燥、龟裂乃至坏死。如肠管进入脱出的子宫腔内,则出现疝痛症状。子宫脱出时如卵巢系膜及子宫阔韧带被扯破,血管断裂,则表现贫血现象。
	治疗	子宫脱出后应及时整复,越早越好。否则,子宫肿胀,损伤污染严重,造成整复困难而预后不佳。 1.保定:站立保定,取前低后高姿势。 2.麻醉:为减少努责,可肌肉注射氯丙嗪或实施腰荐间隙硬膜外腔麻醉。 3.消毒:清洗脱出子宫用0.5%高锰酸钾溶液,将脱出子宫洗净,清除粪便、草屑、泥土等污物。如有出血,应进行缝合、结扎止血。如果水肿严重,可用针刺破挤出,也可用2%明矾溶液浸泡、湿敷。 4.整复:应由助手2人用消毒过的大搪瓷盘或塑料布将子宫托起与阴门同高度,术者先由脱出的基部向里逐渐推送,在努责时停止推送,并用力加以固定以防再脱出。不努责时小心地向内整复,待大部分送回之后,术者用拳头顶住子宫角尖端,趁母畜不努责时,用力小心地向里推送,最后使子宫展开复位。然后向子宫内投入抗生素胶囊。 5.固定:为防止再脱出,整复后令患畜于前低后高的厩床上,阴门作几针钮孔状缝合。或用阴户压定器、空酒瓶等加以固定,为减轻努责,可于腰荐间隙硬膜外腔麻醉。
	预防	怀孕母畜要合理使役,加强饲养管理,产前1~2个月停止使役,合理运动,助产时要操作规范,牵拉胎儿不要过猛过快。胎衣不要系过重物体。

疾病名称	卵巢囊肿
病因	1.内分泌因素:内分泌失调是引发卵巢囊肿最主要的原因。给予外源性孕激素、雌激素均可能引起卵巢囊肿。 2.疾病因素:子宫内膜炎、胎衣不下等可引起卵巢炎,导致发情周期紊乱,使排卵受到扰乱,引起卵巢囊肿。 3.营养因素:饲料中缺乏维生素 A 或含有大量的雌激素(如过量饲喂生大豆、白三叶草等含植物雌激素高的饲料)都可能引起囊肿。饲喂精料过多而又缺乏运动,导致母牛肥胖也会增加发病率。 4.气候因素:在卵泡发育的过程中,气温骤变容易发生卵巢囊肿,尤其在冬季发生卵巢囊肿的病牛较多。 5.人为因素:母牛多次发情而不予配种也可导致囊肿的发生。
症状	1.卵泡囊肿 病牛往往发情不正常,发情期延长,发情周期变短,有时出现持续而强烈的发情现象,成为慕雄狂。母牛极度不安,大声哞叫,食欲减退,排粪、排尿频繁,经常追逐或爬跨其他母牛。病牛性情凶恶,有时攻击人、畜。直肠检查卵巢上有 1 个或数个大而波动的囊泡,有的囊泡壁薄(囊肿位于卵巢浅表层),有的囊泡壁较厚(囊肿位于中央)。如果卵泡中有许多小囊泡,触摸卵巢表面可感到许多有弹性的小结节,如囊肿的大小与正常的卵泡相同,则较难鉴别,须隔 2～3 天再重复检查,才可把它们区别开来。子宫壁肥厚松软;触摸时,子宫角反应微弱或无。 2.黄体囊肿 发情周期停止,母牛不发情。直肠检查可发现卵巢体积增大,多为 1 个囊肿,大小与卵泡囊肿差不多,但壁较厚,不那么紧张。血浆孕酮含量较高。
治疗	1.西药疗法 (1)对卵泡囊肿的治疗 一是肌注促黄体释放激素,类似物 400～600 μg,每天 1 次,连用 3～4 次,但总量不超过 3 000 μg。一般在用药后 15～30 天内,囊肿逐渐消失而恢复正常发情排卵。 二是 1 次静脉注射绒毛膜促性腺激素 0.5 万～1 万 U,或肌内注射 1 万 U。 三是 1 次肌内注射促黄体素 100～200 U,一般用药 3～6 天囊肿形成黄体化,症状消失,15～30 天恢复正常发情周期。 四是先肌注促排 3 号 200～400 μg,促使卵泡黄体化;15 天后再肌注前列腺素 F-2α 2～4 mg,早晚各 1 次。 (2)对黄体囊肿的治疗 一是肌内注射 15-甲基前列腺素 F-2α 2 mg,用药后 3～5 天发情。 二是 1 次肌内注射脑垂体后叶素注射液 50 U,隔天 1 次,连续 2～3 次。 三是 1 次肌内注射催产素 200 万 U,每 2 h 1 次,1 天连注 2 次,总量为 400 万 U。 2.中药疗法 以活血化瘀、理气消肿为治疗原则。 消囊散:炙乳香、炙没药各 40 g,香附、益母草各 80 g,三棱、莪术、鸡血藤各 45 g,黄柏、知母、当归各 60 g,川芎 30 g,研末冲服或水煎灌服,隔天 1 剂,连用 3～6 剂。
预防	加强饲养管理,日粮的精、粗比要平衡,无机盐、维生素的供应都应均衡。严禁追求产量而过度饲喂蛋白质饲料,在配种季节内,饲料中应含有足够的维生素;适当增加运动,但在发情旺盛(卵泡迅速发育)、排卵和黄体形成期,不要剧烈运动。不要过多应用雌激素,对子宫、卵巢疾病应及时治疗。对正常发情的牛,及时进行交配和人工授精。

3

养牛与牛病防治

疾病名称	牛蹄病	
病因	1. 与遗传育种有关:不同品种的牛,蹄病的易感性各不相同。发生过蹄叶炎的牛易复发;不同家族牛的遗传性不同。 2. 与环境有关:圈舍的卫生条件、湿度、地面的硬度及圈舍大小,均直接影响牛蹄的健康状况。 3. 与营养有关:日粮中的营养水平在很大程度上导致蹄病的发生。其诱发的蹄病治疗起来也很困难。 4. 与管理有关:因管理不完善,防疫措施不严,致使传染病、寄生虫等病的流行和传播,常可引发蹄病。如口蹄疫、坏死杆菌病等。另外因人为采精、修蹄及相应设施不合理,也可引发蹄病。	
症状	蹄病的典型表现为红、肿、热、痛,进而造成功能障碍,形成支跛和运跛,负重及采精困难,重者引发全身病症,不能爬跨,无法进行采精。	
4 治疗	1. 治疗原则　早发现,早治疗,消炎止痛,去除腐败,加强蹄部血液循环,促进炎性吸收,先治疗重症,后治疗轻症,防止人为处理不当造成瘫痪。 2. 基本治疗方法 (1)修整蹄法　在熟悉牛蹄生理结构的基础上,对各种变形蹄,逐步进行修整,尽量达到正常形态,改善患蹄的负重状况。对于蹄病严重而不能负重或负重困难的牛,可对其进行装蹄治疗,缓解负重状况。那些发生蹄裂未显病症的,可用补蹄胶进行蹄壁修补。 (2)消炎止痛　可采取指(趾)神经或蹄冠周围用1%普鲁卡因结合青霉素封闭疗法;也可于指(趾)动脉内注射普鲁卡因液,炎症严重者可结合全身抗生素治疗。 (3)冷敷和温热疗法　病初可用浴蹄液(福尔马林、硫酸铜等)冷敷,每天1～2 h,3～4 天后,对蹄进行温浴,每天1～2次,持续1周左右,对蹄病的治疗有一定的效果。 (4)手术疗法　对于指(趾)间赘生物增生,以及真皮腐败坏死,可手术切除增生和坏死,然后按外科常规手术处理即可。	
预防	根据蹄病发生的因素,可有针对性地进行蹄病预防。 1. 做好牛的育种工作　在牛的选育过程中,将牛肢蹄结构纳入育种选育方案中,坚决淘汰肢蹄有严重缺陷的牛,禁止牛蹄有遗传缺陷的牛被选作种用。 2. 改善牛的生存环境　给予牛充足的运动空间,使牛生存在干净舒适的圈舍内,减少感染蹄病的机会。 3. 平衡牛的日粮营养　使其营养结构尽量合理化,保证生产和生长的需要,一般日粮营养中能量与蛋白比为1:50,钙磷比为1.4:1为宜。 4. 制定完善的管理制度 充分发挥人的主观能动性,采取积极有效的管理措施,最大限度的控制蹄病的发生。	

【技能实训】

◉ 技能项目　奶牛酮病诊断的建立与综合防治

　　奶牛酮病诊断的建立与综合防治,可以利用校内实习场中的牛,也可利用校企合用企业中的牛,开展技能训练,通过训练要掌握奶牛酮病的检测方法、手段,并能熟练运用相关表格进行记录,最后能对记录信息进行分析、整理,进行综合初步诊断、治疗。

1.实训条件

牛乳、牛尿、硫酸铵、无水碳酸钠、亚硝基铁氰化钠、笔、纸、常用保定设备。

2.方法与步骤

对于临床上比较典型的酮病病例,可根据其发病时间、临床症状及特有的酮体气味作出初步诊断。在临床实践中,可用快速简易定性法检测尿、乳中有无酮体存在。其步骤是:

(1)取硫酸铵 100 g、无水碳酸钠 100 g 和亚硝基铁氰化钠 3 g,研细成粉末,混匀。

(2)取粉末 0.2 g 放于载玻片上,加尿液或乳汁 2～3 滴,加水做对照。

(3)判定:出现紫红色者为酮体反应阳性,不出现红色者为阴性反应。

(4)记录各项检查结果。

动物	样本	颜色反应	判定
实验动物 1	乳		
	尿		
实验动物 2	乳		
	尿		
……	……	……	……

(5)分组讨论,提出治疗措施。

(6)各小组派代表进行全班交流,讨论,选出最优治疗方案。

(7)实施治疗。

动物医院执业兽医师处方笺

项目	畜主姓名		家庭住址		联系电话	
畜别		耳标号		外貌特征		体重
诊断						
处方	R: 药剂师签名: 　年　月　日					
兽医师签名					年　月　日	

【自测练习】

1. 填空题

(1)前胃弛缓根据病程可分为_____ 和_____,呈_____瘤胃臌气,有时可发生_____,粪干并附黏液,病畜弓背_____,怀孕家畜治疗时禁用_____药物。

(2)牛醋酮血病又名_____,其特征为_____、_____、_____中的酮体含量增高。

(3)牛前胃弛缓时,触诊瘤胃_____,蠕动力量_____,次数_____,持续时间_____。

(4)蹄病的典型表现为红、肿、热、痛,进而造成功能障碍,形成_____和_____,负重及采精困难。

(5)生产瘫痪的治疗原则以提高_____量和减少_____的流失为主,辅以_____、_____等疗法。

2. 判断改错题(在有错误处下画线,并写出正确的内容)

(1)牛羊采食大量精料,易引起瘤胃积食。( )

(2)生产瘫痪的治疗原则是提高血钙、血糖浓度。( )

(3)蹄叶炎病畜护理过程中,为了保证动物营养、增强动物的抵抗力,应该改变日粮结构,增加精料。( )

(4)蹄叶炎患畜,在坚硬的场所行走和站立时,疼痛会减轻。( )

(5)酮病多发于产后1或2周内。( )

3. 选择题

(1)下列药物中,治疗反刍动物前胃弛缓的药物应选择( )。

A. 5%氯化钠溶液 B. 10%氯化钠溶液 C. 5%葡萄糖生理盐水

D. 10%葡萄糖 E. 5%葡萄糖

(2)瘤胃积食时,瘤胃内容物触诊( )。

A. 稀软 B. 柔软 C. 柔软有弹性 D. 黏硬或坚硬 E. 紧张有弹性

(3)病牛前胃疾病严重,粪便干小难下,呈算盘珠状,触诊瓣胃还敏感疼痛,可提为( )

A. 真胃积食 B. 瓣胃阻塞 C. 肠便秘 D. 肠梗阻

(4)患酮病的病牛的血、尿、乳中含有( )味。

A. 大蒜味 B. 烂苹果味 C. 腥臭味 D. 氨水味

(5)病牛腹围迅速增大,软肋部隆起,呼吸困难,触诊内容物稀软,蠕动音减弱,短促,次数减少,可提示为( )

A. 前胃迟缓 B. 瘤胃积食 C. 瘤胃臌气 D. 食道阻塞

4. 问答题

(1)简述叩诊、视诊、触诊的角度,说明瘤胃迟缓、瘤胃臌气和瘤胃积食的鉴别诊断。

(2)前胃弛缓有哪些临床症状?诊断要点有哪些?

(3)我们在生产过程中,如何预防前胃弛缓的发生?

(4)牛醋酮血病有哪些临床症状?治疗方法是什么?

(5)牛生产瘫痪前驱阶段和僵卧阶段会出现哪些症状?

学习情境六 牛群保健与常见疾病防治

【学习评价】

考核任务	考核要点	评价标准	考核方法	参考分值
1.成年牛常见普通病的诊断 2.成年牛常见普通病的治疗	操作态度	精力集中,积极主动,服从安排	学习行为表现	10
	协作意识	有合作精神,积极与小组成员配合,共同完成任务		10
	查阅资料	能积极查阅、收集资料,认真思考,并对任务完成过程中的问题进行分析处理		10
	常见普通病的诊断	临床症状收集齐全,有效,诊断书填写规范、正确	诊断书填写	20
	处方开写	根据所学知识,开写处方正确,合理	处方开写	20
	常见普通病的治疗	实施治疗,处理得当	临床操作	20
	工作记录和总结报告	有完成全部工作任务的工作记录,字迹工整;总结报告结果正确,体会深刻,上交及时	作业检查	10
合计				100

养牛与牛病防治

育肥牛保健

学习任务一　育肥牛驱虫

【任务目标】

通过本任务的学习,学生将了解育肥牛驱虫保健的重要性和意义,掌握育肥牛驱虫药的分类。根据育肥牛场的条件,合理选择育肥牛体表寄生虫和体内寄生虫的驱虫药物,对育肥牛开展驱虫工作。

【学习活动】

▶ 一、活动内容

深入了解本地区育肥牛的生产特性,选择合适的驱虫药,掌握驱虫药的作用特点和使用方法,能够对育肥牛场开展驱虫工作。

▶ 二、活动开展

通过查询相关信息,结合育肥牛驱虫药的使用说明、录像资料介绍,现场实地调研,熟悉各种常见驱虫药的药性和使用时的注意事项,掌握育肥牛驱虫技术技能。

【相关技术理论】

▶ 一、育肥牛驱虫目的

育肥牛驱虫工作是育肥牛疾病预防的重要工作之一,为了保证养殖场肉牛的健康,预防育肥牛外来传染性疾病的发生,促进后备牛的生长发育,有效驱虫是育肥牛催肥的基础工作。

对育肥牛造成严重危害的寄生虫主要包括蠕虫(线虫、蛔虫、吸虫),节肢动物类体外寄生虫(疥螨、痒螨、蜱、牛皮蝇、虱等),其中胃肠道线虫,疥螨、蜱、虱的危害最为严重,给养殖户造成巨大的经济损失,大多数寄生虫感染后能够对机体产生严重的不良影响,对育肥牛进行有效、正确的驱虫,能提高养殖户的经济效益。

▶ 二、驱虫方法及注意事项

(一)群体给药法

混饲法,即把药物按一定浓度均匀地拌入饲料中,让牛自由采食。如牛群数量大,驱除牛体内寄生虫可采用混饲给药。

混饮法,即把驱虫药均匀地混入饮水中让牛自由饮入。常用的有抗球虫的呋喃唑酮及驱线虫的左旋咪唑等。

喷洒法，由于牛的外寄生虫如虱、蠕形螨、疥螨等，除寄生于牛体表或皮内外，在圈舍及活动场内，还有各发育阶段的虫体或虫卵。因此，在生产实践中，常将杀虫药物配成一定浓度的溶液，均匀地喷洒于牛的圈舍、体表及其活动场所，以达到同步彻底杀灭体表及外界环境中各发育阶段虫体之目的。

撒粉法，在寒冷季节，无法使用液体剂型喷洒法时，常用此法。将杀虫粉剂均匀撒布于牛体及其活动场所即可。

(二)个体给药法

药浴法或洗浴法，该法主要在温暖季节及饲养量小的情况下使用。将杀虫药物配成所需浓度的溶液置于药浴池内，把患外寄生虫病的牛除头部以外的各部位浸于药液中 0.5～1 min，以达到杀灭牛体外寄生虫的目的。应用该法，牛体表各部位与药液可充分接触，杀虫效果确实可靠。

涂擦法，对于牛的某些外寄生虫病如疥螨、痒螨病等可用此法，将药液直接涂布于牛患处，以便药物更好地与虫体接触而发挥杀虫效果。

内服法，对于个体饲养量小，或不能自食自饮的个别危重病牛，可将片剂、胶囊剂或液体剂型的驱虫药物经口投服，或用细胶管插入牛食道灌服，以达到驱除牛体寄生虫之目的。

注射法，生产中可根据不同药物的性质、制剂、牛对药物的反应情况以及不同驱虫目的选用不同注射法。有些驱虫药如左旋咪唑等，可通过皮下或肌肉注射给药；有些药物如伊维菌素，对牛的各种蠕虫及体外寄生虫均有良好的驱杀效果，但只能通过皮下注射给药。

注意事项：

使用新的驱虫药物应选择安全正规厂家药物，驱虫前需要挑选小群牛，按剂量用药，待观察安全、有效、无明显副作用后，再进行大群投药驱虫。对于溶液稀释驱虫药要现配现用。

针对断奶前后犊牛，若开食料中有驱虫药物的则可以暂不驱虫。

为了充分发挥药效，驱除胃肠道寄生虫，个体疑似感染牛驱虫预防治疗等，需要根据实际情况配合用药，可以在上午饲喂前驱虫，并在用药后或同时用盐类泻药，以便使麻痹的虫体和残留在胃肠道内的驱虫药排出，收到更好的效果。

严格按照驱虫药使用说明进行用药，严格控制使用量；同时防止使用过多药物造成中毒或者流产、早产等，保证牛只安全。

▶ 三、育肥牛驱虫方案介绍

驱虫有两种方式，分别为体内驱虫、体外驱虫。具体来说，驱虫用药方法有肌肉注射、口服给药、环境或体表喷洒等。

(一)体内驱虫

药物选择：

伊维菌素＋芬苯哒唑粉剂。

伊维菌素、多拉菌素等注射剂(伊克敏定、通灭等)。

具体操作：

种牛群：每季度 1 次，拌料，伊维菌素＋芬苯哒唑粉剂 0.75‰～1‰，连续使用 5～7 天。

个别驱虫不彻底的用注射剂加强 1 次。

商品牛群:感染压力大时,在 20～30 kg、50～60 kg 体重时两次驱虫,拌料:伊维菌素＋芬苯哒唑粉剂 0.5‰～0.75‰,连续使用 5～7 天。感染压力小时,在 30～40 kg 体重时驱虫 1 次。

(二)体外驱虫

药物选择:

敌百虫、敌杀死、除虫菊酯类(螨净)、其他新型的杀虫剂等。

具体操作:

1%敌百虫溶液在每年的 4～9 月份,每月 1 次,每次 3 天,连续每天喷洒 1 次,包括地面、墙壁、牛栏、过道、器具、牛体等所有场区的地方都要喷洒到,就像消毒一样,比消毒还要彻底。其他新型的喷洒剂也可以同样使用。

(三)注意事项

拌料驱虫时,大都可以和保健药物同时使用,但应避免与磺胺类、林可霉素类药物同时使用。

敌百虫体外驱虫时,不要与碱性药物相接触(敌百虫遇碱变成敌敌畏,毒性增加 7 倍以上)。

(四)育肥牛驱虫其他方案介绍

见表 6-2-1。

表 6-2-1　育肥牛驱虫其他方案介绍

药物	抗虫谱	作用	临床应用	建议牛使用剂量及投药方法
阿苯达唑	线虫、绦虫、吸虫	作用于成虫、幼虫、虫卵	驱除畜禽线虫、绦虫和吸虫	按体重 10～30 mg/kg,混料喂服
甲苯咪唑	线虫、绦虫、吸虫	对某些水产动物的寄生虫也有效	驱除畜禽线虫、绦虫和吸虫	按体重 10～20 mg/kg,混料喂服
左旋咪唑	多种线虫	提高免疫力	驱除畜禽线虫、提高免疫	按体重 8 mg/kg,混料喂服
伊维菌素	线虫、体外寄生虫	抗生素,强力、高效、低毒	驱除家畜胃肠道线虫、体外寄生虫	按体重 0.2 mg/kg,皮下注射或口服,连用 2～3 次,可杀灭各期幼虫
阿维菌素	同伊维菌素	毒性强于伊维菌素	同伊维菌素	按体重 0.2 mg/kg,皮下注射或口服,连用 2～3 次,可杀灭各期幼虫
精制敌百虫	消化道线虫、姜片吸虫、血虫、外寄生虫	反刍兽较敏感家禽最敏感	驱除动物消化道线虫、外寄生虫	按体重 0.1 g/kg,内服;外用配制成 1%溶液喷雾
硝氯酚	肝片吸虫	对成虫有效	牛、羊、猪的肝片吸虫	按体重 3～4 mg/kg,1 次口服;0.5～1.0 mg/kg(针剂),深部肌肉注射
三氯苯达唑	肝片吸虫	生物利用度较高,半衰期长	牛、羊等反刍动物及鹿、马肝片形吸虫	按体重 10 mg/kg,1 次口服,对成虫和童虫有特效,休药期 14 天

药物	抗虫谱	作用	临床应用	建议牛使用剂量及投药方法
吡喹酮	各种吸虫、绦虫病以及囊虫病	适用于各种血吸虫病、华支睾吸虫病、肺吸虫病、姜片虫病以及绦虫病和囊虫病	牛、羊等反刍动物体内吸虫和绦虫	按体重 35～45 mg/kg,1 次口服或按体重 30～50 mg/kg,用液状石蜡或植物油配成灭菌油剂,腹腔注射
三氮脒	巴贝斯虫、泰勒虫	适用于巴贝斯虫病、泰勒虫病等	牛、羊等反刍动物巴贝斯虫病、泰勒虫病等	按体重 3.5 mg/kg,配成 5%～7% 的溶液深部肌肉注射
嗪农(螨净)	蝇、蜱、螨、蚊、虱	触杀、胃毒、熏蒸内吸;中等毒	驱杀家畜体表螨、蜱、虱等,犬猫体表蚤和虱	按体重 250 mg/kg,喷淋或药浴
溴氰菊酯	蝇、蜱、螨、蚊、虱	触杀、胃毒、驱避,杀虫效力很强	环境、畜禽体表寄生虫	按体重 500 mg/kg,喷淋或药浴
双甲脒	蝇、蜱、螨、蚊、虱	触杀、胃毒、内吸,作用较慢,残效期长	牛、羊、猪、兔的疥螨、痒螨、蜱、虱等体外寄生虫病;也用于蜂螨	按体重 500 mg/kg,涂擦、药浴或喷淋

四、临床驱虫典型案例

某农场育肥牛场饲养育肥牛 900 头,2013 年 3 月中旬,本场 15 头育肥牛逐渐出现消瘦、拉稀,被毛粗乱等症状,其中有 4 头育肥牛出现下颌水肿。最初认为是饲养员饲养管理不经心,饲草料跟不上出现消瘦症状,随着 4 头育肥牛出现下颌水肿,意识到情况严重性。请兽医进行临床诊断并进行实验室检验,确诊肝片吸虫感染。问:根据牛的患病情况,运用你所学过的知识,如何治疗? 此任务实施过程如表 6-2-2 所示:

表 6-2-2 临床驱虫典型案例

序号	步骤	任务要求	具体操作过程
1	制订驱虫计划	明确驱虫药选择原则、给药途径、给药剂量、注意事项	1.15 头肝片吸虫病牛; 2.选择驱虫药物硝氯酚; 3.口服给药(计算好使用量拌料给药)
2	准备驱虫所需材料	给药器具;称重或估重用具;粪便检查用具;驱虫药准备	1.粪便检查; 2.驱虫药准备 例:估测患牛平均体重 300 kg,硝氯酚给药 300 kg×4 mg/kg=1 200 mg,15 头×1 200 mg=18 000 mg。按所需准备药品
3	驱虫前准备	了解牛群结构,了解其发病与死亡率、营养、寄生虫感染率;驱虫药物选择,确定药物剂量和给药方法	对 15 头患牛进行编号或记录耳标号

序号	步骤	任务要求	具体操作过程
4	驱虫操作	按照驱虫计划配制驱虫药物,估测动物体重,明确给药途径,逐头给药	按估测牛体重进行硝氯酚(按体重 3～4 mg/kg)给药,逐头按剂量给药,即:估测患牛平均体重 300 kg,硝氯酚给药 300 kg×4 mg/kg＝1 200 mg;口服给药
5	驱虫后管理	填好驱虫记录,观察虫卵排出情况;个别动物准备二次驱虫	1.驱虫后 2～3 天,密切观察发病牛群的变化,发现中毒应立即抢救;2.驱虫后 3～5 天使牛留圈,粪便集中进行生物发酵处理
6	驱虫效果评价	对比驱虫前后发病率、死亡率、生产性能、寄生虫感染率等指标,评价驱虫效果	经观察 15 头患病牛临床症状逐渐减轻,营养状况好转;检查粪便未发现肝片吸虫虫卵

【技能实训】

▶ 技能项目 育肥牛驱虫技术

1.实训条件

育肥牛场相关资料、驱虫药、喷雾器、注射器、注射针头、灌药瓶等。

2.方法与步骤

(1)制定驱虫计划 根据当地动物寄生虫病流行学调查结果并结合本场实际情况确定。

(2)准备驱虫所需材料 驱虫药物选择,原则是选择广谱、高效、低毒、方便和廉价的药物;各种给药用具。

(3)驱虫前准备 驱虫前应选择驱虫药物,计算用量,确定剂型、给药方法和疗程。对药品的生产单位、批号等加以记载。进行大群驱虫前应先选出少部分动物做实验,观察药效及安全性。将动物的来源、健康状况、年龄、性别等逐头编号登记。为使驱虫药用量准确,要预先称重或用体重估测计算体重,为了准确评定药效,驱虫前应进行粪便检查,根据其结果搭配分组,使对照组和试验组的感染强度相接近。

(4)驱虫操作 按照药物使用剂量,认真仔细操作。

(5)驱虫后管理 投药前后 1～2 天,尤其是驱虫后 3～5 h,应严密观察动物群,注意给药后的变化,发现中毒应立即急救。驱虫后 3～5 天内使动物圈留,将粪便集中用生物热发酵处理。

(6)驱虫效果评价 驱虫后进行驱虫效果评定,必要时进行第二次驱虫。

①虫卵减少率$=\dfrac{\text{驱虫前 EPG}-\text{驱虫后 EPG}}{\text{驱虫前 EPG}\times100\%}$(EPG＝每克粪便中的虫卵数);

②虫卵转阴率$=\dfrac{\text{虫卵转阴动物数}}{\text{驱虫动物数}}\times100\%$

③粗计驱虫率$=\dfrac{\text{驱虫前平均虫体数}-\text{驱虫后平均虫体数}}{\text{驱虫前平均虫体数}}\times100\%$

④精计驱虫率$=\dfrac{\text{排出虫体数}}{\text{排出虫体数}+\text{残留虫体数}}\times100\%$

⑤驱净率＝$\dfrac{驱净虫体的动物数}{驱虫动物数}×100\%$

3. 注意事项

(1)部分驱虫药物有一定毒副作用、注意驱虫药的不良反应,避免育肥牛中毒。

(2)注意驱虫药的休药期。

4. 实训练习

某牛场1 000头育肥牛进行常规驱虫,如何实施？请填写下表。

序号	步骤	任务要求	具体操作过程
1	制定驱虫计划	明确驱虫药选择原则、给药途径、给药剂量、注意事项	
2	准备驱虫所需材料	给药器具;称重或估重用具;粪便检查用具;驱虫药准备	
3	驱虫前准备	了解牛群结构,了解其发病与死亡率、营养、寄生虫感染率;驱虫药物选择,确定药物剂量和给药方法	
4	驱虫操作	按照驱虫计划配制驱虫药物,估测动物体重,明确给药途径,逐头给药	
5	驱虫后管理	填好驱虫记录,观察虫卵排出情况;个别动物准备二次驱虫	
6	驱虫效果评价	对比驱虫前后发病率、死亡率、生产性能、寄生虫感染率等指标,评价驱虫效果	

育肥牛驱虫技术技能单:

序号	步骤	任务要求	期望分值	实际得分
1	制定驱虫计划	教师指导,学生分组制定	10	
2	准备驱虫所需材料	按小组计划,领取驱虫所需材料	10	
3	驱虫前准备	了解牛群结构,了解其发病与死亡率、营养、寄生虫感染率;驱虫药物选择,确定药物剂量和给药方法	10	
4	驱虫操作	按照驱虫计划配制驱虫药物,估测动物体重,明确给药途径,逐头给药	30	
5	驱虫后管理	填好驱虫记录,观察虫卵排出情况;个别动物准备二次驱虫	20	
6	驱虫效果评价	对比驱虫前后发病率、死亡率、生产性能、寄生虫感染率等指标,评价驱虫效果	20	
	合计		100	

【自测练习】

1. 填空题

(1) 寄生虫的危害包括 _____、_____、_____、_____。

(2) 驱线虫药可以分为_____、_____、_____ 三个种类。

(3) 育肥牛体表寄生虫驱虫可选择_____、_____ 等。

(4) 育肥牛患焦虫病可选择_____药进行驱虫。

(5) 育肥牛驱绦虫药可选择_____药进行驱虫。

2. 判断题 (在有错误处下画线, 并写出正确的内容)

(1) 左旋咪唑为广谱驱线虫药, 毒性小, 中毒时阿托品有解救作用。( )

(2) 阿苯哒唑特别适用于肠道蠕虫的混合感染。( )

(3) 吡喹酮具有杀灭吸虫及血吸虫作用。( )

(4) 伊维菌素可用驱除肠道内线虫、吸虫及体外螨、虱等寄生虫。( )

(5) 三氮脒可用作锥虫、血孢子虫和附红细胞体等原虫的抗寄生虫药。( )

3. 选择题

(1) 最适用于驱除肺线虫的药物是 ( )。

A. 敌百虫　　　　B. 哌嗪　　　　C. 左旋咪唑　　　　D. 吡喹酮

(2) 对动物肠道线虫、肺线虫、吸虫及绦虫均有效的药物是 ( )。

A. 吡喹酮　　　　B. 左旋咪唑　　　　C. 阿苯哒唑　　　　D. 噻嘧啶

(3) 敌百虫驱虫时出现中毒现象特效解毒药是 ( )。

A. 葡萄糖　　　　B. 青霉素　　　C. 阿托品　　　　D. 美蓝

(4) 球虫主要感染的是犊牛, 驱虫药是 ( )。

A. 氯苯胍　　　　B. 敌百虫　　　C. 阿苯哒唑　　　　D. 吡喹酮

(5) 既有驱虫作用又有增强免疫的作用的驱虫药是 ( )。

A. 氯苯胍　　　　B. 敌百虫　　　　C. 阿苯哒唑　　　　D. 左旋咪唑

(6) 用于驱除牛羊消化道线虫的药物, 可选 ( )。

A. 氯硝柳胺　　　　B. 硫双二氯酚　　　　C. 吡喹酮　　　　D. 丙硫咪唑

4. 问答题

(1) 育肥牛体表寄生虫该如何驱虫? 选择哪些驱虫药? 剂量应该使用多少?

(2) 育肥牛体内寄生虫该如何驱虫? 选择哪些驱虫药? 剂量应该使用多少?

(3) 动物对驱虫药容易产生耐药性, 如何防止耐药性产生?

养牛与牛病防治

考核任务	考核要点	评价标准	考核方法	参考分值
1.育肥牛驱虫药的分类和特点 2.驱虫药的使用 3.驱虫药不良反应的预防	操作态度	精力集中,积极主动,服从安排	学习行为表现	10
	协作意识	有合作精神,积极与小组成员配合,共同完成任务		10
	查阅生产资料	能积极查阅、收集资料,认真思考,并对任务完成过程中的问题进行分析处理		10
	驱虫药选择	根据育肥牛场的资料、驱虫药品说明等,结合所学知识,正确做出选择判断	药品选择描述	20
	驱虫药使用	根据育肥牛场的实际情况开展育肥牛驱虫工作	驱虫操作	20
	驱虫效果综合判断	药物选择准确、方法得当	结果评定	20
	工作记录和总结报告	有完成全部工作任务的工作记录,字迹工整;总结报告结果正确,体会深刻,上交及时	作业检查	10
合计				100

【知识链接】

中华人民共和国兽药典。

无公害食品,畜禽饲养兽药使用准则(NY 5030—2006)。

学习任务二　育肥牛健胃

【任务目标】

通过本任务的学习,了解育肥牛健胃保健的重要性和意义,掌握各种常见健胃药的药性和使用范围,掌握育肥牛健胃技术技能。

【学习活动】

▶ 一、活动内容

根据育肥牛场的条件,合理选择育肥牛健胃药,对育肥牛开展健胃工作。

二、活动开展

通过查询相关信息,结合育肥牛健胃药的使用说明、录像资料介绍,现场实地调研,深入了解本地区育肥牛的生产特性,选择合适的健胃药,掌握健胃药的作用特点和使用方法,能够对育肥牛场开展健胃工作。

【相关技术理论】

一、育肥牛健胃目的

通过健胃,提高饲料转化、利用率,从而达到快速增重目的;健胃的同时可调节机体内分泌和整合肠胃功能,促进排毒利尿,有效预防瘤胃积食、胃肠炎性疾病及其继发症等,也就巩固了机体的免疫屏障,提高机体抗病力,起到防疫与保健的双效作用;所以,育肥牛养殖过程中,健胃是快速育肥的必经之路,能强化育肥牛胃肠功能,相当于维护和优化育肥牛"消化、吸收、抗病、增重"的核心部件,达到最佳育肥效果。

二、健胃的方法及注意事项

动物出现口干、色红、苔黄、粪干等消化不良症状时,选用苦味健胃药龙胆酊、大黄酊等,配合稀盐酸;如果口腔湿润、色青白、舌苔白、粪便松软时,则选用人工盐配合大蒜酊等较好。当消化不良兼有胃肠弛缓或胃肠内容物有异常发酵时,应选用芳辛性健胃药,并配合鱼石脂、大蒜酊等制酵药。吮乳幼畜的消化不良,主要选用胃蛋白酶、乳酶生、胰酶等。草食动物吃草不吃料时,亦可选用胃蛋白酶,配合稀盐酸。牛摄入蛋白质丰富的饲料后,在瘤胃内产生大量的氨,影响瘤胃活动,早期可用稀盐酸或稀醋酸,疗效良好。

饲喂方法不当或饲料不干净等原因,往往容易引起肉牛瘤胃、瓣胃沉积杂物,造成食欲不好、消化不良。此时宜空腹灌服浓度为1%的小苏打水,待肉牛排出杂物后(以拉黑色稀粪为判断标准),再开始饲喂育肥饲料。驱虫3天后,为增加食欲,改善消化机能,应进行1次健胃。可应用健胃剂调整胃肠机能,如用健胃散、人工盐、胃蛋白酶、胰蛋白酶、龙胆酊等等,一般健胃后的肉牛精神好,食欲旺盛。

注意事项:肉牛一般驱虫与健胃并举,以驱虫后3天再健胃为宜。

三、育肥牛健胃保健方案介绍

健胃药与助消化药均可用于动物食欲不振、消化不良,临床上常配伍应用。但食欲不振及消化不良往往是许多全身性疾病或饲养管理不善的临床表现,因此,必须在对应治疗和改善饲养管理的前提下,配合选用多种本类药物,才能提高疗效。

为了增强健胃药的作用,一般多选用复方制剂或将数种不同的健胃药合并应用。

肉牛健胃的方案有多种,可口服人工盐 60~100 g/头或灌服健胃散 350~450 g/头,日服 1 次,连服 2 天。对个别瘦弱牛灌服健胃散后再灌服酵母粉,每次服 250 g,日服 1 次,可投喂酵母片 50～100 片。另外,可用香附 75 g、陈皮 50 g、莱菔子 75 g、枳壳 75 g、茯苓 5 g、山楂 100 g、神曲 100 g、麦芽 100 g、槟榔 50 g、青皮 50 g、乌药 50 g、甘草 50 g,水煎 1 次服用,每头牛每天 1 剂,连用 2 天,可增强肉牛的食欲。

健胃后的肉牛精神好,食欲旺盛。如果还有肉牛食欲不旺盛,可以每头肉牛喂干酵母 50 片。如果肉牛粪便干燥,每头牛可喂复合维生素制剂 20～30 g 和少量植物油。

育肥牛其他健胃方案介绍如下表:

药物	作用	注意事项	建议牛使用剂量及使用方法
氯化钠(食盐)	健胃作用;瘤胃兴奋药	饲喂大量含食盐的饲料如酱渣、咸鱼粉等,易发生中毒,应予注意	10～25 g/次,拌料饲喂
碳酸氢钠(小苏打)	健胃;缓解酸中毒	碳酸氢钠在中和胃酸时,能迅速产生大量的二氧化碳。二氧化碳能刺激胃壁,促进胃酸分泌,会出现继发性胃酸增多	30～100 g/次,拌料饲喂
人工盐(人工矿泉盐)	小剂量能促进胃肠的分泌和蠕动,中和胃酸,加强消化,起健胃作用,可用于消化不良、胃肠弛缓	适量,按比例添加,防止中毒	50～150 g/次,拌料饲喂
稀盐酸	稀盐酸主要用于因胃酸缺乏引起的消化不良、胃内发酵、食欲不振、前胃弛缓、碱中毒等。应用时以水作 50 倍稀释	用量不宜过大,浓度不宜过高	15～30 mL/次,用水做 50 倍稀释内服
乳酶生(表飞鸣)	进入肠道后,能分解糖类生成乳酸,使肠内酸度增高,抑制肠道腐败杆菌的繁殖,防止蛋白质发酵产气。常用于幼畜下痢、消化不良、肠臌气等	乳酶生禁与抗生素、磺胺类药、防腐消毒药、吸附剂、鞣酸等并用,并禁用热水调药,以免降低药效	一般宜于饲前给药,10～30 g/次,拌料饲喂
干酵母(食母生)	常用于消化不良和 B 族维生素缺乏症	一次性食用过量会引起家畜消化功能紊乱	120～150 g/次,拌料饲喂

四、临床健胃典型案例

某西门塔尔肉牛场饲养 1 500 头肉牛,该牛场人员搭配合理,精心饲喂,肉牛体重达 400 kg,但近日牛群中有个别牛只无明显症状,只见消瘦,食欲不佳。经该场兽医诊断,并无疾病,建议对该场牛进行健胃处理。

此任务实施过程如下表:

序号	步骤	任务要求	具体操作过程
1	制订健胃方案	选择健胃药物;确定药物剂量;用药途径	1. 1 500头肉牛选择人工盐健胃; 2. 每头50~150 g/次; 3. 口服用药(计算好使用量拌料给药)
2	准备健胃所需材料	健胃药物;健胃所用器具	1. 健胃药物准备:人工盐,每头80 g/次,1 500头×80 g/次=120 000 g 2. 所用器具:盆
3	健胃前准备	了解牛群结构,了解其发病与死亡率、营养;健胃药物选择,确定药物剂量和给药方法	1. 选择人工盐健胃; 2. 每头牛80 g/次
4	健胃操作	按照健胃计划配制健胃药物,估测动物体重,明确给药途径,逐头给药	计算人工盐用量,拌料给药,注意搅拌均匀
5	健胃后管理	填好健胃记录,观察体重增长情况;个别动物准备再次健胃	健胃后估测牛营养状况;对个别牛针对症状采取其他健胃药物
6	健胃效果评价	对比健胃前后料肉比、日增重等指标,评价健胃效果	1 500头牛饮水采食增加,料肉比增加

【技能实训】

◆ 技能项目　育肥牛健胃技术

1. 实训条件

育肥牛场相关资料、健胃药、灌药瓶等。

2. 方法与步骤

(1)制订健胃方案　根据本场实际情况制订健胃计划。

(2)准备健胃所需材料　健胃药物、健胃药物所用器具选择。

(3)健胃前准备　按照健胃计划配制健胃药物,估测动物体重,明确给药途径,逐头给药。

(4)健胃操作　填好健胃记录,观察体重增长情况,个别动物准备再次健胃。

(5)健胃效果评价　对比健胃前后料肉比、日增重等指标,评价健胃效果。

3. 注意事项

(1)部分健胃药物有一定副作用,注意避免副作用的产生。

(2)注意健胃药和助消化药合理使用。

4. 实训练习

某肉牛场2 000头牛,饲喂1个月后,饲养员发现肉牛出现口干、色红、苔黄、粪干等消化不良症状,经兽医诊断该场肉牛无疾病发生,建议对肉牛进行健胃,具体如何实施?

序号	步骤	任务要求	具体操作过程
1	制订健胃方案	选择健胃药物;确定药物剂量;用药途径	
2	准备健胃所需材料	健胃药物;健胃所用器具	
3	健胃前准备	了解牛群结构,了解其发病与死亡率、营养;健胃药物选择,确定药物剂量和给药方法	
4	健胃操作	按照健胃计划配制健胃药物,估测动物体重,明确给药途径,逐头给药	
5	健胃后管理	填好健胃记录,观察体重增长情况;个别动物准备再次健胃	
6	健胃效果评价	对比健胃前后料肉比、日增重等指标,评价健胃效果	

育肥牛健胃技术技能单:

序号	步骤	任务要求	期望分值	实际得分
1	制订健胃方案	教师指导,学生分组制定	10	
2	准备健胃所需材料	按小组计划,领取健胃所需材料	10	
3	健胃前准备	了解牛群结构,了解其发病与死亡率、营养;健胃药物选择,确定药物剂量和给药方法	10	
4	健胃操作	按照健胃计划配制健胃药物,估测动物体重,明确给药途径,逐头给药	30	
5	健胃后管理	填好健胃记录,观察体重增长情况;个别动物准备再次健胃	20	
6	健胃效果评价	对比健胃前后料肉比、日增重等指标,评价健胃效果	20	
		合计	100	

【自测练习】

1.填空题

(1)胃酸分泌不足引起消化不良可选用 _____、_____药进行助消化。

(2)健胃药可以分为 _____、_____、_____三个种类。

(3)碳酸氢钠一般可与 _____、_____药配伍治疗慢性消化不良。

(4)吮乳幼畜的消化不良,主要选用胃 _____、_____、_____。

2.判断题(在有错误处下画线,并写出正确的内容)

(1)龙胆、马钱子、大黄等苦味药用作健胃药时必须经口投喂才能奏效。( )

(2)胃蛋白酶与大黄苏打片配伍具有助消化功能。( )

(3)酵母片、乳酶生等活菌制剂应用时不宜与抗菌药物配伍。( )

(4)牛消化不良,如果出现口干、色红、苔黄、粪干等症状时,选用盐类健胃药。( )

(5)苦味健胃药用量不宜过大,同一药物不宜反复多次应用,以免耐受。( )

3.选择题

(1)下列哪个疾病不使用乳酶生助消化(　　　)。

A.幼畜下痢　　　　B.犊牛消化不良　　　　C.肠臌气　　　　D.瘤胃积食

(2)由于B族维生素缺乏而导致的消化不良一般选择(　　　)助消化。

A.稀盐酸　　　　B.干酵母　　　　C.胃蛋白酶　　　　D.乳酶生

(3)碳酸氢钠健胃时可与(　　　)等配伍,用于治疗慢性消化不良。

A.大黄　　　　B.人工盐　　　　C.陈皮　　　　D.乳酶生

(4)牛积食时常选用(　　　)等中药健胃药。

A.神曲、麦芽、山楂　　　　　　B.陈皮、青皮、山楂

C.五味子、神曲、麦芽　　　　　D.大黄、麦芽、山楂

4.问答题

(1)一育肥牛场的牛短时间内发生了数起瘤胃酸中毒事件,为什么会发生这样的事情?怎样合理使用健胃药才能避免此类事件发生?

(2)某育肥牛场从外地购买30头育肥牛,根据你所学的内容,怎样给这批牛选择健胃药?

【学习评价】

考核任务	考核要点	评价标准	考核方法	参考分值
1.育肥牛健胃药的分类和特点 2.健胃药的使用 3.健胃药不良反应的预防	操作态度	精力集中,积极主动,服从安排	学习行为表现	10
	协作意识	有合作精神,积极与小组成员配合,共同完成任务		10
	查阅生产资料	能积极查阅、收集资料,认真思考,并对任务完成过程中的问题进行分析处理		10
	健胃药选择	根据育肥牛场的资料、健胃药品说明等,结合所学知识,正确做出选择判断	药品选择描述	20
	健胃药使用	根据育肥牛场的实际情况开展育肥牛健胃工作	健胃操作	20
	健胃效果综合判断	药物选择准确、方法得当	结果评定	20
	工作记录和总结报告	有完成全部工作任务的工作记录,字迹工整;总结报告结果正确,体会深刻,上交及时	作业检查	10
合计				100

【知识链接】

中华人民共和国兽药典。

牛场卫生防疫

学习任务一　牛场消毒

【任务目标】

了解消毒药和常见传播媒介,了解消毒药的消毒程序,熟悉牛场消毒的要点和注意事项;掌握消毒药配制方法和消毒器具使用方法。

【学习活动】

▶ 一、活动内容

根据牛场的条件,合理选择消毒药,对牛场各个场所开展合理的消毒工作。

▶ 二、活动开展

通过查询相关信息,结合消毒药的使用说明,查阅、收集牛场消毒的相关资料。现场实地调研,深入了解本地区牛场的生产特性,选择合适的消毒药,掌握消毒药的作用特点和使用方法,能够对牛场开展消毒工作。

【相关技术理论】

▶ 一、消毒的目的

消毒是贯彻"预防为主"方针和执行综合性防制措施中的重要环节,其目的是消灭传染源散播在外界的病原体,切断传播途径,阻止疫病继续蔓延。

▶ 二、消毒的种类

根据消毒的目的及进行的时机分为:

(1)预防消毒　结合平时的饲养管理对栏舍、场地、用具和饮水等进行定期消毒,以达到预防一般传染病的目的。

(2)随时消毒　在发生传染时,为了及时消灭动物排出的病原体而进行的不定期消毒。在解除封锁前,进行定期多次消毒,患病动物隔离舍应每天随时消毒。

(3)终末消毒　在动物解除隔离、痊愈或死亡后,或者在疫区解除封锁之前,为了消灭疫区内可能残留的病原体所进行的全面彻底的大消毒。

◆ 三、消毒方法及注意事项

1.消毒方法

常用机械性、物理、化学和生物等消毒方法。

(1)机械性清除 用清扫、洗刷、通风、过滤等机械方法清除病原微生物的方法。机械性清除不能达到彻底消毒的目的,必须配合其他消毒方法。

(2)物理消毒法 用阳光、紫外线、干燥、高温(火焰、煮沸和蒸气)等物理方法杀灭病原微生物。

(3)化学消毒法 用化学药物杀灭病原微生物。该化学药物称为消毒剂。在选择消毒剂时应考虑对该病原体的消毒力强,对人和动物的毒性小,不损害被消毒的物体,易溶于水,在消毒环境中比较稳定,消毒持续时间长,使用方便和价格低廉等。

2.注意事项

(1)尽可能选用广谱的消毒剂或根据特定的病原体选用对其作用最强的消毒药。消毒药的稀释度要准确,应保证消毒药能有效杀灭病原微生物,并要防止腐蚀、中毒等问题的发生。

(2)有条件或必要的情况下,应对消毒质量进行监测,检测各种消毒药的使用方法和效果。并注意消毒药之间的相互作用,防止互作使药效降低。

(3)禁止任意将两种不同的消毒药物混合使用或消毒同一种物品,因为两种消毒药合用时常因物理或化学配伍禁忌而使药物失效。

(4)消毒药物应定期替换,不要长时间使用同一种消毒药物,以免病原菌产生耐药性,影响消毒效果。

有的牛场无任何出入场消毒设施,没有制订消毒制度,常年不消毒或消毒非常随意。有的牛场消毒池内的消毒液长期不换,不知消毒液已过期,致使车辆及人员进出牛场消毒无效。有的牛场长期使用一种消毒剂进行消毒,不定期更换消毒药品,致使病原菌产生耐药性,影响消毒效果。牛场饲养员在配制消毒液时任意增减浓度,配制好后又不及时使用,这样不仅降低了药物的消毒效果,还达不到消毒目的。有的牛场平时不消毒,有疫情时才消毒。

◆ 四、育肥牛场消毒方案介绍

消毒是贯彻"预防为主"方针的一项重要措施,不少养殖场对防疫工作中的消毒认识不够,消毒制度贯彻不力,导致牛的疫病时有发生。规模化牛场的消毒技术要点有以下内容,做好以下要点,可以降低疫病的发生率,提高牛场的经济效益。

1.设立消毒池、消毒室

牛场大门入口处要设立消毒池(池宽同大门,长为机动车辆车轮的一周半),内放 2% 氢氧化钠液,每周更换 1 次。建立消毒室,一切人员皆要在此用漫射紫外线照射 5～10 min,不准带入可能染疫的畜产品或物品。进入生产区的工作人员,必须更换场区工作服、工作鞋,通过消毒池进入自己的工作区域,严禁相互串圈。

2. 圈舍消毒

每天打扫牛舍，保持清洁卫生，料槽、水槽干净。圈舍内可用过氧乙酸做带畜消毒，0.3%～0.5%做舍内环境和物品的喷洒消毒或加热做熏蒸消毒（每立方米空间用 5 mL）。

3. 空圈舍的常规消毒

首先彻底清扫粪尿。用清水冲洗干净，再用 3%氢氧化钠喷洒和刷洗墙壁、笼架、槽具、地面，消毒 12 h 后，用清水冲洗干净，待干燥后，用 0.5%过氧乙酸喷洒消毒。圈舍土壤表面消毒可用含 5%有效氯的漂白粉溶液、4%福尔马林或 10%的氢氧化钠溶液。传染病所传染的地面土壤，则可先将地面翻一下，深度约 30 cm，在翻地的同时撒上干漂白粉（用量为 1 m² 面积 0.5 kg）；然后以水泅湿，压平。如果放牧地区被某种病原体污染，一般利用自然因素（如阳光）来消除病原微生物；如果污染的面积不大，则应使用化学消毒药消毒。对于密闭圈舍，还应用甲醛熏蒸消毒，方法是每立方米空间用 40%甲醛 45 mL，倒入适当的容器内，再加入高锰酸钾 20 g，注意，此时室温不应低于 15℃，否则要加入热水 20 mL。为了减少成本，也可不加高锰酸钾，但是要用猛火加热甲醛，使甲醛迅速蒸发，然后熄灭火源，密封熏蒸 12～24 h。打开门窗，除去甲醛气味。

4. 圈舍外环境消毒

圈舍外环境及道路要定期进行消毒，填平低洼地，铲除杂草，灭鼠、灭蚊蝇等。

5. 生产区专用设备消毒

生产区专用送料车每周消毒 1 次，可用 0.3%过氧乙酸溶液喷雾消毒。进入生产区的物品、用具、器械、药品等要通过专门消毒后才能进入牛圈。可用紫外线照射消毒。

6. 常用消毒药物及消毒方法介绍

常用消毒药物及消毒方法介绍见表 6-3-1。

表 6-3-1　常用消毒药物及消毒方法介绍

药物	用途	使用浓度及方法	注意事项
甲醛	用于室内、器具的熏蒸消毒；用于地面消毒	(1)用于室内、器具的熏蒸消毒 ①密闭的圈舍按每立方米 7～21 g 高锰酸钾加入 14～42 mL 福尔马林；②作用温度（室温）一般不应低于 15℃。③相对湿度 60%～80%。④作用时间 7 h 以上。 (2)用于地面消毒：浓度为 2%甲醛的水溶液，用于地面消毒，用量为每 100 m² 13 mL	熏蒸消毒后注意通风换气
漂白粉	主要用于圈舍、饲槽、用具、车辆的消毒	一般使用浓度为 5%～20%混悬液喷洒，有时可撒布其干燥粉末。饮水消毒每升水中加入 0.3～1.5 g 漂白粉，可起杀菌除臭作用	①漂白粉现用现配，贮存久了有效氯的含量逐渐降低。 ②不能用于有色棉织品和金属用具的消毒。 ③不可与易燃、易爆物品放在一起，应密闭保存于阴凉干燥处。 ④漂白粉有轻微毒性，使用浓溶液时应注意人畜安全
乙醇	常用于皮肤、针头、体温计等消毒	70%乙醇可杀灭细菌繁殖体；80%乙醇可降低肝炎病毒的传染性	本品易燃，不可接近火源

药物	用途	使用浓度及方法	注意事项
煤酚皂	主要用于畜舍、笼具、场地、车辆消毒	一般使用浓度为 0.35%～1% 的水溶液,严重污染的环境可适当加大浓度,增加喷洒次数	本品为有机酸,禁止与碱性药物混合
环氧乙烷	常用于大宗皮毛的熏蒸消毒	浓度为 400～800 mg/m³	①环氧乙烷易燃、易爆,对人有一定的毒性,一定要小心使用。②气温低于 15℃ 时,环氧乙烷不起作用
过氧乙酸	除金属制品外,可用于消毒各种产品	0.5%水溶液喷洒消毒畜舍、饲槽、车辆等;0.04%～0.2%水溶液用于塑料、玻璃、搪瓷和橡胶制品的短时间浸泡消毒;5%水溶液 2.5 mL/m³ 喷雾消毒密闭的实验室、无菌间、仓库等;0.3%水溶液 30 mL/m³ 喷雾,可作 10 日龄以上雏鸡的带鸡消毒	①市售成品 40% 的水溶液性质不稳定,须避光保存在低温。②现用现配
洗必泰	可用于口腔、伤口、皮肤、手等的消毒	0.05%～0.1%可用作口腔、伤口防腐剂;0.5%洗必泰乙醇溶液可增强其杀菌效果,用于皮肤消毒;0.1%～4%洗必泰溶液可用于洗手消毒	无
碘酊（碘伏）	常用于皮肤消毒	2%的碘酊、0.2%～0.5%的碘伏常用于皮肤消毒;0.05%～0.1%的碘伏作伤口、口腔消毒;0.02%～0.05%的碘伏用于阴道冲洗消毒	无
高锰酸钾	常用于伤口和体表消毒	为强氧化剂,0.01%～0.02%溶液可用于冲洗伤口;福尔马林加高锰酸钾用作甲醛熏蒸,用于物体表面消毒	不要长期使用,避免菌群紊乱
烧碱	用于圈舍、饲槽、用具、运输工具等的消毒	1%～2%的水溶液用于圈舍、饲槽、用具、运输工具的消毒;3%～5%的水溶液用于炭疽芽孢污染场地的消毒	①对金属物品有腐蚀作用,消毒完毕用水冲洗干净②对皮肤、被毛、黏膜、衣物有强腐蚀和损坏作用,注意个人防护③对畜禽圈舍和食具消毒时,须空圈或移出动物,间隔半天用水冲洗地面、饲槽后方可让其入舍

◆ 五、临床消毒典型案例

　　某肉牛养殖场,初建场引进肉牛经检测无任何传染病,由于该场管理机制不健全,消毒设施配备不齐(如:在入场口消毒池内未放置消毒药,肉牛圈舍没有定期消毒,贩卖肉牛的车辆随意进入该场等情况)。今年初,该场肉牛部分牛只口唇出现水疱、流涎、蹄部溃烂等症状,经兽医上级部门鉴定并报批,全场彻底消毒、扑杀等方法处理后得以控制(表 6-3-2)。

问:该案例中该肉牛场未遵守养殖场消毒程序,存在消毒池未添加消毒药、贩卖肉牛车辆未经消毒进入该场,人员未经消毒接触牛只,肉牛圈舍未定期进行消毒等错误操作。对该牛场进行全面消毒应如何操作?

表 6-3-2　临床消毒典型案例

序号	步骤	任务要求	具体操作过程
1	制订牛场消毒方案	1.牛场出入口消毒;药物选择; 2.牛舍、运动场消毒;药物选择; 3.牛舍墙壁、牛栏消毒;药物选择 4.牛槽和用具消毒;药物选择	1.牛场出入口消毒;5%NaOH溶液或生石灰; 2.牛舍、运动场消毒;5%NaOH溶液或10%的来苏儿溶液,(平时15～20天)喷洒消毒; 3.牛舍墙壁、牛栏消毒;15%石灰乳或20%热草木灰水,(平时15～20天)粉刷消毒; 4.牛槽和用具消毒;3%来苏儿溶液定期进行消毒
2	准备消毒所需材料	消毒药物;消毒器具	消毒药物:NaOH、来苏儿、石灰; 消毒器具:喷雾器、盆等
3	消毒前准备	了解牛舍结构,了解牛场常发疾病;消毒药物选择,确定消毒方法	应用所选消毒药物对相应位置进行消毒
4	消毒操作	按照消毒计划配制消毒药,根据消毒目的,选用不同消毒方法	选择正确消毒药物,应用正确消毒方法,定期及时消毒
5	消毒后管理	填好消毒记录,观察动物疾病情况	根据牛场各处消毒的记录,观察牛疾病发生情况
6	消毒效果评价	对比消毒前后菌落总数等指标,评价消毒效果	疾病明显减少

六、经验介绍

(一)消毒液的配制

1.操作步骤

(1)器械与防护用品准备

①量器的准备　量筒、台秤、药勺、盛药容器(最好是搪瓷或塑料耐腐蚀制品)、温度计等。

②防护用品的准备　工作服、口罩、护目镜、橡皮手套、胶鞋、毛巾、肥皂等。

③消毒药品的选择　依据消毒对象表面的性质和病原微生物的抵抗力,选择高效、低毒、使用方便、价格低廉的消毒药品。依据消毒对象面积(如场地、动物舍内地面、墙壁的面积和空间大小等)计算消毒药用量。

(2)配制方法

①75%酒精溶液的配制　用量器称取95%医用酒精789.5 mL,加蒸馏水(或纯净水)稀释至1 000 mL,即为75%酒精,配制完成后密闭保存。

②5%氢氧化钠溶液的配制　称取50 g氢氧化钠,装入量器内,加入适量常水中(最好

用 $60\sim70℃$ 热水),搅拌使其溶解,再加水至 1 000 mL,即得,配制完成后密闭保存。

③0.1％高锰酸钾的配制　称取 1 g 高锰酸钾,装入量器内,加水 1 000 mL,使其充分溶解即得。

④3％来苏儿的配制　取来苏儿 3 份,放入量器内,加清水 97 份,混合均匀即成。

⑤2％碘酊的配制　称取碘化钾 15 g,装入量器内,加蒸馏水 20 mL 溶解后,再加碘片 20 g 及乙醇 500 mL,搅拌使其充分溶解,再加入蒸馏水至 1 000 mL,搅匀,滤过,即得。

⑥碘甘油的配制　称取碘化钾 10 g,加入 10 mL 蒸馏水溶解后,再加碘 10 g,搅拌使其充分溶解后,加入甘油至 1 000 mL,搅匀,即得。

⑦熟石灰(消石灰)的配制　生石灰(氧化钙)1 kg,装入容器内,加水 350 mL,生成粉末状即为熟石灰,可撒布于阴湿地面、污水池、粪地周围等处消毒。

⑧20％石灰乳的配制　1 kg 生石灰加 5 kg 水即为 20％石灰乳。配制时最好用陶瓷缸或木桶等。首先称取适量生石灰,装入容器内,把少量水(350 mL)缓慢加入生石灰内,稍停,当石灰变为粉状的熟石灰时,再加入余下的 4 650 mL 水,搅匀即成 20％石灰乳。

2.注意事项

(1)选用适宜大小的量器,取少量液体。避免用大的量器,以免造成误差。

(2)某些消毒药品(如生石灰)遇水会产热,应在搪瓷桶、盆等耐热容器中配制为宜。

(3)配制消毒药品的容器必须刷洗干净,以防止残留物质与消毒药发生理化反应,影响消毒效果。

(4)配制好的消毒液放置时间过长,大多数效力会降低或完全失效。因此,消毒药应现配现用。

(5)做好个人防护,配制消毒液时应戴橡胶手套、穿工作服,严禁用手直接接触,以免灼伤。

(二)常用的消毒器械

1.喷雾器

用于喷洒消毒液的器具称为喷雾器,按其原理来说,喷雾器与吸入或压力唧筒相似。喷雾器有两种,一种是手动喷雾器,一种是机动喷雾器。前者有背携式和手压式两种(图 6-3-1 中 1、2、3),常用于小量消毒,后者有背携式和担架式两种(图 6-3-1 中 4、5),常用于大面积消毒。

图 6-3-1　各种喷雾器

欲装入喷雾器的消毒液,应先在一个木制或铁制的桶内充分溶解,过滤,以免有些固体消毒剂不清洁,或存有残渣以致堵塞喷雾器的喷嘴,而影响消毒工作的进行。喷雾器应经常注意维修保养,以延长使用期限。

2.火焰喷灯

是利用汽油或煤油做燃料的一种工业用喷灯(图 6-3-2),因喷出的火焰具有很高的温度,所以在兽医实践中常用以消毒各种被病原体污染了的金属制品,如管理家畜用的用具,金属的鼠笼、兔笼、捕鸡笼等。但在消毒时不要喷烧过久,以免将被消毒物品烧坏,在消毒时还应有一定的次序,以免发生遗漏。

图 6-3-2　火焰喷灯

【技能实训】

▶ 技能项目一　牛场消毒规程制订技术

1. 实训条件

牛场场址、牛场设施设备、各种消毒器具、消毒药物等。

2. 方法与步骤

(1)环境消毒　消毒时间和消毒药物的确定。

(2)人员消毒　消毒时间和消毒药物的确定。

(3)牛舍消毒　消毒时间和消毒药物的确定。

(4)用具消毒　消毒时间和消毒药物的确定。

(5)带牛环境消毒　消毒时间和消毒药物的确定。

(6)牛体消毒　消毒时间和消毒药物的确定。

(7)牛场消毒规程制订　根据(1)～(6)的制订情况,确定牛场消毒时间和消毒药物,制订出消毒规程。

3. 注意事项

(1)结合当地传染病发生情况制订本场消毒规程。

(2)结合本场实际情况制订本场消毒规程。

4. 实训练习

规模化肉牛育肥场建立初期,消毒防疫措施不健全,现根据当地传染病发生、流行情况和本场实际情况如何制订消毒规程,请根据自己所学结合生产实践予以完成。

序号	步骤	任务要求	具体操作过程
1	环境消毒	1.牛舍周围环境、包括运动场消毒药物选择、使用和消毒时间确定; 2.场区周围以及场内污水池、排粪坑和下水道出口消毒药物选择、使用和消毒时间确定; 3.在大门口和牛舍入口消毒药物选择、使用和消毒时间确定	
2	人员消毒	1.工作人员进入生产区,消毒方法选择、使用和消毒时间确定; 2.外来参观的人员进入场区消毒方法选择、使用和消毒时间确定	
3	牛舍消毒	牛舍消毒方法选择、使用和消毒时间确定	
4	用具消毒	1.饲喂用具、料槽和饲料车消毒方法选择、使用及消毒时间确定; 2.日常用具比如兽医用具、助产用具、配种用具等消毒方法选择、使用及消毒时间确定	
5	带牛环境消毒	带牛环境消毒方法选择、使用及消毒时间确定	
6	牛体消毒	助产、配种、注射治疗以及任何对牛进行接触操作前消毒方法选择、使用选择	
7	牛场消毒规程制定	根据(1)～(6)内容制定本场消毒规程,并严格执行	

牛场消毒规程制定技术技能单：

序号	步骤	任务要求	期望分值	实际得分
1	环境消毒	根据规模化肉牛场的实际情况和所学知识制订环境消毒的规程	10	
2	人员消毒	根据规模化肉牛场的实际情况和所学知识制订人员消毒的规程	10	
3	牛舍消毒	根据规模化肉牛场的实际情况和所学知识制订牛舍消毒的规程	10	
4	用具消毒	根据规模化肉牛场的实际情况和所学知识制订用具消毒的规程	10	
5	带牛环境消毒	根据规模化肉牛场的实际情况和所学知识制订带牛环境消毒的规程	10	
6	牛体消毒	根据规模化肉牛场的实际情况和所学知识制订牛体消毒的规程	10	
7	牛场消毒规程制订	教师指导，学生分组制订，制订出适合本场的消毒规程	40	
合计			100	

技能项目二　牛场消毒技术

1. 实训条件

牛场相关资料、各种消毒药、喷雾器、火焰喷灯、量筒、天平等。

2. 方法与步骤

(1)制订牛场消毒方案　牛场出入口消毒，牛舍、运动场消毒，牛舍墙壁、牛栏消毒，牛槽和用具消毒等消毒药物选择。

(2)准备消毒所需材料　消毒药物、消毒器具选择。

(3)消毒前准备　对牛舍结构，牛场常发疾病进行确定，选择消毒药物，确定消毒方法。

(4)消毒操作　按照消毒计划配制消毒药，根据消毒目的，选用不同消毒方法。

(5)消毒后管理　填好消毒记录，观察动物疾病情况。

(6)消毒效果评价　对比消毒前后菌落总数等指标，评价消毒效果。

3. 注意事项

(1)使用火焰喷灯时防止火灾和人员的烧伤。

(2)具有强腐蚀性的药品不能和金属接触，以免破坏金属器械。

(3)具有腐蚀性的消毒药不能直接接触人和动物的眼睛及皮肤，以免灼伤。

4. 实训练习

规模化肉牛育肥场应采取怎样的防疫、消毒措施，以减少疾病的发生？请根据自己所学结合生产实践予以完成。

序号	步骤	任务要求	具体操作过程
1	制订牛场消毒方案	1.牛场出入口消毒;药物选择 2.牛舍、运动场消毒;药物选择 3.牛舍墙壁、牛栏消毒;药物选择 4.牛槽和用具消毒;药物选择	
2	准备消毒所需材料	消毒药物;消毒器具	
3	消毒前准备	了解牛舍结构,了解牛场常发疾病;消毒药物选择,确定消毒方法	
4	消毒操作	按照消毒计划配制消毒药,根据消毒目的,选用不同消毒方法	
5	消毒后管理	填好消毒记录,观察动物疾病情况	
6	消毒效果评价	对比消毒前后菌落总数等指标,评价消毒效果	

牛场消毒技术技能单:

序号	步骤	任务要求	期望分值	实际得分
1	制订牛场消毒方案	教师指导,学生分组制订	10	
2	准备消毒所需材料	按小组计划,领取牛场消毒所需材料	10	
3	消毒前准备	了解牛舍结构,了解牛场常发疾病;消毒药物选择,确定消毒方法	20	
4	消毒操作	按照消毒计划配制消毒药,根据消毒目的,选用不同消毒方法	30	
5	消毒后管理	填好消毒记录,观察动物疾病情况	10	
6	消毒效果评价	对比消毒前后菌落总数等指标,评价消毒效果	20	
	合计		100	

【自测练习】

1.填空题

(1)圈舍熏蒸消毒一般用_____、_____按照_____比例添加在密闭的圈舍内,熏蒸_____小时后打开门窗通风换气,待气味散尽方可进动物。

(2)消毒的种类可以分为_____、_____、_____。

(3)用阳光、紫外线、干燥、高温(火焰、煮沸和蒸汽)等物理方法杀灭病原微生物的消毒方法叫做_____消毒。

(4)带畜消毒时,养殖场常选择_____、_____、_____等消毒剂。

(5)动物尸体处理一般采用_____、_____、_____。

2.判断题(在有错误处下画线,并写出正确的内容)

(1)尽可能选用广谱的消毒剂或根据特定的病原体选用对其作用最强的消毒药。(　　)

（2）消毒药物应定期替换，不要长时间使用同一种消毒药物，以免病原菌产生耐药性，影响消毒效果。（　　　）

（3）为了加强消毒效果，我们常把两种或两种以上的消毒药混合在一起使用。（　　　）

（4）烧碱的杀菌效果比较好，所以带畜消毒常选择这种消毒剂。（　　　）

（5）消毒药浓度越大，消毒效果越好。（　　　）

3. 选择题

（1）圈舍消毒的顺序正确的是（　　　）

A. 机械性清扫—熏蒸消毒—化学药品消毒—清水冲洗

B. 机械性清扫—清水冲洗—化学药物消毒—熏蒸消毒

C. 熏蒸消毒—清水冲洗—机械性清扫—化学药物消毒

D. 机械性清扫—清水冲洗—熏蒸消毒—化学药物消毒

（2）养殖场消毒池一般选用（　　　）消毒。

A. 百毒杀　　　　　B. 过氧乙酸　　　　　C. 生石灰　　　　　D. 氢氧化钠

（3）在动物解除隔离、痊愈或死亡后，或者在疫区解除封锁之前，为了消灭疫区内可能残留的病原体所进行的全面彻底的大消毒是（　　　）。

A. 预防消毒　　　　B. 随时消毒　　　　　C. 终末消毒　　　　　D. 彻底消毒

（4）主要用于粪便的无害化处理的消毒是（　　　）。

A. 机械性消毒　　　B. 物理性消毒　　　　C. 生物热消毒　　　　D. 化学性消毒

4. 问答题

（1）一新建奶牛场的消毒池用哪些消毒药，如何配制？

（2）怎样对一座长 200 m、宽 30 m、高 4 m 的空圈舍进行熏蒸消毒？

（3）怎样开展带畜消毒？

【学习评价】

考核任务	考核要点	评价标准	考核方法	参考分值
1.牛场消毒药的分类和特点 2.消毒药的使用	操作态度	精力集中，积极主动，服从安排	学习行为表现	10
	协作意识	有合作精神，积极与小组成员配合，共同完成任务		10
	查阅生产资料	能积极查阅、收集资料，认真思考，并对任务完成过程中的问题进行分析处理		10
	消毒药选择	根据牛场的资料、消毒药品说明等，结合所学知识，正确做出选择判断	药品选择描述	20
	消毒药使用	根据牛场的实际情况开展牛场各个场所消毒工作	消毒操作	20
	健胃效果综合判断	药物选择准确、方法得当	结果评定	20
	工作记录和总结报告	有完成全部工作任务的工作记录，字迹工整，总结报告结果正确，体会深刻，上交及时	作业检查	10
合计				100

学习任务二　牛群常发疫病与免疫预防

【任务目标】

　　了解牛的不同生产阶段(犊牛、育成牛、成母牛)主要疫病的流行特点、症状、诊断方法和防治方法;掌握牛场的免疫程序和各种疫苗的使用方法。

【学习活动】

▶ 一、活动内容

　　根据牛的不同生长阶段,合理选择疫苗或药物,改善饲养管理,去除致病因素,对奶牛各生长阶段开展疫病防控工作。

▶ 二、活动开展

　　通过查询相关信息,结合牛各阶段疫病图片、录像资料介绍、现场实地调研、收集牛场常发疫病的相关资料,深入了解本地区牛场的疫病流行特点,选择合适的疫苗和药物,防止疫病传入。掌握疫病的诊断方法,能够对牛场开展疫病防控工作。

【相关技术理论】

　　动物疫病是对动物危害最为严重的一类疾病,它不仅使动物大量死亡,也可造成动物产品的严重损失。尤其现代化养殖业,养殖规模较大,调运频繁,且随着动物及其产品进出口贸易的不断增加,致使疫病更易发生和流行。

　　"预防为主,养防结合,防重于治"是牛病防治的基本方针。综合性预防措施是控制牛病的关键,主要包括:牛场的建设和布局、制定科学的免疫程序和驱虫制度、建立经常性消毒制度、科学的饲养管理、引进健康无病的犊牛等措施。

　　大型规模化养殖场牛群常发疫病主要包括以消化道症状为主症的犊牛大肠杆菌病、沙门氏菌病;偶蹄兽偶发重大疫病口蹄疫;以消化道症状、繁殖障碍综合征为主症的牛病毒性腹泻—黏膜病;以繁殖障碍综合征为主症的布氏杆菌病、以呼吸道症状为主症的牛结核病;以典型临床特征为主的破伤风;放线菌病等为常发的各类传染病以及肝片吸虫病、牛消化道线虫病等消化系统为主症的寄生虫病；牛皮蝇蛆病、牛疥螨病等皮肤寄生虫病；牛泰勒虫病等循环系统寄生虫病。

牛群常发传染病、寄生虫对牛群的生产影响较大，严重制约着养殖业的发展，造成经济价值的损失，在牛场的日常常规管理中，我们要加强对牛场人员、进出车辆、引种、肉牛买卖等管理工作，做好以上疫病的预防和控制工作。

一、牛群常发疫病

(一)牛群常发疫病介绍

牛口蹄疫(FMD)

口蹄疫俗称"口疮"、"蹄癀"，是由病毒引起偶蹄动物的一种急性热性高度接触性传染病。特征是在口腔黏膜、蹄部和乳房皮肤发生水疱和溃烂。本病在世界各地均有发生，目前在非洲、亚洲和南美洲流行较严重。动物感染本病将导致其生产性能下降约25%，由此而带来的贸易限制和卫生管理等费用更难以估算。因此，世界各国都特别重视对本病的研究和防治。

1. 病原体

口蹄疫的病原体是口蹄疫病毒(Foot and mouth disease virus, FMDV)，已知的病毒有7个血清型，即A、O、C、南非1、2、3型和亚洲1型，每一主型又分若干亚型，目前已发现65个亚型。各主型之间无交互免疫性，同一主型各亚型之间有一定的交叉免疫性。

2. 流行病学

本病通过直接接触和间接接触传播，经呼吸道、消化道、损伤的皮肤黏膜而感染。近年来证明通过污染的空气经呼吸道传染更为重要。饲料、垫草、用具、饲养管理人员以及犬、猫、鼠类、家禽等都可成为本病的传播媒介。

本病传播迅速、流行猛烈、发病率高、死亡率低。一年四季均可发生，但在牧区一般从秋末开始，冬季加剧，春季减少，夏季平息，在农区这种季节性则不明显。该病常呈流行性或大流行性，自然条件下每隔1～2年或3～5年流行一次，往往沿交通线蔓延扩散或传播，也可跳跃式的远距离传播。

3. 临床症状

牛潜伏期2～7天，最长14天左右，病牛以口腔黏膜水疱为主要特征。病初，体温升高至40～41℃，精神委顿，食欲减少或废食，反刍停止，闭口流涎。1～2天后，唇内面、齿龈、舌面和颊黏膜发生水疱，不久水疱破溃，形成边缘不整的红色烂斑。稍后，趾间及蹄冠皮肤表现热、肿、痛，继而发生水疱、烂斑，病牛跛行。水疱破裂，体温下降，全身症状好转。如果蹄病继发细菌感染，局部化脓坏死，则病程延长，甚至蹄匣脱落。病牛乳房乳头皮肤有时出现水疱、烂斑。哺乳犊牛患病时，水疱症状不明显，常呈急性胃肠炎和心肌炎症状而突然死亡。幼畜死亡率20%～50%，特别是仔猪死亡率高，有研究报道为80%～100%。成年家畜死亡率不高，一般不超过5%，但发病后严重掉膘，产奶量下降，役畜不能使役。临床症状如图6-3-3所示。

图6-3-3 牛口蹄疫临床症状

4.防制

防制本病应根据本国实际情况采取相应对策。无病国家一旦暴发本病应采取屠宰病畜、消灭疫源的措施;已消灭了本病的国家通常采取禁止从有病国家输入活畜或动物产品,杜绝疫源传入;有本病的地区或国家,多采取以检疫诊断为中心的综合防制措施,一旦发现疫情,应立即实行封锁、隔离、检疫、消毒等措施,迅速通报疫情,查源灭源,并对易感畜群进行预防接种,以及时拔除疫点。

(1)预防接种:发生口蹄疫时,需用与当地流行的相同病毒型、亚型的弱毒疫苗或灭活疫苗进行免疫预防。弱毒疫苗由于毒力与免疫力之间难以平衡,不太安全。因此目前各国主要研制和应用灭活疫苗。不少国家采用单层或悬浮的 BHK21 细胞系和 IB-RS-2 细胞系培养生产灭活疫苗,灭活剂多采用主要作用于核酸、蛋白抗原性保护较好且毒性小的二乙烯亚胺灭活后加油类佐剂。对疫区和受威胁区内的健畜进行紧急接种,在受威胁地区的周围建立免疫带以防疫情扩展。康复血清或高免血清用于疫区和受威胁的家畜,可控制疫情和保护幼畜。

(2)消毒:疫点严格消毒,粪便堆积发酵处理,场地、物品、器具要严格消毒。预防人的口蹄疫,主要依靠个人自身防护。

牛 结 核 病

结核病是由细菌引起的人兽共患慢性传染病。其病理特征是在多种组织器官形成结核结节、干酪样坏死和钙化病变。

1.病原体

结核分枝杆菌主要有牛型、人型和禽型三型。对磺胺、青霉素及其他广谱抗生素均不敏感,但对链霉素、异烟肼、对氨基水杨酸和环丝氨酸等敏感。

2.流行病学

牛型结核杆菌主要侵害牛,其次是猪、鹿和人,再次是马、犬、猫、绵羊和山羊。

病牛尤其是开放性结核病牛为主要的传染源。本病原随鼻汁、唾液、痰液、乳汁和生殖器官分泌物排出体外,能污染饲料、饮水、空气周围环境。通过呼吸道和消化道而感染,犊牛以消化道感染为主。本病多为散发或地方性流行。外周及小环境不良,如牛舍阴暗潮湿、光线不足、通风不良、牛群拥挤、病牛与健康牛同栏饲养以及饲料配比不当、饲料中缺乏维生素和矿物质等,均可促进本病的发生。

3.临床症状

本病潜伏期长短不一,一般为 10～45 天,长的达数月。通常呈慢性经过。临床上有 4 种类型。

肺结核:病牛病初有短促干咳,随着病程的进展变为湿咳,咳嗽加重、频繁,并有淡黄色黏液或脓性鼻液流出。呼吸次数增加,甚至呼吸困难。病牛食欲下降,日渐消瘦,贫血,产奶减少,体表淋巴结肿大,体温一般正常或稍升高。最后因心力衰竭而死亡。

淋巴结核:多发生于病牛的体表,可见局部硬肿变形,有时有破溃,形成不易愈合的溃疡。常见于肩前、股前、腹股沟、颌下、咽及颈淋巴结等。

乳房结核:病牛乳房淋巴结肿大,常在后方乳腺区发生结核。乳房表面呈现大小不等、凹凸不平的硬结,乳房硬肿,乳量减少,乳汁稀薄,混有脓块,严重者泌乳停止。

肠结核：多见于犊牛，表现消化不良，食欲不振，下痢与便秘交替。继而发展为顽固性下痢，迅速消瘦。当波及肝、肠系膜淋巴结等腹腔器官组织时，直肠检查可以辨认。

发生结核的脏器可出现特异性结节，结节由小米粒大至鸡蛋大，灰白色或灰黄色，坚实，切面呈干酪样（豆腐渣样）坏死或钙化，有时在肺上形成空洞，在胸膜和腹膜上形成结核结节，无数个结节形如珍珠附着在浆膜面上，故浆膜的结核又称为珍珠病。临床症状及病理变化如图 6-3-4 所示。

图 6-3-4　牛结核病临床症状及病理变化

4.防制

防制畜禽的结核病应采取加强检疫、防止疫病传入、净化污染群、培育健康畜群等综合性防制措施。

(1)检疫及分群隔离饲养：检疫是发现和净化畜群结核的重要手段。在本病的清净地区，每年春秋各进行 1 次检疫。引入牛时需经产地检疫，并隔离观察 1 个月以上，再进行 1 次检疫，确认健康方可混群饲养。

在疫区对健康牛群每年定期检疫 2 次，对经过定期检疫污染率在 3 以下的假定健康牛群，用结核菌素皮内注射法每年检疫 4 次；对未进行检疫的牛群及阳性反应检出率在 3 以上的牛群，应用结核菌素皮内注射结合点眼法每年进行 4 次以上的检疫。通过以上检疫，阳性反应牛应立即隔离饲养，开放性结核病牛应以扑杀，疑似反应牛隔离复检。对于污染的牛群，经过如此反复多次检疫，不断清除阳性反应牛，可逐步达到净化。

(2)培育健康犊牛：病牛所产犊牛，出生后吃 5 天初乳，而后隔离饲养，喂以消毒乳或健康牛乳，分别于生后 20～30 天、100～120 天、6 月龄进行 3 次检疫，据检疫结果分群隔离饲养，呈阳性反应的予以淘汰。

(3)消毒：每年进行 2～4 次定期消毒，饲养用具每月定期消毒 1 次，检出病牛后进行临时消毒，粪便发酵处理，尸体深埋或焚烧。畜禽结核病一般不进行治疗，检出后淘汰。

牛布氏杆菌病

布氏杆菌病是由布氏杆菌引起人畜共患的一种传染病，呈慢性经过，临诊主要表现流产、睾丸炎、腱鞘炎和关节炎，病理特征为全身弥漫性网状内皮细胞增生和肉芽肿结节形成。又称马耳他热或波状热。牛、羊和猪是主要传染源，母畜感染后可引起流产，人因接触病畜或食用受染牛奶或奶制品而感染。潜伏期 1～3 周，临床特点是缓慢起病，长期发热、多汗、虚弱、全身痛和关节痛，急性期症状多在 3～6 个月内消退。

1.病原体

布氏杆菌属（Brucella）是一类革兰氏阴性的短小杆菌，牛、羊、猪等动物最易感染，引起母畜传染性流产。人类接触带菌动物或食用病畜及其乳制品，均可被感染。布氏杆菌病广泛分布世界各地。我国流行的主要是羊（Br. melitensis）、牛（Br. Bovis）、猪（Br. suis）三种布氏杆菌，其中以羊布氏杆菌病最为多见。对链霉素、氯霉素和四环素等均敏感。

2.流行病学

自然病例主要见于牛、山羊、绵羊和猪。母畜较公畜易感，成年家畜较幼畜易感。病畜及带菌动物包括野生动物是本病的主要传染来源，患病妊娠母畜危险性最高，该菌存在于流产胎儿、胎衣、羊水、流产母畜的阴道分泌物、乳汁中及公畜的精液内,多经接触流产时的排出物及乳汁或交配而传播。当认识不足或在缺乏防护及消毒条件下接产、护理或饲养管理时,极易引起人员感染。

病菌主要通过消化道、皮肤创伤、吸血昆虫叮咬等途径传播。一般母牛较公牛易感,成牛较犊牛易感。本病呈地方性流行。新疫区常使大批妊娠母牛流产;老疫区流产减少,但关节炎、子宫内膜炎、胎衣不下、屡配不孕、睾丸炎等逐渐增多。

3. 症状

牛感染布病的潜伏期可为 2 周至 6 个月,多为隐性感染。母牛最典型的症状是妊娠的任何时期均可发生流产,但多发于妊娠的第 5～8 个月。流产前精神沉郁,食欲减退,起卧不安,阴唇和乳房肿胀,阴道潮红、水肿,并流出灰黄或灰红褐色黏液性分泌物。流产胎儿多为死胎,个别发育完全的弱胎可存活 1～2 天。多数母牛流产后从阴道流出红褐色、恶臭味的分泌物,持续 2 周左右,并伴发胎衣滞留或子宫内膜炎,有的病牛子宫蓄脓长期不愈,进而导致不孕不育。

公牛发病常见为睾丸炎和附睾炎,时有阴茎潮红肿胀。急性病例则睾丸肿胀疼痛,或伴发中度发热,疼痛逐渐减弱,约 3 周后通常只见睾丸和附睾肿大,触之坚硬。此外,患病牛临床多见膝、腕关节发生关节炎,关节肿胀疼痛,严重者可导致关节硬化和骨、关节变形。滑液炎和腱鞘炎也较为常见。临床症状如图 6-3-5 所示。

图 6-3-5　牛布氏杆菌病临床症状

4. 防制措施

防制本病主要是保护健康牛群、消灭牛场的布氏杆菌病和培育健康幼畜三个方面,措施如下:

(1)加强检疫,引种时检疫,引入后隔离观察 1 个月,确认健康后方能合群。

(2)定期预防注射,如布氏杆菌 19 号弱毒菌苗或冻干布氏杆菌羊 5 号弱毒菌苗可于成年母牛每年配种前 1～2 个月注射,免疫期 1 年。

(3)严格消毒,对病牛污染的圈舍、运动场、饲槽等用 5% 克辽林、5% 来苏儿、10% 石灰乳或 2% 氢氧化钠等消毒;病牛皮用 3% 来苏儿浸泡 24 h 后利用;乳汁煮沸消毒;粪便发酵处理。

(4)培育健康幼畜,约占 50% 的隐性病牛,在隔离饲养条件下可经 2～4 年而自然痊愈;在奶牛场可用健康公牛的精液人工授精,犊牛出生后食初乳 3～5 天送犊牛隔离舍喂以消毒乳和健康乳;6 个月后作间隔为 5～6 周的两次检疫,阴性者送入健康牛群,阳性者送入病牛群,从而达到逐步更新、净化牛场的目的。对流产后继续子宫内膜炎的病牛可用高锰酸钾冲洗子宫和阴道,每日 1～2 次,经 2～3 天后隔日 1 次,直至阴道内分泌物流出为止。严重病例可用抗生素或磺胺类药物治疗。中药益母散对母牛效果良好,益母草 30 g、黄芩 18 g、川芎 15 g、当归 15 g、熟地 15 g、白术 15 g、双花 15 g、连翘 15 g、白芍 15 g,共研细末,开水冲,候温服。

牛消化道线虫病

牛羊消化道线虫病是指寄生在牛、羊等反刍动物消化道中的毛圆科、虫口科、钩口科、圆线科和毛首科的许多种线虫引起疾病的统称。寄生于动物第四胃、小肠和大肠。在自然条件下多呈混合感染。这类线虫在其形态生态及疾病流行、病理和综合防治上都有许多相同点。

1.病原体

消化道线虫主要的科、属有：

(1)毛圆科

①矛属：寄生于真胃。其中以捻转血矛线虫致病力最强，亦是毛圆科线虫中常见且寄生数量最多的线虫。

②毛圆属：寄生于小肠和真胃，是最常见的种类。

③长刺属：主要为指形长刺线虫，寄生于牛和绵羊的真胃。

④奥斯特属：寄生于真胃和小肠，常见有环纹奥斯特线虫、三叉奥斯特线虫。

⑤马歇尔属：寄生于真胃。常见种有蒙古马歇尔线虫。

⑥古柏属：寄生于反刍兽的小肠、胰脏。常见种有等侧古柏线虫和叶氏古柏线虫。

⑦细颈属：寄生于小肠。

(2)食道口科：主要是食道口属，寄生于结肠。危害牛、羊严重的有哥伦比亚食道口线虫、粗纹食道口线虫、辐射食道口线虫、甘肃食道口线虫。

(3)钩口科：仰口属的牛仰口线虫和羊仰口线虫，前者寄生于牛的小肠，主要是十二指肠；后者寄生于羊的小肠。

(4)毛尾科：只有毛尾属，寄生于大肠（主要是盲肠），亦称鞭虫。

(5)圆线科：主要是夏伯特属，寄生于大肠。常见种有绵羊夏伯特线虫和叶氏夏伯特线虫。

2.流行病学

牛消化道线虫的发育，第一期幼虫，经过两次蜕化变为第三期幼虫。第三期幼虫的特点是虫体很活泼，虽不进食，但在外界可以长时间的保持其生活力。在一般情况下，第三期幼虫可以生存3个月，而在凉爽的季节，土内又有充分的水分时，幼虫可存活1年。第三期幼虫还能沿着潮湿的草叶向上爬行，它对微弱的光线有向光性，对强烈的阳光有畏惧性，因此，在早晨傍晚或阴天时，它能爬上草叶，而在夜间又爬下地面。它对温度敏感，在潮湿环境中比在寒冷时活泼。该虫虫卵排出量或成虫寄生量1年内出现两次高峰，春季高峰在4~6月份，秋季高峰在8~9月份。犊牛粪便中最早排出虫卵的时间为7月上下旬，全年也只形成1次高峰，高峰期在8~10月份。

3.症状

各种消化道线虫均程度不同地引起寄生部位黏膜损伤、出血和炎症，影响宿主机体的消化和吸收功能。多数线虫以吸血为主，分泌有毒物质和代谢产物，损伤造血器官使宿主贫血。食道口线虫的幼虫可引起肠壁结节病灶，影响肠蠕动，同时带入病原微生物，使病情恶化。

牛、羊消化道线虫种类繁多，常混合感染，协同致病作用可使病情加剧，尤其是羔羊和犊牛，春季个别地区引起大批发病和死亡。急性型少见，因病原种类不同表现各异，常发生于夏末秋初。精神沉郁，食欲减退，腹泻、血便等。

慢性经过多发生于冬春季节，主要病状是消化障碍，腹泻，有时粪便带血、黏液、脓汁。患畜贫血，可视黏膜苍白，有时下颌及颈下水肿，羔羊和犊牛发育不良，生长缓慢。

4.治疗

左咪唑,牛 5～6 mg/kg 体重;噻苯唑,牛、羊 30～75 mg/kg 体重;丙硫咪唑,牛、羊 5～10 mg/kg 体重;丙氧咪唑,牛 10～15 mg/kg 体重;酒石酸甲噻嘧啶,牛、羊 10 mg/kg 体重;敌百虫每千克体重用 0.04～0.08 g,配成 2%～3% 的水溶液,灌服,牛 20～40 mg/kg 体重。以上药物均应配成混悬液或溶于水中口服。伊维菌素,牛、羊,皮下注射或口服,注射部位在肩前、肩后或颈部皮肤松弛的部位,但注射本药时需注意,供人食用的牛在屠宰前 21 天内不能用药,供人饮奶用的牛,在产奶期不宜用药。应同时施以对症治疗。

5.防制措施

在预防中应该掌握以下几个方面:

(1)改善饲养管理,合理补充精料,进行全价饲养以增强机体的抗病能力。牛舍要通风干燥,加强粪便管理,防止污染饲料及水源。牛粪应放置在远离牛舍的固定地点堆肥发酵,以消灭虫卵和幼虫。

(2)根据病原微生物的流行规律,应避免在低洼潮湿的牧地上放牧。避开在清晨、傍晚和雨后放牧,防止第三期幼虫的感染。

(3)每年应在 12 月末至翌年 1 月上旬,进行一次预防性驱虫。但一般药物对于存在于黏膜中的发育受阻幼虫不易取得良好效果,国外试验证实,硫苯咪唑和阿弗咪啶对发育受阻幼虫有良好效果。

牛泰勒虫病

牛泰勒虫病是由原虫引起的一种寄生于牛红细胞内的血液原虫病。临床上以高热、贫血、黄疸、血红蛋白尿、迅速消瘦和产奶量降低为其特征。寄生于牛的泰勒虫有很多种,都属于泰勒科泰勒属。常见的泰勒虫病,其病原主要是环形泰勒虫,分布颇广,黄牛、水牛均可感染,常呈地方性流行;其次是瑟氏泰勒虫。泰勒虫寄生于牛的网状内皮细胞和红细胞内。

1.病原体

牛环形泰勒虫,虫体小于红细胞半径,形态多样。寄生于红细胞内的有环形、椭圆形、逗点形、杆形、圆点形和十字形等,以环形和椭圆形虫体占多数。虫体长度为 0.7～2.1 μm。用姬姆萨液染色后,虫体细胞质染成淡蓝色,细胞核常居于虫体一端染成红色。1 个红细胞内通常有 2～3 个虫体,最多的可以达到 10 个以上。红细胞的感染率一般为 10%～20%,高者可达 95%。寄生于网状内皮细胞(主要是在单核白细胞和淋巴细胞的细胞质中)里的虫体,大多数呈不规则的圆形,长度为 22～27.5 μm,易被查见的常常是一种多核体,形状极像石榴的横切面,故称之为石榴体。

姬姆萨液染色后,可以看到在浅蓝色的原生质背景下包含有微红色或暗紫色数目不等的染色质核,故又称为柯赫氏蓝体。石榴体还可能在淋巴液和血浆中发现。

2.流行病学

泰勒虫病在流行的牧区,以 1～3 岁的牛发病为多,尤以 1～2 岁牛最多,当年生的犊牛和 4 岁以上者亦有发病的。本病有明显的季节性,发病季节与蜱的活动季节有密切关系,一般在 6 月下旬到 8 月中旬,而以 7 月份为发病高峰期,8 月中旬后逐渐平息。

3.症状

牛只病初体温升高,呈稽留热型,保持在 39.5～41.8℃。体表淋巴结肿大,个别大如鸡蛋,压之有痛感。呼吸和心跳加快,结膜潮红,流泪。病牛精神不振,食欲减退。此时血液中很少发现虫体。部分牛肺有湿性啰音;部分牛血液稀淡。当虫体大量侵入红细胞时,病情加剧。体温升高到40～42℃。精神萎靡,可视黏膜苍白或呈黄红色,鼻镜干燥无汗,反刍少或不反刍,磨牙,食欲不振或少食至食欲废绝,反刍停止,但濒死牛只仍有食欲,瘤胃蠕动音弱,弓腰缩腹。初粪便干硬,带黏液,后溏泄,或两者交替,粪中带黏液或血丝。尿频数,色淡黄或深黄。心跳亢进,血液稀薄,不易凝固。红细胞数减少、大小不匀,并出现异形红细胞。血红蛋白含量降低。病牛显著消瘦,常在病后1～2周死亡。

4.治疗

应用贝尼尔治疗,按7 mg/kg体重,每支以5%的比例用蒸馏水稀释,在臀部两侧深层肌注。每天1次,连续2天,同时补液抗菌消炎,以5%葡萄糖盐水500 mL×2,各加维生素C 30 mL、乌洛托品50 mL、硫酸卡那霉素100 mL、维生素B_1 30 mL,维生素B_{12} 20 mL、葡萄糖酸钙40 mL,混合静注,每天1次,连续5天。同时又用中药进补,用党参(补虚)、黄芪(补气)、甘草(清余热)、阿胶(补血)煎汁灌服。连续4天。

5.防制措施

根据本病的传播者生活在圈舍墙缝和木桩裂隙中的特点,制订综合性预防措施。

(1)消灭圈舍的幼蜱:在10～11月份,使用0.3%敌敌畏(或0.2%～0.5%敌百虫)水溶液喷洒圈舍的墙壁等处,以消灭越冬的幼蜱。

(2)消灭牛体上的幼蜱和稚蜱:在2～3月份使用敌百虫以杀灭寄生于牛体上的幼蜱和稚蜱,应进行2次,中间相隔半个月左右。

(3)防止外来牛只将蜱带入和本地牛只将蜱带到其他地区,调运牛只应在9～10月份无蜱寄生的季节进行,并进行一次灭蜱处理。如在其他月份调运时,必须在出发之前与到达之后,经过半个月的隔离检查,并给以灭蜱处理。

(二)其他疫病介绍

见表6-3-3。

表6-3-3　牛的其他疫病

	疫病名称	犊牛大肠杆菌病
1	病原体	大肠杆菌
	流行学	本病主要发生于密集化养牛场,各种牛不分品种性别、日龄均对本菌易感。犊牛发病最多,如污秽、拥挤、潮湿、通风不良的环境,过冷过热或温差很大的气候,有毒有害气体(氨气或硫化氢等)长期存在,饲养管理失调,营养不良(特别是维生素的缺乏)以及病原微生物(如支原体及病毒)感染所造成的应激等均可促进本病的发生
	症状	败血型:疾病经过很急促。突然发生高热,精神沉郁,拒食,偶有血样稀泻。新生犊牛表现最急性症状,脱水,间有腹泻,粪便呈淡黄色,水样带血丝,腥臭,常于1天内急性死亡,有时病犊未见腹泻即死亡;亚急性表现脐肿,腹泻,关节或骨骼肿胀,眼色素层炎和神经症状 肠型:犊牛食欲废绝,高热,精神沉郁,发病后不久即出现腹泻,粪便初为水样或粥样,颜色灰黄,后转为灰白,后呈水样,混有血液与气泡、消化的凝乳块,带酸臭气味。因腹痛常常回望自己的腹部,或用足踢腹。病程稍长时,下痢次数减少,但不能停止,且可继发肺炎和关节炎 肠毒血型:发病后出现兴奋,而后沉郁、昏迷等神经症状,病程稍长者则可见败血症引起中毒性神经症状(沉郁、昏迷),死前常出现剧烈的腹泻症状

1	疫病名称	犊牛大肠杆菌病
	预防与治疗	治疗：治疗原则是抗菌，补液，调节胃肠机能和调整肠道微生态平衡；新霉素按每千克体重 0.4 万～0.8 万 IU，内服或肌注，每日 2～3 次；恩诺沙星内服，按每千克体重 2.5 mg，每日两次；5％葡萄糖生理盐水 1～2 L，25％葡萄糖 300～350 mL，5％碳酸钠 100～150 mL，维生素 C 5～10 mg，10％安钠咖 5 mL，配好一次静脉注射。抗感染中草药黄连、黄芩、黄柏、秦皮、双花、白头翁、大青叶、板蓝根、穿心莲、大蒜、鱼腥草 预防：加强饲养管理，用抗生素和磺胺类药物预防本病，也可用本场分离菌株制成的灭活菌苗，接种于临产前母牛
2	疫病名称	牛沙门氏菌病
	病原体	沙门氏菌
	流行学	本病一年四季均可发生，各种年龄的畜禽均可感染。主要以消化道感染为主，交配和其他途径也能感染；各种不良因素均可促进本病的发生。各年龄的牛都有发生。病牛、带菌牛或其他感染动物为主要传染源，通过分泌物、排泄物排出病原，污染饲料、水源、垫草、用具等，主要经消化道感染。此外，鼠类常携带病菌，传播疾病。气候突变、过度使役、长途运输、营养不良、哺乳不当、寄生虫侵袭等因素都可促进本病的发生
	症状	犊牛常于 10～14 天以后发病，体温升高达 41℃，脉搏、呼吸加快，排出恶臭稀粪，含有血丝或黏液，表现出拒食、卧地不动、迅速衰竭等症状。一般于病症出现后 5～7 天死亡，病死率可达 60％。部分病牛可恢复，病程长的会出现关节炎和肺炎症状 成年牛以高热、昏迷、食欲废绝、脉搏增数、呼吸困难开始，体力迅速下降，粪便稀薄带血丝，不久即下痢，粪便恶臭，带有黏液或黏膜絮片。病牛腹痛剧烈，常用后肢蹬踢腹部，病程长的，可见消瘦、脱水、眼球下陷、眼结膜充血发黄 怀孕牛会发生流产，从流产胎儿分离出沙门氏菌。个别成年牛有时表现为顿挫型经过，表现为发热、食欲减退、精神委顿，不久这些症状即可消失
	预防与治疗	加强饲养管理，防止和减少应激，提高机体抗病力。防止鼠类污染饲料、水源。进行药敏试验后对发病牛用新霉素，犊牛每天 30～50 mg/kg 体重分三次内服；成年牛每天两次 10～30 mg/kg 体重肌肉或静脉注射。在饮水中加入维生素 C、口服补液盐、先锋肠泰。病情严重的用 0.5％的糖盐水、0.5％恩诺沙星进行缓慢滴注。对环境、用具用 0.3％的络合碘每天彻底消毒一次。对常发病的牛群，可用本地分离的致病菌株制备沙门氏菌多价灭活苗，进行预防接种
3	疫病名称	牛病毒性腹泻—黏膜病（BVD-MD）
	病原体	牛病毒性腹泻—黏膜病病毒
	流行学	主要通过消化道和呼吸道感染，也可通过胎盘感染。新疫区急性病例多，发病率通常不高，约为 5％，其病死率为 90％～100％，发病者多为 6～18 月龄的犊牛。老疫区急性病例很少，发病率和病死率很低。本病常年均可发生，但易发生于冬春季节
	症状	急性：以出现双峰性的热型和白细胞同时减少为特征。初期类似感冒，2～3 天后可见鼻镜及口腔黏膜上皮糜烂，大量流涎，呼气带恶臭味，随之出现下痢，最初为水样，以后渐变浓稠，混有大量黏液，无数小气泡，甚至带有血液和黏膜片。有些病例由于蹄叶炎而跛行，病程数日至 1 个月，死亡率高 亚急性和慢性：间歇性腹泻，进行性消瘦，蹄变形，鼻镜和皮肤的长期糜烂、坏死，病程数月（2～5 个月）。母牛在妊娠感染后，所产犊牛可患先天性缺损，表现为小脑发育不全，缺损，短颌症，肌肉骨骼变形以及脱毛，流产少见

	疫病名称	牛病毒性腹泻—黏膜病（BVD-MD）
3	病原体	牛病毒性腹泻—黏膜病病毒
	预防与治疗	预防本病应加强免疫,可用黏膜病弱毒疫苗或猪瘟弱毒疫苗进行免疫。对发病牛进行隔离或急宰,严格消毒,限制牛群活动,防止扩大传染。 治疗时主要的原则有止泻,防止细菌继发感染,防止脱水和电解质紊乱。可用下列处方治疗:含糖盐水 1 000～2 000 mL,海达注射液 8～18 mL,维生素 C 2～4 g,5％碳酸氢钠 200～400 mL,混合静脉注射,每天 1 次,连用 3～4 天,还可应用病毒唑、大青叶等抗病毒药肌肉注射

	疫病名称	放线菌病
	病原体	放线菌
4	流行学	本病常见于牛,尤其是幼龄牛最易患此病,呈散发性发生。该牛场病历资料和其他研究表明,本病潜伏期 3～18 个月,一年四季都可以发生,无明显季节性,呈散发性 放线菌病的病源存在于污染的土壤、饲料和饮水中。同时作为一种寄生菌经常寄生在牛的口腔、鼻腔和气管内。因此,本病可以说是内因性感染的疾病。一部分则寄居在牛体表皮肤上。只要黏膜或皮肤上有破损,放线菌病便可以自行发生。病牛特别是发病部位破溃的牛只为主要的传染源。当上述部位发生破损时,放线菌就侵入其中,并不断繁殖,造成发病
	症状	病牛多在左侧颌骨有一硬肿隆起,界线明显,不可移动。肿胀部初期触诊疼痛,后期坚硬无痛。有 1 例在下颌骨外侧肿大,蔓延到整个颊部,骨体增大,显著变形。有的是侵害下颌骨内侧,周围组织肿胀,蔓延至下颌骨之间的踝下,触诊有疼痛,食欲、体温正常。有的还因病菌侵害咽喉、颌骨等处发生肿胀的同时,舌常肿胀,口张开,舌伸出口外,从口中流出透明黏稠黄色液。侵害咽喉时,咽喉部发硬,出现咳嗽,呼吸变粗,体温升高,口鼻流涎液,吐草。慢性病牛虽有食欲,但由于吃草困难,常处于饥饿状态,日渐消瘦,经过长期慢性消耗,病程约经数月或一年以上不愈
	预防与治疗	治疗: (1) 一般病牛青霉素 240 万 IU,链霉素 200 IU,注于肿胀周围,每天 1 次,5～7 天为 1 疗程,局部每日涂 10％碘酊 2 次 (2)在面颊部硬肿处用 2％碘酊在硬肿组织深部间隔点注 15～20 mL,注后局部充分按摩 3～5 min,使药液在组织中扩散,3 天后复注 1 次。同时患畜每日服碘化钾 10 g,连服 5 天,停 5 天后再服 3～5 天,如出现碘中毒现象(减食、流涎、黏膜卡他、眼结膜发炎、流泪、咳嗽、皮肤发疹、脱毛、皮屑增多等)应暂停药 1 周或减少喂量。对肿胀部每日用链霉素注射 1 次 (3) 碘化钾 10 g,溶于 5 mL 水中,溶后加入 5％碘酊 10 mL,分点注射于硬肿处,日注 1 次,连用 2～3 次即愈 (4)5％磺化钙 50～100 mL 掺入 5％葡萄糖液静脉注射,隔日 1 次,连用 2 次,严重时可连用 3～4 次,有破溃处用 10％碘酊涂擦 (5)内服碘化钾,成母牛每次 7 g,每天 2 次,重症且有心脏功能扰乱者,同时注射 10％碘化钠,每次 50～100 mL,隔日 1 次,连用 3～5 次 以上几种疗法根据病情和药物来源采取不同疗法,早期任选一种药方进行治疗。据观察,均可取得良好的效果

4	疫病名称	放线菌病
	病原体	放线菌
	预防与治疗	预防：放线菌作为一种寄生菌经常寄生在健康牛的口腔、鼻腔和气管内，一部分寄居在动物皮肤上，当这些部位发生破损时，放线菌就乘机侵入并不断繁殖，最终导致发病。故加强饲养管理对降低本病的发病率意义重大。平时饲喂精料不宜过多，使役不宜过量，喂牛时应将干草、谷糠浸软。避免刺伤口腔黏膜及其他外伤，刺伤时要及时治疗，平时应该注意皮肤受伤

5	疫病名称	肝片吸虫病
	病原体	肝片吸虫
	流行学	本病流行于潮湿多水地区，地势低洼的牧场、稻田地区和江河流域等，多雨年份或久旱逢雨的温暖季节流行严重。急性者多发生于秋季，慢性者多发生在冬春天寒、枯草的季节。肝片吸虫成虫在胆管中产卵，卵随粪便排出体外，在适宜的条件下孵化发育成毛蚴，毛蚴进入宿主椎实螺体内，经过胞蚴、雷蚴、尾蚴三个阶段的发育，又回到水中附着在植物和其他物体上，形成具有较强抵抗力的囊蚴。当牛、羊吃草和饮水时吞食囊蚴后，就被感染，引发疾病
	症状	症状的轻重取决于感染虫体的数量、畜体年龄、体质及饲养管理等。感染虫体数量多、牲畜年龄小、体质弱及饲养管理差时症状明显。急性病例大多发生于羊和犊牛，病畜精神沉郁、食欲废绝、体温升高、贫血、黄疸，偶有腹泻，常在 3～5 天内死亡；慢性病例表现为被毛粗乱、毛干易断、易脱落，食欲减退，慢性下痢，逐渐消瘦、贫血，放牧时落群。病牛严重感染时出现前胃弛缓，乳牛产乳量降低，孕牛易发生流产，叩诊肝浊音区扩大。当肺脏感染时，可发生咳嗽。剖检可见，急性病例肝肿大，肝实质表面有许多虫道，内有幼龄肝片吸虫，体腔内充满大量棕红色液体；慢性病例除一般消瘦、贫血外，主要是肝硬化、胆管增粗、胆管内充满虫体，下颌、胸下等处水肿
	预防与治疗	治疗：一般结合地方流行病学与临床症状提出初诊，确诊需发现虫卵和虫体。一旦发病，应及时采取综合性及针对性措施进行隔离治疗。 (1)硝氯酚　牛按每千克体重 3～7 mg 或按 250～350 kg 体重 1 500 mg 或 150～250 kg 体重 1 000 mg 或 60～150 kg 体重 500 mg。牛按每千克体重 10 mg 配成悬浮液灌服，对幼虫有效 (2)硫双二氯酚(别丁)　黄牛按每千克体重 40～60 mg、水牛为 50～80 mg，配成悬浮液，均为一次口服。主要对成虫有效。用药后可出现短时间的拉稀、减食现象，可自行恢复 (3)丙硫苯咪唑(抗蠕虫药)　牛按每千克体重 5～10 mg，一次口服，对成虫有效 (4)溴酚磷(蛭得净)　每千克体重 12 mg，一次口服，对成虫、幼虫均有效 (5)三氯苯咪唑(肝蛭净)　每千克体重 10 mg，一次口服，对成虫、幼虫均有效 防治措施： (1)对牛、羊建立预防性驱虫，每年 3 次。第 1 次在虫体大部分成熟之前 30 天进行成虫期前驱虫；第 2 次在虫体大部分成熟时进行成虫期驱虫；第 3 次在第 2 次后经 3 个月进行 (2)粪便生物热除虫。利用粪便自身发酵产生的热量，杀死粪便中的虫卵、幼虫或卵囊 (3)加强牛、羊的屠宰检疫。对患病牛的胴体和内脏，一律按有关规定销毁或无害化处理 (4)尽量不到潮湿和有椎实螺的地方去放牧，并对水边刈割的草充分晒干或制作青贮料后再饲喂，防止牛、羊吃到囊蚴

	疫病名称	肝片吸虫病
5	病原体	肝片吸虫
	预防与治疗	(5)做到合理放牧,并强化牛、羊的补饲料制度,精粗搭配,全价供给,增强牛、羊对疾病的抵抗力 (6)消灭椎实螺,群防群治,对沼泽草地可开沟排水,深耕翻土或多养水禽或用硫酸铜杀螺,一般采用1∶5 000硫酸铜溶液在常放牧的低湿草地喷洒,能起到良好的灭螺效果
	疫病名称	牛皮蝇蛆病
6	病原体	牛皮蝇
	流行学	皮蝇的发育属完全变态,需经成虫、虫卵、幼虫及蛹四个阶段,整个发育过程需1年左右,成虫陆续出现于4~9月间。生活期仅为5~6天,雌虫在太阳炎热的中午将虫卵产于牛毛上,经3~6天孵出第1期幼虫,并通过毛孔钻入牛体开始进行发育。皮蝇种类不同,移行途径有所不同。牛皮蝇幼虫在感染后的两个半月,可在咽部和食道部发现第2期幼虫,第2期幼虫在食道壁停留5个月,最后移行到牛背部皮下发育成第2期幼虫。牛皮蝇幼虫则在皮下组织中逐渐向背部皮下移行,到达背部皮下的皮蝇蛆停留2~3月,生长发育成熟后,通过由虫体毒素造成的皮肤穿孔蹦出体外,落地后三期幼虫表皮变硬成蛹,蛹经1~2个月羽化为成虫
	症状	牛皮蝇产于牛腿下部毛上的卵,经4~7天后孵出幼虫,幼虫沿毛孔钻入皮肤到牛体内,先在食道的肌肉上寄生一个时期,最后到牛背皮下寄生,多在下一年的春季即达背部皮下。该期幼虫能在局部引起瘤状肿胀,形成一指头大的隆起,隆起上有绿豆大的小孔(直径为0.1~0.2 mm)作呼吸孔,最后完全成熟的幼虫由小孔钻出,落到地面化成蛹,再经1~2个月后,蛹即羽化为成虫。 幼虫钻入皮肤可引起病牛瘙痒,恐惧不安和局部疼痛,影响牛的休息和采食。幼虫在牛体内长期移行,造成移行部组织损伤。特别是第3期幼虫在背部皮下时,引起局部结缔组织增生和皮下蜂窝组织炎,有时细菌继发感染可化脓形成瘘管,直到幼虫走出,才能痊愈。背部幼虫寄生后,留有瘢痕,严重影响牛皮革的商用价值。皮蝇蛆的毒素使牛的血液和血管壁受到损害,因此出现贫血、消瘦、肉质降低,产奶量下降,严重感染时可导致病变部位血肿和皮肤蜂窝组织浸润。个别患畜,幼虫误入延脑或大脑脚寄生,可引起神经症状,甚至造成死亡。因皮蝇幼虫引起的变态反应,偶尔可见,起因于幼虫的自然死亡或机械除虫挤碎的幼虫体液被吸收而致敏,当再次接触该抗原时,即发生过敏反应。表现为荨麻疹,间或有眼睑、结膜、阴唇、乳房的肿胀,流泪,流涎,呼吸加快。 成虫虽不叮咬牛,但当成蝇的雌虫产卵时,会引起牛只不安、恐惧、瞪目、竖尾而奔跳、摇尾、蹋踢等症状。日久采食减少,导致身体消瘦,有的可造成外伤和流产
	预防与治疗	治疗:消灭寄生于牛体内的幼虫是防治该病的重要措施,但适当的治疗时间是很重要的,将牛皮蝇的幼虫寄生在食道时,杀死幼虫会引起食道肿胀。当幼虫移行到一些重要器官时,杀幼虫则可能引起不良的宿主——寄生虫反应。因此,皮蝇蛆病的治疗要在成虫飞翔季节过后尽早地治疗或在发育至第3期幼虫时治疗。治疗的药物和方法是: (1)伊维菌素:每千克体重0.2~0.3 mg,皮下注射,对各期幼虫均有效

疫病名称	牛皮蝇蛆病
病原体	牛皮蝇

6	预防与治疗	(2)倍硫磷:成年牛 1.5 mL,青年牛 1 mL,臀部肌肉注射,注射应在 11～12 月份进行。或每头牛用 1% 溶液 170 mL 喷洒 (3)消灭牛背部皮下的幼虫,可用 1%～2% 的敌百虫溶液涂擦,一般于 3 月底至 5 月底进行,每隔 30 天处理一次,共处理两次;消灭尚未到达牛背部皮下的幼虫,可用 10% 或 15% 敌百虫溶液,每千克体重 0.1～0.2 mL,于 10 月中旬和翌年 1 月下旬,给牛两次臀部肌肉注射 　　防制措施:每年在 9 月中旬至 11 月初,开展牛皮蝇蛆病驱治工作。主要应用的药物有倍硫磷浇泼剂和注射剂,伊维菌素、阿维菌素。浇泼剂沿牛背中线皮肤浇泼,每次量 10 mL/100 kg 体重,可显著消灭各年龄期幼虫,据调查,总有效率达 97% 以上。倍硫磷注射剂,牛体重 0.5 mL/100 kg,肌肉注射。阿维菌素和伊维菌素,有效含量 5 mg/片,牛体重 1 片/20 kg,口服。有效含量 5 mg/mL 油剂,体重 1 mL/25 kg,皮下注射。用倍硫磷进行防治时必须要严格掌握用药量,否则效果不佳或超量中毒。应早期用药,因为 11 月末牛皮蝇蛆幼虫在牛体内神经外膜寄生,此时用药牛易出现神经症状死亡。用伊维菌素和阿维菌素防治,效果较好,用药方便,安全可靠

二、牛群免疫预防

(一) 牛群免疫目的

免疫接种是激发动物机体产生特异性抵抗力,使易感动物转化为不易感动物的一种手段。有组织有计划地进行免疫接种,是预防和控制动物传染病的重要措施之一。

在现代化畜牧业生产过程中,畜群饲养高度集中,调运频繁,容易受到传染病的传染。根据当地和本场的疫病流行情况,合理的选用疫苗,定期预防接种是控制肉牛场疫病暴发和流行的重要措施。

(二)免疫方法及注意事项

免疫方法:

1. 皮下注射法

(1)注射部位　牛、马等大动物一律采用颈侧部位。

(2)注射方法　左手拇指与食指捏取皮肤成皱褶,右手持注射器在皱褶底部稍倾斜快速刺入皮肤与肌肉间,缓缓推药。

2. 肌内注射法

(1)注射部位　牛、马、猪、羊等一律采用臀部或颈部肌肉。

(2)注射方法　左手固定注射部位,右手拿注射器,针头垂直刺入肌肉内,然后左手固定注射器,右手将针芯回抽一下,如无回血,将药液慢慢注入。如发现有回血,应变更位置。如动物不安或皮厚不易刺入,可将注射针头取下,右手拇指、食指和中指紧持针尾,对准注射部位迅速刺入肌肉,然后针尾与注射器连接可靠后,注入疫苗。

3.口服免疫法

将可供口服的疫苗混于饮水中或将疫苗用冷水稀释后拌入饲料,动物通过饮水或饲喂而获得免疫。口服免疫时,应按动物头数和每头动物平均饮水量或饲喂量,准确计算需用的疫苗剂量。免疫前应停饮或停喂半天,以保证每一个体都能饮到一定量的水或吃入一定量的饲料,并保证疫苗稀释后在较短时间内(2 h)用完。稀释疫苗的水应为纯净水,不能含有消毒剂(如自来水中有漂白粉)。饮水免疫稀释疫苗时,加入0.3%~0.5%的脱脂奶粉,可提高免疫效果。稀释疫苗用的饮水和饲料的温度,以不超过室温为宜。由于动物的饮水量或饲喂量有多有少,口服免疫时应分两次完成,即连续2天,1次/天,这样可缩小个体间的差距。本法具有省时省力的优点,适用于大群动物免疫。

4.气雾免疫法

将稀释的疫苗用带有压缩空气的气雾发生器喷射出去,使疫苗形成直径1~10 μm的雾化粒子,均匀地悬浮于空气中,动物通过呼吸吸入肺内,以达到免疫的目的。此法使用于大群免疫。

(1)室内气雾免疫法 疫苗用量主要根据房舍大小而定,可按下式计算:

$$疫苗用量 = \frac{DA}{TV}$$

式中:D为计划免疫剂量;A为免疫室容积;T为免疫时间;V为呼吸常数,即动物每分钟吸入的空气量(L)。

疫苗计算好后,即可将动物赶入室内,关闭门窗。操作者将喷头由门窗缝伸入室内,使喷头保持与动物头部同高,向室内四面均匀喷射。喷射完毕后,让动物在室内停留20~30 min。操作人员注意防护,戴上大而厚的口罩,如出现临诊症状,及时就医。

(2)户外气雾免疫法 疫苗用量主要依动物数量而定。实际应用中,往往要比计算用量略高一些。喷雾应选择在无风或微风的天气进行。免疫时,将畜群赶入四周有矮墙的圈内,操作人员要随时走动,使每一动物都有吸入机会。如有微风,应站在上风处喷射,喷射完毕,让动物在圈内停留数分钟即可放出。进行户外气雾免疫时,操作人员要注意个人防护。

注意事项:

①使用前必须检查疫苗的质量,如颜色、包装、有效期、批号,瓶口和胶盖封闭是否完好,瓶子是否有裂纹,瓶内是否有异物。

②仔细阅读疫苗的说明书,疫苗种类不同,其性能、用法、用量、不良反应、注意事项各不相同,要详细阅读说明书,全面了解所用疫苗的性能、用途、用法、接种方法,严格按照瓶签规定的要求接种。

③疫苗稀释必须用规定的稀释液,按规定稀释,一般细菌性疫苗用铝胶水或铝胶生理盐水稀释,病毒性疫苗用专用稀释液或生理盐水稀释;严禁用热水、温水或含氯等消毒剂的水稀释。

④疫苗必须现用现配,稀释好的疫苗争取在最短的时间(2 h)内接种完毕,必须是一次用完。如免疫时间稍长(如超过2 h或半天),必须将疫苗液放在4℃冰箱内暂时贮存,如无条件也应放有冰袋或冰块。

⑤注射免疫时注射用具必须严格消毒,同时做到一个动物一个针头,以防交叉感染,严禁使用粗短针头和打飞针。

⑥两种疫苗不能混合使用,如同时注射两种疫苗时,要分开部位进行。

⑦饮水免疫时,注意饮水中绝对不能混入消毒药,同时水中不能含有漂白粉等能杀灭或抑制疫苗活力的有毒化学物质,忌用金属容器。

⑧注射细菌性疫苗后 1 周内不能使用各种抗生素药,注射病毒性疫苗后 2 天内不能使用各种抗病毒药。因为具有抑制作用。

⑨注意疫苗的使用方法,如鸡痘、喉气管等需刺种的不能肌内注射。

⑩病牛不能注射疫苗,待病愈后补注。

⑪注射疫苗出现过敏反应时,应立即用肾上腺素等抗过敏药物抢救。

⑫用过的注射器、疫苗瓶及未用完的疫苗,不要随意乱扔,需经高温或焚烧、深埋等无害化处理。

⑬做好免疫登记,以备查看,记录需保存 1 年以上。

(三)牛群免疫预防程序(仅参考)

见表 6-3-4。

表 6-3-4　牛群免疫预防程序

疫苗名称	防治疫病	接种方法和说明	免疫期
炭疽芽孢氢氧化铝佐剂苗	炭疽	浓芽孢苗,使用时以 1 份疫苗加 9 份 20% 氢氧化铝胶稀释,充分混匀后即可注射,其用途用法与各种芽孢苗相同,一般使用该苗可减少注射反应	1 年
无毒炭疽芽孢苗	炭疽	1 岁以上皮下注射 1 mL,1 岁以下皮下注射 0.5 mL,注射后 14 天产生足够的免疫力	1 年
第 I 号炭疽芽孢苗	炭疽	大、小牛皮下注射 1 mL,注射后 14 天产生足够的免疫力	1 年
气肿疽明矾菌苗	气肿疽	大、小牛皮下注射 5 mL, 6 个月以下小牛,在年龄达 6 个月时再注射一次	约半年
牛出血性败血症氢氧化铝菌苗	牛出血性败血症	体重 100 kg 以下,皮下注射 4 mL,100 kg 以上,皮下注射 6 mL,注射后 21 天产生免疫力	9 个月
布鲁氏菌猪型二号疫苗	布鲁氏菌病	口服接种,每头牛 500 亿活菌,不采用注射法	暂定两年
布鲁氏菌羊型五号疫苗	布鲁氏菌病	可采用皮下注射、气雾免疫和口服等方法,其剂量,皮下注射 250 亿活菌,室内气雾免疫 250 亿活菌,室外气雾免疫 400 亿个活菌,口服 250 亿活菌	暂定 1 年
破伤风抗毒素	破伤风	供紧急预防或治疗用,皮下或静脉注射,治疗时可重复注射 1 至数次,预防剂量、治疗剂量分别为:3 岁以上牛 6 000～12 000,治疗 60 000～300 000;3 岁以下牛 3 000～6 000,治疗 50 000～1 000 000 抗毒单位	2～3 周
肉毒梭菌(C型)灭活疫苗	肉毒梭菌中毒症	皮下注射剂量 10 mL	1 年

养牛与牛病防治

疫苗名称	防治疫病	接种方法和说明	免疫期
牛肺疫兔化藏系绵羊弱化毒疫苗	牛传染性胸膜炎	对牧区用氢氧化铝胶盐水或生理盐水稀释 100 倍,对牧区牛臀部肌肉注射成年牛 2 mL,2 岁以下 0.5 mL,对农区黄牛用 50 倍稀释的氢氧化铝苗,尾端皮下注射,成年牛 1 mL,2 岁以下牛 0.5 mL	1 年
兽用狂犬病 ERA 株弱毒细胞苗	狂犬病	用灭菌蒸馏水或生理盐水稀释,每瓶稀释成 10 mL,每头牛肌肉或皮下注射 5~10 mL	1 年
O 型口蹄疫 BEI 灭活油佐剂苗	口蹄疫	每头份皮下或肌肉注射 5~10 mL,每年按季注射 1 次	1 年

(四)临床免疫预防典型案例

某肉牛养殖场,根据年初制订的免疫程序,未预防口蹄疫疫病的发生,现要对全场 1 000 头肉牛进行口蹄疫疫苗的免疫接种,具体免疫接种操作程序见表 6-3-5。

表 6-3-5 免疫接种操作程序

序号	步骤	任务要求	具体操作过程
1	制订牛场某种疫苗免疫方案	①O 型口蹄疫 BEI 灭活油佐剂苗;②皮下或肌肉注射 5~10 mL/头	按牛舍分配牛只,准备齐全疫苗、注射器、碘酊、酒精棉球等用品,逐头进行肌肉注射
2	准备免疫所需材料	①O 型口蹄疫 BEI 灭活油佐剂苗;②金属注射器;③碘酊、酒精棉球、废旧物品回收箱等;④免疫记录本	①逐头肌肉注射、O 型口蹄疫 BEI 灭活油佐剂苗 5~10 mL(按每头 5 mL 计算,1 000 头牛×5 mL=5 000 mL,按每瓶 250 mL 计算,共需 O 型口蹄疫 BEI 灭活油佐剂苗 20 瓶);②废物回收集中处理,不得随意丢放;③注射之后,逐头进行免疫记录
3	免疫前准备	①查看牛群有无发病情况;②查看疫苗是否合格、注射器是否损坏;③准备好消毒、废物回收物品;④准备好免疫记录本,专人记录	①经检查该群无病牛(如有病牛进行记录,后续补免);②检查疫苗生产日期、有效期;生产厂家、疫苗是否密封、是否有其他杂质等事项。③准备好免疫记录本
4	免疫操作	按疫苗说明,按每瓶分配头份进行肌肉注射,注意疫苗的保存,防止污染	①O 型口蹄疫 BEI 灭活油佐剂苗保存温度 0~8℃(操作中注意疫苗保温,避免温度过高疫苗效价降低);②每次操作严格消毒,避免污染疫苗
5	过敏处理	药物箱中配备盐酸肾上腺素,观察牛群中过敏牛只,及时进行注射救治	针对出现过敏现象的牛肌肉注射盐酸肾上腺素 2~5 mL/头
6	免疫效果评价	注射疫苗 14 天后,对牛只进行抽检,测定血清抗体滴度	参见口蹄疫抗体测定标准

学习情境六 牛群保健与常见疾病防治

(五)经验介绍

在防疫工作中,经常会发生奶牛在注射疫苗后出现过敏的现象,若治疗不及时、治疗方法不恰当,可能当时就死亡,或由于继发病症导致死亡或失去生产价值而被淘汰。虽然发生过敏的奶牛头数并不多,但过敏死亡率却很高,由此带来的经济损失是巨大的,同时也给以后的防疫工作增加了阻力。

1.奶牛疫苗注射过敏原因

(1)病因 过敏反应也叫变态反应。它是指在一定条件下,抗原和半抗原再次进入机体时,引起异常的剧烈反应。这种免疫反应的增强,能引起生理机能紊乱和组织细胞损害,甚至可导致死亡。

(2)发病机理 奶牛免疫工作进行很多次,每头牛的体内都存在不同程度的免疫球蛋白IgE,注射疫苗就是再次把抗原注入牛体内,当免疫球蛋白IgE和抗原相结合后,激发细胞释放出许多生物活性物质,这些物质再作用于机体组织,引起全身性的病理变化。

2.易发生过敏的群体

(1)急性过敏 一般在注射疫苗后几分钟到十几分钟内就开始发病。对发生急性过敏的奶牛个体来说,没有年龄、体质等个体差异之分,主要原因是体内免疫球蛋白IgE过多,这种免疫球蛋白IgE附着于血管周围的肥大细胞和血液中的碱性粒细胞之上而使其致敏,遇到抗原就会发生较强烈的反应。

(2)慢性过敏 一般在注射疫苗后的20 min到几个小时才开始出现临床症状,主要原因是它们体内的免疫球蛋白IgE水平不是很高,出现的反应就比较慢。易发病的牛多是围产期前后、疾病的潜伏期、应激反应、体质较差的个体,即使相同的疫苗注射在不同的个体上,也会表现出不同的过敏症状。

3.过敏症状

(1)急性过敏 患牛突然卧地,或呈现焦虑不安,频频排尿、排粪、四肢交替踏地,心跳加快,个别有呼吸困难症状。稍后皮肤冷湿,可视黏膜发绀,全身毛细血管扩张及低血压性休克,不及时抢救很可能会死亡。

(2)慢性过敏 已致敏的活性介质随血流散布至全身,作用于皮肤、黏膜、呼吸道等效应器官,引起小血管及毛细血管扩张,毛细血管通透性增加,平滑肌收缩,腺体分泌增加,嗜酸粒细胞增多、浸润。可引起呼吸道过敏反应(过敏性鼻炎、支气管哮喘、喉头水肿、肺水肿),消化道过敏症(瘤胃急性臌气),皮肤黏膜过敏症(荨麻疹、湿疹、血管神经性水肿、皮肤"疹块"),眼结膜潮红。时间稍长则有可能出现体温升高、食欲下降、前胃弛缓,甚至瘤胃臌气,精神委顿,有的继发乳房炎,产奶量下降。

4.过敏救治

(1)急性过敏的处理 对急性过敏应尽量防止突然摔倒,立即进行抢救。皮下或静脉注射肾上腺素,反应较严重则间隔20 min可在皮下重复注射一次,再配合抗组织胺药物(如扑尔敏100 mg或苯海拉明200～500 mg肌注或皮下注射)。急性症状缓解后,应继续观察,可视情况决定下一步采取的措施。无继发症状的,由畜主再继续观察1～2天,并随时和兽医联系;出现继发症状的,可按慢性过敏继续治疗。

(2)慢性过敏的处理 对慢性过敏一般采用对症治疗,调整紊乱的生理机能。除急性过敏时所用药物外,主要对产生的继发症进行继续治疗。

①针对呼吸道过敏引起肺水肿的,除注射肾上腺素和抗组织胺药物外,可加用呋塞米(0.5～1.0 mg/kg 静脉注射)治疗,地塞米松 40 mg(怀孕牛禁用);同时静脉注射维生素 C、维生素 B_1,10％葡萄糖酸钙(250～500 mL),和适量的强心药(如安钠咖,使用钙时严禁用强心甙类)。

②针对消化道过敏引起瘤胃急性臌气的,应立即进行瘤胃穿刺缓慢放出气体,并采取药物制酵,对以后出现的食欲下降,前胃弛缓,甚至反刍停止的,可口服健胃消食散,配合静脉注射 5％碳酸氢钠液 500 mL,维生素 C、维生素 B_1,20％氢化可的松 100 mL,葡萄糖酸钙(250～500 mL),10％葡萄糖 500 mL 和适量的等渗液。

③出现体温升高的应配合以抗生素和地塞米松及水杨酸钠。

5.过敏救治注意事项

①另备一注射器和肾上腺素,可以随时拿来就用,以免耽搁抢救时间。

②防疫部门有责任提供专业兽医,组成专业的救治组,对过敏的奶牛进行后期的继续治疗,以确保奶牛安全度过危险期。

③过敏后期的治疗是一个很值得探讨的问题,不仅仅是治疗的方法,更重要的是谁来出治疗的费用。过敏死亡有补偿,治愈后却没有任何补偿。在治疗过程中的医疗费,损失费等由谁支付?畜主、防疫员、防疫部门都认为自己不应该出这笔费用。现在这笔费用暂时由防疫部门垫付。没有费用就不能治疗,就只好等死亡之后进行补偿。这也是每年过敏死亡率较高的原因之一。建议:从补偿资金中先拿出一小部分资金,做治疗费用,可以避免几方面较大的损失。

【技能实训】

● 技能项目一 牛场免疫程序制定技术

1.实训条件

牛场所在区域疫病流行情况、牛场疫病流行情况、对所选用的疫苗性能和优缺点熟练掌握等。

2.方法与步骤

(1)本地区主要疫病流行情况调查 调查包括各类疾病抗体检测的数据为制订程序提供依据。

(2)本场疫病流行情况调查 对本场的规模、性质、生产技术水平、病的流行特点、临床特征、诊断要点和防治措施等要有所掌握。

(3)本场所用疫苗资料的掌握 常用疫苗的种类、剂型、性能、用量用法、生产厂家、优缺点等都要熟练掌握。

(4)本场免疫时间的确定 对某种疫苗免疫动物在免疫接种前后进行抗体跟踪监测,以确定免疫接种时间和免疫效果。

(5)本场免疫程序目标的确定 要明确免疫目标是控制还是消灭某种疫病,在免疫程序中有所体现。

(6)牛场免疫程序制订 根据(1)～(5)的调查结果,综合分析后,确定本场免疫程序。

3.注意事项

(1)免疫监测是注意母源抗体对免疫监测过程的干扰。

(2)制订免疫程序要结合养殖场所在区域和本场的实际情况进行综合分析确定。

4.实训练习

规模化肉牛育肥场建场初期针对本场情况需制订免疫程序,请根据牛场所在区域和本场实际情况等,综合分析后结合所学的知识并结合生产实践予以完成。

序号	步骤	任务要求	具体操作过程
1	本地区主要疫病流行情况调查	调查包括各类疾病抗体检测的数据	
2	本场疫病流行情况调查	调查本场的规模、性质、生产技术水平、疫病的流行特点、临床特征、诊断要点和防治措施等内容	
3	本场所用疫苗资料的掌握	了解常用疫苗的种类、剂型、性能、用量用法、生产厂家、优缺点等内容	
4	本场免疫时间的确定	对某种疫苗在免疫接种前后进行抗体跟踪监测,确定免疫接种时间和免疫效果	
5	本场免疫程序目标的确定	要明确免疫目标是控制还是消灭某种疫病,在免疫程序中有所体现	
6	牛场免疫程序制定	根据(1)~(5)的调查结果,综合分析后,确定本场免疫程序	

牛场免疫程序制定技术技能单:

序号	步骤	任务要求	期望分值	实际得分
1	本地区主要疫病流行情况调查	对本地主要疫病流行情况调查内容翔实	20	20
2	本场疫病流行情况调查	对本场主要疫病流行情况调查内容准确	20	20
3	本场所用疫苗资料的掌握	对本场所用疫苗资料了解充分	20	20
4	本场免疫时间的确定	对疫苗免疫动物进行抗体监测,做好记录,以便确定免疫最佳时间	10	10
5	制订免疫程序目标的确定	针对养殖场所在区域和本场实际情况确定免疫程序的目标	10	10
6	牛场免疫程序制订	教师指导,学生分组,制订出适合本场的免疫程序	20	20
	合计		100	

技能项目二　牛场免疫接种技术

1. 实训条件

牛场、各种疫苗(口蹄疫疫苗、布鲁氏菌羊型五号疫苗)、注射器等。

2. 方法与步骤

(1)制订牛场某种疫苗免疫方案　根据当地动物疫病流行情况和本场实际情况确定免疫程序,根据免疫程序选用相应疫苗、注射方法、剂量等。

(2)准备免疫所需材料　应选取何种剂苗、材料准备。

(3)免疫前准备　检查牛群发病情况,免疫疫苗、注射器械准备。

(4)免疫操作　按疫苗说明,分头份逐头进行免疫。

(5)过敏处理　过敏现象判定,过敏牛进行处理。

(6)免疫效果评价　对牛群进行抽检,采血,分离血清,抗体测定。

3. 注意事项

(1)防止牛各类疫病扩大蔓延。

(2)注意人畜共患病的防护工作。

4. 实训练习

规模化肉牛育肥场按照年初制定的免疫计划,需对全场 2 500 头肉牛进行牛肺疫疫苗的免疫接种工作,根据你学习的知识并结合生产实践予以完成。

序号	步骤	任务要求	具体操作过程
1	制订牛场某种疫苗免疫方案	1.应选取何种剂苗; 2.采取注射方法、剂量等	
2	准备免疫所需材料	1.应选取何种剂苗; 2.材料准备	
3	免疫前准备	1.查看牛群有无发病情况; 2.查看疫苗是否合格、注射器是否损坏; 3.各种材料准备	
4	免疫操作	按疫苗说明,按每瓶分配头份进行肌肉注射,注意疫苗的保存,防止污染	
5	过敏处理	过敏现象、急救方法等	
6	免疫效果评价	抗体滴度的测定时间、方法等	

牛场免疫技术技能单:

序号	步骤	任务要求	期望分值	实际得分
1	制订牛场某种疫苗免疫方案	教师指导,学生分组制订	10	
2	准备免疫所需材料	按小组计划,领取牛场免疫所需材料	10	

序号	步骤	任务要求	期望分值	实际得分
3	免疫前准备	了解牛群结构,了解牛场常发疾病;疫苗保存箱,检查注射器	10	
4	免疫操作	按照免疫计划配制疫苗,对所需免疫的牛进行免疫	30	
5	过敏处理	免疫过程中出现过敏现象及时处理	10	
6	免疫效果评价	开展抗体水平检测,判定免疫效果	20	
	合计		100	

【自测练习】

1.填空题

(1)犊牛大肠杆菌主要发生在_____日龄内的犊牛。

(2)口蹄疫俗称_____,是由病毒引起_____动物的一种急性热性高度接触性传染病。主要表现为_____、_____、_____出现水疱和溃疡。

(3)破伤风主要是通过_____方式传播。

(4)结核病的诊断主要是通过_____诊断。

(5)母牛感染布氏杆菌病时主要表现是流产,流产主要发生在妊娠的_____个月,公牛感染后主要表现为_____。

(6)肝片吸虫虫体寄生于牛的_____中,可引起牛_____、_____、_____等症状,并伴发全身性中毒和营养性障碍,常造成牛大批死亡。

(7)牛皮蝇的发育属完全变态,需经_____、_____、_____及_____四个阶段。

2.判断题(在有错误处下画线,并写出正确的内容)

(1)牛的消化道线虫都是寄生在小肠内,混合感染现象比较多。(　　　)

(2)牛的结核病主要表现为肺结核、淋巴结核、关节结核。(　　　)

(3)剖检牛时发现心脏具有明显的"虎斑心"表现,提示病牛患有布氏杆菌病。(　　　)

(4)牛的下颌骨肿大提示牛可能感染了放线菌。(　　　)

(5)从流行病学的观点来看,口蹄疫对绵羊是本病的"扩大器",猪是"指示器",牛是"贮存器"。(　　　)

3.选择题

(1)潜伏期最长的传染病是(　　　)。

A.狂犬病　　　　B.伪狂犬病　　　　C.牛瘟　　　　D.钩端螺旋体病　　　　E.牛肺疫

(2)狂犬病病毒感染动物后排出的途径是(　　　)。

A.唾液　　　B.尿液　　　C.鼻液　　　D.生殖道分泌物　　　E.粪便

(3)口蹄疫病毒的主要传播途径是(　　　)。

A.呼吸道　　　B.生殖道　　　C.消化道　　　D.外伤　　　E.内源性感染

(4)某奶牛养殖专业户,发现1~2头奶牛逐渐消瘦,颈部和胸前淋巴结肿大,干咳明显,特别是在早上运动过后,产奶量明显下降,乳汁稀薄,乳房肿大,触诊能摸到硬的肿块,食欲和粪便变化不大,体温时高时低,特别是下午体温升高,该病可能是（　　　　）。

A.牛布氏杆菌病　　　　B.牛病毒性腹泻黏膜病　　　　C.牛流行热

D.牛结核　　　　　　　E.牛肺疫

(5)属于开放性结核的是（　　　）。

A.淋巴结核　　　B.肺结核　　　C.肝结核　　　D.腹膜结核　　　E.脑结核

(6)肝片吸虫的中间宿主是（　　　）。

A.陆地螺　　　B.锥实螺　　　C.淡水鱼、虾　　　D.淡水蟹　　　E.扁卷螺

4.问答题

(1)免疫接种有哪些,接种过程中有哪些注意事项,牛的免疫接种有哪些方法?

(2)制订一个奶牛场的免疫程序?

(3)简述牛在接种免疫时主要的过敏现象有哪些,如何救治?

(4)牛常用疫苗如何保存,使用时有哪些注意事项?

【学习评价】

考核任务	考核要点	评价标准	考核方法	参考分值
1.牛场常见疫病诊断 2.牛场常见疫病防治 3.牛场疫苗的运输和保存 4.制定牛场免疫计划	操作态度	精力集中,积极主动,服从安排	学习行为表现	10
	协作意识	有合作精神,积极与小组成员配合,共同完成任务		10
	查阅生产资料	能积极查阅、收集资料,认真思考,并对任务完成过程中的问题进行分析处理		10
	疫苗选择	根据牛场的资料、制定免疫计划等,结合所学知识,正确做出选择判断	疫苗选择描述	20
	疫苗使用	根据牛场的实际情况开展疫病预防工作	注射疫苗操作	20
	免疫效果综合判断	免疫效价判定,选择准确、方法得当	结果评定	20
	工作记录和总结报告	有完成全部工作任务的工作记录,字迹工整;总结报告结果正确,体会深刻,上交及时	作业检查	10
合计				100

【知识链接】

中华人民共和国动物防疫法。

国家突发重大动物疫情应急预案。

畜禽产地检疫规范(GB 16549—1996)。

无公害食品,肉牛饲养兽医防疫准则。（NY 5126—2002）

病害动物和病害动物产品生物安全处理规程。（GB 16548—2006）。

参 考 文 献

[1] 刘太宇,郑立.养牛生产技术.3 版.北京:中国农业大学出版社,2015.

[2] 陈晓华.牛羊生产技术.北京:中国农业科学技术出版社,2012.

[3] 兰海军,孙俊峰.养牛与牛病防治.北京:中国农业出版社,2013.

[4] 王建平.刘宁.生态肉牛规模化养殖技术.北京:化学工业出版社,2014.

[5] 任建存,杨艳玲.牛羊生产.郑州:河南科技出版社,2012.

[6] 解志峰.动物繁殖技术.北京:中国轻工业出版社,2013.

[7] 李林亚.家畜普通病防治.北京:中国农业大学出版社,2011.

[8] 李德昌. 动物寄生虫病学.北京:科学出版社,2010.

[9] 李胜利,等.国家奶牛"金钥匙"技术示范现场会文集.农业部奶业管理办公室,国家奶牛
产业技术体系(会议文献).2013.

[10] 刘秀.中美奶牛养殖场成本核算的方法比较.内蒙古农业大学硕士论文,2013.

[11] 杨利.杨宇泽.刘芳.北京市规模化奶牛养殖场成本效益研究.农业展望,2013(8).

[12] 蒋曙光,郭俊青,李静.引进美国褐牛冻精改良新疆褐牛产奶量效果初探,中国畜牧业,
2013(1).

[13] 胡朝阳.规模奶牛场新式污粪处理一体化方案探讨.中国乳业,2010(5).